住房城乡建设部土建类学科专业“十三五”规划教材

安装工程计量与计价实训教程

主编　张晓东
编者　张晓东 桑海涛 吴明庆
主审　范文彪

南京大学出版社

图书在版编目(CIP)数据

安装工程计量与计价实训教程/张晓东主编. —南京：南京大学出版社，2017.10(2023.7 重印)

ISBN 978-7-305-19462-7

Ⅰ. ①安… Ⅱ. ①张… Ⅲ. ①建筑安装—工程造价—高等职业教育—教材 Ⅳ. ①TU723.32

中国版本图书馆 CIP 数据核字(2017)第 254076 号

出版发行 南京大学出版社
社　　址 南京市汉口路 22 号　　邮　编 210093
出 版 人 金鑫荣

书　　名 安装工程计量与计价实训教程
主　　编 张晓东
责任编辑 裴维维　　编辑热线 025-83592123

照　　排 南京开卷文化传媒有限公司
印　　刷 苏州市古得堡数码印刷有限公司
开　　本 880×1230 1/8　印张 24.75　字数 436 千
版　　次 2017 年 10 月第 1 版　2023 年 7 月第 4 次印刷
ISBN 978-7-305-19462-7
定　　价 67.00 元

网　　址:http://www.njupco.com
官方微博:http://weibo.com/njupco
官方微信号:njupress
销售咨询热线:(025)83594756

前 言

本书是对如何进行安装工程(给排水工程、电气照明工程、通风空调工程)的工程量计算、工程量清单编制、招标控制价编制的实战演练，所选工程是来自真实的工程项目(根据教学需要，设计人员有所改动加工)，编写的依据为2013年7月实施的《建设工程工程量清单计价规范》(GB 50500—2013)、《通用安装工程计量规范》(GB 50586—2013)、《江苏省安装工程计价定额》(2014)及地区补充定额、相应的一些地方的材料单价、费用计算文件等。

本书的编写过程是作者真实工作过程的呈现，除了按照相应的工程量计算规则(工程量清单计价规范与计价表的工程量计算规则)外，工程量的计算过程采用Excel计算生成。为了适应教学过程中能力递进培养的需要，在给排水工程工程量的计算过程中采用三步走的原则，即清单工程分系统、分块计算；清单工程汇总；分析清单项目，进行计价工程量计算，突出计算思路与输入计算过程直接得到结果。电气照明工程量计算中要求清单工程量与计价工程量同步计算，强调提高工作效率，突出强调在计算公式中加入文字说明或符号的同时，也能得出结果，并且要实现工程量的自动汇总，进一步提高工作效率与质量。

在阅读本书时注意：

1. 部分图、表中计算公式中的“*”表示“×”，“/”表示“÷”。

2. 计算表中加入了项目编码或定额号，表示此列是项目编码或者是要计价的定额号。这个在运用手工进行工程量的计算过程中是无需先行明确的，只是从Excel算量的角度来看，在后面利用造价软件计价时方便输入。在有的工程量计算过程没有加上后3位顺序码，仅有9位清单码，最后工程量汇总后加上了后3位清单码。

3. 给排水工程工程量计算公式中的“↑”表示水流垂直向上或者在图纸中朝向识读者方向，“↓”表示水流垂直向下或者在图纸中背向识读者方向，“←”表示水流在图纸中指向识读者左侧方向，“→”表示水流在图纸中指向识读者右侧方向。

4. 因为一些版面问题，在界面设置上，有一些无法做到非常规范，但是基本的东西表示得比较清楚，读者在学习过程中要加强体会。

5. 本书没有进行知识的讲解，读者在学习过程中如果遇到知识点不太清楚的地方，可以参考编者所编的《安装工程计量与计价》(机械工业出版社)作为本书配套。

6. 教学中学生任务项目应另外选择，学习项目与练习项目应有一定的差异与互补才能达到学习与训练的效果。

7. 本书由江苏城市职业学院张晓东担任主编，江苏城市职业学院桑海涛、捷宏润安工程顾问有限公司吴明庆参加编写。张晓东编写模块一与模块二，桑海涛编写模块三，吴明庆编写模块四。

8. 国家推行工程量清单计价规范旨在“统一量、放开价”，因此在计价的过程必然出现不同的从业人员对同一计价项目会有不同的理解，加之编者的认识与水平所限，不可避免有所缺陷，欢迎广大同行批评、指正与交流，编者不胜感激。

编 者

张晓东

目　录

模块一 给排水工程实例

工作任务一 给排水工程施工图识读

一、建筑概况

本工程为双拼三层别墅，建筑高度 10.51 m，建筑面积 520.27 m^2。本工程沿⑦轴线左右对称布置，所以下面以一户为单元进行描述。一层有一起居室、一餐厅、一车库、一卫生间（卫生间 1）、一厨房及人工房。二层有三卧室、两卫生间（卫生间 2、卫生间 3）。三层有一卧室、一卫生间（卫生间 3）。

二、给水系统

给水管通过 DN32 水表，沿⑤轴右侧穿 A 轴处外墙进入室内，标高为－1.35 m，穿墙处设防水套管。在⑤轴与 B 轴交叉处登高至－0.45 m，至⑤轴与 C 轴交叉处分头：一路沿 C 轴向左，在 C 轴与④轴交叉处再分头，一路继续向左在①轴与 C 轴交叉处通过立管进入二层后，为卫生间 2 的浴盆、坐便器、洗脸盆供水；一路进入厨房为洗涤盆供水。一路向北给车库洗脸盆供水后进入卫生间 1，给洗脸盆、淋浴房、坐便器及洗衣机供水，其中在 D 轴与⑦轴交叉处通过立管向上继续为二层和三层的卫生间 3 供水，二层和三层的卫生间 3 布置相同，其中设备有淋浴房、洗脸盆、坐便器和浴盆等。立管出屋面后接屋面太阳能热水器，太阳能热水器热水穿过屋面后经户内热水器与在三层卫生间过淋浴器后向左到卫生间的另一侧户内热水器混水，屋面太阳能为设施供热水暂算至 3 层，其他待后续装修细化。室外明露给水管道做保温处理，具体做法为：20 mm 厚橡塑管壳，保护层采用玻璃布缠绕。

三、排水系统

排水系统分为三组：

排水系统 1，有两个分系统：其中一分系统收集车库的地漏与洗脸盆污水，连接收集卫生间 1 的洗脸盆、地漏、淋浴房、地漏、坐便器、洗衣机污水，汇于排出管沿⑦轴出 E 轴处墙排出。另一分系统收集二、三层卫生间 3 的浴盆、地漏、坐便器、洗脸盆、淋浴房污水，汇集到立管沿⑦轴穿 E 轴墙身排出。

排水系统 2，为卫生间 2 的排水管径，分别收集洗脸盆、坐便器、地漏与浴盆的污水汇集到位于 C 轴与①轴的交叉处的立管，向南、向左排出户外。

排水系统 3，为厨房排水管径，收集洗涤盆的污水，汇集于 De50 的排水管穿 F 轴墙排出室外。排出管的标高都是－1.10 m。

室外明露排水管道做保温处理，具体做法为：15 mm 厚橡塑管壳，保护层采用玻璃布缠绕。

四、雨水系统

雨水系统共为三组，为外排水，故归于土建工程部分进行计量与计价。

工作任务二 给排水工程工程量清单编制

一、给排水工程清单工程量计算

1. 封面

某双拼别墅工程

工程量计算书

建设单位：江苏城市职业学院

单位工程：安装工程

分部工程：建筑给水、排水

分项工程：室内给水系统 室内排水系统

施工单位：

编 制 人：张晓东

复 核 人：俞振华

编制日期：2017 年 5 月 4 日

2. 清单工程量计算表

清单工程量计算表

说明：因左右对称，先计算一户，汇总时统一考虑

工程名称：某双拼别墅工程(安装工程之给排水工程)(项目编码只列出9位，后3位汇总时方编码)

序号	项目编码或定额号	项目名称	规格	单位	数量	计算式	备注1
一		**给水系统**					
(一)		给水管道					
1		引入与水平干管					
	031001007	钢塑复合管(埋地)	De40	m	7.9	1.5↑(水表→外墙皮)+5.5↑+(1.35−0.45)↑(登高)	
		钢塑复合管(埋地)	De32	m	5.3	1.3↑+0.8→+0.8↑+2.4→	
		钢塑复合管(埋地)	De25	m	5.6	0.3←+0.45↑(登高)+4.85←(门外进入二层处)	
		钢塑复合管(埋地)	De20	m	8.6	0.2←(车库洗脸盆)+8.4↑(进厨房)	
2		卫生间2及立管					
	031001006	PPR管	De25	m	4.7	3.2↑+1.5→	
		PPR管	De20	m	2.39	0.9→+0.67↑(接浴盆)+0.25↑(接座便器)+0.57↑(接洗脸盆)	
3		厨房					
		PPR管	De20	m	0.45	0.45↑(接洗涤盆)	
4		一层洗脸盆					
		PPR管	De20	m	0.57	0.57↑(接洗脸盆)	
5		卫生间1					
	031001007	钢塑复合管(埋地)	De25	m	1.6	1.6↑(到淋浴房)	
		钢塑复合管(埋地)	De20	m	2.6	2.6↑(接De25)	
	031001006	PPR管	De20	m	2.92	1.2↑(接洗衣机)+0.25↑(接座便器)+0.9↑(接淋浴房)+0.57↑(接洗脸盆)	
6		卫生间3					
		PPR管	De32	m	3.65	(3.2+0.45)↑(立管进二层)	
		PPR管	De25	m	6	(6.2−3.2)↑(立管进三层)+1.5↑(接立管)*2	
		PPR管	De20	m	8.38	1.8↑(接De25)*2+(0.67↑(接浴盆)+0.25↑(接座便器)+0.57↑(接洗脸盆)+0.9↑(接淋浴房))*2	
7		接屋面太阳能热水器					暂计
		PPR管	De25	m	4.1	(10.3(出屋面处标高)−6.2)↑	
		PPR管(户外保温)	De25	m	4.5	0.2↑(出屋面预留)+0.8↑+3.5←	
8		接混水器(或电加热器)					暂计
		PPR管	De25	m	3.3	1.8←(到达卫生间另一侧)+1.5↑	
9		接热水器入户热水管(算到3层)					暂计

续表

序号	项目编码或定额号	项目名称	规格	单位	数量	计算式	备注1
		PPR管	De25	m	3.7	(10.3−1.5−6.2)↓+1.1↑	
		PPR管(户外保温)	De25	m	2.5	1.8→+0.5↓+0.2↓(出屋面预留)	
(二)		支架及其他					
1	031002003	防水套管	DN150	个	8	(1+4)(W1)+3(W2)	出屋面、穿楼板、外墙
2	031002003	防水套管	DN80	个	1	1(W3)	出厨房处外墙
3	031002003	一般钢套管	DN150	个	2	1(W2穿C轴墙体)+1(W1出地坪)	穿C轴墙体、出地坪
4	031002003	防水套管	DN50	个	1	1	穿A轴处外墙
5	031002003	一般钢套管	DN50	个	1	1	穿D轴墙
6	031002003	一般钢套管	DN40	个	2	1+1	穿5轴墙及地坪
7	031002003	防水套管	DN32	个	5	2+3	进出屋面、穿楼板
(三)		管道附件					
1	031003013	螺纹水表	DN32	组	1	1	
2	031003001	螺纹截止阀	DN20	个	2	2	
(四)		管道防腐、保温					户外保温
	031208002	橡塑管壳绝热层		m³	0.021	3.14*(0.025+1.033*0.02)*1.033*0.02*(4.5+2.5)(出屋面)	
	031208007	防潮层保护层安装玻璃布管道		m²	10.52	[3.14*(0.04+0.0082)*7.9+3.14*(0.032+0.0082)*5.3+3.14*(0.025+0.0082)*(5.6+1.6)+3.14*(0.02+0.0082)*(8.6+2.6)+3.14*(0.025+2.1*0.02+0.0082)*(4.5+2.5)]*2(遍数)	
	031201006	刷油		m²	3.607	3.14*(0.04+0.0082)*7.9+3.14*(0.032+0.0082)*5.3+3.14*(0.025+0.0082)*(5.6+1.6)+3.14*(0.02+0.0082)*(8.6+2.6)	三遍
二		**排水系统**					
(一)		排水管道					
1	031001006	W1系统					
1.1		排出与水平干管					
		UPVC双壁消音管(埋地)	De110	m	12.8	(4.8+1.5(出户外预留))↑+(5.0+1.5(出户外预留))↑	
		UPVC双壁消音管	De50	m	5.6	1.2↑+4.4(↑→)(接De110)	
1.2		WL-1立管					
		UPVC双壁消音管	De110	m	12	(10.3(出屋面处标高)+0.6+1.1)↓	
1.3		卫生间1及车库					
		UPVC双壁消音管	De110	m	0.9	(0.65↓+0.25)(接座便器)	
		UPVC双壁消音管	De50	m	3.25	0.65↓(接车库地漏)+0.65↓(接卫生间1外地漏)+0.65↓(接沐浴地漏)+0.65↓(接卫生间1地漏)+0.65↓(接洗衣机地漏)	

续表

序号	项目编码或定额号	项目名称	规格	单位	数量	计算式	备注 1
		UPVC 双壁消音管	De32	m	1.3	0.65↓(接车库洗脸盆)+0.65↓(接卫生间洗脸盆)	
1.4		卫生间 3					2
		UPVC 双壁消音管	De110	m	3.2	2.45←+(0.5↓+0.25→)(接座便器)	
		UPVC 双壁消音管	De50	m	2.3	0.8←+0.5↓(接浴盆)+0.5↓(接地漏)+0.5↓(沐浴器)	
		UPVC 双壁消音管	De32	m	0.5	0.5↓(接洗脸盆)	
2	031001006	W2 系统					
2.1		排出与水平干管					
		UPVC 双壁消音管(埋地)	De110(埋地)	m	3	1↓+(0.5+1.5(出户外预留))←	
2.2		WL-2 立管		m			
		UPVC 双壁消音管	De110	m	9.1	(7.4(出屋面处标高)+0.6+1.1)↓	
2.3		卫生间 2		m			
		UPVC 双壁消音管	De110	m	1.8	1.3←+0.5↓(接座便器)	
		UPVC 双壁消音管	De50	m	2.1	1.1←+0.5↓(接浴盆)+0.5↓(接地漏)	
		UPVC 双壁消音管	De32	m	0.5	0.5↓(接洗脸盆)	
3	031001006	W3 系统					
3.1		排出与水平干管					
		UPVC 双壁消音管(埋地)	De50	m	2.1	(0.6+1.5(出户外预留))↑	
3.2		厨房					
		UPVC 双壁消音管	De50	m	0.8	0.8↓(接洗涤盆)	
(二)		卫生器具					
1	031004003	台面式洗脸盆		套	5	5	
2	031004006	低水箱座便器		套	4	4	
3	031004001	浴盆		套	3	3	
4	031004010	成品沐浴器		套	3	3	
5	031004004	洗涤盆		套	1	1	
6	031004014	地漏	De50	只	6	6	
7	031004014	洗衣机专用地漏	De50	只	1	1	

3. Excel 中计算工程量，已知公式，显示结果的办法

假设 C 列为输入的没有等号公式(假设 C1 为“A1+B1”)，而相邻的 D 列是需要存放公式计算结果的地方(即 D1 显示 A1 和 B1 单元格相加的结果)。

(1) 选中 D1，然后打开“插入”菜单选择“名称”命令中的“定义”子命令，出现“定义名称”对话框。

(2) 在“在当前工作表中的名称”输入栏中输入定义的名称“Resultof Fomula”，在下方的“引用位置”编辑栏中输入“=EVALUATE(Sheet1! C1)”，单击[确认]按钮退出。

(3) 在 D1 中输入“=Resultof Fomula”，然后选中按住右下角的填充柄向下拉动填充即可。

提示：EVALUATE 是 Eexcel4.0 版的宏表函数，Excel 2000 和 Excel2002 中还支持，但只可用于名称定义中。

(4) 填充后要按[F9]进行重算，如果 C 列的公式有改动，也需要及时按[F9]进行重算。巧施妙计，就能让公式和结果在 Excel 中“和平共处”了。

(5) 在计算过程中用方括号进行标注的方法。

假设工作表名字为计算式，计算式放在 E 列，那么选中 E 列，插入名称，定义，名称输入 x，下面的栏中输入“=EVALUATE(SUBSTITUTE(SUBSTITUTE(计算式! $E:$E,"[","*ISTEXT(""["],")","]"")"))”，在结果列输入“=IF($E:$E="","",x)”。不过要记住，只能在数字的后面进行标注，也就是说，不能在运算符后面加标注，这一点也是符合我们的使用习惯的。

例如：

在清单工程量汇总表中，在 G 列输入计算公式(**此处不加标注，加标注以及自动汇总将在以下章中讲解。大家也可以结合清单工程量计算过程，试一下如何在有标注的情况下得到计算结果**)，如果想在 F 列中得到结果，方法是：

(1) 因为 F6 才有计算，因此选中 F6，然后打开“插入”菜单选择“名称”命令中的“定义”子命令，出现“定义名称”对话框。

(2) 在“在当前工作表中的名称”输入栏中输入定义的名称“汇总”，在下方的“引用位置”编辑栏中输入“=EVALUATE(清单工程量汇总表! G61)”，单击[确认]按钮退出。

(3) 在 F6 中输入“=汇总”，然后选中按住右下角的填充柄向下拉动填充即可。

(4) 填充后要按[F9]进行重算，如果 G 列的公式有改动，也需要及时按[F9]进行重算。

同样的方法，如果在计价工程量计算表中 G 列输入公式，那么在 F 列设置成果为计价量。

二、清单工程量汇总表

清单工程量汇总表

工程名称：某双拼别墅工程(安装工程之给排水工程)

序号	项目编码或定额号	项目名称	规格	单位	数量	计算式	备注 1
一		给水系统					
(一)		给水管道					
1	031001007001	钢塑复合管	De40	m	15.8	7.9*2	
2	031001007002	钢塑复合管	De32	m	10.6	5.3*2	
3	031001007003	钢塑复合管	De25	m	14.4	(5.6+1.6)*2	
4	031001007004	钢塑复合管	De20	m	22.4	(8.6+2.6)*2	
5	031001006001	PPR 管	De32	m	7.3	3.65*2	
6	031001006002	PPR 管	De25	m	43.6	(4.7+6+4.1+3.3+3.7)*2	
7	031001006003	PPR 管(保温)	De25	m	14	(4.5+2.5)*2	
8	031001006004	PPR 管	De20	m	29.42	(2.39+0.45+0.57+2.92+8.38)*2	
(二)		支架及其他					
1	031002003001	防水套管	DN150	个	16	8*2	

续表

序号	项目编码或定额号	项目名称	规格	单位	数量	计算式	备注1
2	031002003002	防水套管	DN80	个	2	1*2	
3	031002003003	防水套管	DN50	个	2	1*2	
4	031002003004	防水套管	DN32	个	10	5*2	
5	031002003005	一般钢套管	DN150	个	4	2*2	
6	031002003006	一般钢套管	DN50	个	2	1*2	
7	031002003007	一般钢套管	DN40	个	4	2*2	
(三)		管道附件					
1	031003013001	螺纹水表	DN32	组	2	1*2	
2	031003001001	螺纹截止阀	DN20	个	4	2*2	
(四)		管道防腐、保温					
	031208002001	橡塑管壳绝热层		m^3	0.042	0.021*2	
	031208007001	防潮层保护层安装玻璃布管道		m^2	21.04	10.52*2	
	031201006001	刷油		m^2	7.214	3.607*2	
二		排水系统					
(一)		排水管道					
1	031001006001	UPVC双壁消音管	De110	m	92	(12.8+12+0.9+3.2*2+3+9.1+1.8)*2	
2	031001006002	UPVC双壁消音管	De50	m	36.9	(5.6+3.25+2.3*2+2.1+2.1+0.8)*2	
3	031001006003	UPVC双壁消音管	De32	m	5.6	(1.3+0.5*2+0.5)*2	
(二)		卫生器具					
1	031004003001	台面式洗脸盆		套	10	5*2	
2	031004006001	低水箱坐便器		套	8	4*2	
3	031004001001	浴盆		套	6	3*2	
4	031004010001	成品沐浴器		套	6	3*2	
5	031004004001	洗涤盆		套	2	1*2	
6	031004014001	地漏	De50	只	12	6*2	
7	031004014002	洗衣机专用地漏	De50	只	2	1*2	

三、给排水工程量清单

某双拼别墅工程 工程

招标工程量清单

招　标　人：________________

（单位盖章）

造价咨询人：________________

（单位盖章）

2017年5月4日

给排水工程　工程

招标工程量清单

招　标　人：____________________
（单位盖章）

造价咨询人：____________________
（单位盖章）

2017 年 5 月 4 日

给排水工程　工程

招标工程量清单

招　标　人：____________________
（单位盖章）

造价咨询人：____________________
（单位资质专用章）

法定代表人
或其授权人：____________________
（签字或盖章）

法定代表人
或其授权人：____________________
（签字或盖章）

编　制　人：　　张晓东　　
（造价人员签字盖专用章）

复　核　人：　　俞振华　　
（造价工程师签字盖专用章）

编制时间：　2017 年 5 月 4 日

复核时间：　2017 年 5 月 4 日

总说明

工程名称：某双拼别墅工程　　　　第1页　共1页

一、工程概况

某双拼别墅工程建筑面积 520.27 m²；建筑层数为地下三层，无地下室；计划工期 180 天；施工地点是江苏省南京市。

施工现场情况、交通运输情况、自然地理条件、环境保护要求等由投标人自行前往现场踏勘了解。

二、工程招标范围

某双拼别墅施工图内全部内容，具体参见工程量清单。

三、工程量清单编制依据

(1)《建设工程工程量清单计价规范》(GB50500—2013)；

(2)《通用安装工程工程量计算规范》(GB50856—2013)；

(3)《房屋建筑与装饰工程工程量计算规范》(GB50854—2013)；

(4) 某双拼别墅的施工图纸及相关资料、施工图设计文件审查反馈意见表；

(5) 招标文件及补充通知、答疑纪要；

(6) 国(省)标准图集、相关工程施工验收规范、技术要求等相关资料；

(7)《江苏省建设工程造价管理办法》(江苏省人民政府令第 66 号)；

(8)《省住房城乡建设厅关于〈建设工程工程量清单计价规范〉(GB50500—2013)及其 9 本工程量计算规范的贯彻意见》(苏建价〔2014〕448 号)；

(9) 关于贯彻执行《建设工程工程量清单计价规范》(GB50500—2013)及其 9 本工程量计算规范和江苏省 2014 版计价定额、费用定额的通知(宁建建监字〔2014〕1052 号)；

(10) 其他相关资料。

四、其他需说明的问题

(1) 本清单工程量按设计施工图、设计文件审查反馈意见及图纸答疑所包含的全部工作内容编制(特别说明不包含的项目除外)；

(2) 清单中列明所采用标准图集号的项目均包括标准图集所包含的全部工作内容(特别说明不包含的项目除外)；

(3) 工程量清单描述不够详尽的，按现行相应规范与常规施工工艺考虑；

(4) 规费及税金等按照南京市有关规定执行。

分部分项工程和单价措施项目清单与计价表

工程名称：给排水工程　　　　标段：　　　　第 1 页　共 4 页

序号	项目编码	项目名称	项目特征描述	计量单位	工程量	金额(元)		
						综合单价	合价	其中 暂估价
			一 给水工程					
			(一) 给水管道					
1	031001007001	钢塑复合管 De40	1. 安装部位　室内 2. 介质　给水 3. 材质、规格 钢塑复合管 De40 4. 连接形式　丝扣连接 5. 压力试验及吹、洗设计要求　水压试验　消毒、冲洗	m	15.80			
2	031001007002	钢塑复合管 De32	1. 安装部位 室内 2. 介质 给水 3. 材质、规格 钢塑复合管 De32 4. 连接形式 丝扣连接 5. 压力试验及吹、洗设计要求 水压试验 消毒、冲洗	m	10.60			
3	031001007003	钢塑复合管 De25	1. 安装部位 室内 2. 介质 给水 3. 材质、规格 钢塑复合管 De25 4. 连接形式 丝扣连接 5. 压力试验及吹、洗设计要求 水压试验 消毒、冲洗	m	14.40			
4	031001007004	钢塑复合管 De20	1. 安装部位 室内 2. 介质 给水 3. 材质、规格 钢塑复合管 De20 4. 连接形式 丝扣连接 5. 压力试验及吹、洗设计要求　水压试验 消毒、冲洗	m	22.40			
5	031001006001	PPR 管 De32	1. 安装部位 室内 2. 介质 给水 3. 材质、规格 PPR De32 4. 连接形式 热熔 5. 压力试验及吹、洗设计要求 水压试验 消毒、冲洗	m	7.30			
6	031001006002	PPR 管 De25	1. 安装部位 室内 2. 介质 给水 3. 材质、规格 PPR De25 4. 连接形式 热熔 5. 压力试验及吹、洗设计要求 水压试验 消毒、冲洗	m	43.60			
7	031001006003	PPR 管 De25	1. 安装部位 室内 2. 介质 给水 3. 材质、规格 PPR De25 4. 连接形式 热熔连接 5. 压力试验及吹、洗设计要求 水压试验、消毒冲洗 6. 其他 保温处理	m	14.00			
			本页小计					
			合　计					

未来软件编制　　　　2017 年 05 月 04 日

续表

工程名称：给排水工程　　标段：　　第 2 页　共 4 页

序号	项目编码	项目名称	项目特征描述	计量单位	工程量	金额(元)		
						综合单价	合价	其中 暂估价
8	031001006004	PPR 管 De20	1. 安装部位 室内 2. 介质 给水 3. 材质、规格 PPR De20 4. 连接形式 热熔连接 5. 压力试验及吹、洗设计要求 水压试验、消毒冲洗	m	29.42			
		（二）支架及其他					2 572.54	
9	031002003001	刚性防水套管 DN150	1. 名称、类型 刚性防水套管 2. 材质 碳钢 3. 规格 DN150 4. 填料材质 油麻	个	16.00			
10	031002003002	刚性防水套管 DN80	1. 名称、类型 刚性防水套管 2. 材质 碳钢 3. 规格 DN80 4. 填料材质 油麻	个	2.00			
11	031002003003	刚性防水套管 DN50	1. 名称、类型 刚性防水套管 2. 材质 碳钢 3. 规格 DN50 4. 填料材质 油麻	个	2.00			
12	031002003004	刚性防水套管 DN32	1. 名称、类型 刚性防水套管 2. 材质 碳钢 3. 规格 DN32 4. 填料材质 油麻	个	10.00			
13	031002003005	一般钢套管 DN150	1. 名称、类型一般钢套管 2. 材质 碳钢 3. 规格 DN150 4. 填料材质 油麻	个	4.00			
14	031002003006	一般钢套管 DN50	1. 名称、类型一般钢套管 2. 材质 碳钢 3. 规格 DN50 4. 填料材质 油麻	个	2.00			
15	031002003007	一般钢套管 DN40	1. 名称、类型一般钢套管 2. 材质 碳钢 3. 规格 DN40 4. 填料材质 油麻	个	4.00			
		（三）管道附件						
16	031003013001	水表 DN32	1. 安装部位(室内外) 室内 2. 型号、规格 DN32 3. 连接形式 螺纹连接 4. 附件配置 截止阀 T11W—16T DN32	组	2.00			
17	031003001001	螺纹阀门 DN20	1. 类型 螺纹阀 2. 材质 铜 3. 规格、压力等级 DN20 4. 连接形式 螺纹	个	4.00			
本页小计								
合　计								

未来软件编制　　2017 年 05 月 04 日

续表

工程名称：给排水工程　　标段：　　第 3 页　共 4 页

序号	项目编码	项目名称	项目特征描述	计量单位	工程量	金额(元)		
						综合单价	合价	其中 暂估价
		（四）管道防腐、保温						
18	031208002001	管道绝热	1. 绝热材料品种 橡塑管壳 2. 绝热厚度 20 mm 3. 管道外径 最大 40 mm	m^3	0.042			
19	031208007001	防潮层、保护层	1. 材料 玻璃布 2. 厚度 1.2～1.5 3. 层数 2 层 4. 对象 管道	m^2	21.04			
20	031201006001	布面刷油	1. 布面品种 玻璃布 2. 油漆品种 环氧树脂 3. 涂刷遍数、漆膜厚度 3 遍 4. 涂刷部位 管道	m^2	7.214			
		二 排水工程						
		（一）排水管道						
21	031001006005	UPVC 双壁洗消音管 de110	1. 安装部位 室内 2. 介质 排水 3. 材质、规格 UPVC 双壁洗消音管 de110 4. 连接形式 粘接 5. 压力试验及吹、洗设计要求 灌水、通水试验	m	92.00			
22	031001006006	UPVC 双壁洗消音管 de50	1. 安装部位 室内 2. 介质 排水 3. 材质、规格 UPVC 双壁洗消音管 de50 4. 连接形式 粘接 5. 压力试验及吹、洗设计要求 灌水、通水试验	m	36.90			
23	031001006007	UPVC 双壁洗消音管 de32	1. 安装部位 室内 2. 介质 排水 3. 材质、规格 UPVC 双壁洗消音管 de32 4. 连接形式 粘接 5. 压力试验及吹、洗设计要求 灌水、通水试验	m	5.60			
		（二）卫生器具						
24	031004003001	洗脸盆	1. 材质 陶瓷 2. 规格、类型 立式 3. 组装形式 冷热水 4. 附件名称、数量 肘式开关	组	10.00			
25	031004006001	大便器	1. 材质 陶瓷 2. 规格、类型 坐式 3. 组装形式 铜管成品 4. 附件名称、数量 角阀 金属软管	组	8.00			
本页小计								
合　计								

未来软件编制　　2017 年 05 月 04 日

续表

工程名称:给排水工程　　标段:　　第4页　共4页

序号	项目编码	项目名称	项目特征描述	计量单位	工程量	金额(元)		
						综合单价	合价	其中 暂估价
26	031004001001	浴缸	1.材质 陶瓷 2.规格、类型 普通 3.组装形式 冷热水 4.附件名称、数量 回转龙头	组	6.00			
27	031004010001	淋浴器	1.材质、规格 不锈钢 2.组装形式 钢管组成	套	6.00			
28	031004004001	洗涤盆	1.材质 陶瓷 2.规格、类型 立式 3.组装形式 冷热水 4.附件名称、数量 回转龙头	组	2.00			
29	031004014001	地漏	1.材质 不锈钢地漏 2.型号、规格 DN50 3.安装方式 粘接	个	12.00			
30	031004014002	洗衣机专用地漏	1.材质 不锈钢 2.型号、规格 DN50 3.安装方式 粘接	个	2.00			
			分部分项合计					
31	031301017001	脚手架搭拆		项	1.00			
			单价措施合计					
			本页小计					
			合　计					

未来软件编制　　2017年05月04日

总价措施项目清单与计价表

工程名称:给排水工程　　标段:　　第1页　共1页

序号	项目编码	项目名称	计算基础	费率(%)	金额(元)	调整费率(%)	调整后金额(元)	备注
1	031302001001	安全文明施工基本费						
2	031302001002	安全文明施工省级标化增加费						
3	031302002001	夜间施工						
4	031302003001	非夜间施工照明						
5	031302005001	冬雨季施工						
6	031302006001	已完工程及设备保护						
7	031302008001	临时设施						
8	031302009001	赶工措施						
9	031302010001	工程按质论价						
10	031302011001	住宅分户验收						
合　计								

编制人(造价人员):张晓东　　复核人(造价工程师):俞振华

未来软件编制　　2017年05月04日

其他项目清单与计价汇总表

工程名称:给排水工程　　标段:　　第1页　共1页

序号	项　目　名　称	金额(元)	结算金额(元)	备注
1	暂列金额			明细详见表—12—1
2	暂估价			
2.1	材料(工程设备)暂估价	—		明细详见表—12—2
2.2	专业工程暂估价			明细详见表—12—3
3	计日工			明细详见表—12—4
4	总承包服务费			明细详见表—12—5
合　计				—

未来软件编制　　2017年05月04日

暂列金额明细表

工程名称:给排水工程　　　　标段:　　　　第1页　共1页

序号	项　目　名　称	计量单位	暂定金额(元)	备注
合　计				—

未来软件编制　　　　2017年05月04日

表—12—1

材料(工程设备)暂估单价及调整表

工程名称:给排水工程　　　　标段　　　　第1页　共1页

序号	材料编码	材料(工程设备)名称、规格、型号	计量单位	数量		暂估(元)		确认(元)		差额±(元)		备注
				投标	确认	单价	合价	单价	合价	单价	合价	
合　计												

未来软件编制　　　　2017年05月04日

表—12—2

专业工程暂估价及结算价表

工程名称:给排水工程　　　　标段:　　　　第1页　共1页

序号	工程名称	工程内容	暂估金额(元)	结算金额(元)	差额±(元)	备注
合　计						—

未来软件编制　　　　2017年05月04日

表—12—3

计日工表

工程名称:给排水工程　　　　标段:　　　　第1页　共1页

编号	项目名称	单位	暂定数量	实际数量	综合单价(元)	合价(元)	
						暂定	实际
一	人工						
人工小计							
二	材料						
材料小计							
三	机械						
施工机械小计							
总　计							

未来软件编制　　　　2017年05月04日

表—12—4

总承包服务费计价表

工程名称:给排水工程　　　　标段:　　　　第1页　共1页

序号	项目名称	项目价值(元)	服务内容	计算基础	费率(%)	金额(元)
合　计					—	

未来软件编制　　　　2017年05月04日

表—12—5

规费、税金项目计价表

工程名称：给排水工程　　标段：　　第1页　共1页

序号	项目名称	计算基础	计算基数(元)	计算费率(%)	金额(元)
1	规　费	分部分项工程费＋措施项目费＋其他项目费－除税工程设备费			
1.1	社会保险费			2.4	
1.2	住房公积金			0.42	
1.3	工程排污费			0.1	
2	税　金	分部分项工程费＋措施项目费＋其他项目费＋规费－(甲供材料费＋甲供设备费)/1.01		11	
合　计					

未来软件编制　　2017年05月04日

发包人提供材料和工程设备一览表

工程名称：给排水工程　　标段：　　第1页　共1页

序号	材料编码	材料(工程设备)名称、规格、型号	单位	数量	单价(元)	合价(元)	交货方式	送达地点	备注
合　计									

未来软件编制　　2017年05月04日

工作任务三　给排水工程招标控制价编制

一、给排水工程计价工程量计算

计价工程量计算表

工程名称：某双拼别墅工程(安装工程之给排水工程)(列出主材价格仅仅是为后面方便输入造价软件)

序号	项目编码或定额号	项目名称	规格	单位	数量	计算式	备注	主材价格
一		给水工程						
(一)		给水管道						
1	031001007001	钢塑复合管	De40	m	15.80	7.9*2		
	10-173	钢塑复合管安装	De40	m	15.80	7.9*2		44.93
	10-371	管道消毒、冲洗	De40	m	15.80	7.9*2		
2	031001007002	钢塑复合管	De32	m	10.60	5.3*2		
	10-172	钢塑复合管安装	De32	m	10.60	5.3*2		31.96
	10-371	管道消毒、冲洗	De32	m	10.60	5.3*2		
3	031001007003	钢塑复合管	De25	m	14.40	(0.3+5.3+1.6)*2		
	10-171	钢塑复合管安装	De25	m	14.40	(0.3+5.3+1.6)*2		16
	10-371	管道消毒、冲洗	De25	m	14.40	(0.3+5.3+1.6)*2		
4	031001007004	钢塑复合管	De20	m	22.40	(8.6+2.6)*2		
	10-170	钢塑复合管安装	De20	m	22.40	(8.6+2.6)*2		10
	10-371	管道消毒、冲洗	De20	m	22.40	(8.6+2.6)*2		
5	31001006001	PPR 管	De32	m	7.30	3.65*2		
	10-235	PPR 管安装	De32	m	7.30	3.65*2		10.5
	10-371	管道消毒、冲洗	De32	m	7.30	3.65*2		
6	31001006002	PPR 管	De25	m	43.60	(4.7+6+4.1+3.3+3.7)*2		
	10-234	PPR 管安装	De25	m	43.60	(4.7+6+4.1+3.3+3.7)*2		6.5
	10-371	管道消毒、冲洗	De25	m	43.60	(4.7+6+4.1+3.3+3.7)*2		
7	31001006003	PPR 管	De25	m	14.00	(4.5+2.5)*2		
	10-234	PPR 管安装	De25	m	14.00	(4.5+2.5)*2		10.26
	10-371	管道消毒、冲洗	De25	m	14.00	(4.5+2.5)*2		
8	31001006004	PPR 管	De20	m	29.42	(2.39+0.45+0.57+2.92+8.38)*2		
	10-233	PPR 管安装	De20	m	29.42	(2.39+0.45+0.57+2.92+8.38)*2		4.32

续表

序号	项目编码或定额号	项目名称	规格	单位	数量	计算式	备注	主材价格
	10-371	管道消毒、冲洗	De20	m	29.42	(2.39+0.45+0.57+2.92+8.38)*2		
(二)		支架及其他						
1	031002003001	防水钢套管	DN150	个	16.00	8*2		
	10-391	出屋面防水套管	DN150	个	16.00	8*2		
2	031002003002	防水钢套管	DN80	个	2.00	1*2		
	10-389	防水套管	DN80	个	2.00	1*2		
3	031002003003	防水钢套管	DN50	个	2.00	1*2		
	10-388	防水套管	DN50	个	2.00	1*2		
4	031002003004	防水钢套管	DN32	个	10.00	5*2		
	10-388	防水钢套管	DN32	个	10.00	5*2		
5	031002003005	一般钢套管	DN150	个	4.00	2*2		
	10-400	一般钢套管	DN150	个	4.00	2*2		
6	031002003006	一般钢套管	DN50	个	2.00	1*2		
	10-397	一般钢套管	DN50	个	2.00	1*2		
8	031002003007	一般钢套管	DN40	个	4.00	2*2		
	10-396	一般钢套管	DN40	个	4.00	2*2		
(三)		管道附件						
1	031003013001	螺纹水表	DN32	组	2.00	1*2		
	10-629	螺纹水表直径	DN32	组	2.00	1*2		65
2	031003001001	螺纹截止阀	DN20	个	4.00	2*2		
	10-419	螺纹阀门	DN20	个	4.00	2*2		26.98
(四)		管道防腐、保温						
	031208002001	橡塑管壳绝热层		m^3	0.04	0.021*2		
	11-1829	橡塑管壳绝热层		m^3	0.04	0.021*2		2800、1.2
	031208007002	防潮层保护层 安装玻璃布管道		m^2	21.04	10.52*2		
	11-2161	防潮层保护层 安装玻璃布管道		m^2	21.04	10.52*2		2.75
	031201006003	刷油		m^2	7.21	3.607*2		
	11-80	玻璃布白布面刷管道油冷底子 第一遍		m^2	7.21	3.607*2		

续表

序号	项目编码或定额号	项目名称	规格	单位	数量	计算式	备注	主材价格
	11-250	玻璃布白布面刷管道油沥青漆 第一遍		m^2	7.21	3.607＊2		14
	11-251	玻璃布白布面刷管道油沥青漆 第二遍		m^2	7.21	3.607＊2		
二		排水系统						
(一)		排水管道						
1	031001006001	UPVC双壁消音管	De110	m	92.00	(12.8+12+0.9+3.2＊2+3.0+9.1+1.8)＊2		
	10-311	承插塑料排水管零件粘接	De110	m	92.00	(12.8+12+0.9+3.2＊2+3.0+9.1+1.8)＊2		31.12、15.18
2	031001006002	UPVC双壁消音管	De50	m	36.90	(5.6+3.25+2.3＊2+2.1+2.1+0.8)＊2		
	10-309	承插塑料排水管零件粘接	De50	m	36.90	(5.6+3.25+2.3＊2+2.1+2.1+0.8)＊2		10.27、6.18
3	031001006003	UPVC双壁消音管	De32	m	5.6	(1.3+0.5＊2+0.5)＊2		
	10-309	承插塑料排水管零件粘接	De32	m	5.6	(1.3+0.5＊2+0.5)＊2		8.18、4.68
(二)		卫生器具						
1	031004003001	台面式洗脸盆		套	10.00	5＊2		
	10-673	洗脸盆钢管组成冷热水		套	10.00	5＊2		220、38、12、8、10
2	031004006001	低水箱座便器		套	8.00	4＊2		
	10-705	坐式大便器低水箱坐便		套	8.00	4＊2		800、38、15
3	031004001001	浴盆		套	6.00	3＊2		
	10-664	搪瓷浴盆冷热水		套	6.00	3＊2		1280、18、24
4	031004010001	成品沐浴器		套	6.00	3＊2		
	10-718	淋浴器钢管组成冷热水		套	6.00	3＊2		180
5	031004004001	洗涤盆		套	2.00	1＊2		
	10-682	洗涤盆回转混合龙头		套	2.00	1＊2		180、18
6	031004014001	地漏	De50	只	12.00	6＊2		
	10-749	地漏	De50	只	12.00	6＊2		28
7	031004014002	洗衣机专用地漏	De50	只	2.00	1＊2		
	10-749	洗衣机地漏	De50	只	2.00	1＊2		36

二、给排水工程招标控制价

某双拼别墅工程　工程

招标控制价

招　标　人：＿＿＿＿＿＿＿＿＿＿

（单位盖章）

造价咨询人：＿＿＿＿＿＿＿＿＿＿

（单位盖章）

2017年5月4日

给排水工程　工程

招标控制价

招　标　人：________________

（单位盖章）

造价咨询人：________________

（单位盖章）

2017 年 5 月 4 日

给排水工程　工程

招标控制价

招标控制价（小写）：45565.26

（大写）：肆万伍仟伍佰陆拾伍元贰角陆分

招　标　人：________________

（单位盖章）

造价咨询人：________________

（单位资质专用章）

法定代表人

或其授权人：________________

（签字或盖章）

法定代表人

或其授权人：________________

（签字或盖章）

编　制　人：张晓东

（造价人员签字盖专用章）

复　核　人：俞振华

（造价工程师签字盖专用章）

编制时间：　2017 年 5 月 4 日

复核时间：　2017 年 5 月 4 日

工程计价(招标控制价)总说明

工程名称:某双拼别墅工程 **第1页 共1页**

一、工程概况

某双拼别墅工程建筑面积520.27平方米;建筑层数为地上三层,无地下室;计划工期180天;施工地点是江苏省南京市。

施工现场情况、交通运输情况、自然地理条件、环境保护要求已经现场踏勘并查询了相关资料。

二、招标控制价范围

某双拼别墅施工图内及工程量清单所示内容。

三、招标控制价编制依据

(1)《建设工程工程量清单计价规范》(GB50500—2013);

(2)某双拼别墅的施工图纸及相关资料、施工图设计文件审查反馈意见表;

(3)招标文件及补充通知、答疑纪要;

(4)国(省)标准图集、相关工程施工验收规范、技术要求等相关资料;

(5)《江苏省建设工程造价管理办法》(江苏省人民政府令第66号);

(6)省住房城乡建设厅关于《建设工程工程量清单计价规范》(GB50500—2013)及其9本工程量计算规范的贯彻意见(苏建价〔2014〕448号);

(7)关于贯彻执行《建设工程工程量清单计价规范》(GB50500—2013)及其9本工程量计算规范和江苏省2014版计价定额、费用定额的通知(宁建建监字〔2014〕1052号);

(8)《江苏省安装工程计价定额》(2014)

(9)《江苏省建设工程费用定额》(2014)

(10)施工现场情况、工程特点及施工常规做法;

(11)其他相关资料。

四、其他需说明的问题

(1)规费及税金等按照南京市有关规定执行。现场安全文明施工措施费按省级标化增加考虑;

(2)仅为教学需要,人工工日单价未作调整,实际工程根据当时的调价文件调差;

(3)材料价格执行南京市2017年3月建设材料市场指导价格,缺项部分按市场价调整。

单位工程招标控制价汇总表

工程名称:给排水工程 标段: 第1页 共1页

序号	汇 总 内 容	金额(元)	其中:暂估价(元)
1	分部分项工程	36876.81	
1.1	人工费	6526.27	
1.2	材料费	26721.23	
1.3	施工机具使用费	105.12	
1.4	企业管理费	2610.49	
1.5	利润	913.64	

续表

序号	汇 总 内 容	金额(元)	其中:暂估价(元)
2	措施项目	3008.32	—
2.1	单价措施项目费	381.58	—
2.2	总价措施项目费	2626.74	
2.2.1	其中:安全文明施工措施费	633.40	
3	其他项目		—
3.1	其中:暂列金额		—
3.2	其中:专业工程暂估价		—
3.3	其中:计日工		—
3.4	其中:总承包服务费		—
4	规费	1164.65	—
4.1	社会保险费	957.24	—
4.2	住房公积金	167.52	—
4.3	工程排污费	39.89	—
5	税金	4515.48	—
招标控制价合计=1+2+3+4+5		45565.26	

未来软件编制 2017年05月04日

分部分项工程和单价措施项目清单与计价表

工程名称:给排水工程 标段: 第1页 共4页

序号	项目编码	项目名称	项目特征描述	计量单位	工程量	金额(元)		
						综合单价	合价	其中 暂估价
		一 给水工程					8575.63	
		(一) 给水管道					5110.36	
1	031001007001	钢塑复合管De40	1.安装部位 室内 2.介质 给水 3.材质、规格 钢塑复合管 De40 4.连接形式 丝扣连接 5.压力试验及吹、洗设计要求 水压试验消毒、冲洗	m	15.80	73.07	1154.51	
2	031001007002	钢塑复合管De32	1.安装部位 室内 2.介质 给水 3.材质、规格 钢塑复合管 De32 4.连接形式 丝扣连接 5.压力试验及吹、洗设计要求 水压试验 消毒、冲洗	m	10.60	60.97	646.28	
3	031001007003	钢塑复合管De25	1.安装部位 室内 2.介质 给水 3.材质、规格 钢塑复合管 De25 4.连接形式 丝扣连接 5.压力试验及吹、洗设计要求 水压试验 消毒、冲洗	m	14.40	41.05	591.12	
		本页小计						
		合 计						

未来软件编制 2017年05月04日

续表

工程名称:给排水工程　　标段:　　第2页　共4页

序号	项目编码	项目名称	项目特征描述	计量单位	工程量	金额(元)		
						综合单价	合价	其中 暂估价
4	031001007004	钢塑复合管De20	1.安装部位 室内 2.介质 给水 3.材质、规格 钢塑复合管 De20 4.连接形式 丝扣连接 5.压力试验及吹、洗设计要求 水压试验 消毒、冲洗	m	22.40	36.83	824.99	
5	031001006001	PPR管De32	1.安装部位 室内 2.介质 给水 3.材质、规格 PPR De32 4.连接形式 热熔 5.压力试验及吹、洗设计要求 水压试验 消毒、冲洗	m	7.30	24.80	181.04	
6	031001006002	PPR管De25	1.安装部位 室内 2.介质 给水 3.材质、规格 PPR De25 4.连接形式 热熔 5.压力试验及吹、洗设计要求 水压试验 消毒、冲洗	m	43.60	19.79	862.84	
7	031001006003	PPR管De25(保温)	1.安装部位 室内 2.介质 给水 3.材质、规格 PPR De25 4.连接形式 热熔连接 5.压力试验及吹、洗设计要求 水压试验、消毒冲洗 6.其他 保温处理	m	14.00	23.09	323.26	
8	031001006004	PPR管De20	1.安装部位 室内 2.介质 给水 3.材质、规格 PPR De20 4.连接形式 热熔连接 5.压力试验及吹、洗设计要求 水压试验、消毒冲洗	m	29.42	17.89	526.32	
		(二)支架及其他					2486.76	
9	031002003001	刚性防水套管DN 150	1.名称、类型 刚性防水套管 2.材质 碳钢 3.规格 DN150 4.填料材质 油麻	个	16.00	86.67	1386.72	
10	031002003002	刚性防水套管DN80	1.名称、类型 刚性防水套管 2.材质 碳钢 3.规格 DN80 4.填料材质 油麻	个	2.00	55.04	110.08	
11	031002003003	刚性防水套管DN50	1.名称、类型 刚性防水套管 2.材质 碳钢 3.规格 DN50 4.填料材质 油麻	个	2.00	48.73	97.46	
		本页小计						
		合　计						

未来软件编制　　2017年05月04日

续表

工程名称:给排水工程　　标段:　　第3页　共4页

序号	项目编码	项目名称	项目特征描述	计量单位	工程量	金额(元)		
						综合单价	合价	其中 暂估价
12	031002003004	刚性防水套管DN32	1.名称、类型 刚性防水套管 2.材质 碳钢 3.规格 DN32 4.填料材质 油麻	个	10.00	46.53	465.30	
13	031002003005	一般钢套管DN150	1.名称、类型一般钢套管 2.材质 碳钢 3.规格 DN150 4.填料材质 油麻	个	4.00	66.00	264.00	
14	031002003006	一般钢套管DN50	1.名称、类型一般钢套管 2.材质 碳钢 3.规格 DN50 4.填料材质 油麻	个	2.00	28.06	56.12	
15	031002003007	一般钢套管DN40	1.名称、类型一般钢套管 2.材质 碳钢 3.规格 DN40 4.填料材质 油麻	个	4.00	26.77	107.08	
		(三)管道附件					460.78	
16	031003013001	水表DN32	1.安装部位(室内外)室内 2.型号、规格 DN32 3.连接形式 螺纹连接 4.附件配置 截止阀 T11W－16T DN32	组	2.00		301.06	
17	031003001001	螺纹阀门DN20	1.类型 螺纹阀 2.材质 铜 3.规格、压力等级 DN20 4.连接形式 螺纹	个	4.00		159.72	
		(四)管道防腐、保温					517.73	
18	031208002001	管道绝热	1.绝热材料品种 橡塑管壳 2.绝热厚度 20 mm 3.管道外径 最大40 mm	m^3	0.042	3051.43	128.16	
19	031208007001	防潮层、保护层	1.材料 玻璃布 2.厚度 1.2～1.5 3.层数 2层 4.对象 管道	m^2	21.04	7.42	156.12	
20	031201006001	布面刷油	1.布面品种 玻璃布 2.油漆品种 环氧树脂 3.涂刷遍数、漆膜厚度 3遍 4.涂刷部位 管道	m^2	7.214	32.36	233.45	
		二 排水工程					28301.18	
		(一)排水管道					7433.32	
21	031001006005	UPVC双壁洗消音管de110	1.安装部位 室内 2.介质 排水 3.材质、规格 UPVC双壁洗消音管 de110 4.连接形式 粘接 5.压力试验及吹、洗设计要求 灌水、通水试验	m	92.00	66.21	6091.32	
		本页小计						
		合　计						

未来软件编制　　2017年05月04日

续表

工程名称：给排水工程　　　　标段：　　　　第 2 页　共 4 页

序号	项目编码	项目名称	项目特征描述	计量单位	工程量	金额(元)		
						综合单价	合价	其中 暂估价
22	031001006006	UPVC 双壁洗消音管 de50	1. 安装部位 室内 2. 介质 排水 3. 材质、规格 UPVC 双壁洗消音管 de50 4. 连接形式 粘接 5. 压力试验及吹、洗设计要求 灌水、通水试验	m	36.90	31.96	1179.32	
23	031001006007	UPVC 双壁洗消音管 de32	1. 安装部位 室内 2. 介质 排水 3. 材质、规格 UPVC 双壁洗消音管 de32 4. 连接形式 粘接 5. 压力试验及吹、洗设计要求 灌水、通水试验	m	5.60	29.05	162.68	
			（二）卫生器具				20867.86	
24	031004003001	洗脸盆	1. 材质 陶瓷 2. 规格、类型 立式 3. 组装形式 冷热水 4. 附件名称、数量 肘式开关	组	10.00	359.74	3597.40	
25	031004006001	大便器	1. 材质 陶瓷 2. 规格、类型 坐式 3. 组装形式 铜管成品 4. 附件名称、数量 角阀 金属软管	组	8.00	864.39	6915.12	
26	031004001001	浴缸	1. 材质 陶瓷 2. 规格、类型 普通 3. 组装形式 冷热水 4. 附件名称、数量 回转龙头	组	6.00	1249.86	7499.16	
27	031004010001	淋浴器	1. 材质、规格 不锈钢 2. 组装形式 钢管组成	套	6.00	277.12	1662.72	
28	031004004001	洗涤盆	1. 材质 陶瓷 2. 规格、类型 立式 3. 组装形式 冷热水 4. 附件名称、数量 回转龙头	组	2.00	284.73	569.46	
29	031004014001	地漏	1. 材质 不锈钢地漏 2. 型号、规格 DN50 3. 安装方式 粘接	个	12.00	43.59	523.08	
30	031004014002	洗衣机专用地漏	1. 材质 不锈钢 2. 型号、规格 DN50 3. 安装方式 粘接	个	2.00	50.46	100.92	
			分部分项合计				36876.81	
31	031301017001	脚手架搭拆		项	1.00	381.58	381.58	
			单价措施合计					
			本页小计					
			合　计					

未来软件编制　　　　2017 年 05 月 04 日

综合单价分析表

工程名称：给排水工程

项目编码	031001007001	项目名称	钢塑复合管 De40	计量单位	m	工程量	15.8

清单综合单价组成明细

定额编号	定额项目名称	定额单位	数量	单价 人工费	单价 材料费	单价 机械费	单价 管理费	单价 利润	合价 人工费	合价 材料费	合价 机械费	合价 管理费	合价 利润
10—173	室内给排水、采暖镀锌钢塑复合管（螺纹连接）DN32	10 m	0.1	170.2	63.74	3.94	68.08	23.83	17.02	6.37	0.39	6.81	2.38
10—371	管道消毒冲洗 DN50	100 m	0.01	36.27	23.16		14.49	5.06	0.36	0.23		0.14	0.05
综合人工工日				小　计					17.38	6.6	0.39	6.95	2.43
0.234 9 工日				未计价材料费					39.3				
清单项目综合单价									73.07				

材料费明细	主要材料名称、规格、型号	单位	数量	单价(元)	合价(元)	暂估单价(元)	暂估合价(元)
	钢塑复合管　DN32	m	1.02	38.53	39.3		
	室内镀锌钢塑复合管接头零件　DN32	个	0.803	6.2	4.98		
	铅油	kg	0.012	14.58	0.17		
	管子托钩　DN32	个	0.116	1.54	0.18		
	型钢	kg	0.08	3.5	0.28		
	膨胀螺栓　M8	套	0.353	0.3	0.11		
	电焊条　J422 ϕ3.2	kg	0.009	4.97	0.04		
	氧气	m^3	0.004	2.83	0.01		
	乙炔气	kg	0.002	15.44	0.03		
	水	m^3	0.059	4.57	0.27		
	防锈漆	kg	0.004	12.86	0.05		
	调和漆	kg	0.002	11.15	0.02		
	尼龙砂轮片　ϕ400	片	0.005	8.66	0.04		
	汽油	kg	0.001	9.12	0.01		
	机油	kg	0.017	7.72	0.13		
	线麻	kg	0.0012	10.29	0.01		
	钢锯条	根	0.241	0.21	0.05		
	其他材料费	元	0.208	1	0.21		
	漂白粉	kg	0.0009	3.43			
	其他材料费			—	−0.01	—	
	材料费小计			—	45.9	—	

续表

项目编码	031001007002	项目名称	钢塑复合管 De32	计量单位	m	工程量	10.6

清单综合单价组成明细													
定额编号	定额项目名称	定额单位	数量	单价					合价				
				人工费	材料费	机械费	管理费	利润	人工费	材料费	机械费	管理费	利润
10-172	室内给排水、采暖镀锌钢塑复合管（螺纹连接）DN25	10 m	0.1	170.2	57.99	2.1	68.08	23.83	17.02	5.8	0.21	6.81	2.38
10-371	管道消毒冲洗 DN50	100 m	0.01	36.23	23.11		14.53	5.09	0.36	0.23		0.15	0.05
综合人工工日	小计								17.38	6.03	0.21	6.96	2.43
0.2349 工日	未计价材料费								27.96				
清单项目综合单价									60.97				

材料费明细	主要材料名称、规格、型号	单位	数量	单价(元)	合价(元)	暂估单价(元)	暂估合价(元)
	钢塑复合管　DN25	m	1.02	27.41	27.96		
	室内镀锌钢塑复合管接头零件　DN25	个	0.978	4.72	4.62		
	铅油	kg	0.013	14.58	0.19		
	管子托钩　DN25	个	0.116	1.31	0.15		
	型钢	kg	0.06	3.5	0.21		
	膨胀螺栓　M8	套	0.305	0.3	0.09		
	电焊条　J422 $\phi3.2$	kg	0.004	4.97	0.02		
	氧气	m^3	0.002	2.83	0.01		
	乙炔气	kg	0.001	15.44	0.02		
	水	m^3	0.058	4.57	0.27		
	防锈漆	kg	0.002	12.86	0.03		
	调和漆	kg	0.001	11.15	0.01		
	尼龙砂轮片　$\phi400$	片	0.005	8.66	0.04		
	汽油	kg	0.001	9.12	0.01		
	机油	kg	0.017	7.72	0.13		
	线麻	kg	0.0013	10.29	0.01		
	钢锯条	根	0.255	0.21	0.05		
	其他材料费	元	0.174	1	0.17		
	漂白粉	kg	0.0009	3.43			
	其他材料费			—		—	
	材料费小计			—	33.99	—	

续表

项目编码	031001007003	项目名称	钢塑复合管 De25	计量单位	m	工程量	14.4

清单综合单价组成明细													
定额编号	定额项目名称	定额单位	数量	单价					合价				
				人工费	材料费	机械费	管理费	利润	人工费	材料费	机械费	管理费	利润
10-171	室内给排水、采暖镀锌钢塑复合管（螺纹连接）DN20	10 m	0.1	141.34	43.73	1.28	56.54	19.79	14.13	4.37	0.13	5.65	1.98
10-371	管道消毒冲洗 DN50	100 m	0.01	36.25	23.19		14.15	5.07	0.36	0.23		0.15	0.05
综合人工工日	小计								14.49	4.6	0.13	5.8	2.03
0.1959 工日	未计价材料费								13.99				
清单项目综合单价									41.05				

材料费明细	主要材料名称、规格、型号	单位	数量	单价(元)	合价(元)	暂估单价(元)	暂估合价(元)
	钢塑复合管　DN20	m	1.02	13.72	13.99		
	室内镀锌钢塑复合管接头零件　DN20	个	1.152	2.9	3.34		
	铅油	kg	0.012	14.58	0.17		
	管子托钩　DN20	个	0.144	1.14	0.16		
	型钢	kg	0.042	3.5	0.15		
	膨胀螺栓　M8	套	0.233	0.3	0.07		
	电焊条　J422 $\phi3.2$	kg	0.002	4.97	0.01		
	氧气	m^3	0.001	2.83			
	乙炔气	kg	0.001	15.44	0.02		
	水	m^3	0.056	4.57	0.26		
	防锈漆	kg	0.001	12.86	0.01		
	调和漆	kg	0.001	11.15	0.01		
	汽油	kg	0.001	9.12	0.01		
	机油	kg	0.02	7.72	0.15		
	线麻	kg	0.0012	10.29	0.01		
	钢锯条	根	0.341	0.21	0.07		
	其他材料费	元	0.15	1	0.15		
	漂白粉	kg	0.0009	3.43			
	其他材料费			—	−0.01	—	
	材料费小计			—	18.59	—	

续表

项目编码	031001007004	项目名称	钢塑复合管 De20	计量单位	m	工程量	22.4

清单综合单价组成明细

定额编号	定额项目名称	定额单位	数量	单价					合价				
				人工费	材料费	机械费	管理费	利润	人工费	材料费	机械费	管理费	利润
10—170	室内给排水、采暖镀锌钢塑复合管（螺纹连接）DN15	10 m	0.1	141.34	53.92	1.28	56.54	19.79	14.13	5.39	0.13	5.65	1.98
10—371	管道消毒冲洗 DN50	100 m	0.01	36.25	23.17		14.51	5.09	0.36	0.23		0.16	0.05
综合人工工日		小　计							14.49	5.62	0.13	5.8	2.03
0.1959 工日		未计价材料费							8.75				
清单项目综合单价									36.83				

材料费明细	主要材料名称、规格、型号	单位	数量	单价(元)	合价(元)	暂估单价(元)	暂估合价(元)
	钢塑复合管　DN15	m	1.02	8.58	8.75		
	室内镀锌钢塑复合管接头零件　DN15	个	1.637	2.65	4.34		
	铅油	kg	0.014	14.58	0.2		
	管子托钩　DN15	个	0.146	1.01	0.15		
	型钢	kg	0.04	3.5	0.14		
	膨胀螺栓　M8	套	0.22	0.3	0.07		
	电焊条　J422 ϕ3.2	kg	0.002	4.97	0.01		
	氧气	m^3	0.001	2.83			
	乙炔气	kg	0.001	15.44	0.02		
	水	m^3	0.055	4.57	0.25		
	防锈漆	kg	0.001	12.86	0.01		
	调和漆	kg	0.001	11.15	0.01		
	汽油	kg	0.001	9.12	0.01		
	机油	kg	0.023	7.72	0.18		
	线麻	kg	0.0014	10.29	0.01		
	钢锯条	根	0.39	0.21	0.08		
	其他材料费	元	0.139	1	0.14		
	漂白粉	kg	0.0009	3.43			
	其他材料费			—	−0.01	—	
	材料费小计			—	14.37	—	

续表

项目编码	031001006001	项目名称	PPR 管 De32	计量单位	m	工程量	7.3

清单综合单价组成明细

定额编号	定额项目名称	定额单位	数量	单价					合价				
				人工费	材料费	机械费	管理费	利润	人工费	材料费	机械费	管理费	利润
10—235	室内给水塑料管（热溶、电溶连接）25/32	10 m	0.1	87.32	13.32	0.53	34.93	12.22	8.73	1.33	0.05	3.49	1.22
10—371	管道消毒冲洗 DN50	100 m	0.01	36.3	23.15		14.52	5.07	0.36	0.23		0.15	0.05
综合人工工日		小　计							9.09	1.56	0.05	3.64	1.27
0.1229 工日		未计价材料费							9.18				
清单项目综合单价									24.8				

材料费明细	主要材料名称、规格、型号	单位	数量	单价(元)	合价(元)	暂估单价(元)	暂估合价(元)
	PP—R 给水管　25	m	1.02	9	9.18		
	管子托钩　DN25	个	0.925	1.31	1.21		
	其他材料费	元	0.1205	1	0.12		
	漂白粉	kg	0.0009	3.43			
	水	m^3	0.05	4.57	0.23		
	其他材料费			—		—	
	材料费小计			—	10.74	—	

项目编码	031001006002	项目名称	PPR 管 De25	计量单位	m	工程量	43.6

清单综合单价组成明细

定额编号	定额项目名称	定额单位	数量	单价					合价				
				人工费	材料费	机械费	管理费	利润	人工费	材料费	机械费	管理费	利润
10—234	室内给水塑料管（热溶、电溶连接）20/25	10 m	0.1	76.96	14.17	0.54	30.78	10.77	7.7	1.42	0.05	3.08	1.08
10—371	管道消毒冲洗 DN50	100 m	0.01	36.26	23.17		14.5	5.07	0.36	0.23		0.15	0.05
综合人工工日		小　计							8.06	1.65	0.05	3.23	1.13
0.108 9 工日		未计价材料费							5.68				
清单项目综合单价									19.79				

材料费明细	主要材料名称、规格、型号	单位	数量	单价(元)	合价(元)	暂估单价(元)	暂估合价(元)
	PP—R 给水管　20	m	1.02	5.57	5.68		
	管子托钩　DN20	个	1.141	1.14	1.3		
	其他材料费	元	0.116	1	0.12		
	漂白粉	kg	0.0009	3.43			
	水	m^3	0.05	4.57	0.23		
	其他材料费			—		—	
	材料费小计			—	7.33	—	

续表

项目编码	031001006003	项目名称	PPR 管 De25(保温)			计量单位	m	工程量	14		
清单综合单价组成明细											
定额编号	定额项目名称	定额单位	数量	单价					合价		
				人工费	材料费	机械费	管理费	利润	人工费	材料费	机械费	管理费	利润
10—234	室内给水塑料管(热溶、电溶连接)20/25	10 m	0.1	76.96	14.17	0.54	30.78	10.77	7.7	1.42	0.05	3.08	1.08
10—371	管道消毒冲洗 DN50	100 m	0.01	36.29	23.14		14.5	5.07	0.36	0.23		0.15	0.05
综合人工工日	小　计								8.06	1.65	0.05	3.23	1.13
0.108 9 工日	未计价材料费								8.98				
清单项目综合单价									23.09				

材料费明细	主要材料名称、规格、型号	单位	数量	单价(元)	合价(元)	暂估单价(元)	暂估合价(元)
	PP—R 给水管　20	m	1.02	8.8	8.98		
	管子托钩　DN20	个	1.141	1.14	1.3		
	其他材料费	元	0.116	1	0.12		
	漂白粉	kg	0.0009	3.43			
	水	m^3	0.05	4.57	0.23		
	其他材料费			—	0.01	—	
	材料费小计			—	10.63	—	

项目编码	031001006004	项目名称	PPR 管 De20			计量单位	m	工程量	29.42		
清单综合单价组成明细											
定额编号	定额项目名称	定额单位	数量	单价					合价		
				人工费	材料费	机械费	管理费	利润	人工费	材料费	机械费	管理费	利润
10—233	室内给水塑料管(热溶、电溶连接)15/20	10 m	0.1	76.96	14.19	0.54	30.87	10.77	7.7	1.42	0.05	3.08	1.08
10—371	管道消毒冲洗 DN50	100 m	0.01	36.27	23.15		14.51	5.06	0.36	0.23		0.15	0.05
综合人工工日	小　计								8.06	1.65	0.05	3.23	1.13
0.108 9 工日	未计价材料费								3.77				
清单项目综合单价									17.89				

材料费明细	主要材料名称、规格、型号	单位	数量	单价(元)	合价(元)	暂估单价(元)	暂估合价(元)
	PP—R 给水管　15	m	1.02	3.7	3.77		
	管子托钩　DN15	个	1.301	1.01	1.31		
	其他材料费	元	0.105	1	0.11		
	漂白粉	kg	0.0009	3.43			
	水	m^3	0.05	4.57	0.23		
	其他材料费			—		—	
	材料费小计			—	5.42	—	

续表

项目编码	031002003001	项目名称	刚性防水套管 DN150			计量单位	个	工程量	16		
清单综合单价组成明细											
定额编号	定额项目名称	定额单位	数量	单价					合价		
				人工费	材料费	机械费	管理费	利润	人工费	材料费	机械费	管理费	利润
10—391	刚性防水套管制作安装 DN150	10 个	0.1	358.9	296.14	17.85	143.56	50.25	35.89	29.61	1.79	14.36	5.03
综合人工工日	小　计								35.89	29.61	1.79	14.36	5.03
0.485 工日	未计价材料费												
清单项目综合单价									86.67				

材料费明细	主要材料名称、规格、型号	单位	数量	单价(元)	合价(元)	暂估单价(元)	暂估合价(元)
	焊接钢管　DN150	m	0.305	72.88	22.23		
	石棉绒	kg	0.427	2.4	1.02		
	油浸麻丝	kg	0.204	8.4	1.71		
	水泥　32.5 级	kg	1	0.27	0.27		
	钢板　δ3.0 Q235	kg	0.4	3.57	1.43		
	氧气	m^3	0.257	2.83	0.73		
	乙炔气	kg	0.1117	15.44	1.72		
	电焊条	kg	0.1	4.97	0.5		
	其他材料费			—		—	
	材料费小计			—	29.61	—	

项目编码	031002003002	项目名称	刚性防水套管 DN80			计量单位	个	工程量	2		
清单综合单价组成明细											
定额编号	定额项目名称	定额单位	数量	单价					合价		
				人工费	材料费	机械费	管理费	利润	人工费	材料费	机械费	管理费	利润
10—389	刚性防水套管制作安装 DN80	10 个	0.1	242	159.85	17.85	96.8	33.9	24.2	15.99	1.79	9.68	3.39
综合人工工日	小　计								24.2	15.99	1.79	9.68	3.39
0.327 工日	未计价材料费												
清单项目综合单价									55.04				

材料费明细	主要材料名称、规格、型号	单位	数量	单价(元)	合价(元)	暂估单价(元)	暂估合价(元)
	焊接钢管　DN80	m	0.305	33.67	10.27		
	石棉绒	kg	0.19	2.4	0.46		
	油浸麻丝	kg	0.091	8.4	0.76		
	水泥　32.5 级	kg	0.445	0.27	0.12		
	钢板　δ3.0 Q235	kg	0.4	3.57	1.43		
	氧气	m^3	0.257	2.83	0.73		
	乙炔气	kg	0.1117	15.44	1.72		
	电焊条	kg	0.1	4.97	0.5		
	其他材料费			—		—	
	材料费小计			—	15.99	—	

续表

项目编码	031002003003	项目名称	刚性防水套管 DN50	计量单位	个	工程量	2

清单综合单价组成明细

定额编号	定额项目名称	定额单位	数量	单价					合价				
				人工费	材料费	机械费	管理费	利润	人工费	材料费	机械费	管理费	利润
10—388	刚性防水套管制作安装 DN50	10 个	0.1	228.65	117.3	17.85	91.45	32	22.87	11.73	1.79	9.15	3.2
综合人工工日	小计								22.87	11.73	1.79	9.15	3.2
0.327 工日	未计价材料费												
清单项目综合单价									48.73				

材料费明细	主要材料名称、规格、型号	单位	数量	单价(元)	合价(元)	暂估单价(元)	暂估合价(元)
	焊接钢管 DN50	m	0.305	20.14	6.14		
	石棉绒	kg	0.171	2.4	0.41		
	油浸麻丝	kg	0.082	8.4	0.69		
	水泥 32.5 级	kg	0.41	0.27	0.11		
	钢板 δ3.0 Q235	kg	0.4	3.57	1.43		
	氧气	m^3	0.257	2.83	0.73		
	乙炔气	kg	0.1117	15.44	1.72		
	电焊条	kg	0.1	4.97	0.5		
	其他材料费			—		—	
	材料费小计			—	11.73	—	

项目编码	031002003004	项目名称	刚性防水套管 DN32	计量单位	个	工程量	10

清单综合单价组成明细

定额编号	定额项目名称	定额单位	数量	单价					合价				
				人工费	材料费	机械费	管理费	利润	人工费	材料费	机械费	管理费	利润
10—388	刚性防水套管制作安装 DN50	10 个	0.1	228.66	95.28	17.85	91.46	32.01	22.87	9.53	1.79	9.15	3.2
综合人工工日	小计								22.87	9.53	1.79	9.15	3.2
0.309 工日	未计价材料费												
清单项目综合单价									46.53				

材料费明细	主要材料名称、规格、型号	单位	数量	单价(元)	合价(元)	暂估单价(元)	暂估合价(元)
	焊接钢管 DN50	m	0.305	12.92	3.94		
	石棉绒	kg	0.171	2.4	0.41		
	油浸麻丝	kg	0.082	8.4	0.69		
	水泥 32.5 级	kg	0.41	0.27	0.11		
	钢板 δ3.0 Q235	kg	0.4	3.57	1.43		
	氧气	m^3	0.257	2.83	0.73		
	乙炔气	kg	0.1117	15.44	1.72		
	电焊条	kg	0.1	4.97	0.5		
	其他材料费			—		—	
	材料费小计			—	9.53	—	

续表

项目编码	031002003005	项目名称	一般钢套管 DN150	计量单位	个	工程量	4

清单综合单价组成明细

定额编号	定额项目名称	定额单位	数量	单价					合价				
				人工费	材料费	机械费	管理费	利润	人工费	材料费	机械费	管理费	利润
10—400	过墙过楼板钢套管制作、安装 DN150	10 个	0.1	253.08	252.38	17.85	101.23	35.43	25.31	25.24	1.79	10.12	3.54
综合人工工日	小计								25.31	25.24	1.79	10.12	3.54
0.342 工日	未计价材料费												
清单项目综合单价									66				

材料费明细	主要材料名称、规格、型号	单位	数量	单价(元)	合价(元)	暂估单价(元)	暂估合价(元)
	焊接钢管 DN150	m	0.305	72.88	22.23		
	石棉绒	kg	0.427	2.4	1.02		
	油浸麻丝	kg	0.204	8.4	1.71		
	水泥 32.5 级	kg	1	0.27	0.27		
	其他材料费			—		—	
	材料费小计			—	25.24	—	

项目编码	031002003006	项目名称	一般钢套管 DN50	计量单位	个	工程量	2

清单综合单价组成明细

定额编号	定额项目名称	定额单位	数量	单价					合价				
				人工费	材料费	机械费	管理费	利润	人工费	材料费	机械费	管理费	利润
10—397	过墙过楼板钢套管制作、安装 DN50	10 个	0.1	122.85	73.55	17.85	49.15	17.2	12.29	7.36	1.79	4.92	1.72
综合人工工日	小计								12.29	7.36	1.79	4.92	1.72
0.166 工日	未计价材料费												
清单项目综合单价									28.06				

材料费明细	主要材料名称、规格、型号	单位	数量	单价(元)	合价(元)	暂估单价(元)	暂估合价(元)
	焊接钢管 DN50	m	0.305	20.14	6.14		
	石棉绒	kg	0.171	2.4	0.41		
	油浸麻丝	kg	0.082	8.4	0.69		
	水泥 32.5 级	kg	0.41	0.27	0.11		
	其他材料费			—	0.01	—	
	材料费小计			—	7.36	—	

续表

项目编码	031002003007	项目名称	一般钢套管 DN40	计量单位	个	工程量	4

清单综合单价组成明细

定额编号	定额项目名称	定额单位	数量	单价					合价				
				人工费	材料费	机械费	管理费	利润	人工费	材料费	机械费	管理费	利润
10—396	过墙过楼板钢套管制作、安装 DN40	10 个	0.1	122.85	60.65	17.85	49.15	17.2	12.29	6.07	1.79	4.92	1.72
综合人工工日	小　计								12.29	6.07	1.79	4.92	1.72
0.166 工日	未计价材料费												
清单项目综合单价									26.77				

材料费明细	主要材料名称、规格、型号	单位	数量	单价(元)	合价(元)	暂估单价(元)	暂估合价(元)
	焊接钢管　DN40	m	0.305	15.92	4.86		
	石棉绒	kg	0.171	2.4	0.41		
	油浸麻丝	kg	0.082	8.4	0.69		
	水泥　32.5 级	kg	0.41	0.27	0.11		
	其他材料费			—		—	
	材料费小计			—	6.07	—	

项目编码	031003013001	项目名称	水表 DN32	计量单位	组	工程量	2

清单综合单价组成明细

定额编号	定额项目名称	定额单位	数量	单价					合价				
				人工费	材料费	机械费	管理费	利润	人工费	材料费	机械费	管理费	利润
10—629	螺纹水表安装 DN32	组	1	39.22	34.39		15.69	5.49	39.22	34.39		15.69	5.49
综合人工工日	小　计								39.22	34.39		15.69	5.49
0.53 工日	未计价材料费								55.74				
清单项目综合单价									150.53				

材料费明细	主要材料名称、规格、型号	单位	数量	单价(元)	合价(元)	暂估单价(元)	暂估合价(元)
	螺纹水表　DN32	只	1	55.74	55.74		
	螺纹闸阀　Z15T—10K DN32	个	1.01	33.11	33.44		
	橡胶板　δ1～15	kg	0.09	7.72	0.69		
	厚漆	kg	0.014	8.58	0.12		
	机油	kg	0.01	7.72	0.08		
	线麻	kg	0.002	10.29	0.02		
	钢锯条	根	0.17	0.21	0.04		
	其他材料费			—		—	
	材料费小计			—	90.13	—	

续表

项目编码	031003001001	项目名称	螺纹阀门 DN20	计量单位	个	工程量	4

清单综合单价组成明细

定额编号	定额项目名称	定额单位	数量	单价					合价				
				人工费	材料费	机械费	管理费	利润	人工费	材料费	机械费	管理费	利润
10—419	螺纹阀门安装 DN20	个	1	7.4	5.16		2.96	1.04	7.4	5.16		2.96	1.04
综合人工工日	小　计								7.4	5.16		2.96	1.04
0.1 工日	未计价材料费								23.37				
清单项目综合单价									39.93				

材料费明细	主要材料名称、规格、型号	单位	数量	单价(元)	合价(元)	暂估单价(元)	暂估合价(元)
	螺纹阀门　DN20	个	1.01	23.14	23.37		
	镀锌活接头　DN20	个	1.01	4.7	4.75		
	厚漆	kg	0.01	8.58	0.09		
	机油	kg	0.012	7.72	0.09		
	线麻	kg	0.001	10.29	0.01		
	橡胶板　δ1～15	kg	0.003	7.72	0.02		
	棉纱头	kg	0.012	5.57	0.07		
	砂纸	张	0.12	0.94	0.11		
	钢锯条	根	0.1	0.21	0.02		
	其他材料费			—		—	
	材料费小计			—	28.53	—	

项目编码	031208002001	项目名称	管道绝热	计量单位	m^3	工程量	0.042

清单综合单价组成明细

定额编号	定额项目名称	定额单位	数量	单价					合价				
				人工费	材料费	机械费	管理费	利润	人工费	材料费	机械费	管理费	利润
11—1829	纤维类制品(管壳)安装管道 ϕ57 mm 厚度 30 mm	m^3	1	349.29	21.92	12.62	139.76	48.81	349.29	21.92	12.62	139.76	48.81
综合人工工日	小　计								349.29	21.92	12.62	139.76	48.81
4.7167 工日	未计价材料费								2479.03				
清单项目综合单价									3051.43				

材料费明细	主要材料名称、规格、型号	单位	数量	单价(元)	合价(元)	暂估单价(元)	暂估合价(元)
	纤维类制品(管壳)	m^3	1.031	2401.14	2475.58		
	铝箔胶带	m^2	5.6905	1.03	5.86		
	镀锌铁丝　13#～17#	kg	4.25	5.15	21.89		
	其他材料费			—	2.37	—	
	材料费小计			—	2500.95	—	

续表

项目编码	031208007001	项目名称	防潮层、保护层	计量单位	m²	工程量	21.04

清单综合单价组成明细

定额编号	定额项目名称	定额单位	数量	单价					合价				
				人工费	材料费	机械费	管理费	利润	人工费	材料费	机械费	管理费	利润
11—2161	防潮层保护层安装玻璃布管道	10 m²	0.1	26.64	0.11		10.66	3.73	2.66	0.01		1.07	0.37
综合人工工日	小计								2.66	0.01		1.07	0.37
0.036 工日	未计价材料费								3.3				
清单项目综合单价									7.42				

材料费明细	主要材料名称、规格、型号	单位	数量	单价(元)	合价(元)	暂估单价(元)	暂估合价(元)
	玻璃丝布	m²	1.4	2.36	3.3		
	镀锌铁丝 20#	kg	0.003	3.61	0.01		
	其他材料费			—		—	
	材料费小计			—	3.31	—	

项目编码	031201006001	项目名称	布面刷油	计量单位	m²	工程量	7.214

清单综合单价组成明细

定额编号	定额项目名称	定额单位	数量	单价					合价				
				人工费	材料费	机械费	管理费	利润	人工费	材料费	机械费	管理费	利润
11—80	管道刷 油冷底 子 第一遍	10 m²	0.1	17.76	26.02		7.1	2.5	1.78	2.6		0.71	0.25
11—250	玻璃布 白布面 刷管道 油沥青漆 第一遍	10 m²	0.1	54.75	3.73		21.9	7.67	5.48	0.37		2.19	0.77
11—251	玻璃布 白布面 刷管道 油沥青漆 第二遍	10 m²	0.1	45.88	2.89		18.35	6.42	4.59	0.29		1.84	0.64
综合人工工日	小计								11.85	3.26		4.74	1.66
0.2141 工日	未计价材料费								10.87				
清单项目综合单价									32.36				

材料费明细	主要材料名称、规格、型号	单位	数量	单价(元)	合价(元)	暂估单价(元)	暂估合价(元)
	石油沥青 10#	kg	0.111	3.23	0.36		
	动力苯	kg	0.407	4.43	1.8		
	木柴	kg	1.154	0.94	1.08		
	其他材料费	元	0.015	1	0.02		
	沥青漆	kg	0.905	12.01	10.87		
	其他材料费			—		—	
	材料费小计			—	14.13	—	

续表

项目编码	031001006005	项目名称	UPVC 双壁洗消音管 de110	计量单位	m	工程量	92

清单综合单价组成明细

定额编号	定额项目名称	定额单位	数量	单价					合价				
				人工费	材料费	机械费	管理费	利润	人工费	材料费	机械费	管理费	利润
10—311	室内承插塑料排水管(零件粘接)DN110	10 m	0.1	162.8	34.71	1.11	65.12	22.79	16.28	3.47	0.11	6.51	2.28
综合人工工日	小计								16.28	3.47	0.11	6.51	2.28
0.22 工日	未计价材料费								37.56				
清单项目综合单价									66.21				

材料费明细	主要材料名称、规格、型号	单位	数量	单价(元)	合价(元)	暂估单价(元)	暂估合价(元)
	承插塑料排水管 dn110	m	0.852	26.69	22.74		
	承插塑料排水管件 dn110	个	1.138	13.02	14.82		
	聚氯乙烯热熔密封胶	kg	0.022	10.72	0.24		
	丙酮	kg	0.033	5.15	0.17		
	钢锯条	根	0.438	0.21	0.09		
	透气帽(铅丝球) DN100	个	0.05	3.27	0.16		
	铁砂布 2#	张	0.09	0.86	0.08		
	棉纱头	kg	0.03	5.57	0.17		
	膨胀螺栓 M16×200	套	0.432	2.74	1.18		
	精制带母镀锌螺栓 M6～12×12～50	套	0.7	0.33	0.23		
	扁钢 <—59	kg	0.16	3.64	0.58		
	水	m³	0.031	4.57	0.14		
	电焊条 J422 ϕ3.2	kg	0.003	4.97	0.01		
	镀锌铁丝 13#～17#	kg	0.008	5.15	0.04		
	电	kW·h	0.224	0.76	0.17		
	其他材料费	元	0.2	1	0.2		
	其他材料费			—		—	
	材料费小计			—	41.03	—	

续表

项目编码	031001006006	项目名称	UPVC 双壁洗消音管 de50					计量单位	m		工程量	36.9	
清单综合单价组成明细													
定额编号	定额项目名称	定额单位	数量	单价					合价				
				人工费	材料费	机械费	管理费	利润	人工费	材料费	机械费	管理费	利润
10—309	室内承插塑料排水管(零件粘接)DN50	10 m	0.1	107.3	20.22	1.11	42.92	15.02	10.73	2.02	0.11	4.29	1.5
综合人工工日	小　计								10.73	2.02	0.11	4.29	1.5
0.145 工日	未计价材料费								13.3				
清单项目综合单价									31.96				

材料费明细	主要材料名称、规格、型号	单位	数量	单价(元)	合价(元)	暂估单价(元)	暂估合价(元)
	承插塑料排水管　dn50	m	0.967	8.81	8.52		
	承插塑料排水管件　dn50	个	0.902	5.3	4.78		
	聚氯乙烯热熔密封胶	kg	0.011	10.72	0.12		
	丙酮	kg	0.017	5.15	0.09		
	钢锯条	根	0.051	0.21	0.01		
	透气帽(铅丝球)　DN50	个	0.026	1.66	0.04		
	铁砂布　2#	张	0.07	0.86	0.06		
	棉纱头	kg	0.021	5.57	0.12		
	膨胀螺栓　M12×200	套	0.274	3	0.82		
	精制带母镀锌螺栓　M6～12×12～50	套	0.52	0.33	0.17		
	扁钢　<—59	kg	0.06	3.64	0.22		
	水	m^3	0.016	4.57	0.07		
	电焊条　J422 ϕ3.2	kg	0.002	4.97	0.01		
	镀锌铁丝　13#～17#	kg	0.005	5.15	0.03		
	电	kW·h	0.15	0.76	0.11		
	其他材料费	元	0.15	1	0.15		
	其他材料费			—		—	
	材料费小计			—	15.32	—	

续表

项目编码	031001006007	项目名称	UPVC 双壁洗消音管 de32					计量单位	m		工程量	5.6	
清单综合单价组成明细													
定额编号	定额项目名称	定额单位	数量	单价					合价				
				人工费	材料费	机械费	管理费	利润	人工费	材料费	机械费	管理费	利润
10—309	室内承插塑料排水管(零件粘接)DN50	10 m	0.1	107.29	20.23	1.1	42.92	15.02	10.73	2.02	0.11	4.29	1.5
综合人工工日	小　计								10.73	2.02	0.11	4.29	1.5
0.1449 工日	未计价材料费								10.4				
清单项目综合单价									29.05				

材料费明细	主要材料名称、规格、型号	单位	数量	单价(元)	合价(元)	暂估单价(元)	暂估合价(元)
	承插塑料排水管　dn50	m	0.967	7.01	6.78		
	承插塑料排水管件　dn50	个	0.902	4.01	3.62		
	聚氯乙烯热熔密封胶	kg	0.011	10.72	0.12		
	丙酮	kg	0.017	5.15	0.09		
	钢锯条	根	0.051	0.21	0.01		
	透气帽(铅丝球)　DN50	个	0.026	1.66	0.04		
	铁砂布　2#	张	0.07	0.86	0.06		
	棉纱头	kg	0.021	5.57	0.12		
	膨胀螺栓　M12×200	套	0.274	3	0.82		
	精制带母镀锌螺栓　M6～12×12～50	套	0.52	0.33	0.17		
	扁钢　<—59	kg	0.06	3.64	0.22		
	水	m^3	0.016	4.57	0.07		
	电焊条　J422 ϕ3.2	kg	0.002	4.97	0.01		
	镀锌铁丝　13#～17#	kg	0.005	5.15	0.03		
	电	kW·h	0.15	0.76	0.11		
	其他材料费	元	0.15	1	0.15		
	其他材料费			—		—	
	材料费小计			—	12.42	—	

续表

项目编码	031004003001	项目名称	洗脸盆			计量单位	组		工程量	10		
清单综合单价组成明细												
定额编号	定额项目名称	定额单位	数量	单价					合价			
				人工费	材料费	机械费	管理费	利润	人工费	材料费	机械费	管理费	利润
10—673	洗脸盆安装（铜管冷热水）	10组	0.1	332.26	88.84		132.9	46.52	33.23	8.88		13.29	4.65
综合人工工日	小 计								33.23	8.88		13.29	4.65
0.449 工日	未计价材料费								299.69				
清单项目综合单价									359.74				

	主要材料名称、规格、型号	单位	数量	单价(元)	合价(元)	暂估单价(元)	暂估合价(元)
材料费明细	洗面盆	套	1.01	188.66	190.55		
	立式水嘴 DN15	个	2.02	32.59	65.83		
	角阀	个	2.02	10.29	20.79		
	金属软管	个	2.02	6.86	13.86		
	洗脸盆下水口(铜)	个	1.01	8.58	8.67		
	橡胶板 δ1～15	kg	0.015	7.72	0.12		
	厚漆	kg	0.032	8.58	0.27		
	机油	kg	0.02	7.72	0.15		
	油灰	kg	0.1	0.99	0.1		
	塑料膨胀管 ϕ6×50	十个	0.624	0.69	0.43		
	自攻螺钉 M6×50	十个	0.624	0.76	0.47		
	硅酮密封胶	L	0.1	68.6	6.86		
	线麻	kg	0.015	10.29	0.15		
	防腐油	kg	0.05	5.15	0.26		
	钢锯条	根	0.3	0.21	0.06		
	其他材料费			—		—	
	材料费小计			—	308.57	—	

续表

项目编码	031004006001	项目名称	大便器			计量单位	组		工程量	8			
清单综合单价组成明细													
定额编号	定额项目名称	定额单位	数量	单价					合价				
				人工费	材料费	机械费	管理费	利润	人工费	材料费	机械费	管理费	利润
10—705	坐式大便器连体水箱坐便安装	10套	0.1	426.98	79.38		170.79	59.78	42.7	7.94		17.08	5.98
综合人工工日	小 计								42.7	7.94		17.08	5.98
0.577 工日	未计价材料费								790.7				
清单项目综合单价									864.39				

	主要材料名称、规格、型号	单位	数量	单价(元)	合价(元)	暂估单价(元)	暂估合价(元)
材料费明细	连体坐便器	套	1.01	686.04	692.9		
	连体进水阀配件	套	1.01	32.59	32.92		
	连体排水口配件	套	1.01	12.86	12.99		
	坐便器桶盖	个	1.01	34.3	34.64		
	角阀	个	1.01	10.29	10.39		
	金属软管	个	1	6.86	6.86		
	橡胶板 δ1～15	kg	0.03	7.72	0.23		
	厚漆	kg	0.02	8.58	0.17		
	机油	kg	0.015	7.72	0.12		
	油灰	kg	0.5	0.99	0.5		
	线麻	kg	0.002	10.29	0.02		
	钢锯条	根	0.2	0.21	0.04		
	硅酮密封胶	L	0.1	68.6	6.86		
	其他材料费			—		—	
	材料费小计			—	798.64	—	

续表

项目编码	031004001001	项目名称	浴缸	计量单位	组	工程量	6

清单综合单价组成明细													
定额编号	定额项目名称	定额单位	数量	单价					合价				
				人工费	材料费	机械费	管理费	利润	人工费	材料费	机械费	管理费	利润
10—664	冷热水带喷头玻璃钢浴盆	10组	0.1	563.88	116.63		225.55	78.93	56.39	11.66		22.56	7.89
综合人工工日	小计								56.39	11.66		22.56	7.89
0.762工日	未计价材料费								1151.36				
清单项目综合单价									1249.86				

材料费明细	主要材料名称、规格、型号	单位	数量	单价(元)	合价(元)	暂估单价(元)	暂估合价(元)
	玻璃钢浴盆	套	1	1097.66	1097.66		
	浴盆混合水嘴带喷头	套	1.01	32.59	32.92		
	浴盆排水配件	套	1.01	20.58	20.79		
	橡胶板　δ1～15	kg	0.04	7.72	0.31		
	厚漆	kg	0.065	8.58	0.56		
	机油	kg	0.03	7.72	0.23		
	油灰	kg	0.13	0.99	0.13		
	线麻	kg	0.01	10.29	0.1		
	钢锯条	根	0.2	0.21	0.04		
	硅酮密封胶	L	0.15	68.6	10.29		
	其他材料费			—		—	
	材料费小计			—	1163.02	—	

续表

项目编码	031004010001	项目名称	淋浴器	计量单位	套	工程量	6

清单综合单价组成明细													
定额编号	定额项目名称	定额单位	数量	单价					合价				
				人工费	材料费	机械费	管理费	利润	人工费	材料费	机械费	管理费	利润
10—718	淋浴器钢管组成安装(冷热水)	10组	0.1	414.4	589.37		165.77	58.02	41.44	58.94		16.58	5.8
综合人工工日	小计								41.44	58.94		16.58	5.8
0.56工日	未计价材料费								154.36				
清单项目综合单价									277.12				

材料费明细	主要材料名称、规格、型号	单位	数量	单价(元)	合价(元)	暂估单价(元)	暂估合价(元)
	莲蓬喷头　100×15 铜镀铬	个	1	154.36	154.36		
	热镀锌钢管　DN15	m	2.5	6.11	15.28		
	镀锌弯头　DN15	个	3.03	1.18	3.58		
	镀锌活接头　DN15	个	1.01	3.89	3.93		
	镀锌三通　DN15	个	1.01	1.71	1.73		
	单管卡子　DN25	个	1.05	0.68	0.71		
	螺纹截止阀　J11T—16 DN15	个	2.02	12.78	25.82		
	厚漆	kg	0.06	8.58	0.51		
	机油	kg	0.04	7.72	0.31		
	硅酮密封胶	L	0.1	68.6	6.86		
	线麻	kg	0.015	10.29	0.15		
	钢锯条	根	0.3	0.21	0.06		
	其他材料费			—		—	
	材料费小计			—	213.3	—	

续表

项目编码	031004004001	项目名称	洗涤盆	计量单位	组	工程量	2

清单综合单价组成明细

定额编号	定额项目名称	定额单位	数量	单价					合价				
				人工费	材料费	机械费	管理费	利润	人工费	材料费	机械费	管理费	利润
10—682	洗涤盆安装(双嘴)	10组	0.1	290.1	79.26		116.05	40.6	29.01	7.93		11.61	4.06
综合人工工日		小计							29.01	7.93		11.61	4.06
0.392工日		未计价材料费							232.13				
清单项目综合单价									284.73				

材料费明细	主要材料名称、规格、型号	单位	数量	单价(元)	合价(元)	暂估单价(元)	暂估合价(元)
	洗涤盆	只	1.01	154.36	155.9		
	水嘴	个	2.02	32.59	65.83		
	排水栓	套	1.01	10.29	10.39		
	橡胶板 δ1～15	kg	0.02	7.72	0.15		
	厚漆	kg	0.04	8.58	0.34		
	机油	kg	0.03	7.72	0.23		
	油灰	kg	0.15	0.99	0.15		
	硅酮密封胶	L	0.1	68.6	6.86		
	线麻	kg	0.015	10.29	0.15		
	钢锯条	根	0.15	0.21	0.03		
	其他材料费			—	0.01	—	
	材料费小计			—	240.06	—	

项目编码	031004014001	项目名称	地漏	计量单位	个	工程量	12

清单综合单价组成明细

定额编号	定额项目名称	定额单位	数量	单价					合价				
				人工费	材料费	机械费	管理费	利润	人工费	材料费	机械费	管理费	利润
10—749	洗衣机专用地漏	10个	0.1	112.48	22.62		44.99	15.75	11.25	2.26		4.5	1.58
综合人工工日		小计							11.25	2.26		4.5	1.58
0.152工日		未计价材料费							24.01				
清单项目综合单价									43.59				

材料费明细	主要材料名称、规格、型号	单位	数量	单价(元)	合价(元)	暂估单价(元)	暂估合价(元)
	洗衣机专用地漏 DN50	个	1	24.01	24.01		
	焊接钢管 DN50	m	0.1	20.14	2.01		
	水泥 32.5级	kg	0.6	0.27	0.16		
	厚漆	kg	0.01	8.58	0.09		
	其他材料费			—		—	
	材料费小计			—	26.27	—	

续表

项目编码	031004014002	项目名称	洗衣机专用地漏	计量单位	个	工程量	2

清单综合单价组成明细

定额编号	定额项目名称	定额单位	数量	单价					合价				
				人工费	材料费	机械费	管理费	利润	人工费	材料费	机械费	管理费	利润
10—749	洗衣机专用地漏	10个	0.1	112.5	22.6		45	15.75	11.25	2.26		4.5	1.58
综合人工工日		小计							11.25	2.26		4.5	1.58
0.152工日		未计价材料费							30.87				
清单项目综合单价									50.46				

材料费明细	主要材料名称、规格、型号	单位	数量	单价(元)	合价(元)	暂估单价(元)	暂估合价(元)
	洗衣机专用地漏 DN50	个	1	30.87	30.87		
	焊接钢管 DN50	m	0.1	20.14	2.01		
	水泥 32.5级	kg	0.6	0.27	0.16		
	厚漆	kg	0.01	8.58	0.09		
	其他材料费			—		—	
	材料费小计			—	33.13	—	

项目编码	031301017001	项目名称	脚手架搭拆	计量单位	项	工程量	1

清单综合单价组成明细

定额编号	定额项目名称	定额单位	数量	单价					合价				
				人工费	材料费	机械费	管理费	利润	人工费	材料费	机械费	管理费	利润
10—9300	第10册脚手架搭拆费增加人工费5%,其中人工工资25%材料费75%	项	1	79.06	237.17		31.62	11.07	79.06	237.17		31.62	11.07
11—9302	第11册脚手架绝热搭拆费增加人工费20%,其中人工工资25%材料费75%	项	1	3.54	10.61		1.42	0.5	3.54	10.61		1.42	0.5
11—9300	第11册脚手架刷油搭拆费增加人工费8%,其中人工工资25%材料费75%	项	1	1.45	4.36		0.58	0.2	1.45	4.36		0.58	0.2
综合人工工日		小计							84.05	252.14		33.62	11.77
		未计价材料费											
清单项目综合单价									381.58				

材料费明细	主要材料名称、规格、型号	单位	数量	单价(元)	合价(元)	暂估单价(元)	暂估合价(元)
	其他材料费			—	252.14	—	
	材料费小计			—	252.14	—	

未来软件编制　　2017年05月04日

总价措施项目清单与计价表

工程名称：给排水工程　　　　标段：　　　　第1页　共1页

序号	项目编码	项目名称	计算基础	费率(%)	金额(元)	调整费率(%)	调整后金额(元)	备注
1	031302001001	安全文明施工基本费	分部分项工程费＋单价措施项目费－分部分项除税工程设备费－单价措施除税工程设备费	1.4	521.62			
2	031302001002	安全文明施工省级标化增加费	分部分项工程费＋单价措施项目费－分部分项除税工程设备费－单价措施除税工程设备费	0.3	111.78			
3	031302002001	夜间施工	分部分项工程费＋单价措施项目费－分部分项除税工程设备费－单价措施除税工程设备费	0.1	37.26			
4	031302003001	非夜间施工照明	分部分项工程费＋单价措施项目费－分部分项除税工程设备费－单价措施除税工程设备费	0.3	111.78			
5	031302005001	冬雨季施工	分部分项工程费＋单价措施项目费－分部分项除税工程设备费－单价措施除税工程设备费	0.1	37.26			
6	031302006001	已完工程及设备保护	分部分项工程费＋单价措施项目费－分部分项除税工程设备费－单价措施除税工程设备费	0.05	18.63			
7	031302008001	临时设施	分部分项工程费＋单价措施项目费－分部分项除税工程设备费－单价措施除税工程设备费	1.5	558.88			
8	031302009001	赶工措施	分部分项工程费＋单价措施项目费－分部分项除税工程设备费－单价措施除税工程设备费	0.2	74.52			
9	031302010001	工程按质论价	分部分项工程费＋单价措施项目费－分部分项除税工程设备费－单价措施除税工程设备费	3	1117.75			
10	031302011001	住宅分户验收	分部分项工程费＋单价措施项目费－分部分项除税工程设备费－单价措施除税工程设备费	0.1	37.26			
合　计					2626.74			

编制人(造价人员)：张晓东　　　　复核人(造价工程师)：俞振华

未来软件编制　　　　2017年05月04日

其他项目清单与计价汇总表

工程名称：给排水工程　　　　标段：　　　　第1页　共2页

序号	项目名称	金额(元)	结算金额(元)	备注
1	暂列金额			明细详见表－12－1
2	暂估价			
2.1	材料(工程设备)暂估价	—		明细详见表－12－2
2.2	专业工程暂估价			明细详见表－12－3
3	计日工			明细详见表－12－4

续表

工程名称：给排水工程　　　　标段：　　　　第2页　共2页

序号	项目名称	金额(元)	结算金额(元)	备注
4	总承包服务费			明细详见表－12－5
合　计				—

未来软件编制　　　　2017年05月04日

暂列金额明细表

工程名称：给排水工程　　　　标段：　　　　第1页　共1页

序号	项目名称	计量单位	暂定金额(元)	备注
合　计				—

未来软件编制　　　　2017年05月04日

表－12－1

材料(工程设备)暂估单价及调整表

工程名称：给排水工程　　　　标段：　　　　第1页　共1页

序号	材料编码	材料(工程设备)名称、规格、型号	计量单位	数量		暂估(元)		确认(元)		差额±(元)		备注
				投标	确认	单价	合价	单价	合价	单价	合价	
合　计												

未来软件编制　　　　2017年05月04日

表－12－2

专业工程暂估价及结算价表

工程名称:给排水工程　　标段:　　第1页　共1页

序号	工 程 名 称	工 程 内 容	暂估金额(元)	结算金额(元)	差额±(元)	备注
合　计						—

未来软件编制　　2017年05月04日

表—12—3

计日工表

工程名称:给排水工程　　标段:　　第1页　共1页

编号	项目名称	单位	暂定数量	实际数量	综合单价(元)	合价(元)	
						暂定	实际
一	人工						
人 工 小 计							
二	材料						
材 料 小 计							
三	机械						
施工机械小计							
总 计							

未来软件编制　　2017年05月04日

表—12—4

总承包服务费计价表

工程名称:给排水工程　　标段:　　第1页　共1页

序号	项 目 名 称	项目价值(元)	服务内容	计算基础	费率(%)	金额(元)
合　计					—	

未来软件编制　　2017年05月04日

表—12—5

规费、税金项目计价表

工程名称:给排水工程　　标段:　　第1页　共1页

序号	项 目 名 称	计算基础	计算基数(元)	计算费率(%)	金额(元)
1	规　费		1164.65		1164.65
1.1	社会保险费	分部分项工程费+措施项目费+其他项目费-除税工程设备费	39885.13	2.4	957.24
1.2	住房公积金		39885.13	0.42	167.52
1.3	工程排污费		39885.13	0.1	39.89
2	税　金	分部分项工程费+措施项目费+其他项目费+规费-工程设备费	41049.78	11	4515.48
合　计					5680.13

编制人(造价人员):张晓东　　复核人(造价工程师):俞振华

未来软件编制　　2017年05月04日

承包人供应材料一览表

工程名称:给排水工程　　标段:　　第1页　共4页

序号	材料编码	材料名称	规格型号等特殊要求	单位	数量	单价(元)	合价(元)	备注
1	01130141	扁钢	<-59	kg	17.2664	3.64	62.85	
2	01270101	型钢		kg	3.4008	3.50	11.90	
3	01290124	钢板	δ3.0 Q235	kg	12.00	3.57	42.84	
4	02010106	橡胶板	δ1~15	kg	0.862	7.72	6.65	
5	02290103	线麻		kg	0.4355	10.29	4.48	
6	02290507	油浸麻丝		kg	5.738	8.40	48.20	
7	03031236	自攻螺钉	M6×50	十个	6.24	0.76	4.74	
8	03050573	精制带母镀锌螺栓	M6~12×12~50	套	86.4688	0.33	28.53	

续表

工程名称:给排水工程　　标段:　　第2页　共4页

序号	材料编码	材料名称	规格型号等特殊要求	单位	数量	单价(元)	合价(元)	备注
9	03070110	膨胀螺栓	M8	套	17.0936	0.30	5.13	
10	03070133	膨胀螺栓	M12×200	套	11.6286	3.00	34.89	
11	03070141	膨胀螺栓	M16×200	套	39.744	2.74	108.90	
12	03070806	塑料膨胀管	ϕ6×50	十个	6.24	0.69	4.31	
13	03210408	尼龙砂轮片	ϕ400	片	0.132	8.66	1.14	
14	03270104	铁砂布	2#	张	11.2508	0.86	9.68	
15	03270202	砂纸		张	0.48	0.94	0.45	
16	03410200	电焊条		kg	3.00	4.97	14.91	
17	03410206	电焊条	J422 ϕ3.2	kg	0.6191	4.97	3.08	
18	03570225	镀锌铁丝	13#～17#	kg	1.1267	5.15	5.80	
19	03570235	镀锌铁丝	20#	kg	0.0631	3.61	0.23	
20	03652422	钢锯条		根	71.2576	0.21	14.96	
21	04010611	水泥	32.5级	kg	36.67	0.27	9.90	
22	05250501	木柴		kg	8.325	0.94	7.83	
23	11030303	防锈漆		kg	0.1212	12.86	1.56	
24	11112503	调和漆		kg	0.079	11.15	0.88	
25	11112524	厚漆		kg	1.518	8.58	13.02	
26	11112525	铅油		kg	0.8138	14.58	11.87	
27	11550104	石油沥青	10#	kg	0.8008	3.23	2.59	
28	11590504	聚氯乙烯热熔密封胶		kg	2.4908	10.72	26.70	
29	11590914	硅酮密封胶		L	3.50	68.60	240.10	
30	11593504	油灰		kg	6.08	0.99	6.02	
31	12010103	汽油		kg	0.0632	9.12	0.58	
32	12050311	机油		kg	2.12	7.72	16.37	
33	12060334	防腐油		kg	0.50	5.15	2.58	
34	12310306	动力苯		kg	2.9361	4.43	13.01	
35	12310308	丙酮		kg	3.7575	5.15	19.35	
36	12310331	漂白粉		kg	0.1418	3.43	0.49	
37	12370305	氧气		m³	7.8312	2.83	22.16	
38	12370335	乙炔气		kg	3.43	15.44	52.96	
39	13013509	石棉绒		kg	11.998	2.40	28.80	
40	14010317	焊接钢管	DN32	m	3.05	12.92	39.41	

续表

工程名称:给排水工程　　标段:　　第3页　共4页

序号	材料编码	材料名称	规格型号等特殊要求	单位	数量	单价(元)	合价(元)	备注
41	14010320	焊接钢管	DN40	m	1.22	15.92	19.42	
42	14010323	焊接钢管	DN50	m	2.62	20.14	52.77	
43	14010332	焊接钢管	DN80	m	0.61	33.67	20.54	
44	14010341	焊接钢管	DN150	m	6.10	72.88	444.57	
45	14030313	热镀锌钢管	DN15	m	15.00	6.11	91.65	
46	15021105	镀锌活接头	DN15	个	6.06	3.89	23.57	
47	15021106	镀锌活接头	DN20	个	4.04	4.70	18.99	
48	15021905	镀锌三通	DN15	个	6.06	1.71	10.36	
49	15022305	镀锌弯头	DN15	个	18.18	1.18	21.45	
50	15250331	室内镀锌钢塑复合管接头零件	DN15	个	36.6688	2.65	97.17	
51	15250332	室内镀锌钢塑复合管接头零件	DN20	个	16.5888	2.90	48.11	
52	15250333	室内镀锌钢塑复合管接头零件	DN25	个	10.3668	4.72	48.93	
53	15250334	室内镀锌钢塑复合管接头零件	DN32	个	12.6874	6.20	78.66	
54	15370707	单管卡子	DN25	个	6.30	0.68	4.28	
55	15430305	透气帽(铅丝球)	DN50	个	1.1034	1.66	1.83	
56	15430307	透气帽(铅丝球)	DN100	个	4.60	3.27	15.04	
57	16010505	螺纹截止阀	J11T－16 DN15	个	12.12	12.78	154.89	
58	16030506	螺纹闸阀	Z15T－10K DN32	个	2.02	33.11	66.88	
59	19110103	管子托钩	DN15	个	41.5458	1.01	41.96	
60	19110104	管子托钩	DN20	个	67.7952	1.14	77.29	
61	19110105	管子托钩	DN25	个	7.9821	1.31	10.46	
62	19110106	管子托钩	DN32	个	1.8328	1.54	2.82	
63	31110301	棉纱头		kg	3.6992	5.57	20.60	
64	31130106	其他材料费		元	45.929	1.00	45.93	
65	31150101	水		m³	11.8324	4.57	54.07	
66	31150301	电		kW·h	26.974	0.76	20.50	
67	31150301	机械用电力		kW·h	39.3565	0.76	29.91	
68	05072105	纤维类制品(管壳)		m³	0.0433	2401.14	103.97	
69	11030703	沥青漆		kg	6.5287	12.01	78.41	
70	12430312	铝箔胶带		m²	0.239	1.03	0.25	
71	13070306	玻璃丝布		m²	29.456	2.36	69.52	

续表

工程名称：给排水工程　　　　标段：　　　　第4页　共4页

序号	材料编码	材料名称	规格型号等特殊要求	单位	数量	单价(元)	合价(元)	备注
72	14210102	金属软管		个	28.20	6.86	193.45	
73	14310377	承插塑料排水管	dn50	m	35.6823	8.81	314.36	
74	14310377	承插塑料排水管	dn50	m	5.4152	7.01	37.96	
75	14310379	承插塑料排水管	dn110	m	78.384	26.69	2092.07	
76	14311503	PP—R给水管	25	m	7.446	9.00	67.01	
77	14311503	PP—R给水管	20	m	44.472	5.57	247.71	
78	14311503	PP—R给水管	20	m	14.28	8.80	125.66	
79	14311503	PP—R给水管	15	m	30.0084	3.70	111.03	
80	14550901	钢塑复合管	DN32	m	16.116	38.53	620.95	
81	14550901	钢塑复合管	DN25	m	10.812	27.41	296.36	
82	14550901	钢塑复合管	DN20	m	14.688	13.72	201.52	
83	14550901	钢塑复合管	DN15	m	22.848	8.58	196.04	
84	15230307	承插塑料排水管件	dn50	个	33.2838	5.30	176.40	
85	15230307	承插塑料排水管件	dn50	个	5.0512	4.01	20.26	
86	15230309	承插塑料排水管件	dn110	个	104.696	13.02	1363.14	
87	16310104	螺纹阀门	DN20	个	4.04	23.14	93.49	
88	16413540	角阀		个	28.28	10.29	291.00	
89	18012505	玻璃钢浴盆		套	6.00	1097.66	6585.96	
90	18052504	莲蓬喷头	100×15 铜镀铬	个	6.00	154.36	926.16	
91	18090101	洗面盆		套	10.10	188.66	1905.47	
92	18130101	洗涤盆		只	2.02	154.36	311.81	
93	18150322	连体坐便器		套	8.08	686.04	5543.20	
94	18410301	水嘴		个	4.04	32.59	131.66	
95	18410704	浴盘混合水嘴带喷头		套	6.06	32.59	197.50	
96	18413505	立式水嘴	DN15	个	20.20	32.59	658.32	
97	18430101	排水栓		套	2.02	10.29	20.79	
98	18430305	普通地漏	DN50	个	12.00	24.01	288.12	
99	18430305	洗衣机专用地漏	DN50	个	2.00	30.87	61.74	
100	18470308	洗脸盆下水口(铜)		个	10.10	8.58	86.66	
101	18551704	座便器桶盖		个	8.08	34.30	277.14	
102	18553508	连体排水口配件		套	8.08	12.86	103.91	
103	18553515	连体进水阀配件		套	8.08	32.59	263.33	
104	18553523	浴盆排水配件		套	6.06	20.58	124.71	
105	21010306	螺纹水表	DN32	只	2.00	55.74	111.48	

未来软件编制　　　　2017年05月04日

三、给排水工程辅助报表

工程预算表

工程名称：给排水工程　　　　标段：　　　　第1页　共4页

序号	项目编码	项目名称	计量单位	工程数量	单价	合价
	一	给水工程			8575.63	8575.63
	(一)	给水管道			5110.36	5110.36
1	031001007001	钢塑复合管 De40	m	15.80	73.07	1154.81
	10—173	室内给排水、采暖镀锌钢塑复合管(螺纹连接) DN32	10 m	1.58	722.80	1142.02
	＜主材＞	钢塑复合管 DN32	m	16.116	39.53	620.949
	10—371	管道消毒冲洗 DN50	100 m	0.158	79.00	12.48
2	031001007002	钢塑复合管 De32	m	10.60	60.97	646.28
	10—172	室内给排水、采暖镀锌钢塑复合管(螺纹连接) DN25	10 m	1.06	601.78	637.89
	＜主材＞	钢塑复合管 DN25	m	10.812	27.41	296.357
	10—371	管道消毒冲洗 DN50	100 m	0.106	79.00	8.37
3	031001007003	钢塑复合管 De25	m	14.40	41.05	591.12
	10—171	室内给排水、采暖镀锌钢塑复合管(螺纹连接) DN20	10 m	1.44	402.62	597.77
	＜主材＞	钢塑复合管 DN20	m	14.688	13.72	201.519
	10—371	管道消毒冲洗 DN50	100 m	0.144	79.00	11.38
4	031001007004	钢塑复合管 De20	m	22.40	36.83	824.99
	10—170	室内给排水、采暖镀锌钢塑复合管(螺纹连接) DN15	10 m	2.24	360.39	807.27
	＜主材＞	钢塑复合管 DN15	m	22.848	8.58	196.036
	10—371	管道消毒冲洗 DN50	100 m	0.224	79.00	17.70
5	031001006001	PPR 管 De32	m	7.30	24.80	181.04
	10—235	室内给水塑料管(热溶、电溶连接)25/32	10 m	0.73	240.14	175.30
	＜主材＞	PP—R给水管 25	m	7.446	9.00	67.014
	10—371	管道消毒冲洗 DN50	100 m	0.073	79.00	5.77
6	031001006002	PPR 管 De25	m	43.60	19.79	862.84
	10—234	室内给水塑料管(热溶、电溶连接)20/25	10 m	4.36	190.03	828.53
	＜主材＞	PP—R给水管 20	m	44.472	5.57	247.709
	10—371	管道消毒冲洗 DN50	100 m	0.436	79.00	34.44
7	031001006003	PPR 管 De25(保温)	m	14.00	23.09	323.26
	10—234	室内给水塑料管(热溶、电溶连接)20/25	10 m	1.40	222.98	312.17
	＜主材＞	PP—R给水管 20	m	14.28	8.80	125.664
	10—371	管道消毒冲洗 DN50	100 m	0.14	79.00	11.06
8	031001006004	PPR 管 De20	m	29.42	17.89	526.32
	10—233	室内给水塑料管(热溶、电溶连接)15/20	10 m	2.942	170.98	503.02

续表

工程名称：给排水工程　　　　标段：　　　　第2页　共4页

序号	项目编码	项目名称	计量单位	工程数量	单价	合价
	＜主材＞	PP－R给水管15	m	30.008	3.70	111.03
	10－371	管道消毒冲洗DN50	100 m	0.2942	79.00	23.24
	（二）	支架及其他			2486.76	2486.76
9	031002003001	刚性防水套管DN150	个	16.00	86.67	1386.72
	10－391	刚性防水套管制作安装DN150	10个	1.60	866.70	1386.72
10	031002003002	刚性防水套管DN80	个	2.00	55.04	110.08
	10－389	刚性防水套管制作安装DN80	10个	0.20	550.36	110.07
11	031002003003	刚性防水套管DN50	个	2.00	48.73	97.46
	10－389	刚性防水套管制作安装DN50	10个	0.20	487.28	97.46
12	031002003004	刚性防水套管DN32	个	10.00	46.53	465.30
	10－388	刚性防水套管制作安装DN32	10个	1.00	465.26	465.26
13	031002003005	一般钢套管DN150	个	4.00	66.00	264.00
	10－400	过墙过楼板钢套管制作、安装DN150	10个	0.40	659.96	263.98
14	031002003006	一般钢套管DN50	个	2.00	28.06	56.12
	10－397	过墙过楼板钢套管制作、安装DN50	10个	0.20	280.56	56.11
15	031002003007	一般钢套管DN40	个	4.00	26.77	107.08
	10－396	过墙过楼板钢套管制作、安装DN40	10个	0.40	267.69	107.08
	（三）	管道附件			460.78	460.78
16	031003013001	水表DN32	组	2.00	150.53	301.06
	10－629	螺纹水表安装DN32	组	2.00	150.53	301.06
	＜主材＞	螺纹水表DN32	只	2.00	55.74	111.48
17	031003001001	螺纹阀门DN20	个	4.00	39.93	159.72
	10－419	螺纹阀门安装DN20	个	4.00	39.93	159.72
	＜主材＞	螺纹阀门DN20	个	4.04	23.14	93.486
	（四）	管道防腐、保温			517.73	517.73
18	031208002001	管道绝热	m^3	0.042	3051.43	128.16
	11－1829	纤维类制品(管壳)安装管道ϕ57 mm厚度30 mm	m^3	0.042	3051.43	128.16
	＜主材＞	纤维类制品(管壳)	m^3	0.043	2401.14	103.249
	＜主材＞	铝箔胶带	m^2	0.239	1.03	0.246
19	031208007001	防潮层、保护层	m^2	21.04	7.42	156.12
	11－2161	防潮层保护层安装玻璃布管道	10 m^2	2.104	74.18	156.07
	＜主材＞	玻璃丝布	m^2	29.456	2.36	69.516
20	031201006001	布面刷油	m^2	7.214	32.36	233.45
	11－254	管道刷油冷底子 第一遍	10 m^2	0.7214	53.37	38.50
	11－250	玻璃布白布面刷管道油沥青漆 第一遍	10 m^2	0.7214	150.50	108.57
	＜主材＞	沥青漆	kg	3.751	12.01	45.05
	11－251	玻璃布白布面刷管道油沥青漆 第二遍	10 m^2	0.7214	119.77	86.40

续表

工程名称：给排水工程　　　　标段：　　　　第3页　共4页

序号	项目编码	项目名称	计量单位	工程数量	单价	合价
	＜主材＞	沥青漆	kg	2.777	12.01	33.352
	二	排水工程				28301.18
	（一）	排水管道				7433.32
21	031001006005	UPVC双壁洗消音管de110	m	92.00	66.21	6091.32
	10－311	室内承插塑料排水管(零件粘接)DN110	10 m	9.20	662.10	6091.32
	＜主材＞	承插塑料排水管dn110	m	78.384	29.69	2092.069
	＜主材＞	承插塑料排水管件dn110	个	104.696	13.02	1363.142
22	031001006006	UPVC双壁洗消音管de50	m	36.90	31.96	1179.32
	10－309	室内承插塑料排水管(零件粘接)DN50	10 m	3.69	319.57	1179.21
	＜主材＞	承插塑料排水管dn50	m	35.682	8.81	314.358
	＜主材＞	承插塑料排水管件dn50	个	33.284	5.30	176.405
23	031001006007	UPVC双壁洗消音管de32	m	5.60	29.05	162.68
	10－309	室内承插塑料排水管(零件粘接)DN50	10 m	0.56	290.53	162.70
	＜主材＞	承插塑料排水管dn50	m	5.415	7.01	37.959
	＜主材＞	承插塑料排水管件dn50	个	5.051	4.01	20.255
	（二）	卫生器具			20867.86	20867.86
24	031004003001	洗脸盆	组	10.00	359.74	3597.40
	10－673	洗脸盆安装(铜管冷热水)	10组	1.00	3597.40	3597.40
	＜主材＞	洗面盆	套	10.10	188.66	1905.466
	＜主材＞	立式水嘴DN15	个	20.20	32.59	658.318
	＜主材＞	角阀	个	20.20	10.29	207.858
	＜主材＞	金属软管	个	20.20	6.86	138.572
	＜主材＞	洗脸盆下水口(铜)	个	10.10	8.58	86.658
25	031004006001	大便器	组	8.00	864.39	6915.12
	10－705	坐式大便器连体水箱坐便安装	10套	0.80	8643.94	6915.15
	＜主材＞	连体坐便器	套	8.08	686.04	5543.203
	＜主材＞	连体进水阀配件	套	8.08	32.59	263.327
	＜主材＞	连体排水口配件	套	8.08	12.86	103.909
	＜主材＞	座便器桶盖	个	8.08	34.30	277.144
	＜主材＞	角阀	个	8.08	10.29	83.143
	＜主材＞	金属软管	个	8.00	6.86	54.88
26	031004001001	浴缸	组	6.00	1249.86	7499.16
	10－664	冷热水带喷头玻璃钢浴盆	10组	0.60	12498.62	7499.17
	＜主材＞	玻璃钢浴盆	套	6.00	1097.66	6585.96
	＜主材＞	浴盆混合水嘴带喷头	套	6.06	32.59	197.495
	＜主材＞	浴盆排水配件	套	6.06	20.58	124.75
27	031004010001	淋浴器	套	6.00	277.12	1662.72

续表

工程名称：给排水工程　　　　标段：　　　　第4页　共4页

序号	项目编码	项目名称	计量单位	工程数量	单价	合价
	10－718	淋浴器钢管组成安装(冷热水)	10组	0.60	2771.15	1662.69
	<主材>	莲蓬喷头 100×15 铜镀铬	个	6.00	154.36	926.16
28	031004004001	洗涤盆	组	2.00	284.73	569.46
	10－682	洗涤盆安装(双嘴)	10组	0.20	2847.25	569.45
	<主材>	洗涤盆	只	2.02	154.36	311.807
	<主材>	水嘴	个	4.04	32.59	131.664
	<主材>	排水栓	套	2.02	10.29	20.786
29	031004014001	地漏 DN50	个	12.00	43.59	523.08
	10－749	洗衣机专用地漏安装 DN50	10个	1.20	435.94	523.08
	<主材>	普通地漏	个	12.00	24.01	288.12
30	031004014002	洗衣机专用地漏	个	2.00	50.46	100.92
	10－749	洗衣机专用地漏 DN50	10个	0.20	504.54	100.91
	<主材>	洗衣机专用地漏 DN50	个	2.00	30.87	61.74
31	031301017001	脚手架搭拆	项	1.00	381.54	381.54
	10－9300	第10册脚手架搭拆费增加人工费5%，其中人工工资25%材料费75%	项	1.00	358.88	358.88
	11－9302	第11册脚手架绝热搭拆费增加人工费20%，其中人工工资25%材料费75%	项	1.00	16.07	16.07
	11－9300	第11册脚手架刷油搭拆费增加人工费8%，其中人工工资25%材料费75%	项	1.00	6.59	6.59
		合计				37256.61

未来软件编制　　　　2017年05月04日

主材汇总表

工程名称：给排水工程　　　　标段：　　　　第1页　共2页

序号	地方码	名　称	规格	单位	数量	预算价		市场价		品牌	厂家
						单价	合计	单价	合计		
1	12430312	铝箔胶带		m^2	0.239	1.03	0.25	1.03	0.25		
2	14310377	承插塑料排水管	dn50	m	35.6823	8.81	314.36	8.81	314.36		
3	14310377	承插塑料排水管	dn50	m	5.4152	7.01	37.96	7.01	37.96		
4	14310379	承插塑料排水管	dn110	m	78.384	26.69	2092.07	26.69	2092.07		
5	14210102	金属软管		个	28.20	6.86	193.45	6.86	193.45		
6	14550901	钢塑复合管	DN15	m	22.848	8.58	196.04	8.58	196.04		
7	14550901	钢塑复合管	DN20	m	14.688	13.72	201.52	13.72	201.52		
8	14550901	钢塑复合管	DN25	m	10.812	27.41	296.36	27.41	296.36		
9	14550901	钢塑复合管	DN32	m	16.116	38.53	620.95	38.53	620.95		
10	15230307	承插塑料排水管件	dn50	个	33.2838	5.30	176.40	5.30	176.40		

续表

工程名称：给排水工程　　　　标段：　　　　第2页　共2页

序号	地方码	名　称	规格	单位	数量	预算价		市场价		品牌	厂家
						单价	合计	单价	合计		
11	15230307	承插塑料排水管件	dn50	个	4.9971	4.01	20.04	4.01	20.04		
12	15230309	承插塑料排水管件	dn110	个	104.696	13.02	1363.14	13.02	1363.14		
13	18430305	普通地漏	DN50	个	12.00	24.01	288.12	24.01	288.12		
14	18430305	洗衣机专用地漏	DN50	个	2.00	30.87	61.74	30.87	61.74		
15	16413540	角阀		个	28.28	10.29	291.00	10.29	291.00		
16	18413505	立式水嘴	DN15	个	20.20	32.59	658.32	32.59	658.32		
17	18430101	排水栓		套	2.02	10.29	20.79	10.29	20.79		
18	18410301	水嘴		个	4.04	32.59	131.66	32.59	131.66		
19	18553523	浴盆排水配件		套	6.06	20.58	124.71	20.58	124.71		
20	18470308	洗脸盆下水口(铜)		个	10.10	8.58	86.66	8.58	86.66		
21	18410704	浴盆混合水嘴带喷头		套	6.06	32.59	197.50	32.59	197.50		
22	18012505	玻璃钢浴盆		套	6.00	1097.66	6585.96	1097.66	6585.96		
23	18090101	洗面盆		套	10.10	188.66	1905.47	188.66	1905.47		
24	18130101	洗涤盆		只	2.02	154.36	311.81	154.36	311.81		
25	18052504	莲蓬喷头	100×15 铜镀铬	个	6.00	154.36	926.16	154.36	926.16		
26	18150322	连体坐便器		套	8.08	686.04	5543.20	686.04	5543.20		
27	16310104	螺纹阀门	DN20	个	4.04	23.14	93.49	23.14	93.49		
28	18553515	连体进水阀配件		套	8.08	32.59	263.33	32.59	263.33		
29	18553508	连体排水口配件		套	8.08	12.86	103.91	12.86	103.91		
30	18551704	坐便器桶盖		个	8.08	34.30	277.14	34.30	277.14		
31	14311503	PP－R给水管	15	m	30.0084	3.70	111.03	3.70	111.03		
32	14311503	PP－R给水管	20	m	44.472	5.57	247.71	5.57	247.71		
33	14311503	PP－R给水管	20	m	14.28	8.80	125.66	8.80	125.66		
34	14311503	PP－R给水管	25	m	7.446	9.00	67.01	9.00	67.01		
35	11030703	沥青漆		kg	6.5278	12.01	78.41	12.01	78.41		
36	21010306	螺纹水表	DN32	只	2.00	55.74	111.48	55.74	111.48		
37	05072105	纤维类制品(管壳)		m^3	0.0433	2401.14	103.97	2401.14	103.97		
38	13070306	玻璃丝布		m^2	29.456	2.36	69.52	2.36	69.52		
		合　计					24297.89		24297.89		

未来软件编制　　　　2017年5月4日

模块二　电气照明工程实例

工作任务一　电气照明工程施工图识读

一、建筑概况

本工程为双拼三层别墅，建筑高度10.51 m，建筑面积520.27 m^2。本工程沿⑦轴线左右对称布置，所以下面以一户为单元进行描述。一层有一起居室、一餐厅、一车库、一卫生间（卫生间1）、一厨房及人工房。二层有三卧室、两卫生间（卫生间2、卫生间3）。三层有一卧室、一卫生间（卫生间3）。

二、强电系统

本工程由室外就近引来一路电源入户，采用YJV22－0.6/1型电缆埋地引入地下总配电箱。电缆埋地深度为700 mm，室外标高为－0.6 m。

电表箱由供电部门安装在C轴与①轴交叉处，从电表箱引出电缆线进入1AL配电箱，配电箱型号为PZ30，位于一层E轴与⑤轴交叉处，表箱距地高度为1.8m。表箱内共有8个回路，因为作一点预留，因此按10个回路确定其规格为280×280×90。

其中WL1回路为一层照明回路，采用三根2.5的铜导线穿20的KBG管沿顶暗敷，WL1回路从配电箱进入顶部，敷设至餐厅前过道灯头盒处分头，共分4路：向北进入厨房后到工人房；向西进入餐厅；向西南进入入户门厅与起居室；向东南进入卫生间1和车库。WL回路为一层风机盘管，采用三根2.5的铜导线穿20的KBG管沿顶暗敷，一向北进入工人房，另一向南进入门厅位置。WX1为一层普通插座，采用三根4.0的铜导线穿250的KBG管沿地暗敷，接工人房、餐厅、多媒体箱与起居室；WX2为厨房插座，三个插座的安装高度分别为2.0 m、1.5 m、1.5 m；WX3为卫生间1插座；2WL接VRV空调室外主机；1WL接2AL。

2AL配电箱有10个回路加一个预留回路。其中WL1回路为二层照明回路，采用三根2.5的铜导线穿20的KBG管沿顶暗敷，WL1回路从配电箱进入顶部，敷设至北卧室旁过道灯头盒处分头，共分三路：向西进入北卧室；一路给楼梯间照明供电；向西南进入卫生间2旁再分为三路，分别进入卫生间2、卧室、主卧及卫生间3。WL回路为二层风机盘管，采用三根2.5的铜导线穿20的KBG管沿顶暗敷，二层部分是进入北卧室后进主卧室再进入南卧室，三层部分是进入楼梯间后入主卧室。WX1为二层普通插座，采用三根4.0的铜导线穿250的KBG管沿地暗敷，接各卧室；WX2为卫生间3插座，两个插座的安装高度分别为2.0 m、1.5 m；WX3为卫生间2插座。

WL2回路为三层照明回路，采用三根2.5的铜导线穿20的KBG管沿顶暗敷，WL2回路从配电箱进入三层顶部，敷设在过道灯头盒处分头，共分两路：向南进入主卧室和卫生间3，一路给楼梯间照明供电。WL′回路为三层风机盘管，采用三根2.5的铜导线穿20的KBG管沿顶暗敷。WX4为三层普通插座，采用三根4.0的铜导线穿25的KBG管沿地暗敷，接主卧室；WX5为卫生间3插座，插座的安装高度1.5 m。WX6为卫生间3太阳能插座，高度为2.0 m。

三、弱电系统

安防系统预埋KBG25管，设备及控制线由专业公司安装。

有线电视、网络、通讯电话由室外穿SC32进入家用多媒体箱，多媒体箱位于D轴与⑤轴交叉处。一层有线电视与网络进入起居室，电话分两路进入餐厅与起居室。从多媒体箱引入二层接线箱，二层三个卧室都接入了有线电视、网络与电话，三层卧室内也接入有线电视、网络与电话。

四、防雷接地系统

防雷接地系统将整个建筑视为一个系统，因此这里总体介绍。避雷带采用₵10热镀锌圆钢，沿沿口与屋脊明敷。引下线利用建筑物构造柱内四根主筋，通过查阅结构施工图可知：柱的底标高为－2.5 m，引下6处。防雷接地极利用底板承台上两根主筋，在与基础梁相交处，柱主筋与基础梁钢筋有效连接成均压环，室外地坪0.5 m处设断接卡，断接卡两处。本工程设置总等电位与局部等电位，局部等电位接总等电位；局部等电位设置在各卫生间，接两处柱主筋再接总等电位，总等电位位于E轴与④轴交叉处。本工程接地部分，一为屋顶太阳能热水器接梁及D轴与⑤轴交叉处的柱钢筋引下，其他在总等电位接VRV室外机、配电箱、进户电力电缆金属外皮、煤气管、金属水管、弱电管联合接地。

工作任务二　电气照明工程工程量清单编制

一、使用 Excel 进行工程量计算

（一）前言

工程量计算是造价工作当中工作量最大的，也是造价员最费神的。如何提高算量的工作效率，成了每个造价人员的必修课。目前较为常见的工作量计算方法有：

1. 传统方式算量

传统的算量工作都是在纸质的计算稿上列出计算公式，利用计算器计算结果及汇总。其弊端是利用计算器计算结果及汇总的工作容易出错，而且在工程量计算过程中，不断复核与修改是无法避免的；如果一步修改后，其后续工作也要手工逐步、逐条修改，工作效率极低。

2. 专业算量软件算量（三维建模方式）

现在很多造价管理软件公司推出了专门的算量软件，如广联达、鲁班、神机妙算等。其特点是在算量软件中画好施工图或者导入工程 CAD 图纸，工程量的计算是软件自动计算的，增加了画图或者对图纸进行加工这个步骤（也是工作量最大的），少了列式计算的步骤，对于做标底是挺方便的。其弊端是软件价格高，对于工程的细部处理不灵活，对帐不方便等。

3. Excel 算量

MS office 办公软件中的电子表格 Excel 是强大的计算工具。Excel 算量整体的工作思路和传统方式算量一样，但是通过一些设置、处理，可以自动得到计算结果并能自动汇总，一步修改，关联修改，无需逐条修改，大大提高工作效率。其优点是计算灵活，对帐方便。

本部分介绍一些相对简单而实用的运用 Excel 进行工程量计算的方法。在工程计算过程中设置成两个部分，即工程量计算与工程汇总两部分。

（二）工作步骤

需要注意的是：运用 Excel 进行计算，Excel 的宏安全等级必须设置为低级，在“工具”→“宏”→“安全性”中进行相应的设置，必须设置为“低”。

1. 设计界面

（1）通常一个工作表无法将所有的内容囊括，因此要设置几个表格来实现整个工程量的计算过程，如可以设置封面、编制说明、工程量计算表、工程量汇总表、下拉菜单表、其他等。

（2）这几个表中设计最需要认真考虑的首先是工程量计算表，里面包括什么内容、内容的顺序、哪些是需要进行合并的等。这些都要精心设计，如可以有序号、清单编码或定额号、项目名称、计算部位、规格与型号、计算公式、单位、结果、相同回路或相同部位。这些表格内容不尽相同，这与每个人的工作习惯或者是专业的不同有关。每个人只有在工作过程中多多思考，并与同行交流才能编制出适合专业与自身习惯的表格。

（3）对于大型工程，为了在表格向下进行过程中也能看到表头的内容；或者说在上面的设置过程中，我们要将表格名称、建设单位要清楚表现项目属性而设计的表头（标题）在工作中无论我们如何向下拉动流动条时和其他需要都能显示；也能在每页上都有标题，可以进行如下设置：

① 将光标置于工作表中要设置的标题的下一行，点击菜单栏的“窗口”→“冻结窗格”，这样，无论我们把右边的滚动条向下拉多少行，都能看到标题了。

② 要解决每页都有标题的问题。选择“计算稿”工作表，进入菜单栏“文件”→“页面设置”，出现窗口如下：

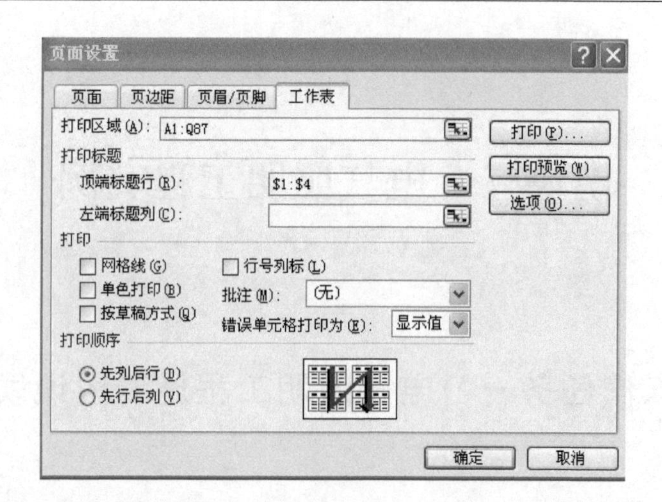

在选项“页面”中，选择“横向(L)”；在“页边距”的“居中方式”选择“水平”；在“页眉/页脚”→“自定义页脚”→“右(R)：”下面输入“第 &[页码]页共 &[总页数]页”后按“确定”关闭窗口；在“工作表”→“打印区域”中输入“A：K”，在“打印标题”→“顶端标题行”中输入“$1：$4”后按“确定”关闭“页面设置”窗口。（操作技巧：我们可以用按钮来使用鼠标选择打印、标题区域）

2. 单元格设置

在工作表中，有些内容出现频率比较高，而且对于同一种类型的工程，其不同的内容也不会太多，如“单位”：m、m^2、m^3、kg、块、套、只、个等，这些可以做成下拉菜单的形式，方便使用。除单位外，还有一些材料的规格、项目名称等，都要结合具体的工程类别进行单元格设置。

（1）在工作表中设置“配管规格— E 列”的下拉菜单：在菜单栏中，点击“插入”→“名称”→“定义”，出现弹出窗口如下：

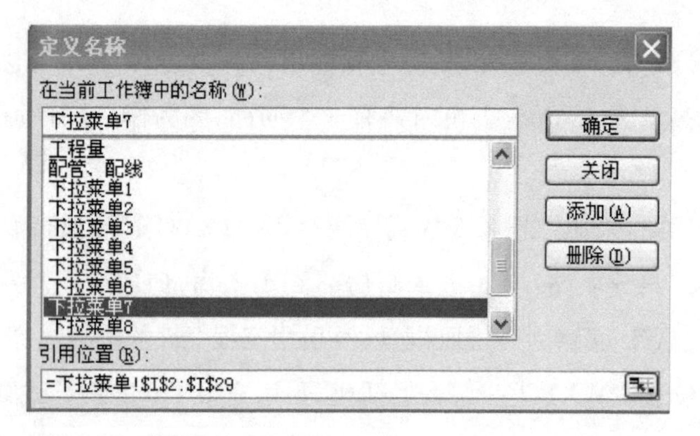

在当前工作簿中的的名称下面输入“下拉菜单 7”，按“添加”，在“引用位置”输入“＝下拉菜单！ I2：I29”，按“确定”关闭窗口。要说明的是这个“下拉菜单”工作表是所设置的一个工作表的名称，即在“下拉菜单”工作表中的从“I2”单元格—“I29”单元格选取。

（2）选择“工程量计算表”工作表相应单元格，在菜单栏中，点击“数据”→“有效性”，出现弹出窗口如下：

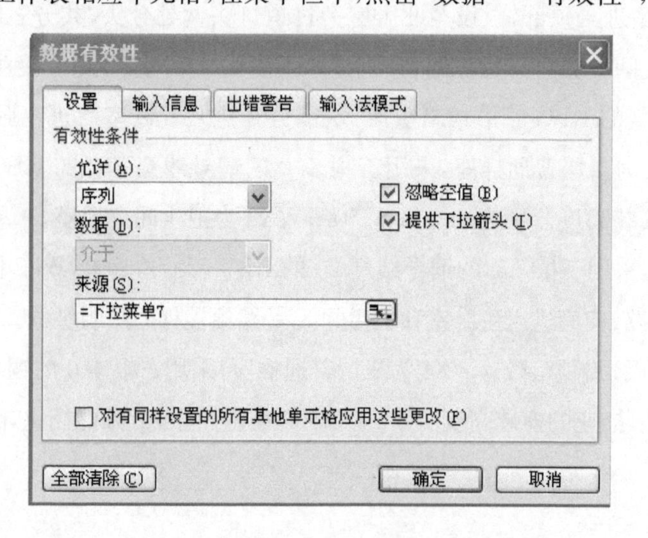

在“设置”→“有效性条件”中，“允许(A)”下面选择“序列”，“来源(S)”下面输入“＝下拉菜单 7”，在“忽略空值(B)”和“提供下拉箭头(I)”前面画勾，按“确定”关闭窗口。再选择“工程量计算表”工作表相应的单元格-即 E 列，这时，该单元格的右边会出现一个下拉箭头，点击这个箭头，选择需要的选项就可以了。如要添加或修改数据，在“下拉菜单”工作表的 I 列下面添加或修改即可。“工程量计算表”工作表相应单元格会自动添加或修改的。

3. 输入带文字及符号的计算公式，在结果列自动计算结果

(1) 设置公式和结果兼得公式(最关键步骤)--即要“工程量计算表”中 H 列得到 G 列计算公式的计算结果(带标注的)：在菜单栏中，点击“插入”→“名称”→“定义”，在当前工作簿中的的名称下面输入“val1”，按“添加”，在“引用位置”输入“＝EVALUATE(SUBSTITUTE(SUBSTITUTE(工程量计算表！＄G7,"［","＊ISTEXT(""［")","］","］"")"))”，按“确定”关闭窗口，公式中“工程量计算表！＄G7”表示“工程量计算表”工作表需要列式计算的“G7”单元格。

(2) 在“工程量计算表”工作表中，选择 H7 单元格，输入公式“＝IF(H7＝"","", val1)”，公式中的“val1”就是我们刚刚定义的名称，公式的结果是：如果 G7 是空白；则 H7 为空白；如果 G7 不是空白，则 H7 显示 G7 计算公式的结果。

(3) 我们来验证一下公式：在 G7 输入计算公式“(1.5[预留]＋2.5)[水平]＋(0.7＋0.6＋1.5)[垂直]”，回车，H6 就自动出来计算结果“6.8”了。(操作技巧：计算公式的文字说明，如“垂直”等，必须用“[]”括起，而且只能紧跟在数字后面)(见下图)

	A	C	D	E	F	G	H	I	J
1									
2	工程名称：某双拼别墅工程(安装工程之电气工程)								
3	序号	项目名称	计算部位或回路	配管规格		配管长度与其它		单位	配管长度B与其它
4						计算式	小计		合计
5			列1	列7	列	列10	列13	列	列1
6	一	强电工程							
7	(一)	配管、配线	进户管线	SC50	埋地	(1.5[预留]+2.5)[水平]+(0.7+0.6+1.5)[垂直]	6.80	m	13.60
8		电缆头制作		25mm2		5	5.00		10.00
9	(二)	电缆沟槽土方	进户管线			(1.5[预留]+2.5)*0.45	1.80	m3	3.60

(4) 一个有用逻辑表达：在“＊＊＊”工作表选择 B5 单元格，输入公式“＝IF(C5＝"","",J5)”，公式的结果是：如果 C5 是空白，则 B5 为空白；如果 C5 不是空白，则 B5 显示 J5 的数据。该公式的作用是，如果该行分项的计算公式只有一行，则 B5 自动提取 J5 的数据。如果该行分项的计算公式有多行，则这个公式就不起作用了，至于如何修改公式，大家可以深入研究、学习。

4. 汇总工程量

对于一般的工程，其工程量计算过程包括细部的工程量计算，然后需要将同类型的工程量进行汇总。那么在Excel中能否可以自动进行汇总呢？答案是肯定的。

将工程量汇总表设置好，尤其是要将同一规格的找到其共同特征进行表述，如在下表 F13 中输入“＝SUMIF(工程量计算表！E:E,D13,工程量计算表！H:H)”，其表达的意思是将“工程量计算表”工作表中 E 列与 D13 设置相同(如都是 PVC16——操作技巧：可以通过下拉菜单设置成一样，这样保证高度一致性)，其计算结果结果在“工程量计算表”工作表中的 H 列的结果进行汇总。

Microsoft Excel - 电气照明工程工程量计算表

文件(F)　编辑(E)　视图(V)　插入(I)　格式(O)　工具(T)　数据(D)　窗口(W)　帮助(H)

F13　　=SUMIF(工程量计算表!E:E,D13,工程量计算表!H:H)

	A	B	C	D	E	F
10	二		配管 配线			
11	1	030212001001	电气配管	镀锌钢管DN100	M	5.2
12	2	030212001002	电气配管	镀锌钢管DN80	M	5.4
13	3	030212001003	电气配管	PVC16	M	119.89
14	4	030212001004	电气配管	PVC20	M	137.74
15		030212001004	电气配管	PVC25	M	119.74

封面 / 编制说明 / 工程量计算表 / 工程量汇总表 / 其他项目 / 下拉菜单 /

二、电气照明工程清单工程量计算

1. 封面

某双拼别墅工程

工程量计算书

建设单位：江苏城市职业学院

单位工程：安装工程

分部工程：建筑电气

分项工程：电气照明工程

弱电工程

防雷及接地工程

施工单位：

编　制　人：张晓东

复　核　人：俞振华

编制日期：2017 年 5 月 4 日

2. 电气照明工程清单与计价工程量计算书

工程量计算书

工程名称:某双拼别墅工程(安装工程之电气照明工程)

序号	项目名称	计算部位或回路	配管规格		配管长度与其他		单位	配管长度B或其他	配线	配线根数C	预留长度D	配线长度(清单与计价)E	相同回路F	
					计算式	小计A		合计A*G	规格			B*C+D*C*G	倍数G	说明
列1		列8	列3	列9	列32	列13	列4	列5	列6	列12	列14	列7	列15	列16
一	强电工程													
(一)	配管、配线	进户管线	SC50		(2[预留]+2.5[水平]+(0.7+0.6+1.5)[垂直]	7.30	m	14.60	YJV22-5*25	1	0.66	16.32	2	增加2.5%
	电缆头制作		25 mm^2		1	1.00		2.00					2	
(二)	电缆沟槽土方	进户管线			2.5*0.45	1.13	m^3	2.25					2	
(三)	配电箱安装	电表箱(435*225*135)			1	1.00	台	2.00					2	略
(四)	配管、配线	表间管线(电表箱-1AL)	SC50	埋地	(1.5+0.2[地坪厚])[下地]+6.5[水平]+(1.8+0.2)[进配电箱1AL]	10.20	m	20.40	YJV22-5*25	1	1.50	23.99	2	增加2.5%
	电缆头制		25 mm^2		2	2.00		4.00					2	
(五)	配电箱安装	配电箱1AL-PZ30(470*370*90)			1	1.00	台	2.00					2	
	压铜接线端子		16 mm^2		5	5.00	个	10.00					2	
	压铜接线端子		10 mm^2		5	5.00	个	10.00					2	
	无端子接线		4 mm^2		3*3	9.00	个	18.00					2	
	无端子接线		2.5 mm^2		2*3	6.00	m	12.00					2	
(六)		一层配电												
1	配管、配线	WL1回路	KBG20	暗	(3.0+0.1-1.8-0.37)[配电箱到顶板]+(2.4+1.4+3.1+2.3+3.0+2.7+2.4+1.9+1.8+1.4+3.5+1.8+3.1+4.0+2.1+3.2)+(3.1-1.3)*(2+2)	48.23	m	96.46	BV2.5	3	0.84	294.42	2	
	配管、配线		KBG20	暗	1.5+1.1+0.6+1.5+1.2+1.4+2.2+3.1[灯间]+(3.1-1.3)*7	25.20	m	50.40	BV2.5	2		100.80	2	

续表

序号	项目名称	计算部位或回路	配管规格		配管长度与其他		单位	配管长度B或其他	配线	配线根数C	预留长度D	配线长度(清单与计价)E	相同回路F	
					计算式	小计A		合计A＊G	规格			B＊C+D＊C＊G	倍数G	说明
列1		列8	列3	列9	列32	列13	列4	列5	列6	列12	列14	列7	列15	列16
	配管、配线		KBG25	暗	1.4+(3.1−1.3)	3.20	m	0.00	BV2.5	5		0.00	0	假设考虑
	配管、配线		KBG25	暗	1.8+(3.1−1.3)	3.60	m	0.00	BV2.5	6		0.00	0	双联双控
	配管、配线		KBG32	暗	3.5	3.50	m	0.00	BV2.5	7		0.00	0	(仅参考)
	单极单控开关				7	7.00	个	14.00					2	
	双极单控开关				2	2.00	个	4.00					2	
	单极双控开关				2	2.00	个	4.00					2	
	接线(灯头)盒				13	13.00	个	26.00					2	
	开关(插座)盒				11	11.00	个	22.00					2	
	吸顶灯				13	13.00	套	26.00					2	
2	配管、配线	WL回路	KBG20	暗	(3.0+0.1−1.8−0.37)[配电箱到顶板]+0.8+3.8+1.1+3.6+1.1	11.33	m	22.66	BV2.5	3	0.84	73.02	2	
		空调控制预留	KBG25	暗	1.0+2.5+2.1+(3.1−1.3)＊3	11.00	m	22.00	BV0.75	5		110.00	2	
	开关(插座)盒				3	3.00	个	6.00					2	
	空调控制器				3	3.00	个	6.00					2	
3	配管、配线	WX1回路	KBG25	暗	(1.8+0.2)[配电箱入地]+(2.9+3.3+4.3+2.6+0.45[标高差]+4.8+5.7+4.0)[水平距离]+(0.2+0.3)＊13[进出插座]+(0.2+0.3)[进入多媒体箱]	37.05	m	74.10	BV4	3	0.84	227.34	2	
	单相二、三孔插座(10 A)				7	7.00	个	14.00					2	
	开关(插座)盒				7	7.00	个	14.00					2	
4	配管、配线	WX2回路	KBG25		(1.8+0.2)[电箱入地]+(3.4+1.5+1.6)[水平距离]+(2.1＊2+1.6＊3)[进出插座]	17.50	m	35.00	BV4	3	0.84	110.04	2	
	单相二、三孔插座(10 A)				1	1.00	个	2.00					2	
	单相三孔插座(安全防溅型10 A)				2	2.00	个	4.00					2	

续表

序号	项目名称	计算部位或回路	配管规格		配管长度与其他		单位	配管长度B或其他	配线	配线根数C	预留长度D	配线长度(清单与计价)E	相同回路F	
					计算式	小计A		合计A*G	规格			B*C+D*C*G	倍数G	说明
列1		列8	列3	列9	列32	列13	列4	列5	列6	列12	列14	列7	列15	列16
	开关(插座)盒				3	3.00	个	6.00					2	
5	配管、配线	WX3 回路	KBG25	暗	(1.8+0.2)[电箱入地]+(1.7+2.3+2.9)[水平距离]+(2.1*3+1.6*2)[进出插座]	18.40	m	36.80	BV4	3	0.84	115.44	2	
	单相三孔插座(安全防溅型 10 A)				3	3.00	个	6.00					2	
	开关(插座)盒				3	3.00	个	6.00					2	
6	配管、配线	2WL 回路	SC40	暗	(1.8+0.2)[电箱入地]+(3.5+3.0+0.6)[水平距离]+(0.2+0.3)*1[接 VRV 室外机]	9.60	m	19.20	BV16	5	0.84	104.40	2	
	单相三孔插座(安全防溅型 10 A)				1	1.00	个	2.00					2	
	开关(插座)盒				1	1.00	个	2.00					2	
(七)	配管、配线	表间管线(1AL-2AL)	SC32	暗	3.2-1.8-0.37+1.8	2.83	m	5.66	BV10	5	1.68	45.10	2	
(八)	配电箱安装	配电箱 2AL-PZ30 (470*370*90)			1	1.00	套	2.00					2	
	压铜接线端子		10 mm^2		5	5.00	个	10.00					2	
	无端子接线		4 mm^2		6*3	18.00	个	36.00					2	
	无端子接线		2.5 mm^2		4*3	12.00	个	24.00					2	
(九)		二、三层配电												
1	配管、配线	WL1 回路	KBG20	暗	(2.8+0.1-1.8-0.37)[配电箱到二层顶板]+(2.4+3.0+(7.51-6.2)[从楼梯间到二层北卧室进入屋面板的高差]+2.6+2.3+2.8+3.3+3.1+2.0+3.9)	27.44	m	54.88	BV2.5	3	0.84	169.68	2	
	配管、配线		KBG20	暗	1.9+(2.9-1.3)[到开关]+1.0[楼段内斜长]+2[到壁灯]+1.6[休息平台宽]+2[楼段内斜长]+1.6[休息平台宽]+1.0[楼段内斜长]+(1.3+0.2)[到开关]	14.20	m	28.40	BV2.5	3		85.20	2	单联双控壁灯

续表

序号	项目名称	计算部位或回路	配管规格		配管长度与其他		单位	配管长度 B或其他	配线	配线 根数C	预留长度D	配线长度 (清单与计价)E	相同回路F	
					计算式	小计A		合计A*G	规格			B*C+D*C*G	倍数G	说明
列1		列8	列3	列9	列32	列13	列4	列5	列6	列12	列14	列7	列15	列16
	配管、配线		KBG20	暗	1.3＋2.0＋1.7＋1.8＋2.3＋(2.9－1.3)*4＋(7.51－0.2－3.2－1.3)[坡屋面卧室]	18.31	m	36.62	BV2.5	2		73.24	2	
	单极单控开关				5	5.00	个	10.00					2	
	双极单控开关				1	1.00	个	2.00					2	
	单极双控开关				2	2.00	个	4.00					2	
	开关(插座)盒				8	8.00	个	16.00					2	
	接线(灯头)盒				8+1+2	11.00	个	22.00					2	
	吸顶灯				8	8.00	个	16.00					2	
	壁灯				1	1.00	个	2.00					2	
2	配管、配线	WL回路	KBG20	暗	(3.0+0.1－1.8－0.37)[配电箱到顶板]+4.8+4.6+4.5	14.83	m	29.66	BV2.5	3	0.84	94.02	2	
		空调控制预留	KBG25	暗	1.8+1.8+0.8+(2.9－1.3)*3	9.20	m	18.40	BV0.75	5		92.00	2	
	开关(插座)盒				3	3.00	个	6.00					2	
	空调控制器				3	3.00	个	6.00					2	
3	配管、配线	WX1回路	KBG25	暗	(1.8+0.1)[电箱入地]+(1.8+1.8+3.5+(2.8+3.7)+1.9+3.0+4.1+3.6+3.4)[水平距离]+(0.1+0.3)*18[进出插座]+(1.5+0.1)[进安全防溅插座]	40.30	m	80.60	BV4	3	0.84	246.84	2	
	单相二、三孔插座(10 A)				10	10.00	个	20.00					2	
	单相三孔插座(安全防溅型10 A)(10 A)				1	1.00	个	2.00					2	
	开关(插座)盒				10+1	11.00	个	22.00					2	
4	配管、配线	WX2回路	KBG25	暗	(1.8+0.1)[电箱入地]+(4.0+2.1+1.9+2.0)[水平距离]+(2.1*2+1.6*1)[进出插座]	17.70	m	35.40	BV4	3	0.84	111.24	2	
	单相三孔插座(安全防溅型10 A)				2	2.00	个	4.00					2	
	开关(插座)盒				2	2.00	个	4.00					2	
5	配管、配线	WX3回路	KBG25	暗	(1.8+0.1)[电箱入地]+(5.1+2.0)[水平距离]+(2.1+1.6*2)[进出插座]	14.30	m	28.60	BV4	3	0.84	90.84	2	

续表

序号	项目名称	计算部位或回路	配管规格		配管长度与其他		单位	配管长度B或其他	配线	配线根数C	预留长度D	配线长度(清单与计价)E	相同回路F	
					计算式	小计A		合计A*G	规格			B*C+D*C*G	倍数G	说明
列1		列8	列3	列9	列32	列13	列4	列5	列6	列12	列14	列7	列15	列16
	单相三孔插座(安全防溅型10 A)				2	2.00	个	4.00					2	
	开关(插座)盒				2	2.00	个	4.00					2	
6	配管、配线	WL2回路	KBG20	暗	(2.8+0.1−1.8−0.37+3.0)[配电箱到三层顶板]+(1.8*1.1+2.8*1.1+2.8*1.16+3.1+3.3+(1.2+2.0))+((10.5−9.2)+3−1.3)[楼梯间双联]+(3.0−1.3)[卧室双联]	26.34	m	52.68	BV2.5	3	0.84	163.07	2	坡比1∶1.1与1∶1.16(可以计算)
	配管、配线		KBG20	暗	2.2*1.1+((10.32−6.2)[层高]−1.3)[到开关]+1.0[楼段内斜长]+2[到壁灯]+1.6[休息平台宽]+2[楼段内斜长]+1.6[休息平台宽]+1.0[楼段内斜长]+(1.3+0.1)[到开关]	15.84		31.68	BV2.5	3		95.04	2	单联双控壁灯
	配管、配线		KBG20	暗	1.6*1.1+((10.51−0.4−6.12)[此处楼层高]−1.3)	4.45	m	8.90	BV2.5	2		17.80	2	
	单极单控开关				1	1.00	个	2.00					2	
	双极单控开关				2	2.00	个	4.00					2	
	单极双控开关				2	2.00	个	4.00					2	
	开关(插座)盒				5	5.00	个	10.00					2	
	接线(灯头)盒				5+1+2	8.00	个	16.00					2	
	吸顶灯				5	5.00	个	10.00					2	
	壁灯				1	1.00	套	2.00					2	
7	配管、配线	WL′回路	KBG20	暗	(2.8+0.1−1.8−0.37)[电箱入顶]+(5.1+2.8)[水平距离]	8.63	m	17.26	BV2.5	3	0.84	56.82	2	
			KBG25	暗	1.0+2.2+(2.9−1.3)*2	6.40	m²	12.80	BV0.75	5		64.00	2	
	开关(插座)盒				2	2.00	个	4.00					2	
	空调控制器				2	2.00	个	4.00					2	
8	配管、配线	WX4回路	KBG25	暗	(2.8+0.1−1.8−0.37)[电箱入顶]+(8.0+4.2+3.8+1.0)[水平距离]+(0.4*6+1.6*1)[进出插座]	21.73	m	43.46	BV4	3	0.84	135.42	2	

续表

序号	项目名称	计算部位或回路	配管规格		配管长度与其他		单位	配管长度B或其他	配线	配线根数C	预留长度D	配线长度(清单与计价)E	相同回路F	
					计算式	小计A		合计A*G	规格			B*C+D*C*G	倍数G	说明
列1		列8	列3	列9	列32	列13	列4	列5	列6	列12	列14	列7	列15	列16
	单相二、三孔插座(10 A)				3	3.00	个	6.00					2	
	单相三孔插座(安全防溅型10 A)				1	1.00	个	2.00					2	
	开关(插座)盒				3+1	4.00	个	8.00					2	
9	配管、配线	WX5回路	KBG25	暗	(2.8+0.1－1.8－0.37)[电箱入顶]+(3.2+3.0+2.0+2.1)[水平距离]+(1.6*1)[进出插座]	12.63	m	25.26	BV4	3	0.84	80.82	2	
	单相三孔插座(安全防溅型10 A)				1	1.00	个	2.00					2	
	开关(插座)盒				1+2	3.00	个	6.00					2	
10	配管、配线	WX6回路	KBG25	暗	(2.8+0.1－1.8　0.37)[电箱入顶]+(3.2+1.9+1.6+2.1)[水平距离]+(2.1*1)[进出插座]	11.63	m	23.26	BV4	3	0.84	74.82	2	
	单相三孔插座(安全防溅型10 A)				1	1.00	个	2.00					2	
	开关(插座)盒				1+2	3.00	个	6.00					2	
接太阳能温控														
	配管、配线		PVC15	暗	(10.51－6.2－1.5+2*1.1+0.5)*4	22.04	m	44.08					自理	2
二	弱电工程													
(一)	配管、配线	进户管线	SC32(弱)	埋地	1.5[预留]+6.9+(0.8+0.6+0.3)[垂直距离]	10.10	m	20.20	SYWV-75-5	1	0.70	21.60	2	
	配管、配线	进户管线	SC32(弱)	埋地	1.5[预留]+6.9+(00.8+0.6+0.3)[垂直距离]	10.10	m	20.20	超五类四对对绞电缆	1	0.70	21.60	2	
	配管、配线	进户管线	SC32(弱)	埋地	1.5[预留]+6.9+(0.8+0.6+0.3)[垂直距离]	10.10	m	20.20	RVC-2*0.5	1	0.70	21.60	2	
	配管、配线	进户管线	SC32(弱)	埋地	(1.5[预留]+6.9+(0.8+0.6+0.3)[垂直距离])*2	20.20	m	40.40					2	
(二)	多媒体总箱				1	1.00	台	2.00					2	
	无端子接线				7	7.00	个	14.00					2	
(三)	配管、配线	表间管线(多媒体)	KBG25(弱)	暗	3.2	3.20	m	6.40	SYWV-75-5	1	1.40	9.20	2	
	配管、配线	表间管线(多媒体)	KBG25(弱)	暗	3.2	3.20	m	6.40	超五类四对对绞电缆	1	1.40	9.20	2	
	配管、配线	表间管线(多媒体)	KBG25(弱)	暗	3.2	3.20	m	6.40	RVC-2*0.5	1	1.40	9.20	2	

续表

序号	项目名称	计算部位或回路	配管规格		配管长度与其他		单位	配管长度B或其他	配线	配线根数C	预留长度D	配线长度（清单与计价）E	相同回路F	
					计算式	小计A		合计A*G	规格			B*C+D*C*G	倍数G	说明
列1		列8	列3	列9	列32	列13	列4	列5	列6	列12	列14	列7	列15	列16
（四）	多媒体接线箱	表间管线（多媒体）			1	1.00	台	2.00					2	
	无端子接线				3+10	13.00	个	26.00					2	
（五）	有线电视													
	配管、配线		KBG25（弱）	暗	((0.3+0.2+0.45)+4.2+(0.3+0.2))[一层]+(0.4*2+(4.6+5.8)+0.4*2)[二层]+(3.0+0.4+4.1+0.4)[三层]	25.55	m	51.10	SYWV-75-5	1	2.10	55.30	2	
	有线电视插座		有线电视插座		1+3+1	5.00	个	10.00					2	
	有线电视插座盒		有线电视插座盒		1+3+1	5.00	个	10.00					2	
	终端调试（有线电视）				1	1.00	户	2.00					2	
（六）	网络工程													
	配管、配线		KBG25(弱)	暗	(0.95+3.3+0.5)[一层]+(0.4*2+(5.9+6.2)+0.4*2)[二层]+(3.0+0.4+5.2+0.4)[三层]	27.45	m	54.90	超五类四对对绞电缆	1	2.10	59.10	2	
	网络插座		网络插座		1+3+1	5.00	个	10.00					2	
	网络插座盒		网络插座盒		1+3+1	5.00	个	10.00					2	
	双绞线缆测试				1+3+1	5.00	链路	10.00					2	
（七）	电话													
	配管、配线		KBG20（弱）	暗	(0.95*2+4.5+4.0+0.5*2)[一层]+(0.4*3+(5.1+7.5+2.5)+0.4*3)[二层]+(3.0+0.4+4.2+0.4)[三层]	36.90	m	73.80	RVC-2*0.5	1	2.10	78.00	2	
	电话插座		电话插座		1+4+1	6.00	个	12.00					2	
	电话插座盒		电话插座盒		1+4+1	6.00	个	12.00					2	

续表

序号	项目名称	计算部位或回路	配管规格		配管长度与其他		单位	配管长度B或其他	配线	配线根数C	预留长度D	配线长度(清单与计价)E	相同回路F	
					计算式	小计A		合计A*G	规格			B*C+D*C*G	倍数G	说明
列1		列8	列3	列9	列32	列13	列4	列5	列6	列12	列14	列7	列15	列16
(八)	安防系统预埋管		KBG20(弱)	暗	5[预留]+(1.5+0.2)[垂直距离]+(3.8+6.0+4.4+3.2)[一层]+(3.2+4.0+4.2)[二层]+(3.0+0.4)+(1.4+0.1)*5	46.40	m	92.80					2	
	安防插座盒		安防插座盒		6	6.00	个	12.00					2	
三	防雷接地装置及安全系统													
(一)	总等电位箱				1*2	2.00	台	2.00					1	
	配管、配线		PVC32	暗	5[估计]*2	10.00	m	10.00	BVR25	1	0.41	10.41	1	
(二)	局部等电位箱				4*2	8.00	台	8.00					1	
	配管、配线		PVC15	暗	5[估计]*4*2	40.00	m	40.00	BVR4.0	1	0.41	40.41	1	
(三)	防雷接地装置				1	1.00	系统						1	
1	避雷网支架上安装		φ10 mm²		((7.2+4.45*2+(1.73+(10.51−7.51)*2)+3.83*2+0.9+5.1+2.6*2+8.7)*2+10.8+18.8+(0.26+0.38+0.59)*2[接引下线])*1.039	140.10	m	140.10					1	
2	引下线				(((9.2+0.2+2.5)*2+(6.2+0.2+2.5))*2)[防雷引下]+((3.2+0.5+0.3+6.2+0.5+0.3*2)*2)[接地引下])	88.00	m	88.00					1	
	引下线与基础焊接				(3+2)*2	10.00	处	10.00					1	
3	均压环				((17.8+14.1)*3+(1.2*2+1.8)+(1.1+0.8)*2)+(1.2*2+0.7*2)[接引下线][基础]+((3.9/2+3.9)[2、3层卫生间3]*(3−1)+(3.5/2+3.9)/2[2层卫生间2])*2[局部等电位部分])	136.55	m	136.55					1	
4	户内接地母线敷设		40*4		((4.0+(2.0+1.8+0.8)+3.2+3.0+0.8*8+1.5*4[金属管道类估计])*2)*(1+0.039)	56.52	m	56.52					1	

续表

序号	项目名称	计算部位或回路	配管规格		配管长度与其他		单位	配管长度B或其他	配线	配线根数C	预留长度D	配线长度(清单与计价)E	相同回路F	
					计算式	小计A		合计A*G	规格			B*C+D*C*G	倍数G	说明
列1		列8	列3	列9	列32	列13	列4	列5	列6	列12	列14	列7	列15	列16
5	电缆沟槽土方				((4.0+2.0+3.2+3.0+4*4[金属管道类估计])*2)*0.45	25.38		25.38					1	
6	测试卡子箱暗装				2	2.00	个	2.00					1	
	测试卡子				2	2.00	处	2.00					1	
(四)	系统调试				2	2.00	系统	2.00					1	
1	接地系统调试				2	2.00	系统	2.00					1	

三、电气照明工程清单与计价工程量汇总表

电气照明工程量汇总表

工程名称:某双拼别墅工程(安装工程之电气照明工程)

序号	项目编码	定额号	项目名称	规格	单位	清单或计价工程量	主材单价
一			**电气照明工程**				
(一)			配电箱				
1	030404017001	4-268	配电箱安装	电表箱(435*225*135)	台	2.00	250
2	030404017002	4-268	配电箱安装	配电箱1AL-PZ30(470*370*90)	台	2.00	1600
		4-424	压铜接线端子	16 mm²	个	10.00	
		4-424	压铜接线端子	10 mm²	个	10.00	
		4-413	无端子接线	4 mm²	个	18.00	
		4-412	无端子接线	2.5 mm²	个	12.00	
3	030404017003	4-268	配电箱安装	配电箱2AL-PZ30(470*370*90)	台	2.00	1400
		4-424	压铜接线端子	10 mm²	个	10.00	
		4-413	无端子接线	4 mm²	个	36.00	
		4-412	无端子接线	2.5 mm²	个	24.00	

续表

序号	项目编码	定额号	项目名称	规格	单位	清单或计价工程量	主材单价
(二)			配管 配线				
1	030411001001	4-1145	电气配管	SC50	m	35.00	31.32
2	030411001002	4-1144	电气配管	SC40	m	19.20	24.67
3	030411001003	4-1143	电气配管	SC32	m	5.66	20.1
5	030411001005	4-1109	电气配管	KBG25	m	435.68	6.5
6	030411001006	4-1108	电气配管	KBG20	m	429.60	5
7	030411001006	4-1220	电气配管	PVC15	m	44.08	2.06
8	030411006001	4-1546	开关(插座)盒		个	142	2.8
9	030411006002	4-1545	接线(灯头)盒		个	64	2.4
10	030411004001		空调控制线预留	BV0.75	m	266.00	0.75
11	030411004001	4-1359	电气配线	BV2.5	m	1223.11	2.91
12	030411004002	4-1360	电气配线	BV4	m	1 192.80	4.05
13	030411004003	4-1388	电气配线	BV10	m	45.10	9.79
14	030411004004	4-1389	电气配线	BV16	m	104.40	15.53
15	030408001001	4-741	电力电缆	YJV22-5*25	m	40.30	112.6
16	030408006001	4-828	电缆头制作	25 mm²	个	6.00	

续表

序号	项目编码	定额号	项目名称	规格	单位	清单或计价工程量	主材单价
(三)			电缆沟槽土方				
	010101003001	1-23	电缆沟槽土方		m^3	2.25	
(四)			小电器				
			插座				
1	030404035001	4-373	单相二、三孔插座(10A)		套	42.00	12.6
2	030404035002	4-371	单相三孔插座（安全防溅型10A)		套	28.00	18.8
			开关				
3	030404034001	4-339	单极单控开关		套	26.00	12.8
4	030404034002	4-340	双极单控开关		套	10.00	15.8
5	030404034003	4-345	单极双控开关		套	12.00	22.8
6	030404036001	4-395	空调控制器		套	16.00	115
(五)			灯具				
1	030412001001	4-1558	吸顶灯		套	52.00	185、0.5
2	030412005001	4-1566	壁灯		套	4.00	125、0.5
二			**弱电工程**				
(一)			表箱安装				
1	030501005001	4-268	弱电箱安装	多媒体总箱	台	2.00	500
2	030502003002	4-268	弱电箱安装	多媒体接线箱	台	2.00	300
(二)			配管、配线				
1	030411001007	4-1143	电气配管	SC32(弱)	m	101.00	20.1
2	030411001008	4-1109	电气配管	KBG25(弱)	m	125.20	6.5
3	030411001009	4-1108	电气配管	KBG20(弱)	m	166.60	5
4	030505005001	5-333	有线电视配线	SYWV-75-5	m	86.10	2.2
5	030502005001	5-149	电话线	RVC-2*0.5	m	108.80	0.8
6	030502005002	5-72	对绞电缆	超五类四对对绞电缆	m	89.90	1.8
7	030502003001	4-1546	插座盒	网络插座盒	个	10.00	3.2
8	030502003002	4-1546	插座盒	电话插座盒	个	12.00	2.8
9	030502003003	4-1546	插座盒	有线电视插座盒	个	10.00	3

续表

序号	项目编码	定额号	项目名称	规格	单位	清单或计价工程量	主材单价
10	030502003004	4-1546	插座盒	安防插座盒	个	12.00	3.2
(三)			弱电插座				
1	030502004001	5-427	有线电视插座	有线电视插座	套	10.00	20
2	030502012001	5-91	网络插座	网络插座	套	10.00	42
3	030502004002	5-171	电话插座	电话插座	套	12.00	17.8
(四)			弱电调试				
1	030505014	5-493	终端调试(有线电视)		户	2.00	
2	030502019	5-94	双绞线缆测试		链路	10.00	
三			**防雷及安全保护系统**				
(一)			等电位箱				
1	030409008001	4-963	总等电位箱		台	2.00	320
2	030411001010	4-1232	电气配管	PVC32	m	10.00	4.32
3	030411004006	4-1390	电气配线	BVR25	m^2	10.41	23.79
4	030409008002	4-962	局部等电位箱		台	8.00	42
5	030411001011	4-1229	电气配管	PVC15	m	40.00	2.06
6	030411004007	4-1360	电气配线	BVR4.0	m	40.41	4.05
(二)			防雷接地				
1	030409005001	4-919	避雷网支架上安装		m	140.10	
2	030409003001	4-915*2	引下线		m	88.00	
		4-916	引下线与基础焊接		处	10.00	
3	030409004001	4-917	均压环		m	136.55	
4	030409002001	4-906	户内接地母线敷设		m	56.52	
5	010101003001	1-23	电缆沟槽土方		m^3	25.38	
6	030409008001	4-1543	测试卡子箱暗装		个	2.00	48
		4-964	测试卡子		处	2.00	
(三)			系统调试				
(四)	030414011001	4-1858	接地系统调试		系统	2.00	

四、电气照明工程工程量清单

某双拼别墅工程　工程

招标工程量清单

招　标　人：________________

（单位盖章）

造价咨询人：________________

（单位盖章）

2017年5月4日

电气照明工程　工程

招标工程量清单

招　标　人：________________

（单位盖章）

造价咨询人：________________

（单位盖章）

2017年5月4日

电气工程　工程

招标工程量清单

招　标　人：____________
（单位盖章）

造价咨询人：____________
（单位资质专用章）

法定代表人
或其授权人：____________
（签字或盖章）

法定代表人
或其授权人：____________
（签字或盖章）

编　制　人：　张晓东　
（造价人员签字盖专用章）

复　核　人：　俞振华　
（造价工程师签字盖专用章）

编制时间：　2017 年 5 月 4 日

复核时间：　2017 年 5 月 4 日

总说明

工程名称：某双拼别墅工程　　　　第 **1** 页　共 **1** 页

一、工程概况

某双拼别墅工程建筑面积 520.27 m^2；建筑层数为地下三层，无地下室；计划工期 180 天；施工地点是江苏省南京市。

施工现场情况、交通运输情况、自然地理条件、环境保护要求等由投标人自行前往现场踏勘了解。

二、工程招标范围

某双拼别墅施工图内全部内容，具体参见工程量清单。

三、工程量清单编制依据

（1）《建设工程工程量清单计价规范》(GB 50500—2013)；
（2）《通用安装工程工程量计算规范》(GB 50856—2013)；
（3）《房屋建筑与装饰工程工程量计算规范》(GB 50854—2013)；
（4）某双拼别墅的施工图纸及相关资料、施工图设计文件审查反馈意见表；
（5）招标文件及补充通知、答疑纪要；
（6）国（省）标准图集、相关工程施工验收规范、技术要求等相关资料；
（7）《江苏省建设工程造价管理办法》(江苏省人民政府令第 66 号)；
（8）《省住房城乡建设厅关于〈建设工程工程量清单计价规范〉(GB 50500—2013)及其 9 本工程量计算规范的贯彻意见》(苏建价〔2014〕448 号)；
（9）关于贯彻执行《建设工程工程量清单计价规范》(GB 50500—2013)及其 9 本工程量计算规范和江苏省 2014 版计价定额、费用定额的通知(宁建建监字〔2014〕1052 号)；
（10）其他相关资料。

四、其他需说明的问题

（1）本清单工程量按设计施工图、设计文件审查反馈意见及图纸答疑所包含的全部工作内容编制(特别说明不包含的项目除外)；
（2）清单中列明所采用标准图集号的项目均包括标准图集所包含的全部工作内容(特别说明不包含的项目除外)；
（3）工程量清单描述不够详尽的，按现行相应规范与常规施工工艺考虑；
（4）规费及税金等按照南京市有关规定执行。

分部分项工程和单价措施项目清单与计价表

工程名称：电气照明工程　　标段：　　第1页　共7页

序号	项目编码	项目名称	项目特征描述	计量单位	工程量	金额(元)		
						综合单价	合价	其中 暂估价
		一 电气照明工程						
		(一) 配电箱						
1	030404017001	电表箱	1.名称 配电箱(电表箱) 2.型号 PZ30 3.规格 435 * 225 * 135 4.安装方式 嵌墙暗装 底边距地 1.5 m	台	2.00			
2	030404017002	照明配电箱1 AL	1.名称 配电箱(1 AL) 2.型号 PZ30 3.规格 470 * 370 * 90 4.端子板外部接线材质、规格 BV25 mm^2 5个、BV16 mm^2 5个、BV10 mm^2 5个、BV4 mm^2 9个、BV2.5 mm^2 6个 5.安装方式 嵌墙暗装 底边距地 1.8 m	台	2.00			
3	030404017003	照明配电箱2 AL	1.名称 配电箱(2 AL) 2.型号 PZ30 3.规格 470 * 370 * 90 4.端子板外部接线材质、规格 BV10 mm^2 5个、BV4 mm^2 18个、BV2.5 mm^2 12个 5.安装方式 嵌墙暗装 底边距地 1.8 m	台	2.00			
		(二) 配管配线						
4	030411001001	配管SC50	1.名称 镀锌电线管 2.材质 钢管 3.规格 ϕ 50 mm内 4.配置形式 埋地敷设	m	35.00			
5	030411001002	配管SC40	1.名称 镀锌电线管 2.材质 钢管 3.规格 ϕ 40 mm内 4.配置形式 砖、混凝土结构暗配	m	19.20			
6	030411001003	配管SC32	1.名称 镀锌电线管 2.材质 钢管 3.规格 ϕ 32 mm内 4.配置形式 砖、混凝土结构暗配	m	5.60			
7	030411001004	配管KBG25	1.名称 KBG管 2.材质 钢管 3.规格 ϕ 25 mm内 4.配置形式 砖、混凝土结构暗配	m	435.68			
8	030411001005	配管KBG20	1.名称 KBG管 2.材质 钢管 3.规格 ϕ 20 mm内 4.配置形式 砖、混凝土结构暗配	m	429.60			
		本页小计						
		合　计						

未来软件编制　　2017年05月04日

续表

工程名称：电气照明工程　　标段：　　第2页　共7页

序号	项目编码	项目名称	项目特征描述	计量单位	工程量	金额(元)		
						综合单价	合价	其中 暂估价
9	030411001006	配管PVC15	1. 名称 塑料管 2. 材质 PVC管 3. 规格 ϕ15 mm内 4. 配置形式 暗配	m	44.08			
10	030411006001	接线盒	1. 名称 开关(插座)盒 2. 材质 PVC 3. 规格 86H 4. 安装形式 暗装	个	142.00			
11	030411006002	接线盒	1. 名称 接线(灯头)盒 2. 材质 PVC 3. 规格 86H 4. 安装形式 暗装	个	64.00			
12	030411004001	空调控制线预留	1. 名称 空调控制预留线 2. 配线形式 管内穿线 3. 型号 BV 4. 规格 0.75 mm^2 5. 材质 BV 6. 配线部位 砖混凝土结构	m	266.00			
13	030411004002	配线BV2.5 mm^2	1. 名称 难燃铜芯包塑线 2. 配线形式 管内穿线 3. 型号 BV 4. 规格 2.5 mm^2 5. 材质 铜 6. 配线部位 砖混凝土结构	m	1223.11			
14	030411004003	配线BV4 mm^2	1. 名称 难燃铜芯包塑线 2. 配线形式 管内穿线 3.型号 BV 4.规格 4 mm^2 5.材质 铜 6.配线部位 砖混凝土结构	m	1192.80			
15	030411004004	配线BV10 mm^2	1. 名称 难燃铜芯包塑线 2. 配线形式 管内穿线 3. 型号 BV 4. 规格 10 mm^2 5. 材质 铜 6. 配线部位 砖混凝土结构	m	45.10			
16	030411004005	配线BV16 mm^2	1. 名称 难燃铜芯包塑线 2. 配线形式 管内穿线 3. 型号 BV 4. 规格 16 mm^2 5. 材质 铜 6. 配线部位 砖混凝土结构	m	104.40			
17	030408001001	电力电缆XJV22-5 * 25	1. 名称 电力电缆 2. 型号 YJV22 3. 规格 5 * 25 mm^2 4. 材质 铜芯电缆 5. 敷设方式、部位 管内穿线 6. 电压等级(kV) 1 kV以下	m	40.30			
		本页小计						
		合　计						

未来软件编制　　2017年05月04日

续表

工程名称：电气照明工程　　　　标段：　　　　第 3 页　共 7 页

序号	项目编码	项目名称	项目特征描述	计量单位	工程量	金　额(元)		
						综合单价	合价	其中
								暂估价
18	030408006001	电力电缆头 25 mm²	1. 名称 电力电缆头 2. 型号 YJV22 3. 规格 YJV22−5 * 25 4. 材质、类型 铜芯电缆，干包式 5. 安装部位 配电箱 6. 电压等级(kV) 1 kV 以下	个	6.00			
		(三) 电缆沟槽土方						
19	010101003001	挖沟槽土方	1. 土壤类别 一、二类土 2. 挖土深度 2 m 内 3. 弃土运距 1 km 以内	m³	2.25			
		(四) 小电器						
		1 插座						
20	030404035001	单相五孔插座	1. 名称 单相五极插座 2. 材质 PVC 3. 规格 86 型 5 极 250 V/10 A 4. 安装方式 暗装	个	42.00			
21	030404035002	安全防溅单相三孔插座	1. 名称 单相三极插座 2. 材质 PVC 3. 规格 86 型 3 极 250 V/10 A 4. 安装方式 暗装	个	28.00			
		2 开关						
22	030404034001	单极单控开关	1. 名称 单联单控开关 2. 材质 PVC 3. 规格 250 V/10A 86 型 4. 安装方式 暗装	个	26.00			
23	030404034002	双极单控开关	1. 名称 双联单控开关 2. 材质 PVC 3. 规格 250V/10A 86 型 4. 安装方式 暗装	个	10.00			
24	030404034003	单极双控开关	1. 名称 单联双控开关 2. 材质 PVC 3. 规格 250V/10A 86 型 4. 安装方式 暗装	个	12.00			
		(五) 灯具						
25	030412001001	普通吸顶灯	1. 名称 半圆球吸顶灯 2. 型号 灯罩直径 350 mm 以内 3. 规格 60 W 4. 类型 吸顶安装	套	52.00			
26	030412005001	壁灯	1. 名称 壁灯 2. 型号 灯罩直径 250 mm 以内 3. 规格 60 W 4. 类型 壁装	套	4.00			
本页小计								
合　计								

未来软件编制　　　　2017 年 05 月 04 日

续表

工程名称：电气照明工程　　　　标段：　　　　第 4 页　共 7 页

序号	项目编码	项目名称	项目特征描述	计量单位	工程量	金　额(元)		
						综合单价	合价	其中
								暂估价
		二 弱电工程						
		(一) 表箱安装						
27	030501005001	多媒体总箱	1. 名称 多媒体箱 2. 类别 弱电箱 3. 规格 300 * 400	台	2.00			
28	030502003001	多媒体接线箱(盒)	1. 名称 接线箱 2. 材质 PVC 3. 规格 300 * 400 4. 安装方式 暗装	个	2.00			
		(二) 配管配线						
29	030411001006	配管 SC32	1. 名称 焊接钢管 2. 材质 钢管 3. 规格 ϕ 32 mm 内 4. 配置形式 砖、混凝土结构暗配	m	101.00			
30	030411001007	配管 SC25	1. 名称 镀锌电线管 2. 材质 钢管 3. 规格 ϕ 25 mm 内 4. 配置形式 砖、混凝土结构暗配	m	125.20			
31	030411001008	配管 KBG20	1. 名称 镀锌电线管 2. 材质 钢管 3. 规格 ϕ 20 mm 内 4. 配置形式 砖、混凝土结构暗配	m	166.60			
32	030505005001	射频同轴电缆 SYWV−75	1. 名称 有线电视射频同轴电缆 2. 规格 SYWV−75−5 3. 敷设方式 管内穿线	m	86.10			
33	030502005001	双绞线缆 PVC−2 * 0.5	1. 名称 电话线 2. 规格 RVC−2 * 0.5 3. 线缆对数 2 4. 敷设方式 管内穿线	m	108.80			
34	030502005002	双绞线缆(超五类四对对绞电缆)	1. 名称 网络线 2. 规格 超五类四对对绞电缆 3. 线缆对数 4 4. 敷设方式 管内穿线	m	89.90			
35	030502003002	网络插座盒	1. 名称 网络插座盒 2. 材质 PVC 3. 规格 86H 4. 安装方式 暗装	个	10.00			
36	030502003003	电话插座盒	1. 名称 电话插座盒 2. 材质 PVC 3. 规格 86H 4. 安装方式 暗装	个	12.00			
本页小计								
合　计								

未来软件编制　　　　2017 年 05 月 04 日

续表

工程名称：电气照明工程　　标段：　　第 5 页　共 7 页

序号	项目编码	项目名称	项目特征描述	计量单位	工程量	金额(元)		
						综合单价	合价	其中 暂估价
37	030502003004	有线电视插座盒	1.名称 有线电视插座盒 2.材质 PVC 3.规格 86H 4.安装方式 暗装	个	10.00			
38	030502003005	安防插座盒	1.名称 安防插座盒 2.材质 PVC 3.规格 86H 4.安装方式 暗装	个	12.00			
		(二) 弱电插座						
39	030502004001	电视插座	1.名称 有线电视插座 2.安装方式 暗装 3.底盒材质、规格 PVC	个	10.00			
40	030502012001	信息插座	1.名称 网络插座 2.类别 RJ45 3.规格 双口 4.安装方式 壁装 5.底盒材质、规格 已预留	个	10.00			
41	030502004002	电话插座	1.名称 电话插座 2.安装方式 暗装 3.底盒材质、规格 PVC	个	12.00			
		(三) 弱电调试						
42	030505014001	终端调试	1.名称 有线电视终端调试 2.功能 调试	个	2.00			
43	030502019001	双绞线缆测试	1.测试类别 超五类 双绞线缆测试 2.测试内容 电缆链路系统测试	链路	10.00			
		三 防雷及安全保护系统						
		(一) 等电位箱						
44	030409008001	总等电位端子箱、测试板	1.名称 总等电位端子箱 2.材质 镀锌薄钢板箱、端子板 3.规格 200 * 300	台	2.00			
45	030411001010	配管 PVC32	1.名称 PVC 阻燃塑料管 2.材质 PVC 管 3.规格 ϕ 32 mm 内 4.配置形式 砖、混凝土结构暗配	m	10.00			
46	030411004006	配线 BVR25	1.名称 难燃铜芯包塑线 2.配线形式 管内穿线 3.型号 1 * 25 4.规格 25 mm^2 5.材质 铜 6.配线部位 砖混凝土结构	m	10.41			
		本页小计						
		合　计						

未来软件编制　　2017 年 05 月 04 日

续表

工程名称：电气照明工程　　标段：　　第 6 页　共 7 页

序号	项目编码	项目名称	项目特征描述	计量单位	工程量	金额(元)		
						综合单价	合价	其中 暂估价
47	030409008002	局部等电位端子箱、测试板	1.名称 局部等电位端子箱 2.材质 镀锌薄钢板箱、端子板 3.规格 200 * 300	台	8.00			
48	030411001010	配管 PVC15	1.名称 PVC 阻燃塑料管 2.材质 PVC 管 3.规格 ϕ 20 mm 内 4.配置形式 砖、混凝土结构暗配	m	40.00			
49	030411004008	配线 BVR4.0	1.名称 难燃铜芯包塑线 2.配线形式 管内穿线 3.型号 1 * 4 4.规格 4 mm^2 5.材质 铜 6.配线部位 砖混凝土结构	m	40.41			
		(二) 防雷接地						
50	030409005001	避雷网	1.名称 避雷网 2.材质 热镀锌圆钢 3.规格 ϕ10 4.安装形式 沿女儿墙或沿口明敷	m	140.10			
51	030409003001	避雷引下线	1.名称 引下线 2.材质 圆钢 3.规格 柱主筋 4.安装部位 柱 5.安装形式 利用柱筋引下 6.断接卡子、箱材质、规格 规范	m	88.00			
52	030409004001	均压环	1.名称 均压环 2.材质 圆钢 3.规格 梁主筋 4.安装形式 焊接	m	136.55			
53	030409002001	接地母线	1.名称 接地母线 2.材质 镀锌扁钢 3.规格 40 * 4 4.安装部位 埋地 5.安装形式 焊接	m	56.52			
54	010101003002	挖沟槽土方	1.土壤类别 一、二类土 2.挖土深度 2 m 内 3.弃土运距 300 m 以内	m^3	25.38			
55	030409008003	测试卡子箱	1.名称 测试卡子箱 2.材质 镀锌 3.规格 200 * 200	台	2.00			
		本页小计						
		合　计						

未来软件编制　　2017 年 05 月 04 日

续表

工程名称：电气照明工程　　　　标段：　　　　第 7 页　共 7 页

序号	项目编码	项目名称	项目特征描述	计量单位	工程量	金额(元)		
						综合单价	合价	其中 暂估价
		（三）系统调试						
56	030414011001	接地装置	1. 名称 接地系统调试 2. 类别 接地系统	系统	2.00			
		分部分项合计						
57	031301017001	脚手架搭拆		项	1.00			
单价措施合计								
本页小计								
合　计								

未来软件编制　　　　2017 年 05 月 04 日

总价措施项目清单与计价表

工程名称：电气照明工程　　　　标段：　　　　第 1 页　共 1 页

序号	项目编码	项目名称	计算基础	费率(%)	金额(元)	调整费率(%)	调整后金额(元)	备注
1	011707001001	安全文明施工基本费						
2	011707001002	安全文明施工省级标化增加费						
3	011707002001	夜间施工						
4	011707003001	非夜间施工照明						
5	011707005001	冬雨季施工						
6	011707007001	已完工程及设备保护						
7	011707008001	临时设施						
8	011707009001	赶工措施						
9	011707010001	工程按质论价						
10	011707011001	住宅分户验收						
合　计								

编制人（造价人员）：张晓东　　　　复核人（造价工程师）：俞振华

未来软件编制　　　　2017 年 05 月 04 日

其他项目清单与计价汇总表

工程名称：电气照明工程　　　　标段：　　　　第 1 页　共 1 页

序号	项　目　名　称	金额(元)	结算金额(元)	备注
1	暂列金额			明细详见表—12—1
2	暂估价			
2.1	材料(工程设备)暂估价	—		明细详见表—12—2
2.2	专业工程暂估价			明细详见表—12—3
3	计日工			明细详见表—12—4
4	总承包服务费			明细详见表—12—5
合　计				—

未来软件编制　　　　2017 年 05 月 04 日

暂列金额明细表

工程名称：电气照明工程　　标段：　　第1页　共1页

序号	项目名称	计量单位	暂定金额(元)	备　注
合　计			—	

未来软件编制　　2017年05月04日

表—12—1

材料(工程设备)暂估单价及调整表

工程名称：电气照明工程　　标段：　　第1页　共1页

序号	材料编码	材料(工程设备)名称、规格、型号	计量单位	数量		暂估(元)		确认(元)		差额±(元)		备注
				投标	确认	单价	合价	单价	合价	单价	合价	
合　计												

未来软件编制　　2017年05月04日

表—12—2

专业工程暂估价及结算价表

工程名称：电气照明工程　　标段：　　第1页　共1页

序号	工程名称	工程内容	暂估金额(元)	结算金额(元)	差额±(元)	备注
合　计						—

未来软件编制　　2017年05月04日

表—12—3

计日工表

工程名称：电气照明工程　　标段：　　第1页　共2页

编号	项目名称	单位	暂定数量	实际数量	综合单价(元)	合价(元)	
						暂定	实际
一	人工						
人工小计							
二	材料						

续表

工程名称：电气照明工程　　标段：　　第2页　共2页

编号	项目名称	单位	暂定数量	实际数量	综合单价(元)	合价(元)	
						暂定	实际
材料小计							
三	施工机械						
施工机械小计							
四、企业管理费和利润							
总　计							

未来软件编制　　2017年05月04日

表—12—4

总承包服务费计价表

工程名称：电气照明工程　　标段：　　第1页　共1页

序号	项目名称	项目价值(元)	服务内容	计算基础	费率(%)	金额(元)
合　计					—	

未来软件编制　　2017年05月04日

表—12—5

规费、税金项目计价表

工程名称：电气照明工程　　标段：　　第1页　共1页

序号	项目名称	计算基础	计算基数(元)	计算费率(%)	金额(元)
1	规　费	分部分项工程费＋措施项目费＋其他项目费－除税工程设备费			
1.1	社会保险费			2.4	
1.2	住房公积金			0.42	
1.3	工程排污费			0.1	
2	税　金	分部分项工程费＋措施项目费＋其他项目费＋规费－(甲供材料费＋甲供设备费)/1.01		11	
合　计					

未来软件编制　　2017年05月04日

发包人提供材料和工程设备一览表

工程名称：电气工程　　标段：

序号	材料编码	材料(工程设备)名称、规格、型号	单位	数量	单价(元)	合价(元)	交货方式	送达地点	备注
合　计									

未来软件编制　　2017年05月04日

工作任务三　电气照明工程招标控制价编制

一、电气照明工程招标控制价

某双拼别墅工程　工程

招标控制价

招　标　人：____________________

（单位盖章）

造价咨询人：____________________

（单位盖章）

2017 年 5 月 4 日

电气照明工程　工程

招标控制价

招　标　人：____________________

（单位盖章）

造价咨询人：____________________

（单位盖章）

2017 年 5 月 4 日

电气工程 工程

招标控制价

招标控制价(小写)：98080.58

(大写)：玖万捌仟零捌拾元伍角捌分

招 标 人：________(单位盖章)

造价咨询人：________(单位资质专用章)

法定代表人
或其授权人：________(签字或盖章)

法定代表人
或其授权人：________(签字或盖章)

编 制 人：张晓东(造价人员签字盖专用章)

复 核 人：俞振华(造价工程师签字盖专用章)

编制时间： 2017年5月4日

复核时间： 2017年5月4日

工程计价(招标控制价)总说明

工程名称：某双拼别墅工程 第1页 共1页

一、工程概况

某双拼别墅工程建筑面积520.27 m^2；建筑层数为地上三层，无地下室；计划工期180天；施工地点是江苏省南京市。

施工现场情况、交通运输情况、自然地理条件、环境保护要求已经现场踏勘并查询了相关资料。

二、招标控制价范围

某双拼别墅施工图内及工程量清单所示内容。

三、招标控制价编制依据

(1)《建设工程工程量清单计价规范》(GB50500—2013)；

(2)某双拼别墅的施工图纸及相关资料、施工图设计文件审查反馈意见表；

(3)招标文件及补充通知、答疑纪要；

(4)国(省)标准图集、相关工程施工验收规范、技术要求等相关资料；

(5)《江苏省建设工程造价管理办法》(江苏省人民政府令第66号)；

(6)省住房城乡建设厅关于《建设工程工程量清单计价规范》(GB50500—2013)及其9本工程量计算规范的贯彻意见(苏建价〔2014〕448号)；

(7)关于贯彻执行《建设工程工程量清单计价规范》(GB50500—2013)及其9本工程量计算规范和江苏省2014版计价定额、费用定额的通知(宁建建监字〔2014〕1052号)；

(8)《江苏省安装工程计价定额》(2014)

(9)《江苏省建设工程费用定额》(2014)

(10)施工现场情况、工程特点及施工常规做法；

(11)其他相关资料。

四、其他需说明的问题

(1)规费及税金等按照南京市有关规定执行。现场安全文明施工措施费按省级标化增加考虑；

(2)仅为教学需要，人工工日单价未作调整，实际工程根据当时的调价文件调差；

(3)材料价格执行南京市2017年3月建设材料市场指导价格，缺项部分按市场价调整。

单位工程招标控制价汇总表

工程名称：电气照明工程　　标段：　　第1页　共1页

序号	汇　总　内　容	金额(元)	其中：暂估价(元)
1	分部分项工程	76195.94	
1.1	人工费	17889.01	
1.2	材料费	47592.88	
1.3	施工机具使用费	1142.17	
1.4	企业管理费	7078.26	
1.5	利润	2493.1	
2	措施项目	9703.4	—
2.1	单价措施项目费	772.26	—
2.2	总价措施项目费	8931.14	—
2.2.1	其中：安全文明施工措施费	2788.63	—
3	其他项目		—
3.1	其中：暂列金额		—
3.2	其中：专业工程暂估价		—
3.3	其中：计日工		—
3.4	其中：总承包服务费		—
4	规费	2461.54	—
4.1	社会保险费	2023.18	—
4.2	住房公积金	354.06	—
4.3	工程排污费	84.3	—
5	税金	9719.7	—
招标控制价合计=1+2+3+4+5		98080.58	

未来软件编制　　2017年05月04日

分部分项工程和单价措施项目清单与计价表

工程名称：电气照明工程　　标段：　　第1页　共7页

序号	项目编码	项目名称	项目特征描述	计量单位	工程量	金额(元)		
						综合单价	合价	其中 暂估价
		一 电气照明工程					51052.98	
		(一) 配电箱					6869.08	
1	030404017001	电表箱	1.名称 配电箱(电表箱) 2.型号 PZ30 3.规格 280*380 4.安装方式 嵌墙暗装 底边距地1.5 m	台	2.00	191.68	383.36	
2	030404017002	照明配电箱1 AL	1.名称 配电箱(1 AL) 2.型号 PZ30 3.规格 470*370 4.端子板外部接线材质、规格 BV 25 mm² 5个、BV16 mm² 5个、BV 10 mm² 5个、BV4 mm² 9个、BV 2.5mm² 6个 5.安装方式 嵌墙暗装 底边距地1.8 m	台	2.00	1698.12	3396.24	
本页小计								
合　计								

未来软件编制　　2017年05月04日

续表

工程名称：电气照明工程　　标段：　　第2页　共7页

序号	项目编码	项目名称	项目特征描述	计量单位	工程量	金额(元)		
						综合单价	合价	其中 暂估价
3	030404017003	照明配电箱2 AL	1.名称 配电箱(2 AL) 2.型号 PZ30 3.规格 470*370 4.端子板外部接线材质、规格 BV 10 mm² 5个、BV4 mm² 18个、BV2.5 mm² 12个 5.安装方式 嵌墙暗装 底边距地1.8 m	台	2.00	1544.74	3089.48	
			(二) 配管配线				31497.81	
4	030411001001	配管SC50	1.名称 镀锌电线管 2.材质 钢管 3.规格 ϕ50 mm内 4.配置形式 埋地敷设	m	35.00	46.89	1641.15	
5	030411001002	配管SC40	1.名称 镀锌电线管 2.材质 钢管 3.规格 ϕ40 mm内 4.配置形式 砖、混凝土结构暗配	m	19.20	39.71	762.43	
6	030411001003	配管SC32	1.名称 镀锌电线管 2.材质 钢管 3.规格 ϕ32 mm内 4.配置形式 砖、混凝土结构暗配	m	5.60	29.21	163.58	
7	030411001004	配管KBG25	1.名称 KBG管 2.材质 钢管 3.规格 ϕ25 mm内 4.配置形式 砖、混凝土结构暗配	m	435.68	12.34	5376.29	
8	030411001005	配管KBG20	1.名称 KBG管 2.材质 钢管 3.规格 ϕ20 mm内 4.配置形式 砖、混凝土结构暗配	m	429.60	8.82	3789.07	
9	030411001006	配管PVC15	1.名称 塑料管 2.材质 PVC管 3.规格 ϕ15 mm内 4.配置形式 暗配	m	44.08	10.36	456.67	
10	030411006001	接线盒	1.名称 开关(插座)盒 2.材质 PVC 3.规格 86H 4.安装形式 暗装	个	142.00	6.92	982.64	
11	030411006002	接线盒	1.名称 接线(灯头)盒 2.材质 PVC 3.规格 86H 4.安装形式 暗装	个	64.00	6.53	417.92	
12	030411004001	空调控制线预留	1.名称 空调控制预留线 2.配线形式 管内穿线 3.型号 BV 4.规格 0.75 mm² 5.材质 BV 6.配线部位 砖混凝土结构	m	266.00	1.73	460.18	
本页小计								
合　计								

未来软件编制　　2017年05月04日

续表

工程名称:电气照明工程　　标段:　　第3页　共7页

序号	项目编码	项目名称	项目特征描述	计量单位	工程量	金额(元)		
						综合单价	合价	其中 暂估价
13	030411004002	配线 BV2.5 mm²	1.名称 管内穿线 2.配线形式 照明线路 3.型号 BV 4.规格 2.5 mm² 5.材质 铜 6.配线部位 砖混凝土结构	m	1223.11	3.93	4806.82	
14	030411004003	配线 BV4 mm²	1.名称 管内穿线 2.配线形式 照明线路 3.型号 BV 4.规格 4.0 mm² 5.材质 铜 6.配线部位 砖混凝土结构	m	1192.80	4.59	5474.95	
15	030411004004	配线 BV10 mm²	1.名称 管内穿线 2.配线形式 照明线路 3.型号 BV 4.规格 10 mm² 5.材质 铜 6.配线部位 砖混凝土结构	m	45.10	9.83	443.33	
16	030411004005	配线 BV16 mm²	1.名称 管内穿线 2.配线形式 照明线路 3.型号 BV 4.规格 16 mm² 5.材质 铜 6.配线部位 砖混凝土结构	m	104.40	15.12	1578.53	
17	030408001001	电力电缆 YJV22-5*25	1.名称 电力电缆 2.型号 YJV22 3.规格 5*25 mm² 4.材质 铜芯电缆 5.敷设方式、部位 管内穿线 6.电压等级(kV) 1 kV 以下	m	40.30	107.70	4340.31	
18	030408006001	电力电缆头 25 mm²	1.名称 电力电缆头 2.型号 YJV22 3.规格 YJV22—5*25 4.材质、类型 铜芯电缆,干包式 5.安装部位 配电箱 6.电压等级(kV) 1 kV 以下	个	6.00	133.99	803.94	
			(三) 电缆沟槽土方				62.17	
19	010101003001	挖沟槽土方	1.土壤类别 一、二类土 2.挖土深度 2 m 内 3.弃土运距 1 km 以内	m³	2.25	27.63	62.17	
			本页小计					
			合　计					

未来软件编制　　2017年05月04日

续表

工程名称:电气照明工程　　标段:　　第4页　共7页

序号	项目编码	项目名称	项目特征描述	计量单位	工程量	金额(元)		
						综合单价	合价	其中 暂估价
			(四) 小电器				2679.04	
			1 插座				1628.90	
20	030404035001	单相五孔插座	1.名称 单相五极插座 2.材质 PVC 3.规格 86 型 5 极 250 V/10 A 4.安装方式 暗装	个	42.00	21.93	921.06	
21	030404035002	安全防溅单相三孔插座	1.名称 单相三极插座 2.材质 PVC 3.规格 86 型 3 极 250 V/10 A 4.安装方式 暗装	个	28.00	25.28	707.84	
			2 开关				1050.14	
22	030404034001	单极单控开关	1.名称 单联单控开关 2.材质 PVC 3.规格 250 V/10 A 86 型 4.安装方式 暗装	个	26.00	19.02	494.52	
23	030404034002	双极单控开关	1.名称 双联单控开关 2.材质 PVC 3.规格 250 V/10 A 86 型 4.安装方式 暗装	个	10.00	22.13	221.30	
24	030404034003	单极双控开关	1.名称 单联双控开关 2.材质 PVC 3.规格 250 V/10 A 86 型 4.安装方式 暗装	个	12.00	27.86	334.32	
			(五) 灯具				9944.88	
25	030412001001	普通吸烦灯	1.名称 半圆球吸顶灯 2.型号 灯罩直径 350 mm 以内 3.规格 60 W 4.类型 吸顶安装	套	52.00	181.43	9434.36	
26	030412005001	壁灯	1.名称 壁灯 2.型号 灯罩直径 250 mm 以内 3.规格 60 W 4.类型 壁装	套	4.00	127.63	510.52	
			二 弱电工程				10470.86	
			(一) 表箱安装				2366.72	
27	030501005001	多媒体总箱	1.名称 多媒体箱 2.类别 弱电箱 3.规格 300*400	台	2.00	691.68	1383.36	
			本页小计					
			合　计					

未来软件编制　　2017年05月04日

续表

工程名称:电气照明工程　　标段:　　第5页　共7页

序号	项目编码	项目名称	项目特征描述	计量单位	工程量	金额(元)		
						综合单价	合价	其中
								暂估价
28	030502003001	多媒体接线箱(盒)	1. 名称 接线箱 2. 材质 PVC 3. 规格 300 * 400 4. 安装方式 暗装	个	2.00	491.68	983.36	
		(二) 配管配线					6917.44	
29	030411001007	配管 SC32	1. 名称 焊接钢管 2. 材质 钢管 3. 规格 ϕ32 mm 内 4. 配置形式 砖、混凝土结构暗配	m	101.00	29.21	2950.21	
30	030411001008	配管 SC25	1. 名称 镀锌电线管 2. 材质 钢管 3. 规格 ϕ25 mm 内 4. 配置形式 砖、混凝土结构暗配	m	125.20	12.34	1544.97	
31	030411001009	配管 KBG20	1. 名称 镀锌电线管 2. 材质 钢管 3. 规格 ϕ20 mm 内 4. 配置形式 砖、混凝土结构暗配	m	166.60	8.82	1469.41	
32	030505005001	射频同轴电缆 SYWV-75	1. 名称 有线电视射频同轴电缆 2. 规格 SYWV—75—5 3. 敷设方式 管内穿线	m	86.10	3.10	266.91	
33	030502005001	双绞线缆 RVC-2 * 0.5	1. 名称 电话线 2. 规格 RVC—2 * 0.5 3. 线缆对数 2 4. 敷设方式 管内穿线	m	108.80	1.23	133.82	
34	030502005002	双绞线缆(超五类四对对绞电缆)	1. 名称 网络线 2. 规格 超五类四对对绞电缆 3. 线缆对数 4 4. 敷设方式 管内穿线	m	89.90	2.65	238.24	
35	030502003002	网络插座盒	1. 名称 网络插座盒 2. 材质 PVC 3. 规格 86H 4. 安装方式 暗装	个	10.00	7.27	72.70	
36	030502003003	电话插座盒	1. 名称 电话插座盒 2. 材质 PVC 3. 规格 86H 4. 安装方式 暗装	个	12.00	6.92	83.04	
37	030502003004	有线电视插座盒	1. 名称 有线电视插座盒 2. 材质 PVC 3. 规格 86H 4. 安装方式 暗装	个	10.00	7.09	70.90	
			本页小计					
			合　计					

未来软件编制　　2017年05月04日

续表

工程名称:电气照明工程　　标段:　　第6页　共7页

序号	项目编码	项目名称	项目特征描述	计量单位	工程量	金额(元)		
						综合单价	合价	其中
								暂估价
38	030502003005	安防插座盒	1. 名称 安防插座盒 2. 材质 PVC 3. 规格 86H 4. 安装方式 暗装	个	12.00	7.27	87.24	
			(二) 弱电插座				957.88	
39	030502004001	电视插座	1. 名称 有线电视插座 2. 安装方式 暗装 3. 底盒材质、规格 PVC	个	10.00	30.39	303.90	
40	030502012001	信息插座	1. 名称 网络插座 2. 类别 RJ45 3. 规格 双口 4. 安装方式 壁装 5. 底盒材质、规格 已预留	个	10.00	42.31	423.10	
41	030502004002	电话插座	1. 名称 电话插座 2. 安装方式 暗装 3. 底盒材质、规格 PVC	个	12.00	19.24	230.88	
			(三) 弱电调试				228.82	
42	030505014001	终端调试	1. 名称 有线电视终端调试 2. 功能 调试	个	2.00	35.86	71.72	
43	030502019001	双绞线缆测试	1. 测试类别 超五类 双绞线缆测试 2. 测试内容 电缆链路系统测试	链路	10.00	15.71	157.10	
			三 防雷及安全保护系统				14672.10	
			(一) 等电位箱				2225.42	
44	030409008001	总等电位端子箱、测试板	1. 名称 总等电位端子箱 2. 材质 镀锌薄钢板箱、端子板 3. 规格 200 * 300	台	2.00	480.95	961.90	
45	030411001010	配管 PVC32	1. 名称 PVC 阻燃塑料管 2. 材质 PVC 管 3. 规格 ϕ32 mm 内 4. 配置形式 砖、混凝土结构暗配	m	10.00	12.96	129.6	
46	030411004006	配线 BVR25	1. 名称 难燃铜芯包塑线 2. 配线形式 管内穿线 3. 型号 1 * 25 4. 规格 25 mm^2 5. 材质 铜 6. 配线部位 砖混凝土结构	m	10.41	22.82	237.56	
47	030409008002	局部等电位端子箱、测试板	1. 名称 局部等电位端子箱 2. 材质 镀锌薄钢板箱、端子板 3. 规格 200 * 300	台	8.00	51.51	412.08	
			本页小计					
			合　计					

未来软件编制　　2017年05月04日

续表

工程名称：电气照明工程　　　　标段：　　　　第 7 页　共 7 页

序号	项目编码	项目名称	项目特征描述	计量单位	工程量	金额(元)		
						综合单价	合价	其中 暂估价
48	030411001011	配管 PVC15	1. 名称 PVC 阻燃塑料管 2. 材质 PVC 管 3. 规格 ϕ20 mm 内 4. 配置形式 砖、混凝土结构暗配	m	40.00	7.47	298.80	
49	030411004007	配线 BVR4.0	1. 名称 难燃铜芯包塑线 2. 配线形式 管内穿线 3. 型号 1 * 4 4. 规格 4 mm^2 5. 材质 铜 6. 配线部位 砖混凝土结构	m	40.41	4.59	185.48	
			（二）防雷接地				11069.48	
50	030409005001	避雷网	1. 名称 避雷网 2. 材质 热镀锌圆钢 3. 规格 ϕ10 4. 安装形式 沿女儿墙或沿口明敷	m	140.10	30.09	4215.61	
51	030409003001	避雷引下线	1. 名称 引下线 2. 材质 利用柱筋引下 3. 规格 柱主筋 4. 安装部位 柱 5. 安装形式 焊接 6. 断接卡子、箱材质、规格 规范	m	88.00	38.67	3402.96	
52	030409004001	均压环	1. 名称 均压环 2. 材质 利用基础梁筋 3. 规格 梁主筋 4. 安装形式 焊接	m	136.55	6.35	867.09	
53	030409002001	接地母线	1. 名称 接地母线 2. 材质 镀锌扁钢 3. 规格 40 * 4 4. 安装部位 埋地 5. 安装形式 焊接	m	56.52	27.29	1542.43	
54	010101003002	挖沟槽土方	1. 土壤类别 一、二类土 2. 挖土深度 2 m 内 3. 弃土运距 300 m 以内	m^3	25.38	27.63	701.25	
55	030409008003	测试卡子箱	1. 名称 测试卡子箱 2. 材质 镀锌 3. 规格 200 * 200	台	2.00	170.07	340.14	
			（三）系统调试				1377.20	
56	030414011001	接地装置	1. 名称 接地系统调试 2. 类别 接地系统	系统	2.00	688.60	1377.20	
		分部分项合计					76195.94	
57	031301017001	脚手架搭拆		项	1.00	772.26	772.26	
		本页小计						
		合　计						

未来软件编制　　　　2017 年 05 月 04 日

续表

序号	项目编码	项目名称	项目特征描述	计量单位	工程量	金额(元)		
						综合单价	合价	其中 暂估价
			单价措施合计				772.26	
			本页小计					
			合　计					

未来软件编制　　　　2017 年 05 月 04 日

综合单价分析表

工程名称：电气照明工程　　　　第 1 页　共 36 页

项目编码	030404017001	项目名称	电表箱	计量单位	台	工程量	2

清单综合单价组成明细

定额编号	定额项目名称	定额单位	数量	单价 人工费	单价 材料费	单价 机械费	单价 管理费	单价 利润	合价 人工费	合价 材料费	合价 机械费	合价 管理费	合价 利润
4—268	电表箱	台	1	102.12	34.41		40.85	14.3	102.12	34.41		40.85	14.3
综合人工工日	小　计								102.12	34.41		40.85	14.3
1.38 工日	未计价材料费												
清单项目综合单价									191.68				

	主要材料名称、规格、型号	单位	数量	单价(元)	合价(元)	暂估单价(元)	暂估合价(元)
材料费明细	破布	kg	0.1	6	0.6		
	铁砂布 2#	张	0.8	0.86	0.69		
	无光调和漆	kg	0.03	12.86	0.39		
	钢垫板	kg	0.15	3.77	0.57		
	铜接线端子 DT - 10 mm^2	个	2.03	2.43	4.93		
	裸铜线 10 mm^2	kg	0.2	56.42	11.28		
	塑料软管	kg	0.15	15.78	2.37		
	焊锡丝	kg	0.07	42.88	3		
	电力复合脂	kg	0.41	17.15	7.03		
	自粘橡胶带 20 mm * 5m	卷	0.1	12.43	1.24		
	精制带母镀锌螺栓 M10 * 100 内 2 平 1 弹垫	套	2.1	1.1	2.31		
	其他材料费			—		—	
	材料费小计			—	34.41	—	

续表

工程名称：电气照明工程　　第 2 页　共 36 页

项目编码	030404017002	项目名称	照明配电箱 1 AL	计量单位	台	工程量	2

清单综合单价组成明细

定额编号	定额项目名称	定额单位	数量	单价					合价				
				人工费	材料费	机械费	管理费	利润	人工费	材料费	机械费	管理费	利润
4—268	照明配电箱 1 AL	台	1	102.12	34.41		40.85	14.3	102.12	34.41		40.85	14.3
4—424	压铜接线端子导线截面 16 mm²	10 个	1	25.16	38.75		10.06	3.52	25.16	38.75		10.06	3.52
4—413	无端子外部接线 6	10 个	0.9	17.02	14.44		6.81	2.38	15.32	13		6.13	2.14
4—412	无端子外部接线 2.5	10 个	0.6	12.58	14.44		5.03	1.76	7.55	8.66		3.02	1.06
综合人工工日	小　计								137.57	75.45		55.03	19.26
1.859 工日	未计价材料费								1372.08				
清单项目综合单价									1659.38				

材料费明细	主要材料名称、规格、型号	单位	数量	单价(元)	合价(元)	暂估单价(元)	暂估合价(元)
	破布	kg	0.325	6	1.95		
	铁砂布　2#	张	2.8	0.86	2.41		
	无光调和漆	kg	0.03	12.86	0.39		
	钢垫板	kg	0.15	3.77	0.57		
	铜接线端子　DT－10 mm²	个	2.03	2.43	4.93		
	裸铜线　10 mm²	kg	0.2	56.42	11.28		
	塑料软管	kg	0.15	15.78	2.37		
	焊锡丝	kg	0.07	42.88	3		
	电力复合脂	kg	0.42	17.15	7.2		
	自粘橡胶带　20 mm×5 m	卷	0.1	12.43	1.24		
	精制带母镀锌螺栓　M10×100 内 2 平 1 弹垫	套	2.1	1.1	2.31		
	照明配电箱 1 AL	台	1	1372.08	1372.08		
	汽油	kg	0.1	9.12	0.91		
	铜接线端子　DT－16 mm²	个	5.075	3.33	16.9		
	黄漆布带　20 mm×40 m	卷	0.975	17.15	16.72		
	塑料软管　dn6	m	1.5	1.89	2.84		
	异型塑料管　dn2.5～5	m	0.375	1.17	0.44		
	其他材料费			—	－0.01	—	
	材料费小计			—	1447.53	—	

续表

工程名称：电气照明工程　　第 3 页　共 36 页

项目编码	030404017003	项目名称	照表配电箱 2 AL	计量单位	台	工程量	2

清单综合单价组成明细

定额编号	定额项目名称	定额单位	数量	单价					合价				
				人工费	材料费	机械费	管理费	利润	人工费	材料费	机械费	管理费	利润
4—268	照明配电箱 2 AL	台	1	102.12	34.41		40.85	14.3	102.12	34.41		40.85	14.3
4—424	压铜接线端子导线截面 16 mm²	10 个	0.5	25.16	38.75		10.06	3.52	12.58	25.99	19.38	5.03	1.76
4—413	无端子外部接线 6	10 个	1.8	17.02	14.44		6.81	2.38	30.64	25.99		12.26	4.28
4—412	无端子外部接线 2.5	10 个	1.2	12.58	14.44		5.03	1.76	15.1	17.33		6.04	2.11
综合人工工日	小　计								160.44	97.11		64.18	22.45
2.168 工日	未计价材料费								1200.57				
清单项目综合单价									1544.74				

材料费明细	主要材料名称、规格、型号	单位	数量	单价(元)	合价(元)	暂估单价(元)	暂估合价(元)
	破布	kg	0.475	6	2.85		
	铁砂布　2#	张	4.3	0.86	3.7		
	无光调和漆	kg	0.03	12.86	0.39		
	钢垫板	kg	0.15	3.77	0.57		
	铜接线端子　DT－10 mm²	个	2.03	2.43	4.93		
	裸铜线　10 mm²	kg	0.2	56.42	11.28		
	塑料软管	kg	0.15	15.78	2.37		
	焊锡丝	kg	0.07	42.88	3		
	电力复合脂	kg	0.42	17.15	7.2		
	自粘橡胶带　20 mm×5 m	卷	0.1	12.43	1.24		
	精制带母镀锌螺栓　M10×100 内 2 平 1 弹垫	套	2.1	1.1	2.31		
	照明配电箱 2AL	台	1	1200.57	1200.57		
	汽油	kg	0.1	9.12	0.91		
	铜接线端子　DT－16 mm²	个	5.075	3.33	16.9		
	黄漆布带　20 mm×40 m	卷	1.92	17.15	32.93		
	塑料软管　dn6	m	3	1.89	5.67		
	异型塑料管　dn2.5～5	m	0.75	1.17	0.88		
	其他材料费			—	－0.02	—	
	材料费小计			—	1297.68	—	

续表

工程名称：电气照明工程　　　　第4页　共36页

项目编码	030411001001	项目名称	配管 SC50			计量单位	m			工程量	35		
清单综合单价组成明细													
定额编号	定额项目名称	定额单位	数量	单价					合价				
				人工费	材料费	机械费	管理费	利润	人工费	材料费	机械费	管理费	利润
4—1145	砖、混凝土结构暗配钢管 DN50	100 m	0.01	1 058.94	259.82	31.63	423.57	148.26	10.59	2.6	0.32	4.24	1.48
综合人工工日	小　计								10.59	2.6	0.32	4.24	1.48
0.143 1 工日	未计价材料费								27.67				
清单项目综合单价									46.89				

	主要材料名称、规格、型号	单位	数量	单价(元)	合价(元)	暂估单价(元)	暂估合价(元)
材料费明细	焊接钢管　DN50	m	1.03	26.86	27.67		
	镀锌电线管接头　ϕ50×7	个	0.1648	3.1	0.51		
	塑料护口(钢管用)　dn50	个	0.1545	0.37	0.06		
	镀锌锁紧螺母　3×50	个	0.1545	0.93	0.14		
	圆钢　ϕ5.5～9	kg	0.0278	3.42	0.1		
	电焊条　J422 ϕ3.2	kg	0.0113	3.77	0.04		
	镀锌铁丝　13＃～17＃	kg	0.0066	5.15	0.03		
	锯条	根	0.03	0.19	0.01		
	醇酸防锈漆　C53-1	kg	0.025	12.86	0.32		
	溶剂汽油	kg	0.0062	7.89	0.05		
	沥青清漆	kg	0.007	6	0.04		
	金刚石锯片　ϕ114×1.8	片	0.0096	17.15	0.16		
	其他材料费	元	0.045	1	0.05		
	水泥　32.5级	kg	1.5433	0.27	0.42		
	中砂	t	0.0098	67.39	0.66		
	水	m^3	0.0018	4.57	0.01		
	其他材料费			—	0.01	—	
	材料费小计			—	30.27	—	

续表

工程名称：电气照明工程　　　　第5页　共36页

项目编码	030411001002	项目名称	配管 SC40			计量单位	m			工程量	19.2		
清单综合单价组成明细													
定额编号	定额项目名称	定额单位	数量	单价					合价				
				人工费	材料费	机械费	管理费	利润	人工费	材料费	机械费	管理费	利润
4—1144	砖、混凝土结构暗配钢管 DN40	100 m	0.01	993.07	230.99	31.61	397.24	139.01	9.93	2.31	0.32	3.97	1.39
综合人工工日	小　计								9.93	2.31	0.32	3.97	1.39
0.134 2 工日	未计价材料费								21.79				
清单项目综合单价									39.71				

	主要材料名称、规格、型号	单位	数量	单价(元)	合价(元)	暂估单价(元)	暂估合价(元)
材料费明细	焊接钢管　DN40	m	1.03	21.16	21.79		
	镀锌电线管接头　ϕ40×7	个	0.1648	2.1	0.35		
	塑料护口(钢管用)　dn40	个	0.1545	0.37	0.06		
	镀锌锁紧螺母　3×40	个	0.1545	0.72	0.11		
	圆钢　ϕ5.5～9	kg	0.0278	3.42	0.1		
	电焊条　J422 ϕ3.2	kg	0.0113	3.77	0.04		
	镀锌铁丝　13＃～17＃	kg	0.0066	5.15	0.03		
	锯条	根	0.03	0.19	0.01		
	醇酸防锈漆　C53-1	kg	0.02	12.86	0.26		
	溶剂汽油	kg	0.005	7.89	0.04		
	沥青清漆	kg	0.0056	6	0.03		
	金刚石锯片　ϕ114×1.8	片	0.0096	17.15	0.16		
	其他材料费	元	0.0362	1	0.04		
	水泥　32.5级	kg	1.543	0.27	0.42		
	中砂	t	0.0098	67.39	0.66		
	水	m^3	0.0018	4.57	0.01		
	其他材料费			—		—	
	材料费小计			—	24.1	—	

续表

工程名称:电气照明工程　　　　第 6 页　共 36 页

项目编码	030411001003	项目名称	配管 SC32	计量单位	m	工程量	5.6

清单综合单价组成明细													
定额编号	定额项目名称	定额单位	数量	单价					合价				
				人工费	材料费	机械费	管理费	利润	人工费	材料费	机械费	管理费	利润
4—1143	砖、混凝土结构暗配钢管 DN32	100 m	0.01	618.57	169.1	23.04	247.5	86.61	6.19	1.69	0.23	2.48	0.87
综合人工工日	小　计								6.19	1.69	0.23	2.48	0.87
0.083 6 工日	未计价材料费								17.76				
清单项目综合单价									29.21				

	主要材料名称、规格、型号	单位	数量	单价(元)	合价(元)	暂估单价(元)	暂估合价(元)
材料费明细	焊接钢管　DN32	m	1.03	17.24	17.76		
	镀锌电线管接头　ϕ32×6	个	0.1648	1.79	0.29		
	塑料护口(钢管用)　dn32	个	0.1545	0.25	0.04		
	镀锌锁紧螺母　3×32	个	0.1545	0.54	0.08		
	圆钢　ϕ5.5～9	kg	0.009	3.42	0.03		
	电焊条　J422 ϕ3.2	kg	0.009	3.77	0.03		
	镀锌铁丝　13#～17#	kg	0.0066	5.15	0.03		
	锯条	根	0.02	0.19			
	醇酸防锈漆　C53－1	kg	0.0162	12.86	0.21		
	溶剂汽油	kg	0.0041	7.89	0.03		
	沥青清漆	kg	0.0062	6	0.04		
	金刚石锯片　ϕ114×1.8	片	0.008	17.15	0.14		
	其他材料费	元	0.0269	1	0.03		
	水泥　32.5 级	kg	1.0391	0.27	0.28		
	中砂	t	0.0066	67.39	0.44		
	水	m^3	0.0012	4.57	0.01		
	其他材料费			—		—	
	材料费小计			—	19.45	—	

续表

工程名称:电气照明工程　　　　第 7 页　共 36 页

项目编码	030411001004	项目名称	配管 KBG25	计量单位	m	工程量	435.68

清单综合单价组成明细													
定额编号	定额项目名称	定额单位	数量	单价					合价				
				人工费	材料费	机械费	管理费	利润	人工费	材料费	机械费	管理费	利润
4—1109	砖、混凝土结构暗配扣压式镀锌电线管	100 m	0.01	344.84	129.51		137.94	48.28	3.45	1.3		1.38	0.48
综合人工工日	小　计								3.45	1.3		1.38	0.48
0.046 6 工日	未计价材料费								5.74				
清单项目综合单价									12.34				

	主要材料名称、规格、型号	单位	数量	单价(元)	合价(元)	暂估单价(元)	暂估合价(元)
材料费明细	扣压式镀锌电线管　DN25	m	1.03	5.57	5.74		
	扣压式直管接头　ϕ25	个	0.1532	1.39	0.21		
	扣压式锁母　ϕ25	个	0.1545	1.1	0.17		
	锯条	根	0.022	0.19			
	镀锌铁丝　13#～17#	kg	0.003	5.15	0.02		
	电力复合脂	kg	0.001 2	17.15	0.02		
	金刚石锯片　ϕ114×1.8	片	0.008	17.15	0.14		
	其他材料费	元	0.0042	1			
	水泥　32.5 级	kg	1.0373	0.27	0.28		
	中砂	t	0.0066	67.39	0.44		
	水	m^3	0.0012	4.57	0.01		
	其他材料费			—	0.01	—	
	材料费小计			—	7.04	—	

续表

工程名称：电气照明工程　　　　第 8 页　共 36 页

项目编码	030411001005	项目名称	配管 KBG20	计量单位	m	工程量	429.6

清单综合单价组成明细													
定额编号	定额项目名称	定额单位	数量	单价					合价				
				人工费	材料费	机械费	管理费	利润	人工费	材料费	机械费	管理费	利润
4-1108	砖、混凝土结构暗配扣压式镀锌电线管	100 m	0.01	235.32	77.79		94.13	32.94	2.35	0.78		0.94	0.33
综合人工工日	小　计								2.35	0.78		0.94	0.33
0.0318 工日	未计价材料费								4.42				
清单项目综合单价									8.82				

材料费明细	主要材料名称、规格、型号	单位	数量	单价(元)	合价(元)	暂估单价(元)	暂估合价(元)
	扣压式镀锌电线管　DN20	m	1.03	4.29	4.42		
	扣压式直管接头　ϕ20	个	0.1751	1.01	0.18		
	扣压式锁母　ϕ20	个	0.1545	0.81	0.13		
	锯条	根	0.025	0.19			
	镀锌铁丝　13#～17#	kg	0.0028	5.15	0.01		
	电力复合脂	kg	0.001	17.15	0.02		
	金刚石锯片　ϕ114×1.8	片	0.0067	17.15	0.11		
	其他材料费	元	0.0039	1			
	水泥　32.5 级	kg	0.4554	0.27	0.12		
	中砂	t	0.0029	67.39	0.2		
	水	m^3	0.0005	4.57			
	其他材料费			—		—	
	材料费小计			—	5.2	—	

续表

工程名称：电气照明工程　　　　第 9 页　共 36 页

项目编码	030411001006	项目名称	配管 PVC15	计量单位	m	工程量	44.08

清单综合单价组成明细													
定额编号	定额项目名称	定额单位	数量	单价					合价				
				人工费	材料费	机械费	管理费	利润	人工费	材料费	机械费	管理费	利润
4-1220	砖、混凝土结构明配硬质聚氯乙烯等	100 m	0.01	468.42	74.16	51.68	187.36	65.59	4.68	0.74	0.52	1.87	0.66
综合人工工日	小　计								4.68	0.74	0.52	1.87	0.66
0.0633 工日	未计价材料费								1.89				
清单项目综合单价									10.36				

材料费明细	主要材料名称、规格、型号	单位	数量	单价(元)	合价(元)	暂估单价(元)	暂估合价(元)
	塑料管　dn15	m	1.067	1.77	1.89		
	塑料管卡　ϕ15	个	1.648	0.15	0.25		
	白攻螺钉　M4×65	十个	0.3328	0.27	0.09		
	塑料膨胀管　ϕ8×50	十个	0.336	0.86	0.29		
	塑料焊条　ϕ2.5	kg	0.0024	9	0.02		
	镀锌铁丝　13#～17#	kg	0.0025	5.15	0.01		
	锯条	根	0.01	0.19			
	冲击钻头　ϕ6～12	根	0.0222	2.57	0.06		
	其他材料费	元	0.022	1	0.02		
	其他材料费			—		—	
	材料费小计			—	2.63	—	

续表

工程名称：电气照明工程　　　　第 10 页　共 36 页

项目编码	030411006001	项目名称	接线盒	计量单位	个	工程量	142

清单综合单价组成明细

定额编号	定额项目名称	定额单位	数量	单价					合价				
				人工费	材料费	机械费	管理费	利润	人工费	材料费	机械费	管理费	利润
4—1546	开关盒暗装	10 个	0.1	27.38	2.56		10.95	3.83	2.74	0.26		1.1	0.38
综合人工工日	小　计								2.74	0.26		1.1	0.38
0.037 工日	未计价材料费								2.45				
清单项目综合单价									6.92				

材料费明细	主要材料名称、规格、型号	单位	数量	单价(元)	合价(元)	暂估单价(元)	暂估合价(元)
	暗装开关盒	只	1.02	2.4	2.45		
	塑料护口(钢管用)　dn15	个	1.03	0.1	0.1		
	镀锌锁紧螺母　M15～20×3	个	1.03	0.12	0.12		
	其他材料费	元	0.029	1	0.03		
	其他材料费			—	0.01	—	
	材料费小计			—	2.71	—	

项目编码	030411006002	项目名称	接线盒	计量单位	个	工程量	64

清单综合单价组成明细

定额编号	定额项目名称	定额单位	数量	单价					合价				
				人工费	材料费	机械费	管理费	利润	人工费	材料费	机械费	管理费	利润
4—1545	接线盒暗装	10 个	0.1	25.16	5.53		10.06	3.52	2.52	0.55		1.01	0.35
综合人工工日	小　计								2.52	0.55		1.01	0.35
0.034 工日	未计价材料费								2.1				
清单项目综合单价									6.53				

材料费明细	主要材料名称、规格、型号	单位	数量	单价(元)	合价(元)	暂估单价(元)	暂估合价(元)
	暗装接线盒	只	1.02	2.06	2.1		
	塑料护口(钢管用)　dn15	个	2.225	0.1	0.22		
	镀锌锁紧螺母　M15～20×3	个	2.225	0.12	0.27		
	其他材料费	元	0.063	1	0.06		
	其他材料费			—		—	
	材料费小计			—	2.65	—	

续表

工程名称：电气照明工程　　　　第 11 页　共 36 页

项目编码	030411004001	项目名称	空调控制线预留	计量单位	m	工程量	266

清单综合单价组成明细

定额编号	定额项目名称	定额单位	数量	单价					合价				
				人工费	材料费	机械费	管理费	利润	人工费	材料费	机械费	管理费	利润
4—1358	管内穿照明线路铜芯 0.75 mm^{2}	100 m 单线	0.01	55.5	13.48		22.2	7.77	0.56	0.13		0.22	0.08
综合人工工日	小　计								0.56	0.13		0.22	0.08
0.007 5 工日	未计价材料费								0.74				
清单项目综合单价									1.73				

材料费明细	主要材料名称、规格、型号	单位	数量	单价(元)	合价(元)	暂估单价(元)	暂估合价(元)
	BV7.5　=0.75 mm^{2}	m	1.16	0.64	0.74		
	钢丝　ϕ1.6	kg	0.0009	6	0.01		
	棉纱头	kg	0.002	5.57	0.01		
	焊锡	kg	0.0015	36.87	0.06		
	焊锡膏　瓶装 50 g	kg	0.0001	51.45	0.01		
	汽油	kg	0.005	9.12	0.05		
	塑料胶布带　25 mm×10 m	卷	0.0025	3.14	0.01		
	其他材料费	元	0.0044	1			
	其他材料费			—	−0.01	—	
	材料费小计			—	0.87	—	

项目编码	030411004002	项目名称	配线 BV2.5mm^{2}	计量单位	m	工程量	1223.11

清单综合单价组成明细

定额编号	定额项目名称	定额单位	数量	单价					合价				
				人工费	材料费	机械费	管理费	利润	人工费	材料费	机械费	管理费	利润
4—1359	管内穿照明线路铜芯 2.5 mm^{2}	100 m 单线	0.01	56.98	15.4		22.79	7.98	0.57	0.15		0.23	0.08
综合人工工日	小　计								0.57	0.15		0.23	0.08
0.007 7 工日	未计价材料费								2.9				
清单项目综合单价									3.93				

材料费明细	主要材料名称、规格、型号	单位	数量	单价(元)	合价(元)	暂估单价(元)	暂估合价(元)
	铜芯绝缘导线截面　<2.5 mm^{2}	m	1.16	2.5	2.9		
	钢丝　ϕ1.6	kg	0.0009	6	0.01		
	棉纱头	kg	0.002	5.57	0.01		
	焊锡	kg	0.002	36.87	0.07		
	焊锡膏　瓶装 50 g	kg	0.0001	51.45	0.01		
	汽油	kg	0.005	9.12	0.05		
	塑料胶布带　25 mm×10 m	卷	0.0025	3.14	0.01		
	其他材料费	元	0.0052	1	0.01		
	其他材料费			—		—	
	材料费小计			—	3.05	—	

续表

工程名称：电气照明工程　　　　第 12 页　共 36 页

项目编码	030411004003	项目名称	配线 BV4mm^2				计量单位	m	工程量	1192.8			
清单综合单价组成明细													
定额编号	定额项目名称	定额单位	数量	单价					合价				
				人工费	材料费	机械费	管理费	利润	人工费	材料费	机械费	管理费	利润
4—1360	管内穿照明线路铜芯 4 mm^2	100 m 单线	0.01	39.96	15.47		15.98	5.59	0.4	0.15		0.16	0.06
综合人工工日	小　计								0.4	0.15		0.16	0.06
0.005 4 工日	未计价材料费								3.82				
清单项目综合单价									4.59				

材料费明细	主要材料名称、规格、型号	单位	数量	单价(元)	合价(元)	暂估单价(元)	暂估合价(元)
	铜芯绝缘导线截面　<4 mm^2	m	1.1	3.47	3.82		
	钢丝　ϕ1.6	kg	0.0013	6	0.01		
	棉纱头	kg	0.002	5.57	0.01		
	焊锡	kg	0.002	36.87	0.07		
	焊锡膏　瓶装 50 g	kg	0.0001	51.45	0.01		
	汽油	kg	0.005	9.12	0.05		
	塑料胶布带　25 mm×10 m	卷	0.002	3.14	0.01		
	其他材料费	元	0.0051	1	0.01		
	其他材料费			—		—	
	材料费小计			—	3.97	—	

项目编码	030411004004	项目名称	配线 BV10mm^2				计量单位	m	工程量	45.1			
清单综合单价组成明细													
定额编号	定额项目名称	定额单位	数量	单价					合价				
				人工费	材料费	机械费	管理费	利润	人工费	材料费	机械费	管理费	利润
4—1388	管内穿动力线路(铜芯)	100 m 单线	0.01	54.01	17.71		21.62	7.56	0.54	0.18		0.22	0.08
综合人工工日	小　计								0.54	0.18		0.22	0.08
0.007 3 工日	未计价材料费								8.82				
清单项目综合单价									9.83				

材料费明细	主要材料名称、规格、型号	单位	数量	单价(元)	合价(元)	暂估单价(元)	暂估合价(元)
	铜芯绝缘导线截面　<10 mm^2	m	1.05	8.4	8.82		
	钢丝　ϕ1.6	kg	0.0013	6	0.01		
	棉纱头	kg	0.004	5.57	0.02		
	汽油	kg	0.007	9.12	0.06		
	焊锡	kg	0.0013	36.87	0.05		
	焊锡膏　瓶装 50 g	kg	0.0002	51.45	0.01		
	塑料胶布带　20 mm×10 m	卷	0.01	1.8	0.02		
	其他材料费	元	0.0071	1	0.01		
	其他材料费			—		—	
	材料费小计			—	9	—	

续表

工程名称：电气照明工程　　　　第 13 页　共 36 页

项目编码	030411004005	项目名称	配线 BV16mm^2				计量单位	m	工程量	104.4			
清单综合单价组成明细													
定额编号	定额项目名称	定额单位	数量	单价					合价				
				人工费	材料费	机械费	管理费	利润	人工费	材料费	机械费	管理费	利润
4—1389	管内穿动力线路(铜芯)	100 m 单线	0.01	62.16	17.93		24.86	8.7	0.62	0.18		0.25	0.09
综合人工工日	小　计								0.62	0.18		0.25	0.09
0.008 4 工日	未计价材料费								13.99				
清单项目综合单价									15.12				

材料费明细	主要材料名称、规格、型号	单位	数量	单价(元)	合价(元)	暂估单价(元)	暂估合价(元)
	铜芯绝缘导线截面　<16 mm^2	m	1.05	13.32	13.99		
	钢丝　ϕ1.6	kg	0.0013	6	0.01		
	棉纱头	kg	0.004	5.57	0.02		
	汽油	kg	0.007	9.12	0.06		
	焊锡	kg	0.0013	36.87	0.05		
	焊锡膏　瓶装 50 g	kg	0.0002	51.45	0.01		
	塑料胶布带　20 mm×10 m	卷	0.011	1.8	0.02		
	其他材料费	元	0.0074	1	0.01		
	其他材料费			—		—	
	材料费小计			—	14.17	—	

项目编码	030408001001	项目名称	电力电缆 YJV22—5＊25				计量单位	m	工程量	40.3			
清单综合单价组成明细													
定额编号	定额项目名称	定额单位	数量	单价					合价				
				人工费	材料费	机械费	管理费	利润	人工费	材料费	机械费	管理费	利润
4—741	铜芯电力电缆敷设 35 mm^2(五芯)	100 m	0.01	517.27	210.59	10.12	206.9	72.43	5.17	2.11	0.1	2.07	0.72
综合人工工日	小　计								5.17	2.11	0.1	2.07	0.72
0.069 9 工日	未计价材料费								97.53				
清单项目综合单价									107.7				

材料费明细	主要材料名称、规格、型号	单位	数量	单价(元)	合价(元)	暂估单价(元)	暂估合价(元)
	铜芯电力电缆　(截面 35 mm^2 以下)	m	1.01	96.56	97.53		
	破布	kg	0.0065	6	0.04		
	汽油	kg	0.0098	9.12	0.09		
	镀锌铁丝　13#～17#	kg	0.0042	5.15	0.02		
	镀锌电缆卡子　2×35	个	0.3042	1.46	0.44		
	标志牌	个	0.078	0.16	0.01		
	封铅　含铅 65%含锡 35%	kg	0.0133	8.58	0.11		
	沥青绝缘漆	kg	0.0013	15.44	0.02		
	硬脂酸　一级	kg	0.0007	10.29	0.01		
	精制带母镀锌螺栓　M8×100 内 2 平 1 弹垫	套	0.3978	0.86	0.34		
	橡胶垫　δ2	m^2	0.0009	14.58	0.01		
	膨胀螺栓　M10	套	0.2106	0.69	0.15		
	电缆吊挂　3×50	套	0.0924	8.45	0.78		
	合金钢钻头　ϕ8 mm～10 mm	根	0.0021	6.86	0.01		
	其他材料费	元	0.0621	1	0.06		
	其他材料费			—	0.01	—	
	材料费小计			—	99.64	—	

续表

工程名称：电气照明工程　　　　第 14 页　共 36 页

项目编码	030408006001	项目名称	电力电缆头 25mm²	计量单位	个	工程量	6

清单综合单价组成明细													
定额编号	定额项目名称	定额单位	数量	单价					合价				
				人工费	材料费	机械费	管理费	利润	人工费	材料费	机械费	管理费	利润
4—828换	1 kV以下户内干包电缆终端头制安 35 mm²(铜芯)	个	1	37.3	76.55		14.92	5.22	37.3	76.55		14.92	5.22
综合人工工日	小　计								37.3	76.55		14.92	5.22
0.504 工日	未计价材料费												
清单项目综合单价									133.99				

	主要材料名称、规格、型号	单位	数量	单价(元)	合价(元)	暂估单价(元)	暂估合价(元)
材料费明细	破布	kg	0.36	6	2.16		
	汽油	kg	0.36	9.12	3.28		
	镀锡裸铜绞线　16 mm²	kg	0.24	58.91	14.14		
	固定卡子　3×80	个	2.472	2.49	6.16		
	铜铝过渡接线端子　DTL-25 mm²	个	4.512	2.14	9.66		
	铜接线端子　DT-25 mm²	个	1.224	4.23	5.18		
	塑料带　20 mm×40 m	kg	0.168	2.14	0.36		
	塑料手套	副	2.52	3.43	8.64		
	焊锡丝	kg	0.06	42.88	2.57		
	焊锡膏　瓶装 50 g	kg	0.012	51.45	0.62		
	电力复合脂	kg	0.036	17.15	0.62		
	自粘橡胶带　20 mm×5 m	卷	0.72	12.43	8.95		
	精制带母镀锌螺栓　M10×100 内 2 平 1 弹垫	套	10.8	1.1	11.88		
	其他材料费	元	2.352	1	2.35		
	其他材料费			—	-0.01	—	
	材料费小计			—	76.55	—	

续表

工程名称：电气照明工程　　　　第 15 页　共 36 页

项目编码	010101003001	项目名称	挖沟槽土方	计量单位	m³	工程量	2.25

清单综合单价组成明细													
定额编号	定额项目名称	定额单位	数量	单价					合价				
				人工费	材料费	机械费	管理费	利润	人工费	材料费	机械费	管理费	利润
1—23	人工挖沟槽 二类干土深<1.5 m	m³	1	20.02			5.21	2.4	20.02			5.21	2.4
综合人工工日	小　计								20.02			5.21	2.4
0.26 工日	未计价材料费												
清单项目综合单价									27.63				

	主要材料名称、规格、型号	单位	数量	单价(元)	合价(元)	暂估单价(元)	暂估合价(元)
材料费明细	其他材料费			—		—	
	材料费小计			—		—	

项目编码	030404035001	项目名称	单相五孔插座	计量单位	个	工程量	42

清单综合单价组成明细													
定额编号	定额项目名称	定额单位	数量	单价					合价				
				人工费	材料费	机械费	管理费	利润	人工费	材料费	机械费	管理费	利润
4—373	5孔单相暗插座 15A 安装	10套	0.1	62.16	13.27		24.86	8.7	6.22	1.33		2.49	0.87
综合人工工日	小　计								6.22	1.33		2.49	0.87
0.084 工日	未计价材料费								11.03				
清单项目综合单价									21.93				

	主要材料名称、规格、型号	单位	数量	单价(元)	合价(元)	暂估单价(元)	暂估合价(元)
材料费明细	5孔单相暗插座　15 A	套	1.02	10.81	11.03		
	BV 铜芯聚氯乙烯绝缘线　450 V/750 V 2.5 mm²	m	0.763	1.5	1.14		
	自攻螺钉　M4×40	十个	0.208	0.25	0.05		
	自攻螺钉　M4×60	十个	0.208	0.26	0.05		
	镀锌铁丝　22#	kg	0.01	4.72	0.05		
	其他材料费	元	0.029	1	0.03		
	其他材料费			—	0.01	—	
	材料费小计			—	12.36	—	

续表

工程名称：电气照明工程　　　　第16页　共36页

项目编码	030404035002	项目名称	安全防溅单相三孔插座	计量单位	个	工程量	28

清单综合单价组成明细

定额编号	定额项目名称	定额单位	数量	单价					合价				
				人工费	材料费	机械费	管理费	利润	人工费	材料费	机械费	管理费	利润
4—371	3孔单相暗插座15A安装	10套	0.1	51.8	8.59		20.72	7.25	5.18	0.86		2.07	0.73
综合人工工日	小计								5.18	0.86		2.07	0.73
0.07 工日	未计价材料费								16.44				
清单项目综合单价									25.28				

材料费明细	主要材料名称、规格、型号	单位	数量	单价(元)	合价(元)	暂估单价(元)	暂估合价(元)
	3孔单相暗插座　15 A	套	1.02	16.12	16.44		
	BV铜芯聚氯乙烯绝缘线　450 V/750 V 2.5 mm²	m	0.458	1.5	0.69		
	自攻螺钉　M4×40	十个	0.208	0.25	0.05		
	自攻螺钉　M4×60	十个	0.208	0.26	0.05		
	镀锌铁丝　22#	kg	0.01	4.72	0.05		
	其他材料费	元	0.019	1	0.02		
	其他材料费			—		—	
	材料费小计			—	17.3	—	

项目编码	030404034001	项目名称	单极单控开关	计量单位	个	工程量	26

清单综合单价组成明细

定额编号	定额项目名称	定额单位	数量	单价					合价				
				人工费	材料费	机械费	管理费	利润	人工费	材料费	机械费	管理费	利润
4—339	单联扳式暗开关安装(单控)	10套	0.1	48.1	4.08		19.24	6.73	4.81	0.41		1.92	0.67
综合人工工日	小计								4.81	0.41		1.92	0.67
0.065 工日	未计价材料费								11.2				
清单项目综合单价									19.02				

材料费明细	主要材料名称、规格、型号	单位	数量	单价(元)	合价(元)	暂估单价(元)	暂估合价(元)
	单联板式暗开关(单控)	只	1.02	10.98	11.2		
	BV铜芯聚氯乙烯绝缘线　450 V/750 V 1.5 mm²	m	0.305	0.97	0.3		
	自攻螺钉　M4×40	十个	0.208	0.25	0.05		
	镀锌铁丝　22#	kg	0.01	4.72	0.05		
	其他材料费	元	0.013	1	0.01		
	其他材料费			—		—	
	材料费小计			—	11.61	—	

续表

工程名称：电气照明工程　　　　第17页　共36页

项目编码	030404034002	项目名称	双极单控开关	计量单位	个	工程量	10

清单综合单价组成明细

定额编号	定额项目名称	定额单位	数量	单价					合价				
				人工费	材料费	机械费	管理费	利润	人工费	材料费	机械费	管理费	利润
4—340	双联扳式暗开关安装(单控)	10套	0.1	50.32	5.51		20.13	7.04	5.03	0.56		2.01	0.7
综合人工工日	小计								5.03	0.56		2.01	0.7
0.068 工日	未计价材料费								13.82				
清单项目综合单价									22.13				

材料费明细	主要材料名称、规格、型号	单位	数量	单价(元)	合价(元)	暂估单价(元)	暂估合价(元)
	双联板式暗开关(单控)	只	1.02	13.55	13.82		
	BV铜芯聚氯乙烯绝缘线　450 V/750 V 1.5 mm²	m	0.458	0.97	0.44		
	自攻螺钉　M4×40	十个	0.208	0.25	0.05		
	镀锌铁丝　22#	kg	0.01	4.72	0.05		
	其他材料费	元	0.018	1	0.02		
	其他材料费			—		—	
	材料费小计			—	14.38	—	

项目编码	030404034003	项目名称	单极双控开关	计量单位	个	工程量	12

清单综合单价组成明细

定额编号	定额项目名称	定额单位	数量	单价					合价				
				人工费	材料费	机械费	管理费	利润	人工费	材料费	机械费	管理费	利润
4—345	单联扳式暗开关安装(双控)	10套	0.1	48.1	5.09		19.24	6.73	4.81	0.51		1.92	0.67
综合人工工日	小计								4.81	0.51		1.92	0.67
0.065 工日	未计价材料费								19.94				
清单项目综合单价									27.86				

材料费明细	主要材料名称、规格、型号	单位	数量	单价(元)	合价(元)	暂估单价(元)	暂估合价(元)
	单联板式暗开关(双控)	只	1.02	19.55	19.94		
	BV铜芯聚氯乙烯绝缘线　450 V/750 V 1.5 mm²	m	0.406	0.97	0.39		
	自攻螺钉　M4×40	十个	0.208	0.25	0.05		
	镀锌铁丝　22#	kg	0.01	4.72	0.05		
	其他材料费	元	0.016	1	0.02		
	其他材料费			—		—	
	材料费小计			—	20.45	—	

续表

工程名称：电气照明工程　　　　第 18 页　共 36 页

项目编码	030412001001	项目名称	普通吸顶灯	计量单位	套	工程量	52

清单综合单价组成明细

定额编号	定额项目名称	定额单位	数量	单价					合价				
				人工费	材料费	机械费	管理费	利润	人工费	材料费	机械费	管理费	利润
4—1558	半圆球吸顶灯安装 ϕ300 mm	10 套	0.1	122.1	19.33		48.84	17.09	12.21	1.93		4.88	1.71
综合人工工日	小　计								12.21	1.93		4.88	1.71
0.165 工日	未计价材料费								160.69				
清单项目综合单价									181.43				

材料费明细	主要材料名称、规格、型号	单位	数量	单价（元）	合价（元）	暂估单价(元)	暂估合价(元)
	半圆球吸顶灯　ϕ<300 mm	套	1.01	158.65	160.24		
	圆木台　275～350	块	1.05	0.43	0.45		
	BV 铜芯聚氯乙烯绝缘线　450 V/750 V 1.5 mm²	m	0.713	0.97	0.69		
	伞形螺栓　M6～8×150	套	2.04	0.34	0.69		
	自攻螺钉　M4×40	十个	0.416	0.25	0.1		
	其他材料费	元	0.443	1	0.44		
	其他材料费			—		—	
	材料费小计			—	162.62	—	

项目编码	030412005001	项目名称	壁灯	计量单位	套	工程量	4

清单综合单价组成明细

定额编号	定额项目名称	定额单位	数量	单价					合价				
				人工费	材料费	机械费	管理费	利润	人工费	材料费	机械费	管理费	利润
4—1566	一般壁灯安装	10 套	0.1	114.7	12.51		45.88	16.05	11.47	1.25		4.59	1.61
综合人工工日	小　计								11.47	1.25		4.59	1.61
0.155 工日	未计价材料费								108.71				
清单项目综合单价									127.63				

材料费明细	主要材料名称、规格、型号	单位	数量	单价（元）	合价（元）	暂估单价(元)	暂估合价(元)
	一般壁灯	套	1.01	107.19	108.26		
	圆木台　150～250	块	1.05	0.43	0.45		
	BV 铜芯聚氯乙烯绝缘线　450 V/750 V 1.5 mm²	m	0.305	0.97	0.3		
	自攻螺钉　M4×40	十个	0.832	0.25	0.21		
	塑料膨胀管　ϕ8×50	十个	0.421	0.86	0.36		
	冲击钻头　ϕ6～12	根	0.028	2.57	0.07		
	其他材料费	元	0.314	1	0.31		
	其他材料费			—	−0.01	—	
	材料费小计			—	109.96	—	

续表

工程名称：电气照明工程　　　　第 19 页　共 36 页

项目编码	030501005001	项目名称	多媒体总箱	计量单位	台	工程量	2

清单综合单价组成明细

定额编号	定额项目名称	定额单位	数量	单价					合价				
				人工费	材料费	机械费	管理费	利润	人工费	材料费	机械费	管理费	利润
4—268	悬挂嵌入式配电箱安装，半周长 1.0 m	台	1	102.12	34.41		40.85	14.3	102.12	34.41		40.85	14.3
SBF9999	多媒体总箱	台	1										
综合人工工日	小　计								102.12	34.41		40.85	14.3
1.38 工日	未计价材料费								500				
清单项目综合单价									691.68				

材料费明细	主要材料名称、规格、型号	单位	数量	单价（元）	合价（元）	暂估单价(元)	暂估合价(元)
	破布	kg	0.1	6	0.6		
	铁砂布　2#	张	0.8	0.86	0.69		
	无光调和漆	kg	0.03	12.86	0.39		
	钢垫板	kg	0.15	3.77	0.57		
	铜接线端子　DT－10 mm²	个	2.03	2.43	4.93		
	裸铜线　10 mm²	kg	0.2	56.42	11.28		
	塑料软管	kg	0.15	15.78	2.37		
	焊锡丝	kg	0.07	42.88	3		
	电力复合脂	kg	0.41	17.15	7.03		
	自粘橡胶带　20 mm×5 m	卷	0.1	12.43	1.24		
	精制带母镀锌螺栓　M10×100 内 2 平 1 弹垫	套	2.1	1.1	2.31		
	多媒体总箱	台	1	500	500		
	其他材料费			—		—	
	材料费小计			—	534.41	—	

续表

工程名称：电气照明工程　　　　第 20 页　共 36 页

项目编码	030502003001	项目名称	多媒体接线箱(盒)	计量单位	个	工程量	2

清单综合单价组成明细

定额编号	定额项目名称	定额单位	数量	单价					合价				
				人工费	材料费	机械费	管理费	利润	人工费	材料费	机械费	管理费	利润
4—268	悬挂嵌入式配电箱安装，半周长 1.0 m	台	1	102.12	34.41		40.85	14.3	102.12	34.41		40.85	14.3
SBF9999	多媒体接线箱	台	1										
综合人工工日	小　计								102.12	34.41		40.85	14.3
1.38 工日	未计价材料费								300				
清单项目综合单价									491.68				

材料费明细	主要材料名称、规格、型号	单位	数量	单价(元)	合价(元)	暂估单价(元)	暂估合价(元)
	破布	kg	0.1	6	0.6		
	铁砂布　2#	张	0.8	0.86	0.69		
	无光调和漆	kg	0.03	12.86	0.39		
	钢垫板	kg	0.15	3.77	0.57		
	铜接线端子　DT-10 mm^2	个	2.03	2.43	4.93		
	裸铜线　10 mm^2	kg	0.2	56.42	11.28		
	塑料软管	kg	0.15	15.78	2.37		
	焊锡丝	kg	0.07	42.88	3		
	电力复合脂	kg	0.41	17.15	7.03		
	自粘橡胶带　20 mm×5 m	卷	0.1	12.43	1.24		
	精制带母镀锌螺栓　M10×100 内 2 平 1 弹垫	套	2.1	1.1	2.31		
	多媒体接线箱	台	1	300	300		
	其他材料费			—		—	
	材料费小计			—	334.41	—	

续表

工程名称：电气照明工程　　　　第 21 页　共 36 页

项目编码	030411001007	项目名称	配管 SC32	计量单位	m	工程量	101

清单综合单价组成明细

定额编号	定额项目名称	定额单位	数量	单价					合价				
				人工费	材料费	机械费	管理费	利润	人工费	材料费	机械费	管理费	利润
4—1143	砖、混凝土结构暗配钢管 DN32	100 m	0.01	618.64	169.19	23.11	247.46	86.61	6.19	1.69	0.23	2.47	0.87
综合人工工日	小　计								6.19	1.69	0.23	2.47	0.87
0.083 6 工日	未计价材料费								17.76				
清单项目综合单价									29.21				

材料费明细	主要材料名称、规格、型号	单位	数量	单价(元)	合价(元)	暂估单价(元)	暂估合价(元)
	焊接钢管　DN32	m	1.03	17.24	17.76		
	镀锌电线管接头　ϕ32×6	个	0.1648	1.79	0.29		
	塑料护口(钢管用)　dn32	个	0.1545	0.25	0.04		
	镀锌锁紧螺母　3×32	个	0.1545	0.54	0.08		
	圆钢　ϕ5.5～9	kg	0.009	3.42	0.03		
	电焊条　J422 ϕ3.2	kg	0.009	3.77	0.03		
	镀锌铁丝　13#～17#	kg	0.0066	5.15	0.03		
	锯条	根	0.02	0.19			
	醇酸防锈漆　C53-1	kg	0.0162	12.86	0.21		
	溶剂汽油	kg	0.0041	7.89	0.03		
	沥青清漆	kg	0.0062	6	0.04		
	金刚石锯片　ϕ114×1.8	片	0.008	17.15	0.14		
	其他材料费	元	0.0269	1	0.03		
	水泥　32.5 级	kg	1.0373	0.27	0.28		
	中砂	t	0.0066	67.39	0.44		
	水	m^3	0.0012	4.57	0.01		
	其他材料费			—		—	
	材料费小计			—	19.45	—	

续表

工程名称：电气照明工程　　　　第 22 页　共 36 页

项目编码	030411001008	项目名称	配管 SC25	计量单位	m	工程量	125.2

清单综合单价组成明细

定额编号	定额项目名称	定额单位	数量	单价					合价				
				人工费	材料费	机械费	管理费	利润	人工费	材料费	机械费	管理费	利润
4—1109	砖、混凝土结构暗配扣压式镀锌电线管	100 m	0.01	344.84	129.51		137.94	48.28	3.45	1.3		1.38	0.48
综合人工工日	小　计								3.45	1.3		1.38	0.48
0.046 6 工日	未计价材料费								5.74				
清单项目综合单价									12.34				

材料费明细	主要材料名称、规格、型号	单位	数量	单价（元）	合价（元）	暂估单价（元）	暂估合价（元）
	扣压式镀锌电线管　DN25	m	1.03	5.57	5.74		
	扣压式直管接头　ϕ25	个	0.1532	1.39	0.21		
	扣压式锁母　ϕ25	个	0.1545	1.1	0.17		
	锯条	根	0.022	0.19			
	镀锌铁丝　13#～17#	kg	0.003	5.15	0.02		
	电力复合脂	kg	0.0012	17.15	0.02		
	金刚石锯片　ϕ114×1.8	片	0.008	17.15	0.14		
	其他材料费	元	0.0042	1			
	水泥　32.5 级	kg	1.0373	0.27	0.28		
	中砂	t	0.0066	67.39	0.44		
	水	m³	0.0012	4.57	0.01		
	其他材料费			—	0.01	—	
	材料费小计			—	7.04	—	

续表

工程名称：电气照明工程　　　　第 23 页　共 36 页

项目编码	030411001009	项目名称	配管 KBG20	计量单位	m	工程量	166.6

清单综合单价组成明细

定额编号	定额项目名称	定额单位	数量	单价					合价				
				人工费	材料费	机械费	管理费	利润	人工费	材料费	机械费	管理费	利润
4—1108	砖、混凝土结构暗配扣压式镀锌电线管	100 m	0.01	235.32	77.79		94.13	32.94	2.35	0.78		0.94	0.33
综合人工工日	小　计								2.35	0.78		0.94	0.33
0.031 8 工日	未计价材料费								4.42				
清单项目综合单价									8.82				

材料费明细	主要材料名称、规格、型号	单位	数量	单价（元）	合价（元）	暂估单价（元）	暂估合价（元）
	扣压式镀锌电线管　DN20	m	1.03	4.29	4.42		
	扣压式直管接头　ϕ20	个	0.1751	1.01	0.18		
	扣压式锁母　ϕ20	个	0.1545	0.81	0.13		
	锯条	根	0.025	0.19			
	镀锌铁丝　13#～17#	kg	0.0028	5.15	0.01		
	电力复合脂	kg	0.001	17.15	0.02		
	金刚石锯片　ϕ114×1.8	片	0.0067	17.15	0.11		
	其他材料费	元	0.0039	1			
	水泥　32.5 级	kg	0.4554	0.27	0.12		
	中砂	t	0.0029	67.39	0.2		
	水	m³	0.0005	4.57			
	其他材料费			—		—	
	材料费小计			—	5.2	—	

项目编码	030505005001	项目名称	射频同轴电缆 SYWV—75	计量单位	m	工程量	86.1

清单综合单价组成明细

定额编号	定额项目名称	定额单位	数量	单价					合价				
				人工费	材料费	机械费	管理费	利润	人工费	材料费	机械费	管理费	利润
5—333	室内管/暗槽内穿放射频传输电缆（ϕ9 mm）	100 m	0.01	76.23		0.29	30.49	10.67	0.76			0.3	0.11
综合人工工日	小　计								0.76			0.3	0.11
0.009 9 工日	未计价材料费								1.93				
清单项目综合单价									3.1				

材料费明细	主要材料名称、规格、型号	单位	数量	单价（元）	合价（元）	暂估单价（元）	暂估合价（元）
	电缆	m	1.02	1.89	1.93		
	其他材料费			—		—	
	材料费小计			—	1.93	—	

续表

工程名称：电气照明工程　　　　第 24 页　共 36 页

项目编码	030502005001	项目名称	双绞线缆 RVC−2＊0.5	计量单位	m	工程量	108.8

清单综合单价组成明细

定额编号	定额项目名称	定额单位	数量	单价					合价				
				人工费	材料费	机械费	管理费	利润	人工费	材料费	机械费	管理费	利润
5−149	管/暗槽内穿放电话线 1 对	100 m	0.009 963	33.88	0.46		13.55	4.74	0.34			0.13	0.05
综合人工工日	小　计								0.34			0.13	0.05
0.004 4 工日	未计价材料费								0.7				
清单项目综合单价									1.23				

材料费明细	主要材料名称、规格、型号	单位	数量	单价（元）	合价（元）	暂估单价（元）	暂估合价（元）
	电缆	m	1.0163	0.69	0.7		
	镀锌铁丝　13＃～17＃	kg	0.0009	5.15			
	其他材料费			—	−0.01	—	
	材料费小计			—	0.7	—	

项目编码	030502005002	项目名称	双绞线缆（超五类四对对绞电缆）	计量单位	m	工程量	89.9

清单综合单价组成明细

定额编号	定额项目名称	定额单位	数量	单价					合价				
				人工费	材料费	机械费	管理费	利润	人工费	材料费	机械费	管理费	利润
5−72	管/暗槽内穿放双绞线缆 4 对	100 m	0.01	69.3	1.03	0.29	27.72	9.7	0.69	0.01		0.28	0.1
综合人工工日	小　计								0.69	0.01		0.28	0.1
0.009 工日	未计价材料费								1.57				
清单项目综合单价									2.65				

材料费明细	主要材料名称、规格、型号	单位	数量	单价（元）	合价（元）	暂估单价（元）	暂估合价（元）
	双绞线缆	m	1.02	1.54	1.57		
	镀锌铁丝　8＃～12＃	kg	0.002	5.15	0.01		
	其他材料费			—		—	
	材料费小计			—	1.58	—	

续表

工程名称：电气照明工程　　　　第 25 页　共 36 页

项目编码	030502003002	项目名称	网络插座盒	计量单位	个	工程量	10

清单综合单价组成明细

定额编号	定额项目名称	定额单位	数量	单价					合价				
				人工费	材料费	机械费	管理费	利润	人工费	材料费	机械费	管理费	利润
4−1546	开关盒暗装	10 个	0.1	27.38	2.56		10.95	3.83	2.74	0.26		1.1	0.38
综合人工工日	小　计								2.74	0.26		1.1	0.38
0.037 工日	未计价材料费								2.8				
清单项目综合单价									7.27				

材料费明细	主要材料名称、规格、型号	单位	数量	单价（元）	合价（元）	暂估单价（元）	暂估合价（元）
	暗装开关盒	只	1.02	2.74	2.79		
	塑料护口（钢管用）　dn15	个	1.03	0.1	0.1		
	镀锌锁紧螺母　M15～20×3	个	1.03	0.12	0.12		
	其他材料费	元	0.029	1	0.03		
	其他材料费			—	0.01	—	
	材料费小计			—	3.06	—	

项目编码	030502003003	项目名称	电话插座盒	计量单位	个	工程量	12

清单综合单价组成明细

定额编号	定额项目名称	定额单位	数量	单价					合价				
				人工费	材料费	机械费	管理费	利润	人工费	材料费	机械费	管理费	利润
4−1546	开关盒暗装	10 个	0.1	27.38	2.56		10.95	3.83	2.74	0.26		1.1	0.38
综合人工工日	小　计								2.74	0.26		1.1	0.38
0.037 工日	未计价材料费								2.45				
清单项目综合单价									6.92				

材料费明细	主要材料名称、规格、型号	单位	数量	单价（元）	合价（元）	暂估单价（元）	暂估合价（元）
	暗装开关盒	只	1.02	2.4	2.45		
	塑料护口（钢管用）　dn15	个	1.03	0.1	0.1		
	镀锌锁紧螺母　M15～20×3	个	1.03	0.12	0.12		
	其他材料费	元	0.029	1	0.03		
	其他材料费			—	0.01	—	
	材料费小计			—	2.71	—	

续表

工程名称：电气照明工程　　第 26 页　共 36 页

项目编码	030502003004	项目名称	有线电视插座盒	计量单位	个	工程量	10

清单综合单价组成明细

定额编号	定额项目名称	定额单位	数量	单价					合价				
				人工费	材料费	机械费	管理费	利润	人工费	材料费	机械费	管理费	利润
4—1546	开关盒暗装	10 个	0.1	27.38	2.56		10.95	3.83	2.74	0.26		1.1	0.38
综合人工工日	小　计								2.74	0.26		1.1	0.38
0.037 工日	未计价材料费								2.62				
清单项目综合单价									7.09				

材料费明细	主要材料名称、规格、型号	单位	数量	单价(元)	合价(元)	暂估单价(元)	暂估合价(元)
	暗装开关盒	只	1.02	2.57	2.62		
	塑料护口(钢管用)　dn15	个	1.03	0.1	0.1		
	镀锌锁紧螺母　M15～20×3	个	1.03	0.12	0.12		
	其他材料费	元	0.029	1	0.03		
	其他材料费			—		—	
	材料费小计			—	2.88	—	

项目编码	030502003005	项目名称	安防插座盒	计量单位	个	工程量	12

清单综合单价组成明细

定额编号	定额项目名称	定额单位	数量	单价					合价				
				人工费	材料费	机械费	管理费	利润	人工费	材料费	机械费	管理费	利润
4—1546	开关盒暗装	10 个	0.1	27.38	2.56		10.95	3.83	2.74	0.26		1.1	0.38
综合人工工日	小　计								2.74	0.26		1.1	0.38
0.037 工日	未计价材料费								2.8				
清单项目综合单价									7.27				

材料费明细	主要材料名称、规格、型号	单位	数量	单价(元)	合价(元)	暂估单价(元)	暂估合价(元)
	暗装开关盒	只	1.02	2.74	2.79		
	塑料护口(钢管用)　dn15	个	1.03	0.1	0.1		
	镀锌锁紧螺母　M15～20×3	个	1.03	0.12	0.12		
	其他材料费	元	0.029	1	0.03		
	其他材料费			—	0.01	—	
	材料费小计			—	3.06	—	

续表

工程名称：电气照明工程　　第 27 页　共 36 页

项目编码	030502004001	项目名称	电视插座	计量单位	个	工程量	10

清单综合单价组成明细

定额编号	定额项目名称	定额单位	数量	单价					合价				
				人工费	材料费	机械费	管理费	利润	人工费	材料费	机械费	管理费	利润
5—427	暗装用户终端盒	10 个	0.1	84.7	0.28		33.88	11.86	8.47	0.03		3.39	1.19
综合人工工日	小　计								8.47	0.03		3.39	1.19
0.11 工日	未计价材料费								17.32				
清单项目综合单价									30.39				

材料费明细	主要材料名称、规格、型号	单位	数量	单价(元)	合价(元)	暂估单价(元)	暂估合价(元)
	用户终端盒　(TV、FM)	个	1.01	17.15	17.32		
	棉纱头	kg	0.005	5.57	0.03		
	其他材料费			—		—	
	材料费小计			—	17.35	—	

项目编码	030502012001	项目名称	信息插座	计量单位	个	工程量	10

清单综合单价组成明细

定额编号	定额项目名称	定额单位	数量	单价					合价				
				人工费	材料费	机械费	管理费	利润	人工费	材料费	机械费	管理费	利润
5-91	安装 8 位模块式信息插座单口	个	1	3.85			1.54	0.54	3.85			1.54	0.54
综合人工工日	小　计								3.85			1.54	0.54
0.05 工日	未计价材料费								36.38				
清单项目综合单价									42.31				

材料费明细	主要材料名称、规格、型号	单位	数量	单价(元)	合价(元)	暂估单价(元)	暂估合价(元)
	8 位模块式信息插座　(单口)	个	1.01	36.02	36.38		
	其他材料费			—		—	
	材料费小计			—	36.38	—	

续表

工程名称：电气照明工程　　第 28 页　共 36 页

项目编码	030502004002	项目名称	电话插座	计量单位	个	工程量	12

清单综合单价组成明细

定额编号	定额项目名称	定额单位	数量	单价					合价				
				人工费	材料费	机械费	管理费	利润	人工费	材料费	机械费	管理费	利润
5—171	电话出线口插座型（单联）	个	1	2.31	0.12		0.92	0.32	2.31	0.12		0.92	0.32
综合人工工日	小计								2.31	0.12		0.92	0.32
0.03 工日	未计价材料费								15.57				
清单项目综合单价									19.24				

材料费明细	主要材料名称、规格、型号	单位	数量	单价（元）	合价（元）	暂估单价（元）	暂估合价（元）
	电话出线口　插座型单联	个	1.02	15.26	15.57		
	带母镀锌螺栓　M6×16～25	套	2.04	0.06	0.12		
	其他材料费			—		—	
	材料费小计			—	15.69	—	

项目编码	030505014001	项目名称	终端调试	计量单位	个	工程量	2

清单综合单价组成明细

定额编号	定额项目名称	定额单位	数量	单价					合价				
				人工费	材料费	机械费	管理费	利润	人工费	材料费	机械费	管理费	利润
5—493	安装投射式扬声器	台	1	23.1		0.29	9.24	3.23	23.1		0.29	9.24	3.23
综合人工工日	小计								23.1		0.29	9.24	3.23
0.3 工日	未计价材料费												
清单项目综合单价									35.86				

材料费明细	主要材料名称、规格、型号	单位	数量	单价（元）	合价（元）	暂估单价（元）	暂估合价（元）
	其他材料费			—		—	
	材料费小计			—		—	

续表

工程名称：电气照明工程　　第 29 页　共 36 页

项目编码	030502019001	项目名称	双绞线缆测试	计量单位	链路	工程量	10

清单综合单价组成明细

定额编号	定额项目名称	定额单位	数量	单价					合价				
				人工费	材料费	机械费	管理费	利润	人工费	材料费	机械费	管理费	利润
5—94	双绞线缆测试 五类	链路	1	9.24		1.48	3.7	1.29	9.24		1.48	3.7	1.29
综合人工工日	小计								9.24		1.48	3.7	1.29
0.12 工日	未计价材料费												
清单项目综合单价									15.71				

材料费明细	主要材料名称、规格、型号	单位	数量	单价（元）	合价（元）	暂估单价（元）	暂估合价（元）
	其他材料费			—		—	
	材料费小计			—		—	

项目编码	030409008001	项目名称	总等电位端子箱、测试板	计量单位	台	工程量	2

清单综合单价组成明细

定额编号	定额项目名称	定额单位	数量	单价					合价				
				人工费	材料费	机械费	管理费	利润	人工费	材料费	机械费	管理费	利润
4—963	总等电位联结端子箱	个	1	104.34	40.21	5.63	41.74	14.61	104.34	40.21	5.63	41.74	14.61
综合人工工日	小计								104.34	40.21	5.63	41.74	14.61
1.41 工日	未计价材料费								274.42				
清单项目综合单价									480.95				

材料费明细	主要材料名称、规格、型号	单位	数量	单价（元）	合价（元）	暂估单价（元）	暂估合价（元）
	总等电位联结端子箱	个	1	274.42	274.42		
	BVR 铜芯聚氯乙烯绝缘软线	m	1.5	11.51	17.27		
	破布	kg	0.2	6	1.2		
	铁砂布　2#	张	0.5	0.86	0.43		
	钢锯条	根	1	0.21	0.21		
	镀锌半圆头螺钉　M10×100	十个	0.41	0.34	0.14		
	角钢	kg	2	3.4	6.8		
	镀锌扁钢　−25×4	kg	1.5	4.55	6.83		
	精制带母镀锌螺栓　M10×100 内 2 平 1 弹垫	套	4.1	1.1	4.51		
	电焊条　J422 $\phi 3.2$	kg	0.5	3.77	1.89		
	其他材料费	元	0.93	1	0.93		
	其他材料费			—	0.02	—	
	材料费小计			—	314.63	—	

续表

工程名称：电气照明工程　　　　第 30 页　共 36 页

项目编码	030411001010	项目名称	配管 PVC32	计量单位	m	工程量	10.00

定额编号	定额项目名称	定额单位	数量	单价					合价				
				人工费	材料费	机械费	管理费	利润	人工费	材料费	机械费	管理费	利润
4—1232	砖、混凝土结构暗配硬质聚氯乙烯管 dn32	100 m	0.01	476.57	90.55	77.45	190.63	66.72	4.77	0.91	0.77	1.91	0.67
综合人工工日	小　计								4.77	0.91	0.77	1.91	0.67
0.064 4 工日	未计价材料费								3.94				
清单项目综合单价									12.96				

	主要材料名称、规格、型号	单位	数量	单价（元）	合价（元）	暂估单价（元）	暂估合价（元）
材料费明细	塑料管　dn32	m	1.0642	3.7	3.94		
	塑料焊条　ϕ2.5	kg	0.0024	9	0.02		
	镀锌铁丝　13＃～17＃	kg	0.0025	5.15	0.01		
	锯条	根	0.01	0.19			
	金刚石锯片　ϕ114×1.8	片	0.008	17.15	0.14		
	其他材料费	元	0.0013	1			
	水泥　32.5 级	kg	1.0371	0.27	0.28		
	中砂	t	0.0066	67.39	0.44		
	水	m^3	0.0012	4.57	0.01		
	其他材料费			—	0.01	—	
	材料费小计			—	4.85	—	

续表

工程名称：电气照明工程　　　　第 31 页　共 36 页

项目编码	030411004006	项目名称	配线 BVR25	计量单位	m	工程量	10.41

定额编号	定额项目名称	定额单位	数量	单价					合价				
				人工费	材料费	机械费	管理费	利润	人工费	材料费	机械费	管理费	利润
4—1390	管内穿动力线路（铜芯）	100 m 单线	0.01	77.71	20.63		31.12	10.85	0.78	0.21		0.31	0.11
综合人工工日	小　计								0.78	0.21		0.31	0.11
0.010 5 工日	未计价材料费								21.42				
清单项目综合单价									22.82				

	主要材料名称、规格、型号	单位	数量	单价（元）	合价（元）	暂估单价（元）	暂估合价（元）
材料费明细	铜芯绝缘导线截面　<25 mm^2	m	1.05	20.4	21.42		
	钢丝　ϕ1.6	kg	0.0014	6	0.01		
	棉纱头	kg	0.005	5.57	0.03		
	汽油	kg	0.008	9.12	0.07		
	焊锡	kg	0.0014	36.87	0.05		
	焊锡膏　瓶装 50 g	kg	0.0003	51.45	0.02		
	塑料胶布带　20 mm×10 m	卷	0.012	1.8	0.02		
	其他材料费	元	0.0084	1	0.01		
	其他材料费			—		—	
	材料费小计			—	21.63	—	

项目编码	030409008002	项目名称	局部等电位端子箱、测试板	计量单位	台	工程量	8

定额编号	定额项目名称	定额单位	数量	单价					合价				
				人工费	材料费	机械费	管理费	利润	人工费	材料费	机械费	管理费	利润
4—962	分等电位联结端子箱	10 个	0.1	64.38	48.56		25.75	9.01	6.44	4.86		2.58	0.9
综合人工工日	小　计								6.44	4.86		2.58	0.9
0.087 工日	未计价材料费								36.74				
清单项目综合单价									51.51				

	主要材料名称、规格、型号	单位	数量	单价（元）	合价（元）	暂估单价（元）	暂估合价（元）
材料费明细	分等电位联结端子箱	个	1.02	36.02	36.74		
	BVR 铜芯聚氯乙烯绝缘软线　300 V/500 V　6 mm^2	m	0.75	4.47	3.35		
	钢锯条	根	0.1	0.21	0.02		
	镀锌半圆头螺钉　M10×100	十个	0.41	0.34	0.14		
	镀锌扁钢　—25×4	kg	0.252	4.55	1.15		
	其他材料费	元	0.196	1	0.2		
	其他材料费			—		—	
	材料费小计			—	41.6	—	

续表

工程名称：电气照明工程　　　　第 32 页　共 36 页

项目编码	030411001010	项目名称	配管 PVC15	计量单位	m	工程量	40

清单综合单价组成明细													
定额编号	定额项目名称	定额单位	数量	单价					合价				
				人工费	材料费	机械费	管理费	利润	人工费	材料费	机械费	管理费	利润
4—1229	砖、混凝土结构暗配硬质聚氯乙烯管 dn5	100m	0.01	298.95	46.96	51.68	119.58	41.85	2.99	0.47	0.52	1.2	0.42
综合人工工日	小　计								2.99	0.47	0.52	1.2	0.42
0.042 9 工日	未计价材料费								1.88				
清单项目综合单价									7.47				

材料费明细	主要材料名称、规格、型号	单位	数量	单价(元)	合价(元)	暂估单价(元)	暂估合价(元)
	塑料管　dn15	m	1.0607	1.77	1.88		
	塑料焊条　φ2.5	kg	0.002	9	0.02		
	镀锌铁丝　13#～17#	kg	0.0025	5.15	0.01		
	锯条	根	0.01	0.19			
	金刚石锯片　φ114×1.8	片	0.0067	17.15	0.11		
	其他材料费	元	0.0012	1			
	水泥　32.5 级	kg	0.4554	0.27	0.12		
	中砂	t	0.0029	67.39	0.2		
	水	m3	0.0005	4.57			
	其他材料费			—		—	
	材料费小计			—	2.35	—	

项目编码	030411004007	项目名称	配线 BVR40	计量单位	m	工程量	40.41

清单综合单价组成明细													
定额编号	定额项目名称	定额单位	数量	单价					合价				
				人工费	材料费	机械费	管理费	利润	人工费	材料费	机械费	管理费	利润
4—1360	管内穿照明线路铜芯 4 mm²	100m 单线	0.01	39.97	15.48		15.99	5.59	0.4	0.15		0.16	0.06
综合人工工日	小　计								0.4	0.15		0.16	0.06
0.005 4 工日	未计价材料费								3.82				
清单项目综合单价									4.59				

材料费明细	主要材料名称、规格、型号	单位	数量	单价(元)	合价(元)	暂估单价(元)	暂估合价(元)
	铜芯绝缘导线截面　<4 mm²	m	1.1	3.47	3.82		
	钢丝　φ1.6	kg	0.0013	6	0.01		
	棉纱头	kg	0.002	5.57	0.01		
	焊锡	kg	0.002	36.87	0.07		
	焊锡膏　瓶装 50 g	kg	0.0001	51.45	0.01		
	汽油	kg	0.005	9.12	0.05		
	塑料胶布带　25 mm×10 m	卷	0.002	3.14	0.01		
	其他材料费	元	0.0051	1	0.01		
	其他材料费			—		—	
	材料费小计			—	3.97	—	

续表

工程名称：电气照明工程　　　　第 33 页　共 36 页

项目编码	030409005001	项目名称	避雷网	计量单位	m	工程量	140.1

清单综合单价组成明细													
定额编号	定额项目名称	定额单位	数量	单价					合价				
				人工费	材料费	机械费	管理费	利润	人工费	材料费	机械费	管理费	利润
4—919	避雷网安装沿折板支架敷设	10 m	0.1	172.42	24.2	11.21	68.97	24.14	17.24	2.42	1.12	6.92	2.41
综合人工工日	小　计								17.24	2.42	1.12	6.92	2.41
0.233 工日	未计价材料费												
清单项目综合单价									30.09				

材料费明细	主要材料名称、规格、型号	单位	数量	单价(元)	合价(元)	暂估单价(元)	暂估合价(元)
	电焊条　J422 φ3.2	kg	0.1	3.77	0.38		
	厚漆	kg	0.009	8.58	0.08		
	醇酸防锈漆　C53－1	kg	0.016	12.86	0.21		
	钢锯条	根	0.2	0.21	0.04		
	镀锌扁钢支架　－40×3	kg	0.28	4.72	1.32		
	清油	kg	0.004	13.72	0.05		
	镀锌扁钢卡子　－25×4	kg	0.05	6.17	0.31		
	其他材料费	元	0.032	1	0.03		
	其他材料费			—		—	
	材料费小计			—	2.42	—	

项目编码	030409003001	项目名称	避雷引下线	计量单位	m	工程量	88

清单综合单价组成明细													
定额编号	定额项目名称	定额单位	数量	单价					合价				
				人工费	材料费	机械费	管理费	利润	人工费	材料费	机械费	管理费	利润
4-915*2	避雷利用建筑物主筋引下敷设	10 m	0.1	182.04	9.11	54.31	72.82	25.49	18.2	0.91	5.43	7.28	2.55
4—916	避雷网安装柱主筋与圈梁钢筋焊接	10 处	0.011364	204.98	23.35	38.82	81.99	28.7	2.33	0.27	0.44	0.93	0.33
综合人工工日	小　计								20.53	1.18	5.87	8.21	2.88
0.277 5 工日	未计价材料费												
清单项目综合单价									38.67				

材料费明细	主要材料名称、规格、型号	单位	数量	单价(元)	合价(元)	暂估单价(元)	暂估合价(元)
	圆钢　φ5.5～9	kg	0.112	3.42	0.38		
	钢锯条	根	0.0527	0.21	0.01		
	电焊条　J422 φ4	kg	0.14	3.73	0.52		
	电焊条　J422 φ3.2	kg	0.0227	3.77	0.09		
	圆钢　φ10～14	kg	0.0511	3.42	0.17		
	其他材料费			—		—	
	材料费小计			—	1.18	—	

续表

工程名称：电气照明工程　　　　第 34 页　共 36 页

项目编码	030409004001	项目名称	均压环	计量单位	m	工程量	136.55

清单综合单价组成明细

定额编号	定额项目名称	定额单位	数量	单价 人工费	单价 材料费	单价 机械费	单价 管理费	单价 利润	合价 人工费	合价 材料费	合价 机械费	合价 管理费	合价 利润
4—917	避雷网安装利用圈梁钢筋均压环敷设	10 m	0.1	35.52	1.21	7.55	14.21	4.97	3.55	0.12	0.76	1.42	0.5
综合人工工日	小计								3.55	0.12	0.76	1.42	0.5
0.048 工日	未计价材料费												
清单项目综合单价									6.45				

材料费明细	主要材料名称、规格、型号	单位	数量	单价（元）	合价（元）	暂估单价（元）	暂估合价（元）
	电焊条　J422 φ4	kg	0.0325	3.73	0.12		
	其他材料费			—		—	
	材料费小计			—	0.12	—	

项目编码	030409002001	项目名称	接地母线	计量单位	m	工程量	56.52

清单综合单价组成明细

定额编号	定额项目名称	定额单位	数量	单价 人工费	单价 材料费	单价 机械费	单价 管理费	单价 利润	合价 人工费	合价 材料费	合价 机械费	合价 管理费	合价 利润
4—906	户外接地母线敷设截面 200 mm²	10m	0.1	175.38	1.04	1.75	70.15	24.55	17.54	0.1	0.18	7.02	2.46
综合人工工日	小计								17.54	0.1	0.18	7.02	2.46
0.237 工日	未计价材料费												
清单项目综合单价									27.29				

材料费明细	主要材料名称、规格、型号	单位	数量	单价（元）	合价（元）	暂估单价（元）	暂估合价（元）
	电焊条　J422 φ3.2	kg	0.02	3.77	0.08		
	钢锯条	根	0.1	0.21	0.02		
	沥青清漆	kg	0.001	6	0.01		
	其他材料费	元	0.002	1			
	其他材料费			—		—	
	材料费小计			—	0.1	—	

续表

工程名称：电气照明工程　　　　第 35 页　共 36 页

项目编码	010101003002	项目名称	挖沟槽土方	计量单位	m³	工程量	25.38

清单综合单价组成明细

定额编号	定额项目名称	定额单位	数量	单价 人工费	单价 材料费	单价 机械费	单价 管理费	单价 利润	合价 人工费	合价 材料费	合价 机械费	合价 管理费	合价 利润
1—23	人工挖沟槽 二类干土深<1.5 m	m³	1	20.02			5.21	2.4	20.02			5.21	2.4
综合人工工日	小计								20.02			5.21	2.4
0.26 工日	未计价材料费												
清单项目综合单价									27.63				

材料费明细	主要材料名称、规格、型号	单位	数量	单价（元）	合价（元）	暂估单价（元）	暂估合价（元）
	其他材料费			—		—	
	材料费小计			—		—	

项目编码	030409008003	项目名称	测试卡子箱	计量单位	台	工程量	2

清单综合单价组成明细

定额编号	定额项目名称	定额单位	数量	单价 人工费	单价 材料费	单价 机械费	单价 管理费	单价 利润	合价 人工费	合价 材料费	合价 机械费	合价 管理费	合价 利润
4—1543	接线箱暗装接线箱半周长 700 mm	10 个	0.1	600.15	7.8		240.05	84	60.02	0.78		24.01	8.4
4—964	断接卡子制作、安装	10 套	0.1	203.5	42	1.65	81.4	28.5	20.35	4.2	0.17	8.14	2.85
综合人工工日	小计								80.37	4.98	0.17	32.15	11.25
1.086 工日	未计价材料费								41.16				
清单项目综合单价									170.07				

材料费明细	主要材料名称、规格、型号	单位	数量	单价（元）	合价（元）	暂估单价（元）	暂估合价（元）
	暗装接线箱　半周长<700 mm	个	1	41.16	41.16		
	沥青漆	kg	0.074	10.29	0.76		
	其他材料费	元	0.02	1	0.02		
	钢锯条	根	0.1	0.21	0.02		
	镀锌扁钢　—60×6	kg	0.47	4.55	2.14		
	精制带母镀锌螺栓　M10×50 内 2 平 1 弹垫	套	2.06	0.99	2.04		
	其他材料费			—		—	
	材料费小计			—	46.14	—	

续表

工程名称:电气照明工程　　第36页　共36页

项目编码	030414011001	项目名称	接地装置	计量单位	系统	工程量	2

清单综合单价组成明细

定额编号	定额项目名称	定额单位	数量	单价					合价				
				人工费	材料费	机械费	管理费	利润	人工费	材料费	机械费	管理费	利润
4—1858	接地网系统装置调试	系统	1	369.6	3.99	115.43	147.84	51.74	369.6	3.99	115.43	147.84	51.74
综合人工工日	小　计								369.6	3.99	115.43	147.84	51.74
4.8工日	未计价材料费												
清单项目综合单价									688.6				

材料费明细	主要材料名称、规格、型号	单位	数量	单价(元)	合价(元)	暂估单价(元)	暂估合价(元)
	校验材料费	元	4.64	0.86	3.99		
	其他材料费			—		—	
	材料费小计			—	3.99	—	

项目编码	031301017001	项目名称	脚手架搭拆	计量单位	项	工程量	1

清单综合单价组成明细

定额编号	定额项目名称	定额单位	数量	单价					合价				
				人工费	材料费	机械费	管理费	利润	人工费	材料费	机械费	管理费	利润
4—9300	第4册脚手架搭拆费增加人工费4%其中人工工资25%材料费75%	项	1	165.56	496.67		66.22	23.18	165.56	496.67		66.22	23.18
5—9300	第5册脚手架搭拆费增加人工费4%其中人工工资25%材料费75%	项	1	4.54	13.63		1.82	0.64	4.54	13.63		1.82	0.64
综合人工工日	小　计								170.1	510.3		68.04	23.82
	未计价材料费												
清单项目综合单价									772.26				

材料费明细	主要材料名称、规格、型号	单位	数量	单价(元)	合价(元)	暂估单价(元)	暂估合价(元)
	其他材料费			—	510.3	—	
	材料费小计			—	510.3	—	

未来软件编制　　2017年05月04日

总价措施项目清单与计价表

工程名称:电气照明工程　　标段:　　第1页　共1页

序号	项目编码	项目名称	计算基础	费率(%)	金额(元)	调整费率(%)	调整后金额(元)	备注
1	011707001001	安全文明施工基本费	分部分项工程费＋单价措施项目费－分部分项除税工程设备费－单价措施除税工程设备费	3	2261.05			
2	011707001002	安全文明施工省级标化增加费	分部分项工程费＋单价措施项目费－分部分项除税工程设备费－单价措施除税工程设备费	0.7	527.58			
3	011707002001	夜间施工	分部分项工程费＋单价措施项目费－分部分项除税工程设备费－单价措施除税工程设备费	0.1	75.37			
4	011707003001	非夜间施工照明	分部分项工程费＋单价措施项目费－分部分项除税工程设备费－单价措施除税工程设备费	0.2	150.74			
5	011707005001	冬雨季施工	分部分项工程费＋单价措施项目费－分部分项除税工程设备费－单价措施除税工程设备费	0.2	150.74			
6	011707007001	已完工程及设备保护	分部分项工程费＋单价措施项目费－分部分项除税工程设备费－单价措施除税工程设备费	0.05	37.68			
7	011707008001	临时设施	分部分项工程费＋单价措施项目费－分部分项除税工程设备费－单价措施除税工程设备费	2.2	1658.10			
8	011707009001	赶工措施	分部分项工程费＋单价措施项目费－分部分项除税工程设备费－单价措施除税工程设备费	2	1507.36			
9	011707010001	工程按质论价	分部分项工程费＋单价措施项目费－分部分项除税工程设备费－单价措施除税工程设备费	3	2261.05			
10	011707011001	住宅分户验收	分部分项工程费＋单价措施项目费－分部分项除税工程设备费－单价措施除税工程设备费	0.4	301.47			
合　计					8931.14			

编制人(造价人员):张晓东　　复核人(造价工程师):俞振华

未来软件编制　　2017年05月04日

其他项目清单与计价汇总表

工程名称:电气照明工程　　　　标段:　　　　第1页　共1页

序号	项　目　名　称	金额(元)	结算金额(元)	备注
1	暂列金额			明细详见表—12—1
2	暂估价			
2.1	材料(工程设备)暂估价	—		明细详见表—12—2
2.2	专业工程暂估价			明细详见表—12—3
3	计日工			明细详见表—12—4
4	总承包服务费			明细详见表—12—5
合　计				—

未来软件编制　　　　2017年05月04日

暂列金额明细表

工程名称:电气照明工程　　　　标段:　　　　第1页　共1页

序号	项　目　名　称	计量单位	暂定金额(元)	备注
合　计				—

未来软件编制　　　　2017年05月04日

表—12—1

材料(工程设备)暂估单价及调整表

工程名称:电气照明工程　　　　标段:　　　　第1页　共1页

序号	材料编码	材料(工程设备)名称、规格、型号	计量单位	数量		暂估(元)		确认(元)		差额±(元)		备注
				投标	确认	单价	合价	单价	合价	单价	合价	
合　计												

未来软件编制　　　　2017年05月04日

表—12—2

专业工程暂估价及结算价表

工程名称:电气工程　　　　标段:　　　　第1页　共1页

序号	工程名称	工程内容	暂估金额(元)	结算金额(元)	差额±(元)	备注
合　计						—

未来软件编制　　　　2017年05月04日

表—12—3

计日工表

工程名称:电气照明工程　　　　标段:　　　　第1页　共2页

编号	项目名称	单位	暂定数量	实际数量	综合单价(元)	合价(元)	
						暂定	实际
一	人工						

续表

工程名称：电气照明工程　　标段：　　第2页　共2页

编号	项目名称	单位	暂定数量	实际数量	综合单价(元)	合价(元)	
						暂定	实际
人工小计							
二	材料						
材料小计							
三	施工机械						
施工机械小计							
四、企业管理费和利润							
总计						0	

未来软件编制　　2017年05月04日

表—12—4

总承包服务费计价表

工程名称：电气照明工程　　标段：　　第1页　共1页

序号	项目名称	项目价值(元)	服务内容	计算基础	费率(%)	金额(元)
合计					—	

未来软件编制　　2017年05月04日

表—12—5

规费、税金项目计价表

工程名称：电气照明工程　　标段：　　第1页　共1页

序号	项目名称	计算基础	计算基数(元)	计算费率(%)	金额(元)
1	规费	分部分项工程费＋措施项目费＋其他项目费－除税工程设备费	2461.54		2461.54
1.1	社会保险费		84299.34	2.4	2023.18
1.2	住房公积金		84299.34	0.42	354.06
1.3	工程排污费		84299.34	0.1	84.3
2	税金	分部分项工程费＋措施项目费＋其他项目费＋规费－(甲供材料费＋甲供设备费)/1.01	88360.88	11	9719.70
合计					12181.24

编制人(造价人员)：张晓东　　复核人(造价工程师)：俞振华

未来软件编制　　2017年05月04日

承包人供应材料一览表

工程名称：电气照明工程　　标段：　　第1页　共4页

序号	材料编码	材料名称	规格型号等特殊要求	单位	数量	单价(元)	合价(元)	备注
1	SBF9999	多媒体总箱		台	2.00	500.00	1000.00	
2	SBF9999	多媒体接线箱		台	2.00	300.00	600.00	
3	01030106	钢丝	ϕ1.6	kg	3.1522	6.00	18.91	
4	01090166	圆钢	ϕ5.5～9	kg	12.3222	3.42	42.14	
5	01090172	圆钢	ϕ10～14	kg	4.50	3.42	15.39	
6	01130206	镀锌扁钢	−25×4	kg	5.016	4.55	22.82	
7	01130216	镀锌扁钢	−60×6	kg	0.94	4.55	4.28	
8	01210101	角钢		kg	4.00	3.40	13.60	
9	01293501	钢垫板		kg	1.50	3.77	5.66	
10	01550304	封铅	含铅65%含锡35%	kg	0.536	8.58	4.60	
11	02070226	橡胶垫	δ2	m^2	0.0363	14.58	0.53	
12	02130114	塑料带	20 mm×40 m	kg	1.008	2.14	2.16	
13	02270131	破布		kg	5.022	6.00	30.13	
14	03030216	镀锌半圆头螺钉	M10×100	十个	4.10	0.34	1.39	
15	03031209	自攻螺钉	M4×40	十个	49.504	0.25	12.38	
16	03031211	自攻螺钉	M4×60	十个	14.56	0.26	3.79	
17	03031212	自攻螺钉	M4×65	十个	14.6698	0.27	3.96	
18	03050407	带母镀锌螺栓	M6×16～25	套	24.48	0.06	1.47	
19	03050652	精制带母镀锌螺栓	M8×100内2平1弹垫	套	16.0313	0.86	13.79	
20	03050653	精制带母镀锌螺栓	M10×50内2平1弹垫	套	4.12	0.99	4.08	
21	03050654	精制带母镀锌螺栓	M10×100内2平1弹垫	套	94.00	1.10	103.40	
22	03057113	伞形螺栓	M6～8×150	套	106.08	0.34	36.07	
23	03070117	膨胀螺栓	M10	套	8.4872	0.69	5.86	
24	03070807	塑料膨胀管	ϕ8×50	十个	16.4949	0.86	14.19	
25	03270104	铁砂布	2#	张	20.00	0.86	17.20	
26	03410206	电焊条	J422 ϕ3.2	kg	19.7123	3.77	74.32	
27	03410207	电焊条	J422 ϕ4	kg	16.7579	3.73	62.51	
28	03411101	塑料焊条	ϕ2.5	kg	0.2916	9.00	2.62	
29	03411302	焊锡		kg	5.5205	36.87	203.54	
30	03430900	焊锡丝		kg	1.06	42.88	45.45	
31	03450404	焊锡膏	瓶装50 g	kg	0.3772	51.45	19.41	

续表

工程名称：电气照明工程 标段： 第 2 页 共 4 页

序号	材料编码	材料名称	规格型号等特殊要求	单位	数量	单价(元)	合价(元)	备注
32	03570217	镀锌铁丝	8#～12#	kg	0.1798	5.15	0.93	
33	03570225	镀锌铁丝	13#～17#	kg	4.9489	5.15	0.93	
34	03570237	镀锌铁丝	22#	kg	1.18	4.72	5.57	
35	03633106	冲击钻头	ϕ6～12	根	1.0906	2.57	2.80	
36	03633308	合金钢钻头	ϕ8 mm～10 mm	根	0.0846	6.86	0.58	
37	03652404	金刚石锯片	ϕ114×1.8	片	10.3372	17.15	177.28	
38	03652421	锯条		根	31.9042	0.19	6.06	
39	03652422	钢锯条		根	41.312	0.21	8.68	
40	04010611	水泥	32.5 级	t	1.0936	270.00	295.27	
41	04030107	中砂		t	6.9591	67.39	468.97	
42	11030305	醇酸防锈漆	C53－1	kg	5.2275	12.86	67.23	
43	11030703	沥青漆		kg	0.148	10.29	1.52	
44	11030704	沥青清漆		kg	1.0699	6.00	6.42	
45	11030904	沥青绝缘漆		kg	0.0524	15.44	0.81	
46	11112504	无光调和漆		kg	0.30	12.86	3.86	
47	11112524	厚漆		kg	1.2609	8.58	10.82	
48	12010103	汽油		kg	17.6964	9.12	161.39	
49	12030106	溶剂汽油		kg	0.7501	7.89	5.92	
50	12060317	清油		kg	0.5604	13.72	7.69	
51	12070109	电力复合脂		kg	5.6045	17.15	96.12	
52	12300367	硬脂酸	一级	kg	0.0282	10.29	0.29	
53	12430344	自粘橡胶带	20 mm×5 m	卷	5.32	12.43	66.13	
54	12430363	塑料胶布带	20 mm×10 m	卷	1.7243	1.80	3.10	
55	12430365	塑料胶布带	25 mm×10 m	卷	6.1892	3.14	19.43	
56	14312502	塑料软管		kg	1.50	15.78	23.67	
57	14312509	塑料软管	dn6	m	9.00	1.89	17.01	
58	14350105	异型塑料管	dn2.5～5	m	2.25	1.17	2.63	
59	15023129	镀锌锁紧螺母	3×32	个	16.4697	0.54	8.89	
60	15023130	镀锌锁紧螺母	3×40	个	2.9664	0.72	2.14	
61	15023131	镀锌锁紧螺母	3×50	个	5.4075	0.93	5.03	
62	15023141	镀锌锁紧螺母	M15～20×3	个	333.98	0.12	40.08	
63	15371521	镀锌扁钢卡子	－25×4	kg	7.005	6.17	43.22	
64	15372105	塑料管卡	ϕ15	个	72.6438	0.15	10.90	
65	24170102	黄漆布带	20 mm×40 m	卷	5.79	17.15	99.30	

续表

工程名称：电气照明工程 标段： 第 3 页 共 4 页

序号	材料编码	材料名称	规格型号等特殊要求	单位	数量	单价(元)	合价(元)	备注
66	25010309	裸铜线	10 mm^2	kg	2.00	56.42	112.84	
67	25010735	镀锡裸铜绞线	16 mm^2	kg	1.44	58.91	84.83	
68	25030103	BV 铜芯聚氯乙烯绝缘线	450V/750V 1.5 mm^2	m	55.678	0.97	54.01	
69	25030104	BV 铜芯聚氯乙烯绝缘线	450V/750V 2.5 mm^2	m	44.87	1.50	67.31	
70	25030509	BVR 铜芯聚氯乙烯绝缘软线	300V/500V 6 mm^2	m	6.00	4.47	26.82	
71	25030512	BVR 铜芯聚氯乙烯绝缘软线	450V/750V 16 mm^2	m	3.00	11.51	34.53	
72	26064105	塑料护口(钢管用)	dn15	个	333.98	0.10	33.40	
73	26064110	塑料护口(钢管用)	dn32	个	16.4697	0.25	4.12	
74	26064111	塑料护口(钢管用)	dn40	个	2.9664	0.37	1.10	
75	26064113	塑料护口(钢管用)	dn50	个	5.4075	0.37	2.00	
76	26064506	扣压式直管接头	ϕ20	个	104.3947	1.01	105.44	
77	26064507	扣压式直管接头	ϕ25	个	83.2825	1.39	115.76	
78	26065133	镀锌电线管接头	ϕ32×6	个	17.5677	1.79	31.45	
79	26065134	镀锌电线管接头	ϕ40×7	个	3.1642	2.10	6.64	
80	26065135	镀锌电线管接头	ϕ50×7	个	5.768	3.10	17.88	
81	26065506	扣压式锁母	ϕ20	个	92.1129	0.81	74.61	
82	26065507	扣压式锁母	ϕ25	个	83.9893	1.10	92.39	
83	26090507	铜接线端子	DT－10 mm^2	个	20.30	2.43	49.33	
84	26090508	铜接线端子	DT－16 mm^2	个	20.30	3.33	67.60	
85	26090509	铜接线端子	DT－25 mm^2	个	7.344	4.23	31.07	
86	26091105	铜铝过渡接线端子	DTL－25 mm^2	个	27.072	2.14	57.93	
87	26230107	镀锌扁钢支架	－40×3	kg	39.228	4.72	185.16	
88	26250311	镀锌电缆卡子	2×35	个	12.2593	1.46	17.90	
89	26250343	固定卡子	3×80	个	14.832	2.49	36.93	
90	26250703	电缆吊挂	3×50	套	3.7237	8.45	31.47	
91	31110301	棉纱头		kg	6.1447	5.57	34.23	
92	31110307	塑料手套		副	15.12	3.43	51.86	
93	31130106	其他材料费		元	86.6779	1.00	86.68	
94	31130108	校验材料费		元	9.28	0.86	7.98	
95	31150101	水		m^3	1.2968	4.57	5.93	
96	31170103	标志牌		个	3.1434	0.16	0.50	
97	12010103	机械用汽油		kg	0.1025	9.12	0.93	
98	12010303	机械用柴油		kg	0.1416	7.74	1.10	
99	31150301	机械用电力		kW・h	908.8772	0.76	690.75	
100	50	照明配电箱 1AL		台	2.00	1372.08	2744.16	
101	50	照明配电箱 2AL		台	2.00	1200.57	2401.14	

续表

工程名称:电气照明工程　　标段:　　第4页　共4页

序号	材料编码	材料名称	规格型号等特殊要求	单位	数量	单价(元)	合价(元)	备注
102	05230133	圆木台	150～250	块	4.20	0.43	1.81	
103	05230134	圆木台	275～350	块	54.60	0.43	23.48	
104	14010305	焊接钢管	DN50	m	36.05	26.86	968.30	
105	14010305	焊接钢管	DN40	m	19.776	21.16	418.46	
106	14010305	焊接钢管	DN32	m	109.798	17.24	1892.92	
107	14310102	塑料管	dn15	m	89.4614	1.77	158.35	
108	14310102	塑料管	dn32	m	10.642	3.70	39.38	
109	22470111	半圆球吸顶灯	ϕ<300 mm	套	52.52	158.65	8332.30	
110	22470111	一般壁灯		套	4.04	107.19	433.05	
111	23230131	单联板式暗开关(单控)		只	26.52	10.98	291.19	
112	23230131	双联板式暗开关(单控)		只	10.20	13.55	138.21	
113	23230131	单联板式暗开关(双控)		只	12.24	19.55	239.29	
114	23310313	电话出线口	插座型单联	个	12.24	15.26	186.78	
115	23412504	5孔单相暗插座	15A	套	42.84	10.81	463.10	
116	23412504	3孔单相暗插座	15A	套	28.56	16.12	460.39	
117	25110000	铜芯电力电缆	(截面35 mm² 以下)	m	40.703	96.56	3930.28	
118	25430101	电缆		m	87.822	1.89	165.98	
119	25430101	电缆		m	110.568	0.69	76.29	
120	25430311	BV7.5	=0.75 mm²	m	308.56	0.64	197.48	
121	25430311	铜芯绝缘导线截面	<2.5 mm²	m	1418.8076	2.50	3547.02	
122	25430311	铜芯绝缘导线截面	<4 mm²	m	1356.531	3.47	4707.16	
123	25430315	铜芯绝缘导线截面	<10 mm²	m	47.355	8.40	397.78	
124	25430315	铜芯绝缘导线截面	<16 mm²	m	109.62	13.32	1460.14	
125	25430315	铜芯绝缘导线截面	<25 mm²	m	10.9305	20.40	222.98	
126	25430507	双绞线缆		m	91.698	1.54	141.21	
127	26060331	扣压式镀锌电线管	DN25	m	558.9286	5.57	3118.80	
128	26060331	扣压式镀锌电线管	DN20	m	614.086	4.29	2634.43	
129	26093511	分等电位联结端子箱		个	8.16	36.02	293.92	
130	26093512	总等电位联结端子箱		个	2.00	274.42	548.84	
131	26110101	暗装开关盒		只	157.08	2.40	376.99	
132	26110101	暗装接线盒		只	65.28	2.06	134.48	
133	26110101	暗装开关盒		只	22.44	2.74	61.49	
134	26110101	暗装开关盒		只	10.20	2.57	26.21	
135	26110301	暗装接线箱	半周长<700 mm	个	2.00	41.16	82.32	
136	26110945	用户终端盒	(TV.FM)	个	10.10	17.15	173.22	
137	27130311	8位模块式信息插座	(单口)	个	10.10	36.02	363.80	

未来软件编制　　2017年05月04日

二、电气照明工程辅助报表

工程预算表

工程名称:电气照明工程　　标段:　　第1页　共6页

序号	项目编码	项目名称	计量单位	工程数量	单价	合价
	一	电气照明工程			51052.98	51052.98
	(一)	配电箱			6869.08	6869.08
1	030404017001	配电箱	台	2.00	191.68	383.36
	4—268	电表箱	台	2.00	191.68	383.36
2	030404017002	照明配电箱1AL	台	2.00	1698.12	3396.24
	4—268	照明配电箱1AL	台	2.00	1563.76	3127.52
	<主材>	照明配电箱1AL	台	2.00	1372.08	2744.16
	4—424	压铜接线端子导线截面16 mm²	10个	1.00	77.49	154.98
	4—413	无端子外部接线6	10个	1.80	40.65	73.17
	4—412	无端子外部接线2.5	10个	1.20	33.81	40.57
3	030404017003	照明配电箱2AL	台	2.00	1544.74	3089.48
	4—268	照明配电箱	台	2.00	1392.25	2784.50
	<主材>	照明配电箱安装,半周长1.0 m	台	2.00	1200.57	2401.14
	4—424	压铜接线端子导线截面16 mm²	10个	1.00	77.49	77.49
	4—413	无端子外部接线6	10个	3.60	40.65	146.34
	4—412	无端子外部接线2.5	10个	2.40	33.81	81.14
	(二)	配管配线			31284.82	31284.82
4	030411001001	配管SC50	m	35.00	46.89	1641.15
	4—1145	砖、混凝土结构暗配钢管DN50	100 m	0.35	4688.78	1641.07
	<主材>	焊接钢管DN50	m	36.05	26.86	968.303
5	030411001002	配管SC40	m	19.20	39.71	762.43
	4—1144	砖、混凝土结构暗配钢管DN40	100 m	0.192	3971.43	762.51
	<主材>	焊接钢管DN40	m	19.776	21.16	418.46
6	030411001003	配管SC32	m	5.60	29.21	163.58
	4—1143	砖、混凝土结构暗配钢管DN32	100 m	0.056	2920.73	163.56
	<主材>	焊接钢管DN32	m	5.768	17.24	99.44
7	030411001004	配管KBG25	m	435.68	12.34	5376.29
	4—1109	砖、混凝土结构暗配扣压式镀锌电线管DN25	100 m	4.3568	1234.28	5377.51
	<主材>	扣压式镀锌电线管DN25	m	448.75	5.57	2499.538
8	030411001005	配管KBG20	m	429.60	8.82	3789.07
	4—1108	砖、混凝土结构暗配扣压式镀锌电线管DN20	100 m	4.296	882.05	3789.29
	<主材>	扣压式镀锌电线管DN20	m	442.488	4.29	1898.274
9	030411001006	配管PVC15	m	44.08	10.36	456.67
	4—1220	砖、混凝土结构明配硬质聚氯乙烯管dn15	100 m	0.4408	1036.06	456.70
	<主材>	塑料管dn15	m	47.033	1.77	83.248
10	030411006001	接线盒	个	142.00	6.92	982.64
	4—1546	开关盒暗装	10个	14.20	69.20	982.64

续表

工程名称：电气照明工程　　标段：　　第 2 页　共 6 页

序号	项目编码	项目名称	计量单位	工程数量	单价	合价
	<主材>	暗装开关盒	只	144.84	2.40	347.616
11	030411006002	接线盒	个	64.00	6.53	417.92
	4—1545	接线盒暗装	10 个	6.40	65.28	417.79
	<主材>	暗装接线盒	只	65.28	2.06	134.477
12	030411004001	空调控制线预留	m	266.00	1.73	460.18
	4—1358	管内穿照明线路铜芯 0.75	100 m 单线	2.66	173.19	460.69
	<主材>	BV7.5=0.75 mm^2	m	308.56	0.64	197.478
13	030411004002	配线 BV2.5 mm^2	m	1223.11	3.93	4806.82
	4—1359	管内穿照明线路铜芯 2.5 mm^2	100 m 单线	12.2311	393.15	4808.66
	<主材>	铜芯绝缘导线截面<2.5 mm^2	m	1418.808	2.50	3547.02
14	030411004003	配线 BV4 mm^2	m	1192.80	4.59	5474.95
	4—1360	管内穿照明线路铜芯 4 mm^2	100 m 单线	11.928	458.70	5471.37
	<主材>	铜芯绝缘导线截面<4 mm^2	m	1312.08	3.47	4552.918
15	030411004004	配线 BV10 mm^2	m	45.10	9.83	443.33
	4—1388	管内穿动力线路(铜芯)10 mm^2	100 m 单线	0.451	982.91	443.29
	<主材>	铜芯绝缘导线截面<10 mm^2	m	47.355	8.40	397.782
16	030411004005	配线 BV16 mm^2	m	104.40	15.12	1578.53
	4—1389	管内穿动力线路(铜芯)16 mm^2	100 m 单线	1.044	1512.25	1578.79
	<主材>	铜芯绝缘导线截面<16 mm^2	m	109.62	13.32	1460.138
17	030408001001	电力电缆 YJV22—5＊25	m	40.30	107.70	4340.31
	4—741	铜芯电力电缆敷设 35 mm^2(五芯)	100 m	0.403	10769.84	4340.25
	<主材>	铜芯电力电缆(截面 35 mm^2 以下)	m	40.703	96.56	3930.282
18	030408006001	电力电缆头 25 mm^2	个	6.00	133.99	803.94
	4—828 换	1 kV 以下户内干包电缆终端头制安 35 mm^2(铜芯)	个	6.00	133.99	803.94
	(三)	电缆沟槽土方			62.17	62.17
19	010101003001	挖沟槽土方	m^3	2.25	27.63	62.17
	1—23	人工挖沟槽 二类干土深<1.5 m	m^3	2.25	27.63	62.17
	(四)	小电器			2679.04	2679.04
	1	插座			1628.90	1628.90
20	030404035001	单相五孔插座	个	42.00	21.93	912.06
	4—373	5 孔单相暗插座 15 A 安装	10 套	4.20	219.25	920.85
	<主材>	5 孔单相暗插座 15 A	套	42.84	10.81	463.10
21	030404035002	安全防溅单相三孔插座	个	28.00	25.28	707.84
	4—371	3 孔单相暗插座 15 A 安装	10 套	2.80	252.78	707.78
	<主材>	3 孔单相暗插座 15 A	套	28.56	16.12	460.387
	2	开关			1050.14	1050.14

续表

工程名称：电气照明工程　　标段：　　第 3 页　共 6 页

序号	项目编码	项目名称	计量单位	工程数量	单价	合价
22	030404034001	单极单控开关	个	26.00	19.02	494.52
	4—339	单联扳式暗开关安装(单控)	10 套	2.60	190.15	494.39
	<主材>	单联扳式暗开关(单控)	只	26.52	10.98	291.19
23	030404034002	双极单控开关	个	10.00	22.13	221.30
	4—340	双联扳式暗开关安装(单控)	10 套	1.00	221.31	221.31
	<主材>	双联扳式暗开关(单控)	只	10.20	13.55	138.21
24	030404034003	单极双控开关	个	12.00	27.86	334.32
	4—345	单联扳式暗开关安装(双控)	10 套	1.20	278.57	334.28
	<主材>	单联扳式暗开关(双控)	只	12.24	19.55	239.292
	(五)	灯具			9944.88	9944.88
25	030412001001	普通吸顶灯	套	52.00	181.43	9434.36
	4—1558	半圆球吸顶灯安装 ϕ300 mm	10 套	5.20	1814.43	9394.10
	<主材>	半圆球吸顶灯 ϕ<300 mm	套	52.52	158.65	8332.298
	<主材>	圆木台 275～350	块	54.60	0.43	23.478
26	030412005001	壁灯	套	4.00	127.63	510.52
	4—1566	一般壁灯安装	10 套	0.40	1276.30	510.52
	<主材>	一般壁灯	套	4.04	107.19	433.048
	<主材>	圆木台 150～250	块	4.20	0.43	1.806
	二	弱电工程			10470.86	10470.86
	(一)	表箱安装			2366.72	2366.72
27	030501005001	多媒体总箱	台	2.00	691.68	1383.36
	4—268	悬挂嵌入式配电箱安装，半周长 1.0 m	台	2.00	191.68	383.36
	SBF9999	多媒体总箱	台	2.00	500.00	1000.00
28	030502003001	多媒体接线箱(盒)	个	2.00	491.68	983.36
	4—268	悬挂嵌入式配电箱安装，半周长 1.0 m	台	2.00	191.68	383.36
	SBF9999	多媒体接线箱	台	2.00	300.00	600.00
	(二)	配管配线			6917.44	6917.44
29	030411001007	配管 SC32	m	101.00	29.21	2950.21
	4—1143	砖、混凝土结构暗配钢管 DN32	100 m	1.01	2920.73	2949.94
	<主材>	焊接钢管 DN32	m	104.03	17.24	1793.477
30	030411001008	配管 SC25	m	125.20	12.34	1544.97
	4—1109	砖、混凝土结构暗配扣压式镀锌电线管 DN25	100 m	1.252	1234.28	1545.32
	<主材>	扣压式镀锌电线管 DN25	m	128.956	5.57	718.285
31	030411001008	配管 KBG20	m	166.60	8.82	1469.41
	4—1108	砖、混凝土结构暗配扣压式镀锌电线管 DN20	100 m	1.666	882.05	1469.50
	<主材>	扣压式镀锌电线管 DN20	m	171.598	4.29	736.155

续表

工程名称：电气照明工程　　　　标段：　　　　第4页　共6页

序号	项目编码	项目名称	计量单位	工程数量	单价	合价
32	030505005001	射频同轴电缆 SYWV－75	m	86.10	3.10	269.91
	5－333	室内管/暗槽内穿放射频传输电缆(ϕ9 mm)	100 m	0.861	310.46	267.31
	＜主材＞	电缆	m	87.822	1.89	165.984
33	030502005001	双绞线缆 RVC－2＊0.5	m	108.80	1.23	133.82
	5－149	管/暗槽内穿放电话线1对	100 m	1.084	123.01	133.34
	＜主材＞	电缆	m	110.568	0.69	76.292
34	030502005002	双绞线缆(超五类四对对绞电缆)	m	89.90	2.65	238.24
	5－72	管/暗槽内穿放双绞线缆4对	100 m	0.899	265.12	238.34
	＜主材＞	双绞线缆	m	91.698	1.54	141.215
35	030502003002	网络插座盒	个	10.00	7.27	72.70
	4－1546	开关盒暗装	10个	1.00	72.67	72.67
	＜主材＞	暗装开关盒	只	10.20	2.74	27.948
36	030502003003	电话插座盒	个	12.00	6.92	83.04
	4－1546	开关盒暗装	10个	1.20	69.20	83.04
	＜主材＞	暗装开关盒	只	12.24	2.40	29.376
37	030502003004	用线电视插座盒	个	10.00	7.09	70.90
	4－1546	开关盒暗装	10个	1.00	70.93	70.93
	＜主材＞	暗装开关盒	只	10.20	2.57	26.214
38	030502003005	安防插座盒	个	12.00	7.27	87.24
	4－1546	开关盒暗装	10个	1.20	72.67	87.20
	＜主材＞	暗装开关盒	只	12.24	2.74	33.538
	(二)	弱电插座			957.88	957.88
39	030502004001	电视插座	个	10.00	30.39	303.90
	5－427	暗装用户终端盒	10个	1.00	303.94	303.94
	＜主材＞	用户终端盒(TV.FM)	个	10.10	17.15	173.215
40	030502012001	信息插座	个	10.00	42.31	423.10
	5－91	安装8位模块式信息插座单口	个	10.00	42.31	423.10
	＜主材＞	8位模块式信息插座(单口)	个	10.10	36.02	363.802
41	030502004002	电话插座	个	12.00	19.24	230.88
	5－171	电话出线口插座型(单联)	个	12.00	19.24	230.88
	＜主材＞	电话出线口插座型单联	个	12.24	15.26	186.782
	(三)	弱电调试			228.82	228.82
42	030505014001	终端调试	个	2.00	35.86	71.72
	5－493	安装投射式扬声器	台	2.00	35.86	71.72
43	030502019001	双绞线缆测试	链路	10.00	15.71	157.10
	5－94	双绞线缆测试 五类	链路	10.00	15.71	157.10

续表

工程名称：电气照明工程　　　　标段：　　　　第5页　共6页

序号	项目编码	项目名称	计量单位	工程数量	单价	合价
	三	防雷及安全保护系统			14672.10	14672.10
	(一)	等电位箱			2225.42	2225.42
44	030409008001	等电位端子箱、测试板	台	2.00	480.95	961.90
	4－963	总等电位联结端子箱	个	2.00	480.95	961.90
	＜主材＞	总等电位联结端子箱	个	2.00	274.42	548.84
45	030411001010	配管 DVC32	m	10.00	12.96	129.60
	4－1232	砖、混凝土结构暗配硬质聚氯乙烯管 dn32	100 m	0.1	1295.63	129.56
	＜主材＞	塑料管 dn32	m	10.642	3.70	39.375
46	030411004007	配线 BVR25	m	10.41	22.82	237.56
	4－1390	管内穿动力线路(铜芯)25 mm^2	100 m 单线	0.1041	2282.29	237.59
	＜主材＞	铜芯绝缘导线截面＜25 mm^2	m	10.931	20.40	222.992
47	030409008002	局部等电位端子箱、测试板	台	8.00	51.51	412.08
	4－962	分等电位联结端子箱	10个	0.80	515.10	412.08
	＜主材＞	分等电位联结端子箱	个	8.16	36.02	293.923
48	030411001011	配管 PVC15	m	40.00	7.47	298.80
	4－1229	砖、混凝土结构暗配硬质聚氯乙烯管 dn20	100 m	0.40	746.76	298.70
	＜主材＞	塑料管 dn20	m	42.428	1.77	75.098
49	030411004007	配线 BVR4.0	m	40.41	4.59	185.48
	4－1360	管内穿照明线路铜芯 4 mm^2	100 m 单线	0.4041	458.70	185.36
	＜主材＞	铜芯绝缘导线截面＜4 mm^2	m	44.451	3.47	154.245
	(二)	防雷接地			11069.48	11069.48
50	030409005001	避雷网	m	140.10	30.09	4215.61
	4－919	避雷网安装沿折板支架敷设	10 m	14.01	300.94	4216.17
51	030409003001	避雷引下线	m	88.00	38.67	3402.96
	4－915＊2	避雷利用建筑物主筋引下敷设	10 m	8.80	343.77	3025.18
	4－916	避雷网安装柱主筋与圈梁钢筋焊接	10处	1.00	377.84	377.84
52	030409004001	均压环	m	136.55	6.35	867.09
	4－917	避雷网安装利用圈梁钢筋均压环敷设	10 m	13.655	63.46	866.55
53	030409002001	接地母线	m	56.52	27.29	1542.43
	4－906	户外接地母线敷设截面 200 mm^2	10 m	5.652	272.87	1542.26
54	010101003002	挖沟槽土方	m^3	25.38	27.63	701.25
	1－23	人工挖沟槽 二类干土深＜1.5 m	m^3	25.38	27.63	701.25
55	030409008003	测试卡子箱	台	2.00	170.07	340.14
	4－1543	接线箱暗装接线箱半周长 700 mm	10个	0.20	1343.63	268.73
	＜主材＞	暗装接线箱半周长＜700 mm	个	2.00	41.16	82.32
	4－964	断接卡子制作、安装	10套	0.20	357.02	71.40

续表

工程名称：电气照明工程　　标段：　　第6页　共6页

序号	项目编码	项目名称	计量单位	工程数量	单价	合价
	（三）	系统调试			1377.20	1377.20
56	030414011001	接地装置	系统	2.00	688.60	1377.20
	4—1858	接地网系统装置调试	系统	2.00	688.60	1377.20
57	031301017001	脚手架搭拆	项	1.00	775.78	775.78
	4—9300	第4册脚手架搭拆费增加人工费4%，其中人工工资25%材料费75%	项	1.00	755.15	755.15
	5—9300	第5册脚手架搭拆费增加人工费4%，其中人工工资25%材料费75%	项	1.00	20.63	20.63
		合计				77122.93

未来软件编制　　2017年05月04日

主材汇总表

工程名称：电气照明工程　　标段：　　第1页　共2页

序号	地方码	名称	规格	单位	数量	预算价		市场价		品牌	厂家
						单价	合计	单价	合计		
1	50	电表箱		台		214.39	0.00	214.39	0.00		
2	50	照明配电箱1AL		台	2.00	1372.08	2744.16	1372.08	2744.16		
3	50	照明配电箱2AL		台	2.00	1200.57	2401.14	1200.57	2401.14		
4	05230133	圆木台	150～250	块	4.20	0.43	1.81	0.43	1.81		
5	05230134	圆木台	275～350	块	54.60	0.43	23.48	0.43	23.48		
6	14010305	焊接钢管	DN32	m	109.798	17.24	1892.92	17.24	1892.92		
7	14010305	焊接钢管	DN40	m	19.776	21.16	418.46	21.16	418.46		
8	14010305	焊接钢管	DN50	m	36.05	26.86	968.30	26.86	968.30		
9	26060331	扣压式镀锌电线管	DN20	m	614.086	4.29	2634.43	4.29	2634.43		
10	26060331	扣压式镀锌电线管	DN25	m	577.7064	5.57	3217.82	5.57	3217.82		
11	14310102	塑料管	dn15	m	89.4614	1.77	158.35	1.77	158.35		
12	14310102	塑料管	dn32	m	10.642	3.70	39.38	3.70	39.38		
13	25430311	BV7.5	=0.75 mm^2	m	308.56	0.64	197.48	0.64	197.48		
14	25430311	铜芯绝缘导线截面	<2.5 mm^2	m	1418.8076	2.50	3547.02	2.50	3547.02		
15	25430311	铜芯绝缘导线截面	<4 mm^2	m	1356.531	3.47	4707.16	3.47	4707.16		
16	25430315	铜芯绝缘导线截面	<10 mm^2	m	47.355	8.40	397.78	8.40	397.78		
17	25430315	铜芯绝缘导线截面	<16 mm^2	m	109.62	13.32	1460.14	13.32	1460.14		
18	25430315	铜芯绝缘导线截面	<25 mm^2	m	10.9305	20.40	222.98	20.40	222.98		
19	25430507	双绞线缆		m	91.698	1.54	141.21	1.54	141.21		

续表

工程名称：电气照明工程　　标段：　　第2页　共2页

序号	地方码	名称	规格	单位	数量	预算价		市场价		品牌	厂家
						单价	合计	单价	合计		
20	25430101	电缆		m	87.822	1.89	165.98	1.89	165.98		
21	25430101	电缆		m	110.568	0.69	76.29	0.69	76.29		
22	25110000	铜芯电力电缆	（截面35 mm^{2}以下）	m	40.703	96.56	3930.28	96.56	3930.28		
23	23230131	单联板式暗开关（单控）		只	26.52	10.98	291.19	10.98	291.19		
24	23230131	双联板式暗开关（单控）		只	10.20	13.55	138.21	13.55	138.21		
25	23230131	单联板式暗开关（双控）		只	12.24	19.55	239.29	19.55	239.29		
26	23412504	3孔单相暗插座	15A	套	28.56	16.12	460.39	16.12	460.39		
27	23412504	5孔单相暗插座	15A	套	42.84	10.81	463.10	10.81	463.10		
28	26110301	暗装接线箱	半周长<700 mm	个	2.00	41.16	82.32	41.16	82.32		
29	26110101	暗装接线盒		只	65.28	2.06	134.48	2.06	134.48		
30	26110101	暗装开关盒		只	157.08	2.40	376.99	2.40	376.99		
31	26110101	暗装开关盒		只	22.44	2.74	61.49	2.74	61.49		
32	26110101	暗装开关盒		只	10.20	2.57	26.21	2.57	26.21		
33	26093511	分等电位联结端子箱		个	8.16	36.02	293.92	36.02	293.92		
34	26093512	总等电位联结端子箱		个	2.00	274.42	548.84	274.42	548.84		
35	27130311	8位模块式信息插座	（单口）	个	10.10	36.02	363.80	36.02	363.80		
36	26110945	用户终端盒	（TV.FM）	个	10.10	17.15	173.22	17.15	173.22		
37	23310313	电话出线口	插座型单联	个	12.24	15.26	186.78	15.26	186.78		
38	22470111	半圆球吸顶灯	ϕ<300 mm	套	52.52	158.65	8332.30	158.65	8332.30		
39	22470111	一般壁灯		套	4.04	107.19	433.05	107.19	433.05		
		合计					41952.15		41952.15		

未来软件编制　　2017年05月04日

模块三　通风空调工程实例

工作任务一　通风空调工程施工图识读

一、概况

本工程为双拼三层别墅，建筑高度 10.51 m，建筑面积 520.27 m²。沿⑦轴线左右对称布置，所以选择西侧一户为单元进行描述。本工程空调冷、热源采用一拖多变冷媒空调系统（不接风管），冷媒为 R410A。排烟采用自然排烟方式。

二、设备与管道系统

室外机一台，设备型式为 14HP。室内机的设备型式为天花板嵌入导管内藏式，仅在三层卧室部分是两面出风卡式。

气管与液管的具体走向是，在接室外机后在 F 轴墙处穿套管入户，登高至一层顶后沿 F 轴向东行进至 5 轴附近折向南，至 E 轴向东行进，其中通过分歧管接工人房的 FXDP22 室内机。管道行进 6 轴折向南，进入门厅部位接服务餐厅的室内机两台，型号为 FXDP36，接服务起居室的两台，型号为 FXDP45。其在卫生间区间部分进入卫生间后穿套管后进行二层与三层。在二层部分沿 7 轴向南至 D 轴后折向西，接主卧室的室内机，型号 FXDP45 后继续向西在 4 轴再分头向西分别北卧室室内机，型号 FXDP36 和南卧室室内机，型号 FXDP45。三层部分尚 7 轴向南进入主卧室接其室内机，其型号为 FXCP74，在与 D 轴相交处通过分歧管沿 D 轴向西拉楼梯间的室内机，型号为 FXDP22。

冷剂管具体管径为从室外机到在 6 轴与 E 轴交叉口处的分歧管为 12.7＋25.4；从此处的到一层门厅分歧管处，以及到立管与接二层的分歧管处为 9.52＋19.05，其余为 9.52＋15.88。冷剂管采用橡塑保温管壳保温，保温厚度为 25 mm。

三、控制与信号系统

信号线与气管和液管并行，控制线从室内机接控制器，详见电图。

四、冷凝水系统

一层部分从室内机接出后基本与气管、液管并行接到卫生间 1、C 轴与 5 轴交叉处的两个地漏中。二层从室内机接出后基本与气管、液管并行接到卫生间 3 的地漏中。同样三层从室内机接出后基本与气管、液管并行接到卫生间 3 的地漏中。

工作任务二　通风空调工程工程量清单编制

一、通风空调工程清单工程量计算

1. 封面

某双拼别墅工程

工程量计算书

建设单位：江苏城市职业学院
单位工程：安装工程
分部工程：VRV 空调
分项工程：空调设备及管道系统
控制系统
水系统

施工单位：
编 制 人：张晓东
复 核 人：俞振华
编制日期：2017 年 5 月 4 日

2. 清单工程量计算表

清单工程量计算表

工程名称：某双拼别墅工程（安装工程之通风空调工程）

序号	项目编码或定额号	项目名称	规格	单位	数量	计算式	备注 1
一		空调设备与管道系统					
(一)		设备					
1	030701003	室外机	4PNRZQB400Y1	台	1	1	
2	030701003	室内机	FJDP22QVC	台	2	1(一层)+1(三层)	
3		室内机	FJDP36QVC	台	3	2(一层)+1(二层)	
4		室内机	FJDP45QVC	台	4	2(一层)+2(二层)	
5		室内机	FJDP71QVC	台	1	1(三层)	
(二)	031001004	冷剂管					附录 K
1		冷剂管(铜管)	12.7+25.4	m	10.85	0.5+(3.2−0.2)+2.25+2.2+2.0+0.9	
2		冷剂管(铜管)	9.52+19.05	m	8.4	4+(1.4+3.0)(上二层)	
3		冷剂管(铜管)	9.52+15.88	m	43.8	(0.7+0.2)[进工人房]+(1.8+0.5+1.0+2.2+0.5+0.5)[进餐厅]+(0.5+1.9+2.2+0.5+0.5+0.5+1.0)[进起居室]+3.9+0.5+(3.9+1.0+1.8)[进北卧室]+(2.3+0.5)[进南卧室]+(0.3+0.5)[进主卧室]+3.0[上三层]+3.3+(0.6+3.7)[进楼梯间]+(3.0+1.0)[进主卧室]	
4	03B001	冷媒追加量		m³	4.01	10.85*0.11+(8.4+43.8)*0.054	自编清单
(三)	030805005	分歧管					附录 H
1			KHP26MC37T	只	1	1(一层)	
1			KHP26MC33T	只	8	4(一层)+2(二层)+1(二接三层)+1(三层)	
(四)		管道附件					
1	030601001	温度计		只	2	2	附录 F
2	030601002	压力表		只	2	2	附录 F
3	031003001	螺纹截止阀	DN15	个	10	5(一层)+3(二层)+2(三层)	附录 K
4	031003001	螺纹截止阀	DN20	个	10	同上	附录 K
5	031003001	螺纹截止阀	DN32	个	2	2	附录 K
6	031003001	自动排气阀	DN20	个	2	2	附录 K
(五)		支架及其他					
	031002001	管道支架		kg	44.14	0.7*(10.85+8.4+43.8)	
	031002003	穿楼板套管	DN150	个	3	1+1+1	

续表

序号	项目编码或定额号	项目名称	规格	单位	数量	计算式	备注 1
一		空调设备与管道系统					
(六)		管道保温					
	031208002	管道保温		m³	0.41	3.14*((0.0127+1.033*0.025)+(0.0254+1.033*0.025))*1.033*0.025*10.85+3.14*((0.00952+1.033*0.025)+(0.01905+1.033*0.025))*1.033*0.025*8.4+3.14*((0.00952+1.033*0.025)+(0.01588+1.033*0.025))*1.033*0.025*43.8	
二		控制系统					
1	030411004	控制与信号线	BV0.75	m	196.05	266/2(见电气工程量计算)+10.85+8.4+43.8	附录 D
2	030404031	空调控制器		套	8	16/2(见电气工程量计算)	附录 D
三		水系统					
(一)	031001006	一层凝结水管	加厚防火 PVC 管				附录 K
1		凝结水管	DN20	m	2.8	0.2+1.4+1.2	
		凝结水管	DN25	m	4.9	(0.3*2+1.3)+(0.8*2+1.4)	
2		凝结水管	DN32	m	15.36	2.9(接起居室部分地漏)+4.5+4.1+1.2+2.9	
(二)	031001006	二层凝结水管	加厚防火 PVC 管				附录 K
1		凝结水管	DN20	m	5.1	1.6+0.4+3.1	
2		凝结水管	DN25	m	11.5	4.4+3.9+0.3+2.9	
(三)	031001006	三层凝结水管	加厚防火 PVC 管				附录 K
1		凝结水管	DN20	m	3.5	3.5	
2		凝结水管	DN25	m	10.6	0.6+6.8+0.3+2.9	
(四)		水系统管道保温					
	031208002	管道保温		m³	0.06	3.14*(0.02+1.033*0.01)*1.033*0.01*(2.8+5.1+3.5)+3.14*(0.025+1.033*0.01)*1.033*0.01*(4.9+11.5+10.6)+3.14*(0.032+1.033*0.01)*1.033*0.01*15.36	
四		检测与调试					
1	031009002	空调水工程系统调试		系统	1	1	附录 K
2	030704001	通风工程检测、调试		系统	1	1	

3. 清单工程量汇总表

清单工程量汇总表

工程名称:某双拼别墅工程(安装工程之通风空调工程)

序号	项目编码或定额号	项目名称	规格	单位	数量	计算式	备注1
一		空调设备与管道系统					
(一)		设备					
1	030701003002	室外机	4PNRZQB400Y1	台	2.00	1*2	
2	030701003003	室内机	FJDP22QVC	台	4.00	2*2	
3	030701003004	室内机	FJDP36QVC	台	6.00	3*2	
4	030701003005	室内机	FJDP45QVC	台	8.00	4*2	
5	03B001	室内机	FJDP71QVC	台	2.00	1*2	
(二)		冷剂管					
1	031001004002	冷剂管(铜管)	9.52	m	103.40	8.4*2+43.3*2	液管
2	031001004003	冷剂管(铜管)	12.7	m	21.90	10.95*2	液管
3	031001004004	冷剂管(铜管)	15.88	m	86.60	43.3*2	气管
4	031001004005	冷剂管(铜管)	19.05	m	16.80	8.4*2	气管
5	031001004005	冷剂管(铜管)	25.4	m	21.90	10.95*2	气管
6	03B001	冷媒追加量		m^3	8.02	(10.85*0.11+(8.4+43.8)*0.054)*2	
(三)		分歧管					
1	030805005001		KHP26MC37T	只	2.00	1*2	
2	030805005002		KHP26MC33T	只	16.00	8*2	
(四)		管道附件					
1	030601001001	温度计		只	4.00	2*2	
2	030601002001	压力表		只	4.00	2*2	
3	031003001001	螺纹截止阀	DN15	个	20.00	10*2	
4	031003001002	螺纹截止阀	DN20	个	20.00	10*2	
5	031003001003	螺纹截止阀	DN32	个	4.00	2*2	
6	031003001004	自动排气阀	DN20	个	4.00	2*2	
(五)		支架及其他					
1	031002001001	管道支架		kg	88.28	44.14*2	
2	031002003001	穿楼板套管	DN150	个	6.00	3*2	
(六)		管道保温					
	031208002001	管道保温		m^3	0.94	0.41*2+0.06*2	
二		控制系统					
1	030411003001	控制与信号线	BV0.75	m	392.10	196.05*2	
2	030404031001	空调控制器		套	16.00	8*2	
三		水系统					
(一)		凝结水管	加厚防火PVC管				
1	031001006001	凝结水管	DN20	m	22.80	(2.8+5.1+3.5)*2	
2	031001006002	凝结水管	DN25	m	54.00	(4.9+11.5+10.6)*2	
3	031001006003	凝结水管	DN32	m	50.72	25.36*2	
四		检测与调试					
1	031009002001	空调水工程系统调试		系统	2.00	1*2	
2	030704001001	通风工程检测、调试		系统	2.00	1*2	

二、通风空调工程量清单

某双拼别墅工程　工程

招标工程量清单

招　标　人:____________________

(单位盖章)

造价咨询人:____________________

(单位盖章)

2017年05月04日

通风空调工程　工程

招标工程量清单

招　标　人：____________________

（单位盖章）

造价咨询人：____________________

（单位盖章）

2017 年 05 月 04 日

中央空调工程　工程

招标工程量清单

招　标　人：____________________

（单位盖章）

造价咨询人：____________________

（单位资质专用章）

法定代表人
或其授权人：____________________

（签字或盖章）

法定代表人
或其授权人：____________________

（签字或盖章）

编　制　人：　张晓东

（造价人员签字盖专用章）

复　核　人：　俞振华

（造价工程师签字盖专用章）

编制时间：　2017 年 5 月 4 日

复核时间：　2017 年 5 月 4 日

总说明

工程名称:某双拼别墅工程 **第1页 共1页**

一、工程概况

某双拼别墅工程建筑面积 520.27 m^2;建筑层数为地下三层,无地下室;计划工期 180 天;施工地点是江苏省南京市。

施工现场情况、交通运输情况、自然地理条件、环境保护要求等由投标人自行前往现场踏勘了解。

二、工程招标范围

某双拼别墅施工图内全部内容,具体参见工程量清单。

三、工程量清单编制依据

(1)《建设工程工程量清单计价规范》(GB 50500—2013);

(2)《通用安装工程工程量计算规范》(GB 50856—2013);

(3)《房屋建筑与装饰工程工程量计算规范》(GB 50854—2013);

(4) 某双拼别墅的施工图纸及相关资料、施工图设计文件审查反馈意见表;

(5) 招标文件及补充通知、答疑纪要;

(6) 国(省)标准图集、相关工程施工验收规范、技术要求等相关资料;

(7)《江苏省建设工程造价管理办法》(江苏省人民政府令第 66 号);

(8)《省住房城乡建设厅关于〈建设工程工程量清单计价规范〉(GB 50500—2013)及其 9 本工程量计算规范的贯彻意见》(苏建价〔2014〕448 号);

(9) 关于贯彻执行《建设工程工程量清单计价规范》(GB 50500—2013)及其 9 本工程量计算规范和江苏省 2014 版计价定额、费用定额的通知(宁建建监字〔2014〕1052 号);

(10) 其他相关资料。

四、其他需说明的问题

(1) 本清单工程量按设计施工图、设计文件审查反馈意见及图纸答疑所包含的全部工作内容编制(特别说明不包含的项目除外);

(2) 清单中列明所采用标准图集号的项目均包括标准图集所包含的全部工作内容(特别说明不包含的项目除外);

(3) 工程量清单描述不够详尽的,按现行相应规范与常规施工工艺考虑;

(4) 规费及税金等按照南京市有关规定执行。

分部分项工程和单价措施项目清单与计价表

工程名称:通风空调工程 标段: 第1页 共4页

序号	项目编码	项目名称	项目特征描述	计量单位	工程量	金额(元)		
						综合单价	合价	其中 暂估价
		一 空调设备与管道系统						
		(一) 设备						
1	030701003001	空调器 4PNRZQB 400Y1	1. 名称 室外机 2. 型号 4PNRZQB400Y1 3. 规格 1680 * 1240 * 765 4. 安装形式 落地式 5. 质量 1.0 t 以内 6. 隔振垫(器)、支架形式、材质 橡胶隔振垫	台	2.00			
2	030701003002	空调器 FJDP22QVC	1. 名称 室内机 2. 型号 FJDP22QVC 3. 规格 300 * 550 * 700 4. 安装形式 吊顶式 5. 质量 0.4 t 以内 6. 隔振垫(器)、支架形式、材质 15 mm 橡胶隔振垫	台	8.00			
3	030701003003	空调器 FJDP45QVC	1. 名称 室内机 2. 型号 FJDP36QVC 3. 规格 300 * 550 * 700 4. 安装形式 落地式 5. 质量 0.4 t 以内 6. 隔振垫(器)、支架形式、材质 15 mm 橡胶隔振垫	台	6.00			
4	030701003004	空调器 FJDP45QVC	1. 名称 室内机 2. 型号 FJDP45QVC 3. 规格 300 * 700 * 700 4. 安装形式 吊顶式 5. 质量 0.4 t 以内 6. 隔振垫(器)、支架形式、材质 15 mm 橡胶隔振垫	台	8.00			
5	030701003005	空调器 FJDP71QVC	1. 名称 室内机 2. 型号 FJDP71QVC 3. 规格 300 * 1000 * 700 4. 安装形式 吊顶式 5. 质量 0.4 t 以内 6. 隔振垫(器)、支架形式、材质 15 mm 橡胶隔振垫	台	2.00			
		(二) 冷剂管						
6	031001004001	铜管 Φ9.52 mm	1. 安装部位 室内 2. 介质 液氮 3. 规格、压力等级 Φ9.52 高压 4. 连接形式 焊接 钎焊 5. 压力试验及吹、洗设计要求 2.4 MPa	m	103.40			
本页小计								
合　计								

未来软件编制 2017年05月04日

续表

工程名称：通风空调工程　　　　标段：　　　　第2页　共4页

序号	项目编码	项目名称	项目特征描述	计量单位	工程量	金　额(元)		
						综合单价	合价	其中 暂估价
7	031001004002	铜管 Φ12.7 mm	1.安装部位 室内 2.介质 液氮 3.规格、压力等级 Φ12.7 高压 4.连接形式 焊接 钎焊 5.压力试验及吹、洗设计要求 2.4 MPa	m	21.90			
8	031001004003	铜管 Φ15.88 mm	1.安装部位 室内 2.介质 液氮 3.规格、压力等级 Φ15.88 低压 4.连接形式 焊接 钎焊 5.压力试验及吹、洗设计要求 气密试验	m	86.60			
9	031001004004	铜管 Φ19.05 mm	1.安装部位 室内 2.介质 液氮 3.规格、压力等级 Φ19.05 低压 4.连接形式 焊接 钎焊 5.压力试验及吹、洗设计要求 气密试验	m	16.80			
10	031001004005	铜管 Φ25.4 mm	1.安装部位 室内 2.介质 液氮 3.规格、压力等级 Φ25.4 低压 4.连接形式 焊接 钎焊 5.压力试验及吹、洗设计要求 气密试验	m	21.90			
11	030701016001	冷媒追加量	冷媒追加量：液氮 R410	m^3	8.02			
		（三）分歧管						
12	030805005001	分歧管 KHP26MC37T	1. 材质 铜管 2.规格 KHP26MC37T 3.焊接方法 焊接	个	2.00			
13	030805005002	分岐 KHP26MC33T	1.材质 铜管 2.规格 KHP26MC33T 3.焊接方法 焊接	个	16.00			
		（四）管道附件						
14	030601001001	温度计	1.名称 温度计 2.型号 WSS 3.规格 分度号 Pt150，精度等级 1.5	支	4.00			
15	030601002001	压力计	1.名称 压力表 2.型号 冷媒压力表 3.规格 4.5 MPa 内 4.压力表弯材质、规格 钢弯管 DN15	台	4.00			
16	031003001001	螺纹阀门 DN15	1.类型 螺纹阀 2.材质 铜 3.规格、压力等级 DN15 4.连接形式 丝接	个	20.00			
17	031003001002	螺纹阀门 DN20	1.类型 螺纹阀 2.材质 铜 3.规格、压力等级 DN20 4.连接形式 丝接	个	20.00			
本页小计								
合　计								

未来软件编制　　　　2017年05月04日

续表

工程名称：通风空调工程　　　　标段：　　　　第3页　共4页

序号	项目编码	项目名称	项目特征描述	计量单位	工程量	金　额(元)		
						综合单价	合价	其中 暂估价
18	031003001003	螺纹阀门 DN25	1.类型 螺纹阀 2.材质 铜 3.规格、压力等级 DN32 4.连接形式 丝接	个	4.00			
19	031003001004	自动放气阀 DN20	1.类型 自动放气阀 2.材质 铜 3.规格、压力等级 DN20 4.连接形式 丝接	个	4.00			
		（五）支架及其他						
20	031002001001	管道支架	1.材质 型钢 2.管架形式 一般管架	kg	88.00			
21	031002003001	一般钢套管 DN150	1.名称、类型 一般钢套管 2.材质 钢 3.规格 DN150 4.填料材质 柔性材料	个	6.00			
		（六）管道保温						
22	031208002001	管道绝热	1.绝热材料品种 难燃 B1 级橡塑保温管壳 2.绝热厚度 10～25 mm 3.管道外径 9.52～25.4 mm	m^3	0.94			
		二 控制系统						
23	030411004001	控制线 BV0.75 mm^2	1.名称 管内穿线 2.配线形式 照明线路 3.型号 BV0.75 4.规格 0.75 5.材质 铜 6.配线部位 砖混凝土结构	m	392.10			
24	030404036001	空调控制器	1.名称 空调调速器 2.规格 150 * 150 3.安装方式 壁装	套	16.00			
		三 空调水系统						
25	031001006001	UPVC 塑料管 DN20	1.安装部位 室内 2.介质 排水 3.材质、规格 UPVC DN20 4.连接形式 胶连	m	22.80			
26	031001006002	UPVC 塑料管 DN25	1.安装部位 室内 2.介质 排水 3.材质、规格 UPVC DN25 4.连接形式 胶连	m	54.00			
27	031001006003	UPVC 塑料管 DN32	1.安装部位 室内 2.介质 排水 3.材质、规格 UPVC DN32 4.连接形式 胶连	m	50.72			
本页小计								
合　计								

未来软件编制　　　　2017年05月04日

续表

工程名称:通风空调工程　　标段:　　第4页　共4页

序号	项目编码	项目名称	项目特征描述	计量单位	工程量	金额(元)		
						综合单价	合价	其中 暂估价
		四 检测与调试						
28	030704001001	通风工程检测、调试	风管工程量 通风工程	系统	2.00			
29	031009001001	采暖工程系统调试		系统	1.00			
		分部分项合计						
30	031301017001	脚手架搭拆		项	1.00			
		单价措施合计						
		本页小计						
		合　计						

未来软件编制　　2017年05月04日

总价措施项目清单与计价表

工程名称:通风空调工程　　标段:　　第1页　共1页

序号	项目编码	项目名称	计算基础	费率(%)	金额(元)	调整费率(%)	调整后金额(元)	备注
1	011707001001	安全文明施工基本费						
2	011707001002	安全文明施工省级标化增加费						
3	011707002001	夜间施工						
4	011707003001	非夜间施工照明						
5	011707005001	冬雨季施工						
6	011707007001	已完工程及设备保护						
7	011707008001	临时设施						
8	011707009001	赶工措施						
9	011707010001	工程按质论价						
10	011707011001	住宅分户验收						
	合　计							

编制人(造价人员):张晓东　　复核人(造价工程师):俞振华

未来软件编制　　2017年05月04日

其他项目清单与计价汇总表

工程名称:通风空调工程　　标段:　　第1页　共1页

序号	项　目　名　称	金额(元)	结算金额(元)	备注
1	暂列金额			明细详见表—12—1
2	暂估价			
2.1	材料(工程设备)暂估价	—		明细详见表—12—2
2.2	专业工程暂估价			明细详见表—12—3
3	计日工			明细详见表—12—4
4	总承包服务费			明细详见表—12—5
合　计				—

未来软件编制　　2017年05月04日

暂列金额明细表

工程名称:通风空调工程　　标段:　　第1页　共1页

序号	项　目　名　称	计量单位	暂定金额(元)	备注
合　计				—

未来软件编制　　2017年05月04日

表—12—1

材料(工程设备)暂估单价及调整表

工程名称:通风空调工程　　　　标段:　　　　第1页　共1页

序号	材料编码	材料(工程设备)名称、规格、型号	计量单位	数量		暂估(元)		确认(元)		差额±(元)		备注
				投标	确认	单价	合价	单价	合价	单价	合价	
合　计												

未来软件编制　　　　2017年05月04日

表—12—2

专业工程暂估价及结算价表

工程名称:通风空调工程　　　　标段:　　　　第1页　共1页

序号	工 程 名 称	工 程 内 容	暂估金额(元)	结算金额(元)	差额±(元)	备注
合　计						—

未来软件编制　　　　2017年05月04日

表—12—3

计日工表

工程名称:通风空调工程　　　　标段:　　　　第1页　共2页

编号	项目名称	单位	暂定数量	实际数量	综合单价(元)	合价(元)	
						暂定	实际
一	人工						

续表

工程名称:通风空调工程　　　　标段:　　　　第2页　共2页

编号	项目名称	单位	暂定数量	实际数量	综合单价(元)	合价(元)	
						暂定	实际
人 工 小 计							
二	材料						
材 料 小 计							
三	施工机械						
施工机械小计							
四、企业管理费和利润							
总　计							

未来软件编制　　　　2017年05月04日

表—12—4

总承包服务费计价表

工程名称:通风空调工程　　　　标段:　　　　第1页　共1页

序号	项 目 名 称	项目价值(元)	服务内容	计算基础	费率(%)	金额(元)
合　计					—	

未来软件编制　　　　2017年05月04日

表—12—5

规费、税金项目计价表

工程名称:通风空调工程　　　　标段:　　　　第1页　共1页

<table>
<tr><th>序号</th><th>项目名称</th><th>计算基础</th><th>计算基数(元)</th><th>计算费率(%)</th><th>金额(元)</th></tr>
<tr><td>1</td><td>规　费</td><td rowspan="4">分部分项工程费＋措施项目费＋其他项目费－工程设备费</td><td></td><td></td><td></td></tr>
<tr><td>1.1</td><td>社会保险费</td><td></td><td>2.4</td><td></td></tr>
<tr><td>1.2</td><td>住房公积金</td><td></td><td>0.42</td><td></td></tr>
<tr><td>1.3</td><td>工程排污费</td><td></td><td>0.1</td><td></td></tr>
<tr><td>2</td><td>税　金</td><td>分部分项工程费＋措施项目费＋其他项目费＋规费－(甲供材料费＋甲供设备费)/1.01</td><td></td><td>11</td><td></td></tr>
<tr><td colspan="4">合　计</td><td></td><td></td></tr>
</table>

未来软件编制　　　　2017年05月04日

发包人提供材料和工程设备一览表

工程名称:通风空调工程　　　　标段:　　　　第1页　共1页

序号	材料编码	材料(工程设备)名称、规格、型号	单位	数量	单价(元)	合价(元)	交货方式	送达地点	备注
合　计									

未来软件编制　　　　2017年05月04日

工作任务三 通风空调工程招标控制价编制

一、通风空调工程计价工程量计算

计价工程量计算表

工程名称:某双拼别墅工程(安装工程之通风空调工程)

序号	项目编码或定额号	项目名称	规格	单位	数量	计算式	备注
一		空调设备与管道系统					
(一)		设备					
1	030701003001	室外机					
	7-11	室外机	4PNRZQB400Y1	台	2.00	1*2	
	7-68	设备支架制作		kg	80.00	40*2	
	7-69	设备支架安装		kg	80.00	40*2	
2	030701003002	室内机					
	7-9	室内机	FJDP22QVC	台	8.00	4*2	
	7-66	设备支架		kg	24.00	3*8	
	7-67	设备支架安装		kg	24.00	3*8	
3	030701003003	室内机					
	7-9	室内机	FJDP36QVC	台	6.00	3*2	
	7-66	设备支架		kg	24.00	4*6	
	7-67	设备支架安装		kg	24.00	4*6	
4	030701003004	室内机					
	7-9	室内机	FJDP45QVC	台	8.00	4*2	
	7-66	设备支架		kg	32.00	4*8	
	7-67	设备支架安装		kg	32.00	4*8	
5	030701003005	室内机					
	7-9	室内机	FJDP71QVC	台	2.00	1*2	
	7-66	设备支架		kg	8.00	4*2	
	7-67	设备支架安装		kg	8.00	4*2	
(二)		冷剂管					
1	031001004	冷剂管(铜管)		m	103.40	8.4*2+43.3*2	液管
	8-499	冷剂管(铜管)	DN9.52	m	103.40	8.4*2+43.3*2	液管

续表

序号	项目编码或定额号	项目名称	规格	单位	数量	计算式	备注
2	031001004	冷剂管(铜管)		m	21.90	10.95*2	液管
	8-499	冷剂管(铜管)	DN12.7	m	21.90	10.95*2	液管
3	031001004	冷剂管(铜管)		m	86.60	43.3*2	气管
	8-499	冷剂管(铜管)	DN15.88	m	86.60	43.3*2	气管
4	031001004	冷剂管(铜管)		m	16.80	8.4*2	气管
	8-499	冷剂管(铜管)	DN19.05	m	16.80	8.4*2	气管
5	031001004	冷剂管(铜管)		m	21.90	10.95*2	气管
	8-500	冷剂管(铜管)	DN25.4	m	21.90	10.95*2	气管
6	03B001	冷媒追加量		m^3	8.02	(10.85*0.11+(8.4+43.8)*0.054)*2	
	独立费	冷媒追加量		m^3	8.02	(10.85*0.11+(8.4+43.8)*0.054)*2	
(三)		分歧管					
1	030805005001	铜质分歧管					
	8-1130	铜质分歧管	KHP26MC37T	只	2.00	1*2	
2	030805005002	铜质分歧管					
	8-1129	铜质分歧管	KHP26MC33T	只	16.00	8*2	
(四)		管道附件					
1	031001001001	温度计		只	4.00	2*2	
	6-2	温度计安装		只	4.00	2*2	
2	031001002001	压力表		只	4.00	2*2	
	6-23	压力表安装		只	4.00	2*2	
3	031003001001	螺纹截止阀	DN15	个	20.00	10*2	
	10-418	螺纹阀门安装 DN15	DN15	个	20.00	10*2	
4	031003001002	螺纹截止阀	DN20	个	20.00	10*2	
	10-419	螺纹阀门安装 DN20	DN20	个	20.00	10*2	
5	031003001003	螺纹截止阀	DN20	个	4.00	2*2	
	10-420	螺纹阀门安装 DN32	DN20	个	4.00	2*2	
6	031003001	自动排气阀	DN20	个	4.00	2*2	
	10-419	螺纹阀门安装 DN20	DN20	个	4.00	2*2	

续表

序号	项目编码 或定额号	项目名称	规格	单位	数量	计算式	备 注
(五)		支架及其他					
1	031002001001	管道支架		kg	87.72	43.86*2	
	10-383	管道支架制作		kg	87.72	43.86*2	
	10-384	管道支架安装		kg	87.72	43.86*2	
2	031002003001	穿楼板套管	DN150	个	6.00	3*2	
	10-400	一般钢套管	DN150	个	6.00	3*2	
(六)		管道保温					
	031208002001	管道保温		m^3	0.94	0.41*2+0.06*2	
	11-1829	橡塑管壳绝热层		m^3	0.94	0.41*2+0.06*2	
二		控制系统					
1	030414004001	控制与信号线	BV0.75	m	392.10	196.05*2	
	4-1398	0.75 mm^2 控制与信号线安装	BV0.75	m	392.10	196.05*2	
2	030404036001	空调控制器		套	16.00	8*2	
	4-395	空调控制器		套	16.00	8*2	
三		水系统					
		凝结水管	加厚防火 PVC管				
1	031001005001	凝结水管	DN20	m	22.80	(2.8+5.1+3.5)*2	
	10-316	PVC凝结水管	DN20	m	22.80	(2.8+5.1+3.5)*2	
2	031001005002	凝结水管	DN25	m	54.00	(4.9+11.5+10.6)*2	
	10-316	PVC凝结水管	DN25	m	54.00	(4.9+11.5+10.6)*2	
3	031001005003	凝结水管	DN32	m	30.72	15.36*2	
	10-316	PVC凝结水管	DN32	m	30.72	15.36*2	
四		检测与调试					
1	031009002001	空调水工程系统调试		系统	2.00	1*2	
	10-1000	空调水工程系统调试		系统	2.00	1*2	
2	030904001001	通风工程检测、调试		系统	2.00	1*2	
	7-1000	通风工程检测、调试		项	2.00	1*2	

二、通风空调工程招标控制价

某双拼别墅工程 工程

招标控制价

招 标 人：____________________

(单位盖章)

造价咨询人：____________________

(单位盖章)

2017年05月04日

通风空调工程　工程

招标控制价

招　标　人：________________

（单位盖章）

造价咨询人：________________

（单位盖章）

2017 年 05 月 04 日

中央空调工程　工程

招标控制价

招标控制价(小写)：334946.14

(大写)：叁拾叁万肆仟玖佰肆拾陆元壹角肆分

招　标　人：________________
（单位盖章）

造价咨询人：________________
（单位资质专用章）

法定代表人
或其授权人：________________
（签字或盖章）

法定代表人
或其授权人：________________
（签字或盖章）

编　制　人：张晓东
（造价人员签字盖专用章）

复　核　人：俞振华
（造价工程师签字盖专用章）

编制时间：2017 年 5 月 4 日

复核时间：2017 年 5 月 4 日

工程计价(招标控制价)总说明

工程名称:某双拼别墅工程 **第1页 共1页**

一、工程概况

某双拼别墅工程建筑面积520.27平方米;建筑层数为地下三层,无地下室;计划工期180天;施工地点是江苏省南京市。

施工现场情况、交通运输情况、自然地理条件、环境保护要求已经现场踏勘并查询了相关资料。

二、招标控制价范围

某双拼别墅施工图内及工程量清单所示内容。

三、招标控制价编制依据

(1)《建设工程工程量清单计价规范》(GB50500—2013);

(2) 某双拼别墅的施工图纸及相关资料、施工图设计文件审查反馈意见表;

(3) 招标文件及补充通知、答疑纪要;

(4) 国(省)标准图集、相关工程施工验收规范、技术要求等相关资料;

(5)《江苏省建设工程造价管理办法》(江苏省人民政府令第66号);

(6) 省住房城乡建设厅关于《建设工程工程量清单计价规范》(GB50500—2013)及其9本工程量计算规范的贯彻意见(苏建价〔2014〕448号);

(7) 关于贯彻执行《建设工程工程量清单计价规范》(GB50500—2013)及其9本工程量计算规范和江苏省2014版计价定额、费用定额的通知(宁建建监字〔2014〕1052号);

(8)《江苏省安装工程计价定额》(2014)

(9)《江苏省建设工程费用定额》(2014)

(10) 施工现场情况、工程特点及施工常规做法;

(11) 其他相关资料。

四、其他需说明的问题

(1) 规费及税金等按照南京市有关规定执行。现场安全文明施工措施费按省级标化增加考虑;

(2) 仅为教学需要,人工工日单价未作调整,实际工程根据当时的调价文件调差;

(3) 材料价格执行南京市2017年3月建设材料市场指导价格,缺项部分按市场价调整。

单位工程招标控制价汇总表

工程名称:通风空调工程 标段: 第1页 共1页

序号	汇 总 内 容	金额(元)	其中:暂估价(元)
1	分部分项工程	261641.77	
1.1	人工费	9 313.84	
1.2	材料费	247057.75	
1.3	施工机具使用费	242.90	
1.4	企业管理费	3725.39	
1.5	利润	1304.13	
2	措施项目	31550.30	—
2.1	单价措施项目费	487.94	—
2.2	总价措施项目费	31062.36	
2.2.1	其中:安全文明施工措施费	9698.80	
3	其他项目		—
3.1	其中:暂列金额		—
3.2	其中:专业工程暂估价		—
3.3	其中:计日工		—
3.4	其中:总承包服务费		—
4	规费	8561.21	—
5	税金	33192.86	—
招标控制价合计=1+2+3+4+5		334946.14	

未来软件编制 2017年05月04日

分部分项工程和单价措施项目清单与计价表

工程名称:通风空调工程 标段: 第1页 共4页

序号	项目编码	项目名称	项目特征描述	计量单位	工程量	金额(元)		
						综合单价	合价	其中
								暂估价
		一 空调设备与管道系统				255964.21		
		(一) 设备				235401.80		
1	030701003001	空调器 4PNR2QB400Y1	1.名称 室外机 2.型号 4PNRZQB400Y1 3.规格 1680*1240*765 4.安装形式 落地式 5.质量 1.0 t以内 6.隔振垫(器)、支架形式、材质 橡胶隔振垫	台	2.00	52894.97	105789.94	
2	030701003002	空调器 FJDP22QVC	1.名称 室内机 2.型号 FJDP22QVC 3.规格 300*550*700 4.安装形式 吊顶式 5.质量 0.4 t以内 6.隔振垫(器)、支架形式、材质 15 mm橡胶隔振垫	台	8.00	5178.46	41427.68	
			本页小计					
			合 计					

未来软件编制 2017年05月04日

续表

工程名称：通风空调工程　　　　标段：　　　　第 2 页　共 4 页

序号	项目编码	项目名称	项目特征描述	计量单位	工程量	金额(元)		
						综合单价	合价	其中 暂估价
3	030701003003	空调器 FJDP36QVC	1. 名称 室内机 2. 型号 FJDP36QVC 3. 规格 300＊550＊700 4. 安装形式 落地式 5. 质量 0.4 t 以内 6. 隔振垫(器)、支架形式、材质 15 mm 橡胶隔振垫	台	6.00	5412.89	32477.34	
4	030701003004	空调器 FJDP45QVC	1. 名称 室内机 2. 型号 FJDP45QVC 3. 规格 300＊700＊700 4. 安装形式 吊顶式 5. 质量 0.4 t 以内 6. 隔振垫(器)、支架形式、材质 15 mm 橡胶隔振垫	台	8.00	5481.50	43852.00	
5	030701003005	空调器 FJDP71QVC	1. 名称 室内机 2. 型号 FJDP71QVC 3. 规格 300＊1000＊700 4. 安装形式 吊顶式 5. 质量 0.4 t 以内 6. 隔振垫(器)、支架形式、材质 15 mm 橡胶隔振垫	台	2.00	5927.42	11854.84	
		(二) 冷剂管					7 538.33	
6	031001004001	铜管 Φ9.52 mm	1. 安装部位 室内 2. 介质 液氮 3. 规格、压力等级 Φ 9.52 高压 4. 连接形式 焊接 钎焊 5. 压力试验及吹、洗设计要求 2.4 MPa	m	103.40	16.18	1673.01	
7	031001004002	铜管 Φ12.7 mm	1. 安装部位 室内 2. 介质 液氮 3. 规格、压力等级 Φ 12.7 高压 4. 连接形式 焊接 钎焊 5. 压力试验及吹、洗设计要求 2.4 MPa	m	21.90	22.94	502.39	
8	031001004003	铜管 Φ15.88 mm	1. 安装部位 室内 2. 介质 液氮 3. 规格、压力等级 Φ 15.88 低压 4. 连接形式 焊接 钎焊 5. 压力试验及吹、洗设计要求 气密试验	m	86.60	29.71	2572.89	
9	031001004004	铜管 Φ19.05 mm	1. 安装部位 室内 2. 介质 液氮 3. 规格、压力等级 Φ 19.05 低压 4. 连接形式 焊接 钎焊 5. 压力试验及吹、洗设计要求 气密试验	m	16.80	34.90	586.32	
10	031001004005	铜管 Φ25.4 mm	1. 安装部位 室内 2. 介质 液氮 3. 规格、压力等级 Φ 25.4 低压 4. 连接形式 焊接 钎焊 5. 压力试验及吹、洗设计要求 气密试验	m	21.90	54.85	1201.22	
本页小计								
合　计								

未来软件编制　　　　2017 年 05 月 04 日

续表

工程名称：通风空调工程　　　　第 3 页　共 4 页

序号	项目编码	项目名称	项目特征描述	计量单位	工程量	金额(元)		
						综合单价	合价	其中 暂估价
11	03B001	冷媒追加量	冷媒追加量：液氮 R410	m^3	8.02	125.00	1 002.50	
		(三) 分歧管					5535.16	
12	030805005001	分歧管 KHP26 MC37T	1. 材质 铜管 2. 规格 KHP26MC37T 3. 焊接方法 焊接	个	2.00	393.18	786.36	
13	030805005002	分歧 KHP26 MC33T	1. 材质 铜管 2. 规格 KHP26MC33T 3. 焊接方法 焊接	个	16.00	296.80	4748.80	
		(四) 管道附件					3043.60	
14	030601001001	温度计	1. 名称 温度计 2. 型号 WSS 3. 规格 分度号 Pt150，精度等级 1.5	支	4.00	104.44	417.76	
15	030601002001	压力计	1. 名称 压力表 2. 型号 冷媒压力表 3. 规格 4.5 MPa 内 4. 压力表弯材质、规格 钢弯管 DN15	台	4.00	111.76	447.04	
16	031003001001	螺纹阀门 DN15	1. 类型 螺纹阀 2. 材质 铜 3. 规格、压力等级 DN15 4. 连接形式 丝接	个	20.00	39.93	798.60	
17	031003001002	螺纹阀门 DN20	1. 类型 螺纹阀 2. 材质 铜 3. 规格、压力等级 DN20 4. 连接形式 丝接	个	20.00	47.74	954.80	
18	031003001003	螺纹阀门 DN25	1. 类型 螺纹阀 2. 材质 铜 3. 规格、压力等级 DN32 4. 连接形式 丝接	个	4.00	62.08	248.32	
19	031003001004	自动放气阀 DN20	1. 类型 自动放气阀 2. 材质 铜 3. 规格、压力等级 DN20 4. 连接形式 丝接	个	4.00	44.27	177.08	
		(五) 支架及其他					1576.96	
20	031002001001	管道支架	1. 材质 型钢 2. 管架形式 一般管架	kg	88.00	13.42	1180.96	
21	031002003001	一般钢套管 DN150	1. 名称、类型 一般钢套管 2. 材质 钢 3. 规格 DN150 4. 填料材质 柔性材料	个	6.00	66.00	396.00	
		(六) 管道保温					2868.36	
22	031208002001	管道绝热	1. 绝热材料品种 难燃 B1 级橡塑保温管壳 2. 绝热厚度 10～25 mm 3. 管道外径 9.52～25.4 mm	m^3	0.94	3051.45	2868.36	
本页小计								
合　计								

未来软件编制　　　　2017 年 05 月 04 日

续表

工程名称：通风空调工程　　　　第4页　共4页

序号	项目编码	项目名称	项目特征描述	计量单位	工程量	金额(元)		
						综合单价	合价	其中
								暂估价
		二 控制系统					2400.33	
23	030411004001	控制线 BV0.75 mm²	1.名称 管内穿线 2.配线形式 照明线路 3.型号 BV0.75 4.规格 0.75 5.材质 铜 6.配线部位 砖混凝土结构	m	392.10	0.89	348.97	
24	030404036001	空调控制器	1.名称 空调调速器 2.规格 150＊150 3.安装方式 壁装	套	16.00	128.21	2051.36	
		三 空调水系统					2238.96	
25	031001006001	UPVC塑料管DN20	1.安装部位 室内 2.介质 排水 3.材质、规格 UPVC DN20 4.连接形式 胶连	m	22.80	14.37	327.64	
26	031001006002	UPVC塑料管DN25	1.安装部位 室内 2.介质 排水 3.材质、规格 UPVC DN25 4.连接形式 胶连	m	54.00	16.45	888.30	
27	031001006003	UPVC塑料管DN32	1.安装部位 室内 2.介质 排水 3.材质、规格 UPVC DN32 4.连接形式 胶连	m	50.72	20.17	1023.02	
		四 检测与调试					1038.27	
28	030704001001	通风工程检测、调试	风管工程量 通风工程	系统	2.00	372.28	744.56	
29	031009001001	采暖工程系统调试		系统	1.00	293.71	293.71	
		分部分项合计					261641.77	
30	031301017001	脚手架搭拆		项	1.00	487.94	487.94	
		单价措施合计					487.94	
		本页小计						
		合　计						

未来软件编制　　　　2017年05月04日

综合单价分析表

工程名称：通风空调工程　　　　第1页　共23页

项目编码	030701003001	项目名称	空调器4DNRZQB400Y1	计量单位	台	工程量	2

清单综合单价组成明细

定额编号	定额项目名称	定额单位	数量	单价					合价				
				人工费	材料费	机械费	管理费	利润	人工费	材料费	机械费	管理费	利润
7—11	空调器安装落地式重量1.0 t	台	1	774.78	2.79		309.91	108.47	774.78	2.79		309.91	108.47
7—68	设备支架CG327＞50 kg制作	100 kg	0.4	228.66	32.07	28.24	91.46	32.01	91.46	12.83	11.3	36.58	12.8
7—69	设备支架CG327＞50 kg安装	100 kg	0.4	37.74	0.68	1.5	15.1	5.28	15.1	0.27	0.6	6.04	2.11
综合人工工日	小　计								881.34	15.89	11.9	352.53	123.38
11.91工日	未计价材料费								51509.93				
	清单项目综合单价								52894.97				

材料费明细	主要材料名称、规格、型号	单位	数量	单价(元)	合价(元)	暂估单价(元)	暂估合价(元)
	落地式空调器　＜1.0 t	台	1	51367.24	51367.24		
	棉纱头	kg	0.5	5.57	2.79		
	型钢	kg	41.6	3.43	142.69		
	电焊条　J422　ϕ4	kg	0.3292	3.73	1.23		
	乙炔气	kg	0.1028	15.44	1.59		
	氧气	m³	0.2884	2.83	0.82		
	精制带母镀锌螺栓　M14×75	套	1.2008	1.34	1.61		
	精制带母镀锌螺栓　M20×101～150	套	0.6	4.18	2.51		
	砂轮片　ϕ400	片	0.4616	11.58	5.35		
	其他材料费			—	0.01	—	
	材料费小计			—	51525.82	—	

续表

工程名称：通风空调工程　　　　第 2 页　共 23 页

项目编码	030701003002	项目名称	空调器 FJDP22QVC					计量单位	台	工程量	8		
清单综合单价组成明细													
定额编号	定额项目名称	定额单位	数量	单价					合价				
				人工费	材料费	机械费	管理费	利润	人工费	材料费	机械费	管理费	利润
7—9	空调器安装吊顶式重量 0.2 t	台	1	119.88	2.79		47.95	16.78	119.88	2.79		47.95	16.78
7—66	设备支架(CG327)50 kg 制作	100 kg	0.03	397.38	42.2	34.46	158.96	55.63	11.92	1.27	1.03	4.77	1.67
7—67	设备支架(CG327)50 kg 安装	100 kg	0.03	64.38	0.88	1.83	25.75	9	1.93	0.03	0.05	0.77	0.27
综合人工工日	小　计								133.73	4.09	1.08	53.49	18.72
1.807 3 工日	未计价材料费								4967.34				
清单项目综合单价									5178.46				

材料费明细	主要材料名称、规格、型号	单位	数量	单价(元)	合价(元)	暂估单价(元)	暂估合价(元)
	吊顶式空调器　<0.2 t	台	1	4956.64	4956.64		
	棉纱头	kg	0.5	5.57	2.79		
	型钢	kg	3.12	3.43	10.7		
	电焊条　J422　ϕ4	kg	0.057	3.73	0.21		
	乙炔气	kg	0.0145	15.44	0.22		
	氧气	m^3	0.0407	2.83	0.12		
	精制带母镀锌螺栓　M10×75	套	0.6163	0.67	0.41		
	砂轮片　ϕ400	片	0.0283	11.58	0.33		
	其他材料费			—	0.01	—	
	材料费小计			—	4971.43	—	

续表

工程名称：通风空调工程　　　　第 3 页　共 23 页

项目编码	030701003003	项目名称	空调器 FJDP36QVC					计量单位	台	工程量	6		
清单综合单价组成明细													
定额编号	定额项目名称	定额单位	数量	单价					合价				
				人工费	材料费	机械费	管理费	利润	人工费	材料费	机械费	管理费	利润
7—9	空调器安装吊顶式重量 0.2 t	台	1	119.88	2.79		47.95	16.78	119.88	2.79		47.95	16.78
7—66	设备支架(CG327)50 kg 制作	100 kg	0.04	397.38	42.2	34.46	158.96	55.63	15.9	1.69	1.38	6.36	2.23
7—67	设备支架(CG327)50 kg 安装	100 kg	0.04	64.38	0.88	1.83	25.75	9	2.58	0.04	0.07	1.03	0.36
综合人工工日	小　计								138.36	4.52	1.45	55.34	19.37
1.869 7 工日	未计价材料费								5193.87				
清单项目综合单价									5412.89				

材料费明细	主要材料名称、规格、型号	单位	数量	单价(元)	合价(元)	暂估单价(元)	暂估合价(元)
	吊顶式空调器　<0.2 t	台	1	5179.6	5179.6		
	棉纱头	kg	0.5	5.57	2.79		
	型钢	kg	4.16	3.43	14.27		
	电焊条　J422　ϕ4	kg	0.076	3.73	0.28		
	乙炔气	kg	0.0193	15.44	0.3		
	氧气	m^3	0.0543	2.83	0.15		
	精制带母镀锌螺栓　M10×75	套	0.8218	0.67	0.55		
	砂轮片　ϕ400	片	0.0378	11.58	0.44		
	其他材料费			—	0.01	—	
	材料费小计			—	5198.39	—	

续表

工程名称:通风空调工程　　第 4 页　共 23 页

项目编码	030701003004	项目名称	空调器 FJDP45QVC	计量单位	台	工程量	8

清单综合单价组成明细

定额编号	定额项目名称	定额单位	数量	单价					合价				
				人工费	材料费	机械费	管理费	利润	人工费	材料费	机械费	管理费	利润
7—9	空调器安装吊顶式重量 0.2 t	台	1	119.88	2.79		47.95	16.78	119.88	2.79		47.95	16.78
7—66	设备支架(CG327)50 kg 制作	100 kg	0.04	397.38	42.22	34.44	158.94	55.63	15.9	1.69	1.38	6.36	2.23
7—67	设备支架(CG327)50 kg 安装	100 kg	0.04	64.38	0.88	1.84	25.75	9	2.58	0.04	0.07	1.03	0.36
综合人工工日	小 计								138.36	4.52	1.45	55.34	19.37
1.869 6 工日	未计价材料费								5262.48				
清单项目综合单价									5481.5				

材料费明细	主要材料名称、规格、型号	单位	数量	单价(元)	合价(元)	暂估单价(元)	暂估合价(元)
	吊顶式空调器 <0.2 t	台	1	5248.21	5248.21		
	棉纱头	kg	0.5	5.57	2.79		
	型钢	kg	4.16	3.43	14.27		
	电焊条 J422 $\phi 4$	kg	0.076	3.73	0.28		
	乙炔气	kg	0.0193	15.44	0.3		
	氧气	m^3	0.0543	2.83	0.15		
	精制带母镀锌螺栓 M10×75	套	0.8218	0.67	0.55		
	砂轮片 $\phi 400$	片	0.0378	11.58	0.44		
	其他材料费			—	0.01	—	
	材料费小计			—	5267	—	

续表

工程名称:通风空调工程　　第 5 页　共 23 页

项目编码	030701003005	项目名称	空调器 FJDP71QVC	计量单位	台	工程量	2

清单综合单价组成明细

定额编号	定额项目名称	定额单位	数量	单价					合价				
				人工费	材料费	机械费	管理费	利润	人工费	材料费	机械费	管理费	利润
7—9	空调器安装吊顶式重量 0.2 t	台	1	119.88	2.79		47.95	16.78	119.88	2.79		47.95	16.78
7—66	设备支架(CG327)50 kg 制作	100 kg	0.04	397.38	42.16	34.5	159	55.63	15.9	1.69	1.38	6.36	2.23
7—67	设备支架(CG327)50 kg 安装	100 kg	0.04	64.38	0.88	1.88	25.75	9	2.58	0.04	0.08	1.03	0.36
综合人工工日	小 计								138.36	4.52	1.46	55.34	19.37
1.869 5 工日	未计价材料费								5708.4				
清单项目综合单价									5927.42				

材料费明细	主要材料名称、规格、型号	单位	数量	单价(元)	合价(元)	暂估单价(元)	暂估合价(元)
	吊顶式空调器<0.2 t	台	1	5694.13	5694.13		
	棉纱头	kg	0.5	5.57	2.79		
	型钢	kg	41.6	3.43	14.27		
	电焊条 J422 $\phi 4$	kg	0.076	3.73	0.28		
	乙炔气	kg	0.0193	15.44	0.3		
	氧气	m^3	0.0543	2.83	0.15		
	精制带母镀锌螺栓 M10×75	套	0.8218	0.67	0.55		
	砂轮片 $\phi 400$	片	0.0378	11.58	0.44		
	其他材料费			—	0.01	—	
	材料费小计			—	5712.92	—	

续表

工程名称:通风空调工程　　　　第 6 页　共 23 页

项目编码	031001004001	项目名称	铜管 9.52mm	计量单位	m	工程量	103.4

清单综合单价组成明细													
定额编号	定额项目名称	定额单位	数量	单价					合价				
				人工费	材料费	机械费	管理费	利润	人工费	材料费	机械费	管理费	利润
8—499	中压铜管(氧乙炔焊)外径 20	10 m	0.1	33.11	3.52	0.02	13.24	4.64	3.31	0.35		1.32	0.46
综合人工工日	小计								3.31	0.35		1.32	0.46
0.043 工日	未计价材料费								10.73				
清单项目综合单价									16.18				

材料费明细	主要材料名称、规格、型号	单位	数量	单价(元)	合价(元)	暂估单价(元)	暂估合价(元)
	中压铜管　外径 9.54mm	m	1	10.73	10.73		
	铜气焊丝	kg	0.0033	34.3	0.11		
	氧气	m^3	0.0126	2.83	0.04		
	乙炔气	kg	0.0052	15.44	0.08		
	尼龙砂轮片　$\phi 100\times16\times3$	片	0.0042	3.26	0.01		
	尼龙砂轮片　$\phi 500\times25\times4$	片	0.0005	10.55	0.01		
	硼砂	kg	0.0007	6.69			
	其他材料费	元	0.099	1	0.1		
	其他材料费			—		—	
	材料费小计			—	11.08	—	

续表

工程名称:通风空调工程　　　　第 7 页　共 23 页

项目编码	031001004002	项目名称	铜管 12.7mm	计量单位	m	工程量	21.9

清单综合单价组成明细													
定额编号	定额项目名称	定额单位	数量	单价					合价				
				人工费	材料费	机械费	管理费	利润	人工费	材料费	机械费	管理费	利润
8—499	中压铜管(氧乙炔焊)外径 20	10 m	0.1	33.11	3.52	0.02	13.24	4.64	3.31	0.35		1.32	0.46
综合人工工日	小计								3.31	0.35		1.32	0.46
0.043 工日	未计价材料费								17.49				
清单项目综合单价									22.94				

材料费明细	主要材料名称、规格、型号	单位	数量	单价(元)	合价(元)	暂估单价(元)	暂估合价(元)
	中压铜管　外径 12.7mm	m	1	17.49	17.49		
	铜气焊丝	kg	0.0033	34.3	0.11		
	氧气	m^3	0.0126	2.83	0.04		
	乙炔气	kg	0.0052	15.44	0.08		
	尼龙砂轮片　$\phi 100\times16\times3$	片	0.0042	3.26	0.01		
	尼龙砂轮片　$\phi 500\times25\times4$	片	0.0005	10.55	0.01		
	硼砂	kg	0.0007	6.69			
	其他材料费	元	0.099	1	0.1		
	其他材料费			—		—	
	材料费小计			—	17.84	—	

续表

工程名称：通风空调工程　　第 8 页　共 23 页

项目编码	031001004003	项目名称	铜管 15.88mm	计量单位	m	工程量	86.6

清单综合单价组成明细													
定额编号	定额项目名称	定额单位	数量	单价					合价				
				人工费	材料费	机械费	管理费	利润	人工费	材料费	机械费	管理费	利润
8—499	中压铜管（氧乙炔焊）外径 20	10 m	0.1	33.11	3.52	0.02	13.24	4.64	3.31	0.35		1.32	0.46
综合人工工日	小计								3.31	0.35		1.32	0.46
0.043 工日	未计价材料费								24.26				
清单项目综合单价									29.71				

材料费明细	主要材料名称、规格、型号	单位	数量	单价（元）	合价（元）	暂估单价（元）	暂估合价（元）
	中压铜管　外径 15.88mm	m	1	24.26	24.26		
	铜气焊丝	kg	0.0033	34.3	0.11		
	氧气	m^3	0.0126	2.83	0.04		
	乙炔气	kg	0.0052	15.44	0.08		
	尼龙砂轮片　ϕ100×16×3	片	0.0042	3.26	0.01		
	尼龙砂轮片　ϕ500×25×4	片	0.0005	10.55	0.01		
	硼砂	kg	0.0007	6.69			
	其他材料费	元	0.099	1	0.1		
	其他材料费			—		—	
	材料费小计			—	24.61	—	

续表

工程名称：通风空调工程　　第 9 页　共 23 页

项目编码	031001004004	项目名称	铜管 19.05mm	计量单位	m	工程量	16.8

清单综合单价组成明细													
定额编号	定额项目名称	定额单位	数量	单价					合价				
				人工费	材料费	机械费	管理费	利润	人工费	材料费	机械费	管理费	利润
8—499	中压铜管（氧乙炔焊）外径 20	10 m	0.1	33.11	3.52	0.02	13.24	4.64	3.31	0.35		1.32	0.46
综合人工工日	小计								3.31	0.35		1.32	0.46
0.043 工日	未计价材料费								29.45				
清单项目综合单价									34.9				

材料费明细	主要材料名称、规格、型号	单位	数量	单价（元）	合价（元）	暂估单价（元）	暂估合价（元）
	中压铜管　外径 19.05mm	m	1	29.45	29.45		
	铜气焊丝	kg	0.0033	34.3	0.11		
	氧气	m^3	0.0126	2.83	0.04		
	乙炔气	kg	0.0052	15.44	0.08		
	尼龙砂轮片　ϕ100×16×3	片	0.0042	3.26	0.01		
	尼龙砂轮片　ϕ500×25×4	片	0.0005	10.55	0.01		
	硼砂	kg	0.0007	6.69			
	其他材料费	元	0.099	1	0.1		
	其他材料费			—		—	
	材料费小计			—	29.8	—	

续表

工程名称：通风空调工程　　　　第 10 页　共 23 页

项目编码	031001004005	项目名称	铜管 25.4mm	计量单位	m	工程量	21.9

清单综合单价组成明细

定额编号	定额项目名称	定额单位	数量	单价					合价				
				人工费	材料费	机械费	管理费	利润	人工费	材料费	机械费	管理费	利润
8—500	中压铜管（氧乙炔焊）外径 30	10 m	0.1	46.2	4.96	0.04	18.48	6.47	4.62	0.5		1.85	0.65
综合人工工日		小　计							4.62	0.5		1.85	0.65
0.06 工日		未计价材料费							47.23				
清单项目综合单价									54.85				

材料费明细	主要材料名称、规格、型号	单位	数量	单价（元）	合价（元）	暂估单价（元）	暂估合价（元）
	中压铜管　外径 25.4mm	m	1	47.23	47.23		
	铜气焊丝	kg	0.0051	34.3	0.17		
	氧气	m³	0.0195	2.83	0.06		
	乙炔气	kg	0.008	15.44	0.12		
	尼龙砂轮片　ϕ100×16×3	片	0.0079	3.26	0.03		
	尼龙砂轮片　ϕ500×25×4	片	0.0007	10.55	0.01		
	硼砂	kg	0.001	6.69	0.01		
	其他材料费	元	0.102	1	0.1		
	其他材料费			—		—	
	材料费小计			—	47.73	—	

续表

工程名称：通风空调工程　　　　第 11 页　共 23 页

项目编码	03B001	项目名称	冷媒追加量	计量单位	m³	工程量	8.02

清单综合单价组成明细

定额编号	定额项目名称	定额单位	数量	单价					合价				
				人工费	材料费	机械费	管理费	利润	人工费	材料费	机械费	管理费	利润
独立费	冷媒追加量	m³	1		125					125			
综合人工工日		小　计								125			
		未计价材料费											
清单项目综合单价									125				

材料费明细	主要材料名称、规格、型号	单位	数量	单价（元）	合价（元）	暂估单价（元）	暂估合价（元）
	冷媒体追加量	m³	1	125	125		
	其他材料费			—		—	
	材料费小计			—	125	—	

项目编码	030805005001	项目名称	分歧管 KHP26MC37T	计量单位	个	工程量	2

清单综合单价组成明细

定额编号	定额项目名称	定额单位	数量	单价					合价				
				人工费	材料费	机械费	管理费	利润	人工费	材料费	机械费	管理费	利润
8—1130	KHP26MC37T	10 个	0.1	291.85	50.9	1.2	116.75	40.85	29.19	5.09	0.12	11.68	4.09
综合人工工日		小　计							29.19	5.09	0.12	11.68	4.09
0.379 工日		未计价材料费							343.02				
清单项目综合单价									393.18				

材料费明细	主要材料名称、规格、型号	单位	数量	单价（元）	合价（元）	暂估单价（元）	暂估合价（元）
	KHP26MC37T　Dg40	个	1	343.02	343.02		
	铜气焊丝	kg	0.058	34.3	1.99		
	氧气	m³	0.2913	2.83	0.82		
	乙炔气	kg	0.112	15.44	1.73		
	硼砂	kg	0.0121	6.69	0.08		
	尼龙砂轮片　ϕ100×16×3	片	0.0309	3.26	0.1		
	尼龙砂轮片　ϕ500×25×4	片	0.0249	10.55	0.26		
	其他材料费	元	0.104	1	0.1		
	其他材料费			—		—	
	材料费小计			—	348.11	—	

续表

工程名称：通风空调工程　　第12页　共23页

项目编码	030805005002	项目名称	分歧 KHP26MC33T	计量单位	个	工程量	16

清单综合单价组成明细													
定额编号	定额项目名称	定额单位	数量	单价					合价				
				人工费	材料费	机械费	管理费	利润	人工费	材料费	机械费	管理费	利润
8—1129	KHP26MC33T	10个	0.1	233.31	35.42	0.66	93.32	32.66	23.33	3.54	0.07	9.33	3.27
综合人工工日	小　计								23.33	3.54	0.07	9.33	3.27
0.303 工日	未计价材料费								257.26				
清单项目综合单价									296.8				

材料费明细	主要材料名称、规格、型号	单位	数量	单价（元）	合价（元）	暂估单价（元）	暂估合价（元）
	KHP26MC33T　Dg30	个	1	257.26	257.26		
	铜气焊丝	kg	0.042	34.3	1.44		
	氧气	m^3	0.1964	2.83	0.56		
	乙炔气	kg	0.0755	15.44	1.17		
	硼砂	kg	0.0089	6.69	0.06		
	尼龙砂轮片　ϕ100×16×3	片	0.03	3.26	0.1		
	尼龙砂轮片　ϕ500×25×4	片	0.0135	10.55	0.14		
	其他材料费	元	0.079	1	0.08		
	其他材料费			—		—	
	材料费小计			—	260.8	—	

项目编码	030601001001	项目名称	温度计	计量单位	支	工程量	4

清单综合单价组成明细													
定额编号	定额项目名称	定额单位	数量	单价					合价				
				人工费	材料费	机械费	管理费	利润	人工费	材料费	机械费	管理费	利润
6—2	膨胀式温度计双金属温度计	支	1	28.49	1.54	0.71	11.4	3.99	28.49	1.54	0.71	11.4	3.99
综合人工工日	小　计								28.49	1.54	0.71	11.4	3.99
0.37 工日	未计价材料费								58.31				
清单项目综合单价									104.44				

材料费明细	主要材料名称、规格、型号	单位	数量	单价（元）	合价（元）	暂估单价（元）	暂估合价（元）
	温度计插座　带丝堵	套	1	58.31	58.31		
	垫片	片	1	0.33	0.33		
	白布	m	0.05	3.43	0.17		
	位号牌	个	1	0.51	0.51		
	校验材料费	元	0.56	0.86	0.48		
	其他材料费	元	0.05	1	0.05		
	其他材料费			—		—	
	材料费小计			—	59.85	—	

续表

工程名称：通风空调工程　　第13页　共23页

项目编码	030601002001	项目名称	压力计	计量单位	台	工程量	4

清单综合单价组成明细													
定额编号	定额项目名称	定额单位	数量	单价					合价				
				人工费	材料费	机械费	管理费	利润	人工费	材料费	机械费	管理费	利润
6—23	压力计 单管	台	1	26.18	4.55		10.47	3.67	26.18	4.55		10.47	3.67
综合人工工日	小　计								26.18	4.55		10.47	3.67
0.34 工日	未计价材料费								66.89				
清单项目综合单价									111.76				

材料费明细	主要材料名称、规格、型号	单位	数量	单价（元）	合价（元）	暂估单价（元）	暂估合价（元）
	取源部件	套	1	66.89	66.89		
	精制螺栓　M10×25～50	套	4	0.3	1.2		
	棉纱头	kg	0.1	5.57	0.56		
	医用胶管	m	1	1.72	1.72		
	位号牌	个	1	0.51	0.51		
	其他材料费	元	0.56	1	0.56		
	其他材料费			—		—	
	材料费小计			—	71.44	—	

项目编码	031003001001	项目名称	螺纹阀门 DN15	计量单位	个	工程量	20

清单综合单价组成明细													
定额编号	定额项目名称	定额单位	数量	单价					合价				
				人工费	材料费	机械费	管理费	利润	人工费	材料费	机械费	管理费	利润
10—418	螺纹阀门安装 DN15	个	1	7.4	4.28		2.96	1.04	7.4	4.28		2.96	1.04
综合人工工日	小　计								7.4	4.28		2.96	1.04
0.1 工日	未计价材料费								24.25				
清单项目综合单价									39.93				

材料费明细	主要材料名称、规格、型号	单位	数量	单价（元）	合价（元）	暂估单价（元）	暂估合价（元）
	螺纹阀门　DN15	个	1.01	24.01	24.25		
	镀锌活接头　DN15	个	1.01	3.89	3.93		
	厚漆	kg	0.008	8.58	0.07		
	机油	kg	0.012	7.72	0.09		
	线麻	kg	0.001	10.29	0.01		
	橡胶板　δ1～15	kg	0.002	7.72	0.02		
	棉纱头	kg	0.01	5.57	0.06		
	砂纸	张	0.1	0.94	0.09		
	钢锯条	根	0.07	0.21	0.01		
	其他材料费			—		—	
	材料费小计			—	28.53	—	

续表

工程名称：通风空调工程　　　　第 14 页　共 23 页

项目编码	031003001002	项目名称	螺纹阀门 DN20			计量单位	个		工程量	20			
清单综合单价组成明细													
定额编号	定额项目名称	定额单位	数量	单价					合价				
				人工费	材料费	机械费	管理费	利润	人工费	材料费	机械费	管理费	利润
10—419	螺纹阀门安装 DN20	个	1	7.4	5.16		2.96	1.04	7.4	5.16		2.96	1.04
综合人工工日	小　计								7.4	5.16		2.96	1.04
0.1 工日	未计价材料费								31.18				
清单项目综合单价									47.74				

	主要材料名称、规格、型号	单位	数量	单价（元）	合价（元）	暂估单价（元）	暂估合价（元）
材料费明细	螺纹阀门　DN20	个	1.01	30.87	31.18		
	镀锌活接头　DN20	个	1.01	4.7	4.75		
	厚漆	kg	0.01	8.58	0.09		
	机油	kg	0.012	7.72	0.09		
	线麻	kg	0.001	10.29	0.01		
	橡胶板　δ1～15	kg	0.003	7.72	0.02		
	棉纱头	kg	0.012	5.57	0.07		
	砂纸	张	0.12	0.94	0.11		
	钢锯条	根	0.1	0.21	0.02		
	其他材料费			—		—	
	材料费小计			—	36.34	—	

项目编码	031003001003	项目名称	螺纹阀门 DN25			计量单位	个		工程量	4			
清单综合单价组成明细													
定额编号	定额项目名称	定额单位	数量	单价					合价				
				人工费	材料费	机械费	管理费	利润	人工费	材料费	机械费	管理费	利润
10—420	螺纹阀门安装 DN25	个	1	8.14	7.97		3.26	1.14	8.14	7.97		3.26	1.14
综合人工工日	小　计								8.14	7.97		3.26	1.14
0.11 工日	未计价材料费								41.57				
清单项目综合单价									62.08				

	主要材料名称、规格、型号	单位	数量	单价（元）	合价（元）	暂估单价（元）	暂估合价（元）
材料费明细	螺纹阀门　DN25	个	1.01	41.16	41.57		
	镀锌活接头　DN25	个	1.01	7.42	7.49		
	厚漆	kg	0.012	8.58	0.1		
	机油	kg	0.012	7.72	0.09		
	线麻	kg	0.001	10.29	0.01		
	橡胶板　δ1～15	kg	0.004	7.72	0.03		
	棉纱头	kg	0.015	5.57	0.08		
	砂纸	张	0.15	0.94	0.14		
	钢锯条	根	0.12	0.21	0.03		
	其他材料费			—	—0.01	—	
	材料费小计			—	49.54	—	

续表

工程名称：通风空调工程　　　　第 15 页　共 23 页

项目编码	031003001004	项目名称	自动放气阀 DN20			计量单位	个		工程量	4			
清单综合单价组成明细													
定额编号	定额项目名称	定额单位	数量	单价					合价				
				人工费	材料费	机械费	管理费	利润	人工费	材料费	机械费	管理费	利润
10—419	螺纹阀门安装 DN20	个	1	7.4	5.16		2.96	1.04	7.4	5.16		2.96	1.04
综合人工工日	小　计								7.4	5.16		2.96	1.04
0.1 工日	未计价材料费								27.71				
清单项目综合单价									44.27				

	主要材料名称、规格、型号	单位	数量	单价（元）	合价（元）	暂估单价（元）	暂估合价（元）
材料费明细	螺纹阀门　DN20	个	1.01	27.44	27.71		
	镀锌活接头　DN20	个	1.01	4.7	4.75		
	厚漆	kg	0.01	8.58	0.09		
	机油	kg	0.012	7.72	0.09		
	线麻	kg	0.001	10.29	0.01		
	橡胶板　δ1～15	kg	0.003	7.72	0.02		
	棉纱头	kg	0.012	5.57	0.07		
	砂纸	张	0.12	0.94	0.11		
	钢锯条	根	0.1	0.21	0.02		
	其他材料费			—		—	
	材料费小计			—	32.87	—	

续表

工程名称:通风空调工程　　　　第 16 页　共 23 页

项目编码	031002001001	项目名称	管道支架	计量单位	kg	工程量	88

清单综合单价组成明细

定额编号	定额项目名称	定额单位	数量	单价					合价				
				人工费	材料费	机械费	管理费	利润	人工费	材料费	机械费	管理费	利润
10—384	设备支架制作单件重 100 kg 以内	100 kg	0.009 968	253.08	32.16	113.77	101.23	35.43	2.52	0.32	1.13	1.01	0.35
10—383	管道支架安装	100 kg	0.009 968	244.2	22.36	52.38	97.67	34.19	2.43	0.22	0.52	0.97	0.34
综合人工工日	小 计								4.95	0.54	1.65	1.98	0.69
0.067 工日	未计价材料费								3.59				
清单项目综合单价									13.42				

材料费明细	主要材料名称、规格、型号	单位	数量	单价(元)	合价(元)	暂估单价(元)	暂估合价(元)
	钢材 <100kg	kg	1.0467	3.43	3.59		
	精制带母镀锌螺栓 M20×80 以下	套	0.0197	4	0.08		
	钢丝刷子	把	0.0016	1.54			
	电焊条 J422 ϕ3.2	kg	0.0135	3.77	0.05		
	溶剂汽油	kg	0.0014	7.89	0.01		
	清油	kg	0.0019	13.72	0.03		
	无光调和漆	kg	0.0044	12.86	0.06		
	醇酸防锈漆 C53—1	kg	0.0056	12.86	0.07		
	松香水	kg	0.0016	4.72	0.01		
	破布	kg	0.0006	6			
	铁砂布 2#	张	0.0158	0.86	0.01		
	锯条	根	0.0047	0.19			
	砂轮片 ϕ350	片	0.0016	9.86	0.02		
	其他材料费	元	0.0107	1	0.01		
	氧气	m3	0.0037	2.83	0.01		
	乙炔气	kg	0.0013	15.44	0.02		
	砂轮片 ϕ400	片	0.0021	11.58	0.02		
	水泥 32.5 级	kg	0.0426	0.27	0.01		
	黄砂	m^3	0.0001	120.46	0.01		
	棉纱头	kg	0.0035	5.57	0.02		
	橡胶板 δ1～15	kg	0.0007	7.72	0.01		
	机油 6～7#	kg	0.0007	10.72	0.01		
	碎石 5～32 mm	m^3	0.0001	90.34	0.01		
	厚漆	kg	0.0001	8.58			
	尼龙砂轮片 ϕ100×16×3	片	0.0001	3.26			
	精制六角螺栓	kg	0.0018	4.82	0.01		
	螺母	kg	0.0037	6.17	0.02		
	钢垫圈	kg	0.0014	4.97	0.01		
	其他材料费			—	0.03	—	
	材料费小计			—	4.13	—	

续表

工程名称:通风空调工程　　　　第 17 页　共 23 页

项目编码	031002003001	项目名称	一般钢套管 DN150	计量单位	个	工程量	6

清单综合单价组成明细

定额编号	定额项目名称	定额单位	数量	单价					合价				
				人工费	材料费	机械费	管理费	利润	人工费	材料费	机械费	管理费	利润
10—400	过墙过楼板钢套管制作、安装 DN150	10 个	0.1	253.08	252.37	17.85	101.23	35.43	25.31	25.24	1.79	10.12	3.54
综合人工工日	小 计								25.31	25.24	1.79	10.12	3.54
0.342 工日	未计价材料费												
清单项目综合单价									66				

材料费明细	主要材料名称、规格、型号	单位	数量	单价(元)	合价(元)	暂估单价(元)	暂估合价(元)
	焊接钢管 DN150	m	0.305	72.88	22.23		
	石棉绒	kg	0.427	2.4	1.02		
	油浸麻丝	kg	0.204	8.4	1.71		
	水泥 32.5 级	kg	1	0.27	0.27		
	其他材料费			—		—	
	材料费小计			—	25.24	—	

项目编码	031208002001	项目名称	管道绝热	计量单位	m^3	工程量	0.94

清单综合单价组成明细

定额编号	定额项目名称	定额单位	数量	单价					合价				
				人工费	材料费	机械费	管理费	利润	人工费	材料费	机械费	管理费	利润
11—1829	纤维类制品(管壳)安装 管道ϕ57 mm 厚度 30 mm	m^3	1	349.28	21.88	12.64	139.71	48.9	349.28	21.88	12.64	139.71	48.9
综合人工工日	小 计								349.28	21.88	12.64	139.71	48.9
4.720 2 工日	未计价材料费								2479.03				
清单项目综合单价									3051.45				

材料费明细	主要材料名称、规格、型号	单位	数量	单价(元)	合价(元)	暂估单价(元)	暂估合价(元)
	纤维类制品(管壳)	m^3	1.03	2401.14	2473.17		
	铝箔胶带	m^2	5.69	1.03	5.86		
	镀锌铁丝 13#～17#	kg	4.25	5.15	21.89		
	其他材料费			—	—0.01	—	
	材料费小计			—	2500.91	—	

续表

工程名称:通风空调工程　　　　第 18 页　共 23 页

项目编码	030411004001	项目名称	控制线 BV0.75mm²	计量单位	m	工程量	392.1

清单综合单价组成明细

定额编号	定额项目名称	定额单位	数量	单价					合价				
				人工费	材料费	机械费	管理费	利润	人工费	材料费	机械费	管理费	利润
4−1398	管内穿二芯软导线 0.75 mm²	100 m 单线	0.01	44.4	12.43		17.76	6.22	0.44	0.12		0.18	0.06
综合人工工日	小　计								0.44	0.12		0.18	0.06
0.006 工日	未计价材料费								0.09				
清单项目综合单价									0.89				

材料费明细	主要材料名称、规格、型号	单位	数量	单价(元)	合价(元)	暂估单价(元)	暂估合价(元)
	铜二芯多股绝缘导线截面　<0.75mm²	m	1.08	0.08	0.09		
	钢丝　ϕ1.6	kg	0.0009	6	0.01		
	棉纱头	kg	0.0017	5.57	0.01		
	汽油	kg	0.0048	9.12	0.04		
	焊锡	kg	0.001	36.87	0.04		
	焊锡膏　瓶装 50g	kg	0.0001	51.45	0.01		
	塑料粘胶带	盘	0.0075	3.14	0.02		
	其他材料费			—		—	
	材料费小计			—	0.21	—	

项目编码	030404036001	项目名称	空调控制器	计量单位	套	工程量	16

清单综合单价组成明细

定额编号	定额项目名称	定额单位	数量	单价					合价				
				人工费	材料费	机械费	管理费	利润	人工费	材料费	机械费	管理费	利润
4−395	盘管风机三速开关安装	10 套	0.1	170.2	14.1		68.08	23.83	17.02	1.41		6.81	2.38
综合人工工日	小　计								17.02	1.41		6.81	2.38
0.23 工日	未计价材料费								100.59				
清单项目综合单价									128.21				

材料费明细	主要材料名称、规格、型号	单位	数量	单价(元)	合价(元)	暂估单价(元)	暂估合价(元)
	风机三速开关	个	1.02	98.62	100.59		
	BV 铜芯聚氯乙烯绝缘线　450V/750V2.5mm²	m	0.764	1.5	1.15		
	自攻螺钉 M4×40	十个	0.416	0.25	0.1		
	镀锌铁丝 22#	kg	0.01	4.72	0.05		
	焊锡	kg	0.001	36.87	0.04		
	塑料软管 dn5	m	0.03	1.48	0.04		
	其他材料费	元	0.032	1	0.03		
	其他材料费			—		—	
	材料费小计			—	102	—	

续表

工程名称:通风空调工程　　　　第 19 页　共 23 页

项目编码	031001006001	项目名称	UPVC 塑料管 DN20	计量单位	m	工程量	22.8

清单综合单价组成明细

定额编号	定额项目名称	定额单位	数量	单价					合价				
				人工费	材料费	机械费	管理费	利润	人工费	材料费	机械费	管理费	利润
10−316	室内承插塑料空调凝结水管、雨水管 DN32	10 m	0.1	64.38	14.29	1.11	25.75	9.01	6.44	1.43	0.11	2.58	0.9
综合人工工日	小　计								6.44	1.43	0.11	2.58	0.9
0.087 工日	未计价材料费								2.92				
清单项目综合单价									14.37				

材料费明细	主要材料名称、规格、型号	单位	数量	单价(元)	合价(元)	暂估单价(元)	暂估合价(元)
	承插塑料排水管　dn20	m	0.984	2.57	2.53		
	承插塑料排水管件　dn20	个	0.452	0.86	0.39		
	聚氯乙烯热熔密封胶	kg	0.009	10.72	0.1		
	丙酮	kg	0.014	5.15	0.07		
	钢锯条	根	0.035	0.21	0.01		
	铁砂布　2#	张	0.048	0.86	0.04		
	棉纱头	kg	0.015	5.57	0.08		
	膨胀螺栓　M12×200	套	0.219	3	0.66		
	精制带母镀锌螺栓　M6～12×12～50	套	0.354	0.33	0.12		
	电焊条　J422 ϕ3.2	kg	0.002	3.77	0.01		
	扁钢　<−59	kg	0.041	3.64	0.15		
	水	m³	0.011	4.57	0.05		
	镀锌铁丝　13#～17#	kg	0.004	5.15	0.02		
	电	kW·h	0.102	0.76	0.08		
	其他材料费	元	0.049	1	0.05		
	其他材料费			—		—	
	材料费小计			—	4.35	—	

续表

工程名称：通风空调工程　　　　第 20 页　共 23 页

项目编码	031001006002	项目名称	UPVC DN25	塑料管	计量单位	m	工程量	54

清单综合单价组成明细

定额编号	定额项目名称	定额单位	数量	单价					合价				
				人工费	材料费	机械费	管理费	利润	人工费	材料费	机械费	管理费	利润
10—316	室内承插塑料空调凝结水管、雨水管 DN32	10 m	0.1	64.38	14.29	1.11	25.75	9.01	6.44	1.43	0.11	2.58	0.9
综合人工工日	小　计								6.44	1.43	0.11	2.58	0.9
0.087 工日	未计价材料费								5				
清单项目综合单价									16.45				

材料费明细	主要材料名称、规格、型号	单位	数量	单价(元)	合价(元)	暂估单价(元)	暂估合价(元)
	承插塑料排水管　dn25	m	0.984	4.36	4.29		
	承插塑料排水管件　dn25	个	0.452	1.56	0.71		
	聚氯乙烯热熔密封胶	kg	0.009	10.72	0.1		
	丙酮	kg	0.014	5.15	0.07		
	钢锯条	根	0.035	0.21	0.01		
	铁砂布　2#	张	0.048	0.86	0.04		
	棉纱头	kg	0.015	5.57	0.08		
	膨胀螺栓　M12×200	套	0.219	3	0.66		
	精制带母镀锌螺栓　M6～12×12～50	套	0.354	0.33	0.12		
	电焊条　J422 ϕ3.2	kg	0.002	3.77	0.01		
	扁钢　<—59	kg	0.041	3.64	0.15		
	水	m^3	0.011	4.57	0.05		
	镀锌铁丝　13#～17#	kg	0.004	5.15	0.02		
	电	kW·h	0.102	0.76	0.08		
	其他材料费	元	0.049	1	0.05		
	其他材料费			—	0.01	—	
	材料费小计			—	6.43	—	

续表

工程名称：通风空调工程　　　　第 21 页　共 23 页

项目编码	031001006003	项目名称	UPVC 塑料管 DN32	计量单位	m	工程量	50.72

清单综合单价组成明细

定额编号	定额项目名称	定额单位	数量	单价					合价				
				人工费	材料费	机械费	管理费	利润	人工费	材料费	机械费	管理费	利润
10—316	室内承插塑料空调凝结水管、雨水管 DN32	10 m	0.1	64.38	14.29	1.11	25.75	9.01	6.44	1.43	0.11	2.58	0.9
综合人工工日	小　计								6.44	1.43	0.11	2.58	0.9
0.087 工日	未计价材料费								8.71				
清单项目综合单价									20.17				

材料费明细	主要材料名称、规格、型号	单位	数量	单价(元)	合价(元)	暂估单价(元)	暂估合价(元)
	承插塑料排水管　dn32	m	0.984	7.01	6.9		
	承插塑料排水管件　dn32	个	0.452	4.01	1.81		
	聚氯乙烯热熔密封胶	kg	0.009	10.72	0.1		
	丙酮	kg	0.014	5.15	0.07		
	钢锯条	根	0.035	0.21	0.01		
	铁砂布　2#	张	0.048	0.86	0.04		
	棉纱头	kg	0.015	5.57	0.08		
	膨胀螺栓　M12×200	套	0.219	3	0.66		
	精制带母镀锌螺栓　M6～12×12～50	套	0.354	0.33	0.12		
	电焊条　J422 ϕ3.2	kg	0.002	3.77	0.01		
	扁钢　<—59	kg	0.041	3.64	0.15		
	水	m^3	0.011	4.57	0.05		
	镀锌铁丝　13#～17#	kg	0.004	5.15	0.02		
	电	kW·h	0.102	0.76	0.08		
	其他材料费	元	0.049	1	0.05		
	其他材料费			—		—	
	材料费小计			—	10.14	—	

项目编码	030704001001	项目名称	通风工程检测、调试	计量单位	系统	工程量	2

清单综合单价组成明细

定额编号	定额项目名称	定额单位	数量	单价					合价				
				人工费	材料费	机械费	管理费	利润	人工费	材料费	机械费	管理费	利润
7—1000	第 7 册通风工程检测调试费增加人工费 13%其中人工工资 25%材料费 75%	项	0.5	164	492		65.6	22.96	82	246		32.8	11.48
综合人工工日	小　计								82	246		32.8	11.48
	未计价材料费												
清单项目综合单价									372.28				

材料费明细	主要材料名称、规格、型号	单位	数量	单价(元)	合价(元)	暂估单价(元)	暂估合价(元)
	其他材料费			—	246	—	
	材料费小计			—	246	—	

续表

工程名称：通风空调工程　　　　　　第 22 页　共 23 页

项目编码	031009001001	项目名称	采暖工程系统调试	计量单位	系统	工程量	1

清单综合单价组成明细

定额编号	定额项目名称	定额单位	数量	单价					合价				
				人工费	材料费	机械费	管理费	利润	人工费	材料费	机械费	管理费	利润
10—1000	第 10 册采暖工程系统调试费增加人工费 15%其中人工工资 20%材料费 80%	项	1	53.02	212.06		21.21	7.42	53.02	212.06		21.21	7.42
综合人工工日	小　计								53.02	212.06		21.21	7.42
	未计价材料费												
清单项目综合单价									293.71				

材料费明细	主要材料名称、规格、型号	单位	数量	单价（元）	合价（元）	暂估单价（元）	暂估合价（元）
	其他材料费			—	212.06	—	
	材料费小计			—	212.06	—	

项目编码	031301017001	项目名称	脚手架搭拆	计量单位	项	工程量	1

清单综合单价组成明细

定额编号	定额项目名称	定额单位	数量	单价					合价				
				人工费	材料费	机械费	管理费	利润	人工费	材料费	机械费	管理费	利润
7—9300	第 7 册脚手架搭拆费增加人工费 3%，其中人工工资 25%材料费 75%	项	1	39.08	117.23		15.63	5.47	39.08	117.23		15.63	5.47
8—9300	第 8 册脚手架搭拆费增加人工费 7%，其中人工工资 25%材料费 75%	项	1	22.58	67.73		9.03	3.16	22.58	67.73		9.03	3.16
6—9300	第 6 册脚手架搭拆费增加人工费 4%，其中人工工资 25%材料费 75%	项	1	2.19	6.56		0.88	0.31	2.19	6.56		0.88	0.31
10—9300	第 10 册脚手架搭拆费增加人工费 5%，其中人工工资 25%材料费 75%	项	1	22.75	68.26		9.1	3.19	22.75	68.26		9.1	3.19

续表

工程名称：通风空调工程　　　　　　第 23 页　共 23 页

项目编码	031301017001	项目名称	脚手架搭拆	计量单位	项	工程量	1

清单综合单价组成明细

定额编号	定额项目名称	定额单位	数量	单价					合价				
				人工费	材料费	机械费	管理费	利润	人工费	材料费	机械费	管理费	利润
11—9302	第 11 册脚手架绝热搭拆费增加人工费 20%，其中人工工资 25%材料费 75%	项	1	16.42	49.25		6.57	2.3	16.42	49.25		6.57	2.3
4—9300	第 4 册脚手架搭拆费增加人工费 4%，其中人工工资 25%材料费 75%	项	1	4.46	13.39		1.78	0.62	4.46	13.39		1.78	0.62
综合人工工日	小　计								107.48	322.42		42.99	15.05
	未计价材料费												
清单项目综合单价									487.94				

材料费明细	主要材料名称、规格、型号	单位	数量	单价（元）	合价（元）	暂估单价（元）	暂估合价（元）
	其他材料费			—	322.42	—	
	材料费小计			—	322.42	—	

未来软件编制　　　　　　2017 年 05 月 04 日

总价措施项目清单与计价表

工程名称：通风空调工程　　　　标段：　　　　第 1 页　共 2 页

序号	项目编码	项目名称	计算基础	费率(%)	金额(元)	调整费率(%)	调整后金额(元)	备注
1	011707001001	安全文明施工基本费	分部分项工程费＋单价措施项目费－分部分项除税工程设备费－单价措施除税工程设备费	3	7863.89			
2	011707001002	安全文明施工省级标化增加费	分部分项工程费＋单价措施项目费－分部分项除税工程设备费－单价措施除税工程设备费	0.7	1834.91			
3	011707002001	夜间施工	分部分项工程费＋单价措施项目费－分部分项除税工程设备费－单价措施除税工程设备费	0.1	262.13			
4	011707003001	非夜间施工照明	分部分项工程费＋单价措施项目费－分部分项除税工程设备费－单价措施除税工程设备费	0.2	524.26			

续表

工程名称:通风空调工程　　标段:　　第 2 页　共 2 页

序号	项目编码	项目名称	计算基础	费率(%)	金额(元)	调整费率(%)	调整后金额(元)	备注
5	011707005001	冬雨季施工	分部分项工程费+单价措施项目费-分部分项除税工程设备费-单价措施除税工程设备费	0.2	524.26			
6	011707007001	已完工程及设备保护	分部分项工程费+单价措施项目费-分部分项除税工程设备费-单价措施除税工程设备费	0.05	131.06			
7	011707008001	临时设施	分部分项工程费+单价措施项目费-分部分项除税工程设备费-单价措施除税工程设备费	2.2	5766.85			
8	011707009001	赶工措施	分部分项工程费+单价措施项目费-分部分项除税工程设备费-单价措施除税工程设备费	2	5242.59			
9	011707010001	工程按质论价	分部分项工程费+单价措施项目费-分部分项除税工程设备费-单价措施除税工程设备费	3	7863.89			
10	011707011001	住宅分户验收	分部分项工程费+单价措施项目费-分部分项除税工程设备费-单价措施除税工程设备费	0.4	1048.52			
合　计					31062.36			

编制人(造价人员):张晓东　　复核人(造价工程师):俞振华

未来软件编制　　2017 年 05 月 04 日

其他项目清单与计价汇总表

工程名称:通风空调工程　　标段:　　第 1 页　共 2 页

序号	项　目　名　称	金额(元)	结算金额(元)	备注
1	暂列金额			明细详见表—12—1
2	暂估价			
2.1	材料(工程设备)暂估价	—		明细详见表—12—2
2.2	专业工程暂估价			明细详见表—12—3
3	计日工			明细详见表—12—4
4	总承包服务费			明细详见表—12—5
合　计				—

未来软件编制　　2017 年 05 月 04 日

暂列金额明细表

工程名称:通风空调工程　　标段:　　第 1 页　共 1 页

序号	项　目　名　称	计量单位	暂定金额(元)	备注
合　计				—

未来软件编制　　2017 年 05 月 04 日

表—12—1

材料(工程设备)暂估单价及调整表

工程名称:通风空调工程　　标段:　　第 1 页　共 1 页

序号	材料编码	材料(工程设备)名称、规格、型号	计量单位	数量		暂估(元)		确认(元)		差额±(元)		备注
				投标	确认	单价	合价	单价	合价	单价	合价	
合　计												

未来软件编制　　2017 年 05 月 04 日

表—12—2

专业工程暂估价及结算价表

工程名称:通风空调工程　　标段:　　第 1 页　共 1 页

序号	工 程 名 称	工 程 内 容	暂估金额(元)	结算金额(元)	差额±(元)	备注
合　计						—

未来软件编制　　2017 年 05 月 04 日

表—12—3

计日工表

工程名称：通风空调工程　　　　标段：　　　　第1页　共1页

编号	项目名称	单位	暂定数量	实际数量	综合单价(元)	合价(元)	
						暂定	实际
一	人工						
人工小计							
二	材料						
材料小计							
三	施工机械						
施工机械小计							
四、企业管理费和利润							
总　计							

未来软件编制　　　　2017年05月04日

表—12—4

总承包服务费计价表

工程名称：通风空调工程　　　　标段：　　　　第1页　共1页

序号	项目名称	项目价值(元)	服务内容	计算基础	费率(%)	金额(元)
合　计					—	

未来软件编制　　　　2017年05月04日

表—12—5

规费、税金项目计价表

工程名称：通风空调工程　　　　标段：　　　　第1页　共1页

序号	项目名称	计算基础	计算基数(元)	计算费率(%)	金额(元)
1	规　费		8561.21		8561.21
1.1	社会保险费	分部分项工程费＋措施项目费＋其他项目费－除税工程设备费	293192.07	2.4	7036.61
1.2	住房公积金		293192.07	0.42	1231.41
1.3	工程排污费		293192.07	0.1	293.19
2	税　金	分部分项工程费＋措施项目费＋其他项目费＋规费－(甲供材料费＋甲供设备费)/1.01	301753.28	11	33192.86
合　计					41754.07

编制人(造价人员)：张晓东　　　　复核人(造价工程师)：俞振华

未来软件编制　　　　2017年05月04日

承包人供应材料一览表

工程名称：通风空调工程　　　　标段：　　　　第1页　共4页

序号	材料编码	材料名称	规格型号等特殊要求	单位	数量	单价(元)	合价(元)	备注
1	99	冷媒追加量		m^3	8.02	125.00	1002.50	
2	01030106	钢丝	ϕ1.6	kg	0.3529	6.00	2.12	
3	01130141	扁钢	<—59	kg	5.2283	3.64	19.03	
4	02010106	橡胶板	δ1～15	kg	0.1938	7.72	1.50	
5	02270106	白布		m	0.20	3.43	0.69	
6	02270131	破布		kg	0.0571	6.00	0.34	
7	02290103	线麻		kg	0.048	10.29	0.49	
8	02290507	油浸麻丝		kg	1.224	8.40	10.28	
9	03031209	自攻螺钉	M4×40	十个	6.656	0.25	1.66	
10	03050134	精制螺栓	M10×20～50	套	16.00	0.30	4.80	
11	03050516	精制带母镀锌螺栓	M10×75	套	18.0786	0.67	12.11	
12	03050531	精制带母镀锌螺栓	M14×75	套	2.4016	1.34	3.22	
13	03050573	精制带母镀锌螺栓	M6～12×12～50	套	45.1421	0.33	14.90	
14	03050581	精制带母镀锌螺栓	M20×80以下	套	1.7369	4.00	6.95	
15	03050582	精制带母镀锌螺栓	M20×101～150	套	1.20	4.18	5.02	
16	03050911	精制六角螺栓		kg	0.1553	4.82	0.75	
17	03070133	膨胀螺栓	M12×200	套	27.9269	3.00	83.78	
18	03090103	螺母		kg	0.3246	6.17	2.00	

续表

工程名称：通风空调工程　　标段：　　第2页　共4页

序号	材料编码	材料名称	规格型号等特殊要求	单位	数量	单价(元)	合价(元)	备注
19	03130304	钢垫圈		kg	0.1272	4.97	0.63	
20	03210210	砂轮片	ϕ350	片	0.1386	9.86	1.37	
21	03210211	砂轮片	ϕ400	片	1.9373	11.58	22.43	
22	03210405	尼龙砂轮片	ϕ100×16×3	片	1.6859	3.26	5.50	
23	03210409	尼龙砂轮片	ϕ500×25×4	片	0.3955	10.55	4.17	
24	03270104	铁砂布	2＃	张	7.5105	0.86	6.46	
25	03270202	砂纸		张	5.48	0.94	5.15	
26	03410206	电焊条	J422　ϕ3.2	kg	1.4454	3.77	5.45	
27	03410207	电焊条	J422　ϕ4	kg	2.3304	3.73	8.69	
28	03411302	焊锡		kg	0.4081	36.87	15.05	
29	03430511	铜气焊丝		kg	1.6544	34.30	56.75	
30	03450404	焊锡膏	瓶装50g	kg	0.0392	51.45	2.02	
31	03570225	镀锌铁丝	13＃～17＃	kg	4.5051	5.15	23.20	
32	03570237	镀锌铁丝	22＃	kg	0.16	4.72	0.76	
33	03652421	锯条		根	0.4167	0.19	0.08	
34	03652422	钢锯条		根	8.7432	0.21	1.84	
35	03652906	钢丝刷子		把	0.1386	1.54	0.21	
36	04010611	水泥	32.5级	kg	9.75	0.27	2.63	
37	04030102	黄砂		m3	0.0061	120.46	0.73	
38	04050206	碎石	5～32mm	m3	0.0061	90.34	0.55	
39	05030600	普通木成材		m3	0.0026	1372.08	3.57	
40	11030305	醇酸防锈漆	C53－1	kg	0.4912	12.86	6.32	
41	11112504	无光调和漆		kg	0.3895	12.86	5.01	
42	11112524	厚漆		kg	0.4524	8.58	3.88	
43	11452114	松香水		kg	0.1386	4.72	0.65	
44	11590504	聚氯乙烯热熔密封胶		kg	1.1477	10.72	12.30	
45	12010103	汽油		kg	1.8821	9.12	17.16	
46	12030106	溶剂汽油		kg	0.1219	7.89	0.96	
47	12050311	机油		kg	0.576	7.72	4.45	
48	12050313	机油	6～7＃	kg	0.0579	10.72	0.62	
49	12060317	清油		kg	0.1685	13.72	2.31	
50	12300378	硼砂		kg	0.3486	6.69	2.33	
51	12310308	丙酮		kg	1.7853	5.15	9.19	

续表

工程名称：通风空调工程　　标段：　　第3页　共4页

序号	材料编码	材料名称	规格型号等特殊要求	单位	数量	单价(元)	合价(元)	备注
52	12370305	氧气		m^3	9.1319	2.83	25.84	
53	12370335	乙炔气		kg	3.5368	15.44	54.61	
54	12430361	塑料粘胶带		盘	2.9408	3.14	9.23	
55	13013509	石棉绒		kg	2.562	2.40	6.15	
56	14010341	焊接钢管	DN150	m	1.83	72.88	133.37	
57	14312508	塑料软管	dn5	m	0.48	1.48	0.71	
58	14373523	医用胶管		m	4.00	1.72	6.88	
59	15021105	镀锌活接头	DN15	个	20.20	3.89	78.58	
60	15021106	镀锌活接头	DN20	个	24.24	4.70	113.93	
61	15021107	镀锌活接头	DN25	个	4.04	7.42	29.98	
62	17310301	垫片		片	4.00	0.33	1.32	
63	25030104	BV铜芯聚氯乙烯绝缘线	450 V/750 V2.5 mm^2	m	12.224	1.50	18.34	
64	31110301	棉纱头		kg	16.8344	5.57	93.77	
65	31130106	其他材料费		元	36.4932	1.00	36.49	
66	31130108	校验材料费		元	2.24	0.86	1.93	
67	31150101	水		m^3	1.4053	4.57	6.42	
68	31150301	电		kW·h	13.007	0.76	9.89	
69	31170121	位号牌		个	8.00	0.51	4.08	
70	31150301	机械用电力		kW·h	103.775	0.76	78.87	
71	01270101	型钢		kg	174.72	3.43	599.29	
72	01650101	钢材	＜100 kg	kg	92.106	3.43	315.92	
73	05072105	纤维类制品(管壳)		m^3	0.9682	2401.14	2324.78	
74	12430312	铝箔胶带		m^2	5.3486	1.03	5.51	
75	14130155	中压铜管	外径9.54 mm	m	103.40	10.73	1109.48	
76	14130155	中压铜管	外径12.7 mm	m	21.90	17.49	383.03	
77	14130155	中压铜管	外径15.88 mm	m	86.60	24.26	2100.92	
78	14130155	中压铜管	外径19.05 mm	m	16.80	29.45	494.76	
79	14130155	中压铜管	外径25.4 mm	m	21.90	47.23	1034.34	
80	14310375	承插塑料排水管	dn20	m	22.4352	2.57	57.66	
81	14310375	承插塑料排水管	dn25	m	53.136	4.36	231.67	
82	14310375	承插塑料排水管	dn32	m	49.9085	7.01	349.86	
83	15112502	KHP26MC37T	Dg40	个	2.00	343.02	686.04	
84	15112502	KHP26MC33T	Dg30	个	16.00	257.26	4116.16	
85	15230305	承插塑料排水管件	dn20	个	10.3056	0.86	8.86	
86	15230305	承插塑料排水管件	dn25	个	24.408	1.56	38.08	

续表

工程名称:通风空调工程　　　　标段:　　　　第4页　共4页

序号	材料编码	材料名称	规格型号等特殊要求	单位	数量	单价(元)	合价(元)	备注
87	15230305	承插塑料排水管件	dn32	个	22.9254	4.01	91.93	
88	16310103	螺纹阀门	DN15	个	20.20	24.01	485.00	
89	16310104	螺纹阀门	DN20	个	20.20	30.87	623.57	
90	16310104	螺纹阀门	DN20	个	4.04	27.44	110.86	
91	16310105	螺纹阀门	DN25	个	4.04	41.16	166.29	
92	21090122	温度计插座	带丝堵	套	4.00	58.31	233.24	
93	21650101	取源部件		套	4.00	66.89	267.56	
94	23230134	风机三速开关		个	16.32	98.62	1609.48	
95	25430314	铜二芯多股绝缘导线截面	<0.75 mm^2	m	423.468	0.08	33.88	
96	50030101	落地式空调器	<1.0 t	台	2.00	51367.24	102734.48	
97	50030101	吊顶式空调器	<0.2 t	台	8.00	4956.64	39653.12	
98	50030101	吊顶式空调器	<0.2 t	台	6.00	5179.60	31077.60	
99	50030101	吊顶式空调器	<0.2 t	台	8.00	5248.21	41985.68	
100	50030101	吊顶式空调器	<0.2 t	台	2.00	5694.13	11388.26	

未来软件编制　　　　2017年05月04日

三、通风空调工程辅助报表

工程预算表

工程名称:通风空调工程　　　　标段:　　　　第1页　共4页

序号	项目编码	项目名称	计量单位	工程数量	单价	合价
	一	空调设备与管道系统			255964.21	255964.21
	(一)	设备			235401.80	235401.80
1	030701003001	空调器 4PNRZQB400Y1	台	2.00	52894.97	105789.94
	7—11	空调器安装落地式重量1.0 t	台	2.00	52563.19	105126.38
	<主材>	落地式空调器<1.0 t	台	2.00	51367.24	102734.48
	7—68	设备支架 CG327>50 kg 制作	100 kg	0.80	769.16	615.33
	<主材>	型钢	kg	83.20	3.43	285.376
	7—69	设备支架 CG327>50 kg 安装	100 kg	0.80	60.29	48.23
2	030701003002	空调器 FJDP22QVC	台	8.00	5178.46	41427.68
	7—9	空调器安装吊顶式重量0.2 t	台	8.00	5144.04	41152.32
	<主材>	吊顶式空调器<0.2 t	台	8.00	4956.64	39653.12
	7—66	设备支架(CG327)50 kg 制作	100 kg	0.24	1045.33	250.88
	<主材>	型钢	kg	24.96	3.43	85.613
	7—67	设备支架(CG327)50 kg 安装	100 kg	0.24	101.85	24.44
3	030701003003	空调器 FJDP36QVC	台	6.00	5412.89	32477.34
	7—9	空调器安装吊顶式重量0.2 t	台	6.00	5367.00	32202.00
	<主材>	吊顶式空调器<0.2 t	台	6.00	5179.60	31077.60

续表

工程名称:通风空调工程　　　　标段:　　　　第2页　共4页

序号	项目编码	项目名称	计量单位	工程数量	单价	合价
	7—66	设备支架(CG327)50 kg 制作	100 kg	0.24	1045.33	250.88
	<主材>	型钢	kg	24.96	3.43	85.613
	7—67	设备支架(CG327)50 kg 安装	100 kg	0.24	101.85	24.44
4	030701003004	空调器 FJDP45QVC	台	8.00	5481.50	43852.00
	7—9	空调器安装吊顶式重量0.2 t	台	8.00	5435.61	43484.88
	<主材>	吊顶式空调器<0.2 t	台	8.00	5248.21	41985.68
	7—66	设备支架(CG327)50 kg 制作	100 kg	0.32	1045.33	334.51
	<主材>	型钢	kg	33.28	3.43	114.15
	7—67	设备支架(CG327)50 kg 安装	100 kg	0.32	101.85	32.59
5	030701003005	空调器 FJDP71QVC	台	2.00	5927.42	11854.84
	7—9	空调器安装吊顶式重量0.2 t	台	2.00	5881.53	11763.06
	<主材>	吊顶式空调器<0.2 t	台	2.00	5694.13	11388.26
	7—66	设备支架(CG327)50 kg 制作	100 kg	0.08	1045.33	83.63
	<主材>	型钢	kg	8.32	3.43	28.538
	7—67	设备支架(CG327)50 kg 安装	100 kg	0.08	101.85	8.15
	(二)	冷剂管			7538.33	7538.33
6	031001004001	铜管 9.52 mm	m	103.40	16.18	1673.01
	8—499	中压铜管(氧乙炔焊)外径20	10 m	10.34	161.83	1673.32
	<主材>	中压铜管外径 9.54 mm	m	103.40	10.73	1109.482
7	031001004002	铜管 12.7 mm	m	21.90	22.94	502.39
	8—499	中压铜管(氧乙炔焊)外径20	10 m	2.19	229.43	502.45
	<主材>	中压铜管外径 12.7 mm	m	21.90	17.49	383.031
8	031001004003	铜管 15.88 mm	m	86.60	29.71	2572.89
	8—499	中压铜管(氧乙炔焊)外径20	10 m	8.66	297.13	2573.15
	<主材>	中压铜管外径 15.88 mm	m	86.60	24.26	2100.916
9	031001004004	铜管 19.05 mm	m	16.80	34.90	586.32
	8—499	中压铜管(氧乙炔焊)外径20	10m	1.68	349.03	586.37
	<主材>	中压铜管外径 19.05 mm	m	16.80	29.45	494.76
10	031001004005	铜管 25.4 mm	m	21.90	54.85	1201.22
	8—500	中压铜管(氧乙炔焊)外径30	10 m	2.19	548.45	1201.11
	<主材>	中压铜管外径 25.4 mm	m	21.90	47.23	1034.337
11	03B001	冷媒追加量	m^3	8.02	125.00	1002.50
	独立费	冷媒追加量	m^3	8.02	125.00	1002.50
	(三)	分歧管			5535.16	5535.16
12	030805005001	分歧管 KHP26MC37T	个	2.00	393.18	786.36
	8—1130	KHP26MC37T	10个	0.20	3931.74	786.35

续表

工程名称：通风空调工程　　　　标段：　　　　第 3 页　共 4 页

序号	项目编码	项目名称	计量单位	工程数量	单价	合价
	＜主材＞	KHP26MC37TDg40	个	2.00	343.02	686.04
13	030805005002	分歧 KHP26MC33T	个	16.00	296.80	4748.80
	8－1129	KHP26MC33T	10 个	1.60	2967.97	4748.75
	＜主材＞	KHP26MC33TDg30	个	16.00	257.26	4116.16
	(四)	管道附件			3043.60	3043.60
14	030601001001	温度计	支	4.00	104.44	417.76
	6－2	膨胀式温度计双金属温度计	支	4.00	104.44	417.76
	＜主材＞	温度计插座带丝堵	套	4.00	58.31	233.24
15	030601002001	压力计	台	4.00	111.76	447.04
	6－23	压力计 单管	台	4.00	111.76	447.04
	＜主材＞	取源部件	套	4.00	66.89	267.56
16	031003001001	螺纹阀门 DN15	个	20.00	39.93	798.60
	10－418	螺纹阀门安装 DN15	个	20.00	39.93	798.60
	＜主材＞	螺纹阀门 DN15	个	20.20	24.01	485.002
17	031003001002	螺纹阀门 DN20	个	20.00	47.74	954.80
	10－419	螺纹阀门安装 DN20	个	20.00	47.74	954.80
	＜主材＞	螺纹阀门 DN20	个	20.20	30.87	623.574
18	031003001003	螺纹阀门 DN25	个	4.00	62.08	248.32
	10－420	螺纹阀门安装 DN25	个	4.00	62.08	248.32
	＜主材＞	螺纹阀门 DN25	个	4.04	41.16	166.286
19	031003001004	自动放气阀 DN20	个	4.00	44.27	177.08
	10－419	螺纹阀门安装 DN20	个	4.00	44.27	177.08
	＜主材＞	螺纹阀门 DN20	个	4.04	27.44	110.858
	(五)	支架及其他			1576.96	1576.96
20	031002001001	管道支架	kg	88.00	13.42	1180.96
	10－384	设备支架制作单件重 100 kg 以内	100 kg	0.8772	895.81	785.80
	＜主材＞	钢材＜100 kg	kg	92.106	3.43	315.924
	10－383	管道支架安装	100 kg	0.8772	450.81	395.45
21	031002003001	一般钢套管 DN150	个	6.00	66.00	396.00
	10－400	过墙过楼板钢套管制作、安装 DN150	10 个	0.60	659.96	395.98
	(六)	管道保温			2868.36	2868.36
22	031208002001	管道绝热	m^3	0.94	3051.45	2868.36
	11－1829	纤维类制品(管壳)安装管道 ϕ57 mm 厚度 30 mm	m^3	0.94	3051.45	2868.36
	＜主材＞	纤维类制品(管壳)	m^3	0.968	2401.14	2324.304
	＜主材＞	铝箔胶带	m^2	5.349	1.03	5.509
	二	控制系统			2400.33	2400.33

续表

工程名称：通风空调工程　　　　标段：　　　　第 4 页　共 4 页

序号	项目编码	项目名称	计量单位	工程数量	单价	合价
23	030411004001	控制线 BV0.75 mm^2	m	392.10	0.89	348.97
	4－1398	管内穿二芯软导线 0.75 mm^2	100 m 单线	3.921	89.45	350.73
	＜主材＞	铜二芯多股绝缘导线截面＜0.75 mm^2	m	423.468	0.08	33.877
24	030404036001	空调控制器	套	16.00	128.21	2051.36
	4－395	盘管风机三速开关安装	10 套	1.60	1282.13	2051.41
	＜主材＞	风机三速开关	个	16.32	98.62	1609.478
	三	空调水系统			2238.96	2238.96
25	031001006001	UPVC 塑料管 DN20	m	22.80	14.37	327.64
	10－316	室内承插塑料空调凝结水管、雨水管 DN32	10 m	2.28	143.72	327.68
	＜主材＞	承插塑料排水管 dn20	m	22.435	2.57	57.658
	＜主材＞	承插塑料排水管件 dn20	个	10.306	0.86	8.863
26	031001006002	UPVC 塑料管 DN25	m	54.00	16.45	888.30
	10－316	室内承插塑料空调凝结水管、雨水管 DN32	10 m	5.40	164.49	888.25
	＜主材＞	承插塑料排水管 dn25	m	53.136	4.36	231.673
	＜主材＞	承插塑料排水管件 dn25	个	24.408	1.56	38.076
27	031001006003	UPVC 塑料管 DN32	m	50.72	20.17	1023.02
	10－316	室内承插塑料空调凝结水管、雨水管 DN32	10 m	5.072	201.65	1022.77
	＜主材＞	承插塑料排水管 dn32	m	49.908	7.01	349.855
	＜主材＞	承插塑料排水管件 dn32	个	22.925	4.01	91.929
	四	检测与调试			1038.27	1038.27
28	030704001001	通风工程检测、调试	系统	2.00	372.28	744.56
	7－1000	第 7 册通风工程检测调试费增加人工费 13%其中人工工资 25%材料费 75%	项	1.00	744.56	744.56
29	031009001001	采暖工程系统调试	系统	1.00	293.71	293.71
	10－1000	第 10 册采暖工程系统调试费增加人工费 15%其中人工工资 20%材料费 80%	项	1.00	293.71	293.71
30	031301017001	脚手架搭拆	项	1.00	487.94	487.94
	7－9300	第 7 册脚手架搭拆费增加人工费 3%其中人工工资 25%材料费 75%	项	1.00	177.41	177.41
	8－9300	第 8 册脚手架搭拆费增加人工费 7%其中人工工资 25%材料费 75%	项	1.00	102.50	102.50
	6－9300	第 6 册脚手架搭拆费增加人工费 4%其中人工工资 25%材料费 75%	项	1.00	9.94	9.94
	10－9300	第 10 册脚手架搭拆费增加人工费 5%其中人工工资 25%材料费 75%	项	1.00	103.30	103.30
	11－9302	第 11 册脚手架绝热搭拆费增加人工费 20%其中人工工资 25%材料费 75%	项	1.00	74.54	74.54
	4－9300	第 4 册脚手架搭拆费增加人工费 4%其中人工工资 25%材料费 75%	项	1.00	20.25	20.25
		合计				262129.71

未来软件编制　　　　2017 年 05 月 04 日

主材汇总表

工程名称：通风空调工程　　　　标段：　　　　第 1 页　共 1 页

序号	地方码	名称	规格	单位	数量	预算价		市场价		品牌	厂家
						单价	合计	单价	合计		
1	01650101	钢材	<100 kg	kg	92.106	3.43	315.92	3.43	315.92		
2	01270101	型钢		kg	174.72	3.43	599.29	3.43	599.29		
3	12430312	铝箔胶带		m^2	5.3486	1.03	5.51	1.03	5.51		
4	14130155	中压铜管	外径 9.54 mm	m	103.40	10.73	1109.48	10.73	1109.48		
5	14130155	中压铜管	外径 12.7 mm	m	21.90	17.49	383.03	17.49	383.03		
6	14130155	中压铜管	外径 15.88 mm	m	86.60	24.26	2100.92	24.26	2100.92		
7	14130155	中压铜管	外径 19.05 mm	m	16.80	29.45	494.76	29.45	494.76		
8	14130155	中压铜管	外径 25.4 mm	m	21.90	47.23	1034.34	47.23	1034.34		
9	15112502	KHP26MC33T	Dg30	个	16.00	257.26	4116.16	257.26	4116.16		
10	15112502	KHP26MC37T	Dg40	个	2.00	343.02	686.04	343.02	686.04		
11	16310103	螺纹阀门	DN15	个	20.20	24.01	485.00	24.01	485.00		
12	16310104	螺纹阀门	DN20	个	20.20	30.87	623.57	30.87	623.57		
13	16310104	螺纹阀门	DN20	个	4.04	27.44	110.86	27.44	110.86		
14	16310105	螺纹阀门	DN25	个	4.04	41.16	166.29	41.16	166.29		
15	25430314	铜二芯多股绝缘导线截面	<0.75 mm^2	m	423.468	0.08	33.88	0.08	33.88		
16	23230134	风机三速开关		个	16.32	98.62	1609.48	98.62	1609.48		
17	21090122	温度计插座	带丝堵	套	4.00	58.31	233.24	58.31	233.24		
18	50030101	吊顶式空调器	<0.2 t	台	8.00	4956.64	39653.12	4956.64	39653.12		
19	50030101	吊顶式空调器	<0.2 t	台	6.00	5179.60	31077.60	5179.60	31077.60		
20	50030101	吊顶式空调器	<0.2 t	台	8.00	5248.21	41985.68	5248.21	41985.68		
21	50030101	吊顶式空调器	<0.2 t	台	2.00	5694.13	11388.26	5694.13	11388.26		
22	50030101	落地式空调器	<1.0 t	台	2.00	51367.24	102734.48	51367.24	102734.48		
23	21650101	取源部件		套	4.00	66.89	267.56	66.89	267.56		
24	05072105	纤维类制品（管壳）		m^3	0.9682	2401.14	2324.78	2401.14	2324.78		
25	14310375	承插塑料排水管	dn20	m	22.4352	2.57	57.66	2.57	57.66		
26	14310375	承插塑料排水管	dn25	m	53.136	4.36	231.67	4.36	231.67		
27	14310375	承插塑料排水管	dn32	m	49.9085	7.01	349.86	7.01	349.86		
28	15230305	承插塑料排水管件	dn20	个	10.3056	0.86	8.86	0.86	8.86		
29	15230305	承插塑料排水管件	dn25	个	24.408	1.56	38.08	1.56	38.08		
30	15230305	承插塑料排水管件	dn32	个	22.9254	4.01	91.93	4.01	91.93		
		合　计					244317.31		244317.31		

未来软件编制　　　　2017 年 05 月 04 日

模块四　安装算量

针对本工程，采用广联达 BIM 安装算量 GQI2015 计算工程量，导出工程量与手工计算工程量存在一定偏差，属于正常误差范围，大家可以对照分析与比较。

工作任务一　给排水工程专业

一、新建工程

双击桌面“广联达 BIM 安装算量 GQI2015”图标(选中“广联达 BIM 安装算量 GQI2015” 图标，右击“打开”)→单击“新建向导”→“新建工程”完成案例工程的工程信息及编制信息(工程名称、计算规则、清单库和定额库)。结合本案例工程，工程名称：双拼别墅给排水工程；计算规则：工程量清单项目设置规则(2013)；清单库：工程量清单项目计量规范(2013—江苏)；定额库：江苏省安装工程计价定额(2014)；工程类别：给排水(如图 4－1)。

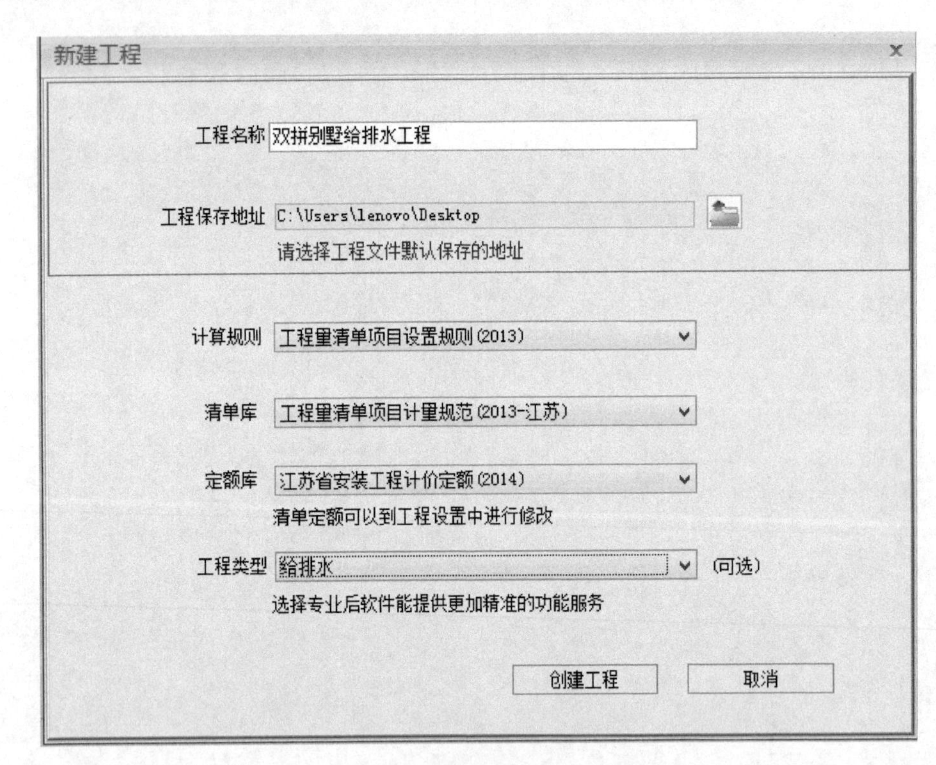

图 4－1

备注：① 在“新建工程”中选择时，“计算规则”需选择正确，若计算规则选择错误，可以在界面左上方“导出 GQI 工程”，重新选择计算规则；若要修改清单库、定额库，在“工程信息”中选择所需的清单库、定额库。② 在“设计说明信息”中，属性设置时以占多数相同的属性考虑，少数不同者新建时在属性中直接修改。

二、工程设置

1. 工程信息

根据设计说明和图纸注明完善工程信息内容，结合本案例工程，工程类别：别墅；结构类型：框架结构；基础形式：独立基础；地上层数：3 层；设防烈度：8；檐高：35 m；抗震等级：一级抗震；建筑面积：527.02 m^2(如图 4－2)。

	属性名称	属性值
1	− 工程信息	
2	工程名称	双拼别墅给排水工程
3	计算规则	工程量清单项目设置规则(2013)
4	清单库	工程量清单项目计量规范(2013-江苏)
5	定额库	江苏省安装工程计价定额(2014)
6	项目代号	001
7	工程类别	别墅
8	结构类型	框架结构
9	基础形式	独立基础
10	建筑特征	其他
11	地下层数(层)	0
12	地上层数(层)	3
11	设防烈度	8
14	檐高(m)	35
15	抗震等级	一级抗震
16	建筑面积(平方米)	527.02
17	− 编制信息	
18	建设单位	

图 4－2

2. 楼层设置

根据图纸情况“插入楼层”→正确输入“层高”→核对楼层“底标高”(若有标准层可在“相同层数”中输入标准层的层数)。

结合本案例工程解述：

点击选择“首层”→“插入楼层”(此操作用于添加地上楼层)；点击选择“基础层”→“插入楼层”(此操作用于添加地下楼层)(若楼层数量插入多了，可以点击“删除楼层”，删除所需要删除的楼层)。本案例中，插入地上四层(第四层画的是剖屋顶的内容)，修改首层层高 3.2m；二层、三层层高均是 3m，核对底标高，本案例如图 4－3 所示。

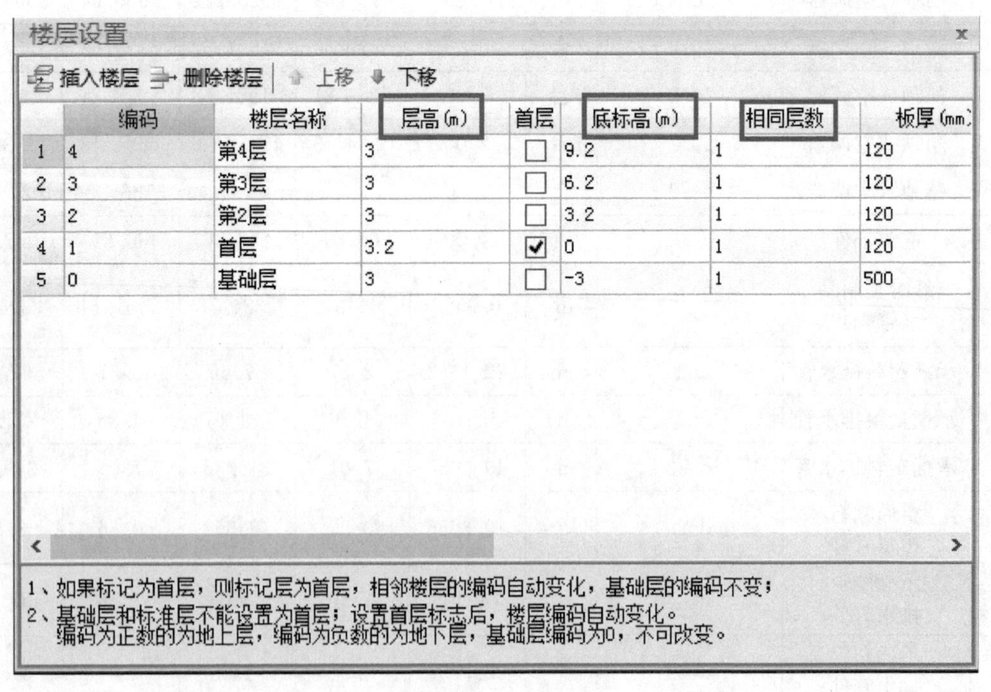

	编码	楼层名称	层高(m)	首层	底标高(m)	相同层数	板厚(mm)
1	4	第4层	3	☐	9.2	1	120
2	3	第3层	3	☐	6.2	1	120
3	2	第2层	3	☐	3.2	1	120
4	1	首层	3.2	☑	0	1	120
5	0	基础层	3	☐	-3	1	500

图 4－3

3. 计算设置

根据计算规则对“计算设置”进行合理的设置(黄色表示是修改过的，若修改错误，可以选择“恢复当前项默认设置”或者“恢复所有项默认设置”，然后重新修改。一般情况下，某一项修改错误，可以选择“恢复当前项默认设置”，很多项修改错误，可以选择“恢复所有项默认设置”，当然也可以一项一项的重新设置）。结合本案例工程，给水支管高度计算方式：给水横管与卫生器具标高差值；排水支管高度计算方式：排水横管与卫生器具标高差值（如图 4－4）。

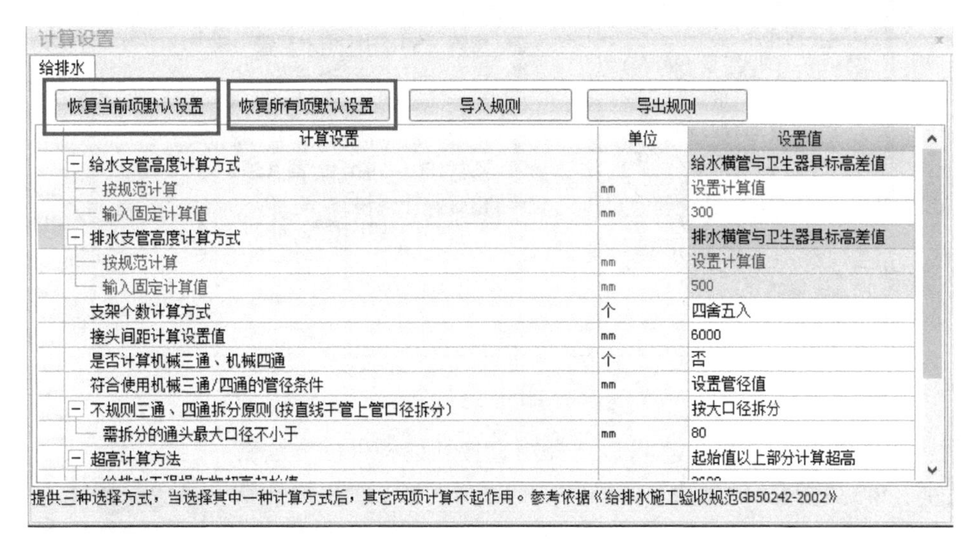

计算设置	单位	设置值
给水支管高度计算方式		给水横管与卫生器具标高差值
按规范计算	mm	设置计算值
输入固定计算值	mm	300
排水支管高度计算方式		排水横管与卫生器具标高差值
按规范计算	mm	设置计算值
输入固定计算值	mm	500
支架个数计算方式	个	四舍五入
接头间距计算设置值	mm	6000
是否计算机械三通、机械四通	个	否
符合使用机械三通/四通的管径条件	mm	设置管径值
不规则三通、四通拆分原则（按直线干管上管口径拆分）		按大口径拆分
需拆分的通头最大口径不小于	mm	80
超高计算方法		超高值以上部分计算超高

图 4－4

4. 图纸管理

点击“添加图纸”→“分割定位图纸”→“生成分配图纸”（如果图纸生成错误，可以点选所需删除图纸，点击上方“删除图纸”）。

结合本案例工程解述：

（1）“添加图纸”——点击“添加图纸”→正确选择所需添加的图纸。

（2）“分割定位图纸”——点击“交点”→分别选择 1 轴与 A 轴两根轴线→出现红色交叉点后，右击（确定）→拉框选择“一层给排水平面图”这张图纸，右击（确定）→弹出对话框，点击“请输入图纸名称后面的小三点”（如图 4－7）→在 CAD 图层中选择图名“一层给排水平面图”（如图 4－6），右击（确定）→弹出对话框，选择正确的楼层“首层”→点击“确定”（二层、三层、四层重复以上操作）（如图 4－5）。

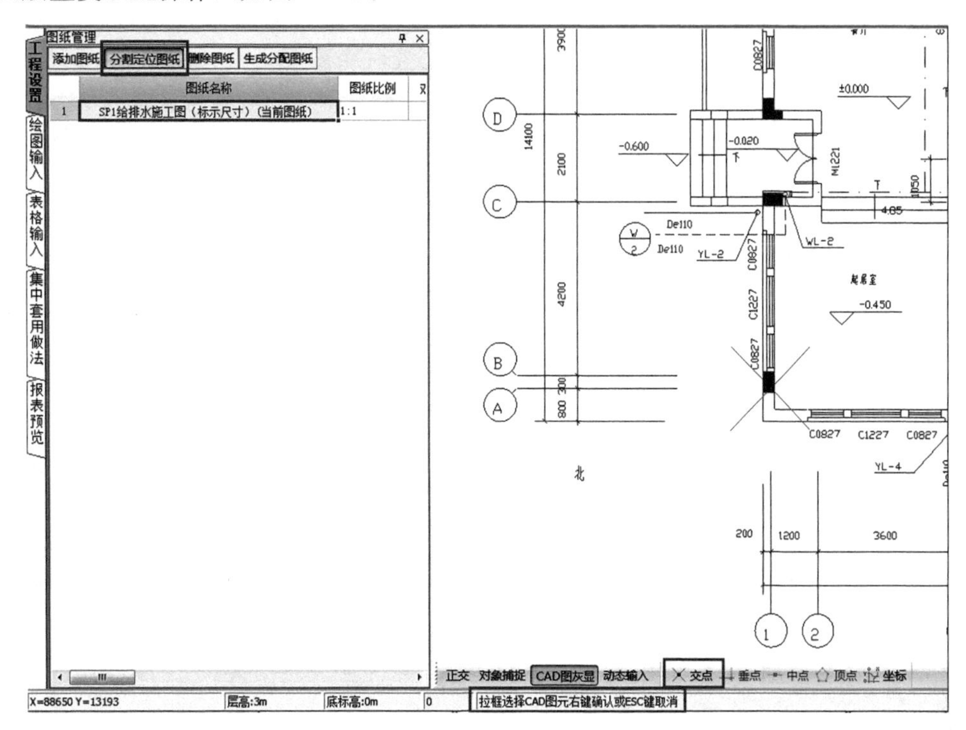

图 4－5

一层给排水平面图　1:100

图 4－6

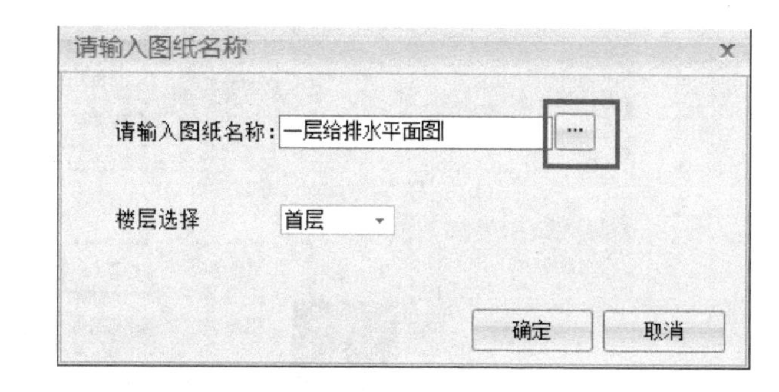

图 4－7

备注：“图纸名称”输入可以直接输入文字，也可以在 CAD 中识别文字。

（3）“生成分配图纸”——点击“生成分配图纸”软件将会把刚刚分割定位的图纸分配到各个楼层（如图 4－8）。

	图纸名称	图纸比例	对应楼层	楼层编号
1	SP1给排水施工图（标示尺寸）	1:1		
2	一层给排水平面	1:1	首层	1.1
3	二层给排水平面	1:1	第2层	2.1
4	三层给排水平面	1:1	第3层	3.1
5	屋面给排水平面	1:1	第4层	4.1
6	厨房卫生间大样图	1:1	首层	1.2
7	给排水管道系统图	1:1	首层	1.3
8	给排水设计施工说明	1:1	首层	1.4

图 4－8

备注：“设置比例”，一般比例设置是 1∶1，若是高层建筑，可以在详图中设置比例建模，然后创建为块（块存盘），通过“块复制”快速建模（因为详图图纸比例一般是 1∶50，而平面图图纸比例一般是 1∶100）。

三、绘图输入

1. 新建构件

（1）卫生器具——点击“材料表”→框选图例表格，右击（确定）（对所识别的信息进行整理，可以通过“删除行”、“删除列”等修改，若图例符号识别错误，可以点击对应图例符号，此时会出现小三点，点击“小三点”，页面跳到 CAD 界面后，重新选择图例符号，右击（确定）），此时会在模块栏中新建卫生器具。结合本案例工程（以首层为例），点击“材料表”，框选图例表，右击确定；整理识别的信息，“图例”、“设备名称”、“标高”、“对应构件”，点击“确定”，模块栏中会生成对应的构件（如图 4－9）。

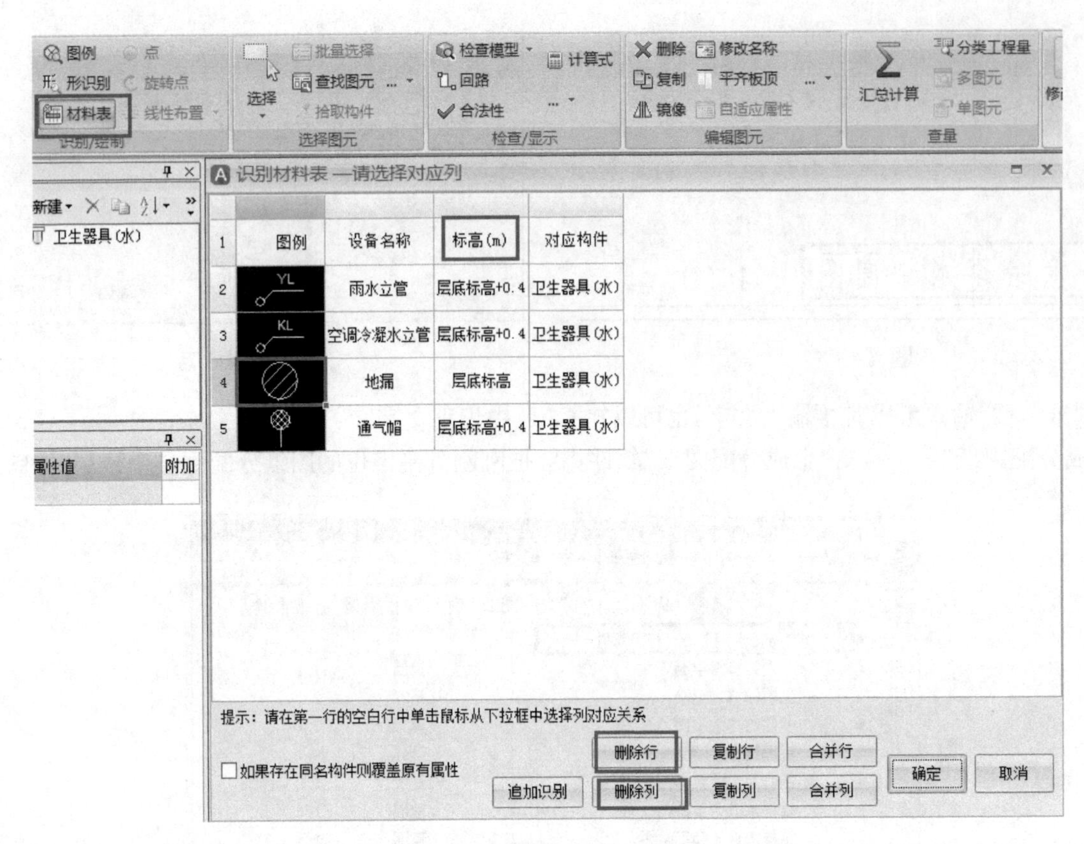

图 4-9

(2) 管道——根据管道的材质、规格等不同，对管道进行分类，然后新建构件(点击“新建”(“新建管道”))，修改完善管道的属性信息。本案例工程中，新建给水管道：钢塑复合管：De40、De32、De25、De20；PP-R 管：De40、De32、De25、De20。新建排水管道：De110、De50、De32(如图 4-10)。

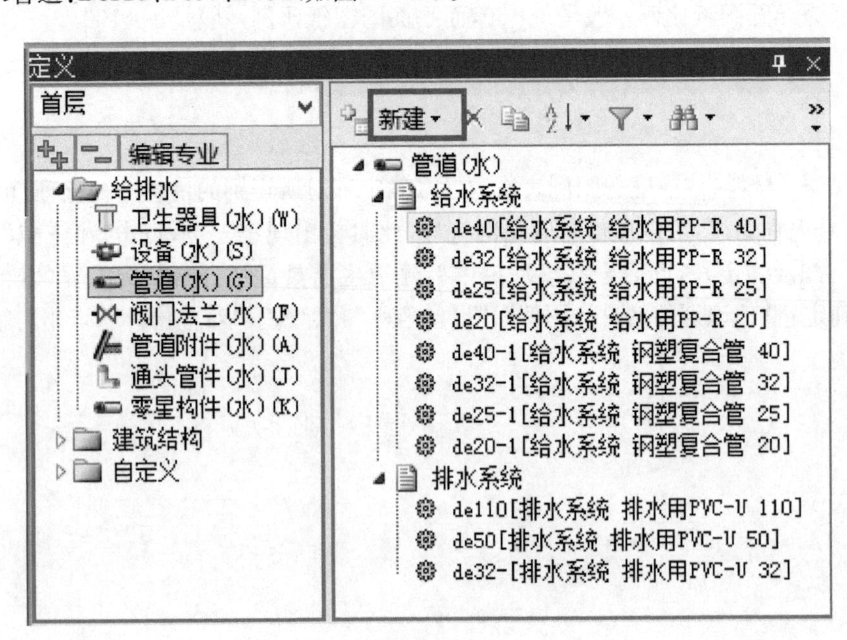

图 4-10

(3) 阀门法兰——点击“新建”(“新建阀门”)→完善阀门的属性信息。本案例工程中，新建螺纹阀门。

(4) 管道附件——点击“新建”(“新建管道附件”)→完善水表的属性信息。本案例工程中，新建螺纹水表。

(5) 零星构件——根据套管类型、规格不同，新建不同的套管，点击“新建”(“新建套管”)，完善套管的属性信息。本案例工程中，新建刚性防水套管：150、80、50、32；新建一般钢套管：150、50、40(如图 4-11)。

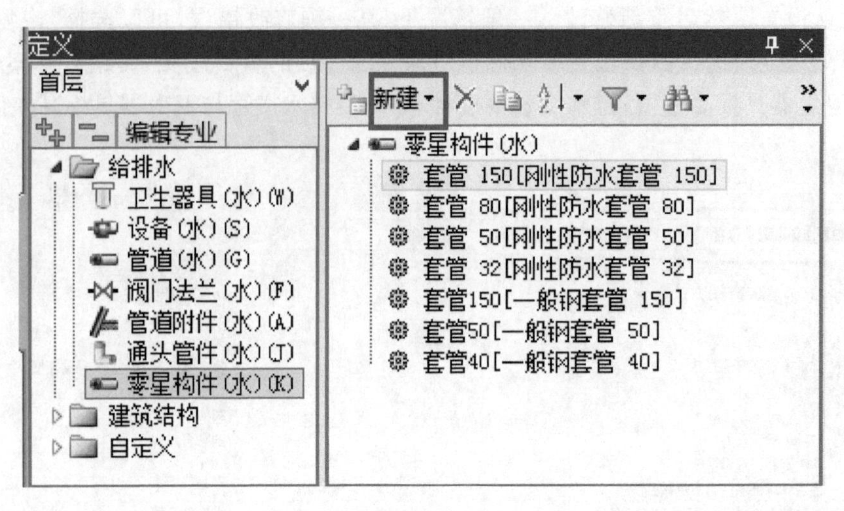

图 4-11

备注：① 如果材料表中图例不是很齐全，可以选择用直接新建构件的方法新建，直接点击模块栏左上角的“新建”(“删除”、“复制”)(如图 4-12)。② 构件新建完后，需要完善构件的属性信息(蓝色字体是公有属性，黑色字体是私有属性)。

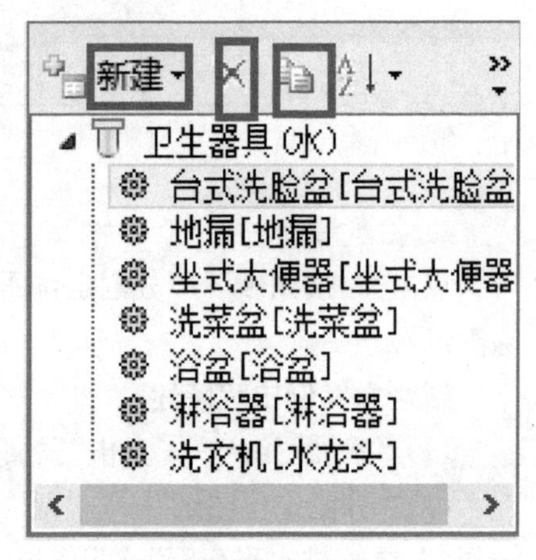

图 4-12

2. 识别构件

(1) 卫生器具——点击“图例”→在 CAD 界面平面图中选择对应图例，右击(确定)→弹出对话框，选择对应卫生器具，设置连接点(选择正确的连接点)(如图 4-13)，点击“确定”→点击“识别范围”，框选范围(正确选择所需识别的范围)(如图4-15)，右击(确定)→点击“确定”→弹出对话框“识别个数”，点击“确定”(如图 4-14)。本案例工程中，以洗脸盆为例，点击“图例”，选择洗脸盆的图例，右击(确定)，选择对应的卫生器具，设置正确连接点，点击“确定”；点击“识别范围”，框选所需的识别范围，右击(确定)(地漏、坐式大便器、洗菜盆、浴盆、淋浴器、洗衣机等构件均重复以上操作)。

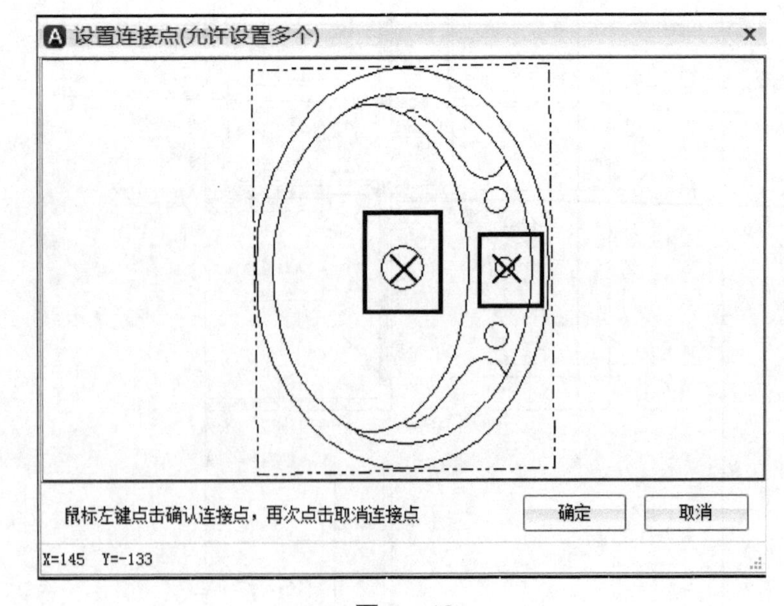

图 4-13

图 4-14

图 4－15

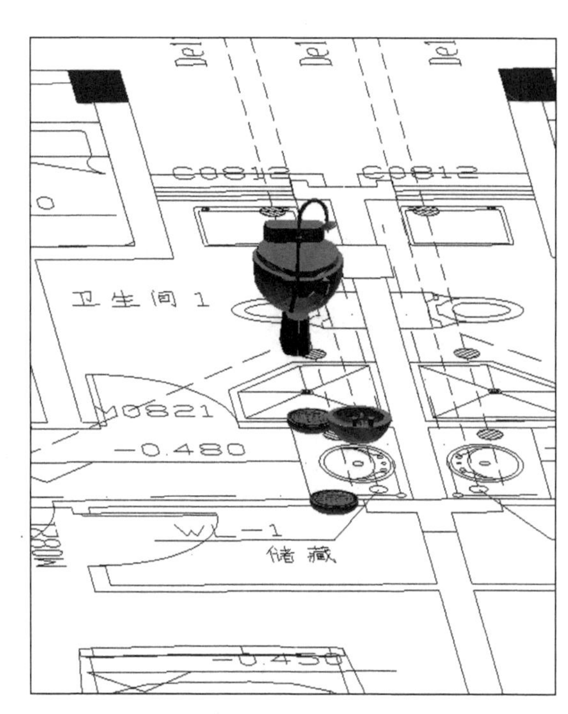

图 4－16

备注:① 在选择识别范围时,可以点击“选择楼层”,可以将所有楼层中的某一卫生器具一起识别,但一般不建议这么做,建议还是一层一层的去识别。② 若识别后,发现构件属性错误,可以选择删除之前识别好的构件,重新识别,或者选中属性错误的构件,在属性列表中修改属性,注意公有属性和私有属性的区别,若要使公有属性不同区分开来,一般采取再重新新建构件。③“附加”属性列若进行了勾选,则勾选行的内容会在名称中出现,可以根据情况进行勾选。④ 如果有图例在 CAD 中不是块,无法识别,我们可以进行构件布置(在模块栏中点击所需要布置构件的名称→点击导航栏中“点”→在 CAD 界面中对照 CAD 原始图,放到所要的位置)。另外我们也可以通过“形识别”,选择同形状的图例线段,右击(确定),选择与之相符的卫生器具,点击“确定”。

(2) 管道——在系统图中区分管径的分界点,点击“选择识别”将相同的管径选中→右击(确定)→在模块导航栏中选择与之相适应的管道→点击“确定”。遇到立管时,点击“立管识别”→点选那根立管,右击(确定)→在模块导航栏中选择与之相适应的管道→点击“确定”。本案例工程中,点击“选择识别”,选择与之对应的管道,点击“确定”(如图 4－17)。

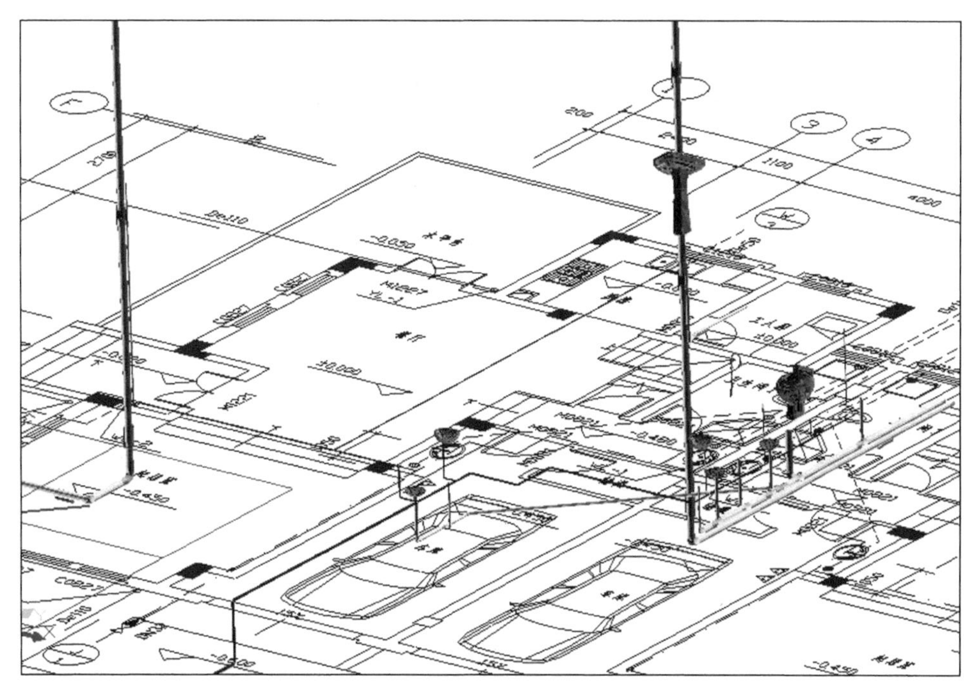

图 4－17

备注:① 当图纸有详图时,一般在详图中操作。② 当图纸中系统图不是轴测图时,可以采取识别系统图的方法。点击“系统图”→点击“提取系统图”,在 CAD 界面中选择立管,右击(确定)→点击“提取系统图编号”,在 CAD 界面中选择编号,右击(确定)→输入每根立管对应的“起点标高”、“终点标高”→点击“生成构件”→在左侧“构件系统树”中“是否布置”列,选择“是”。③ 遇到管材不一样,我们可以在属性中改变颜色。④ 若识别后,发现构件属性错误,可以选择删除之前识别好的构件,重新识别,或者选中属性错误的构件,在属性列表中修改属性,注意公有属性和私有属性的区别,若要使公有属性不同区分开来,一般采取再重新新建构件(如图 4－18)。

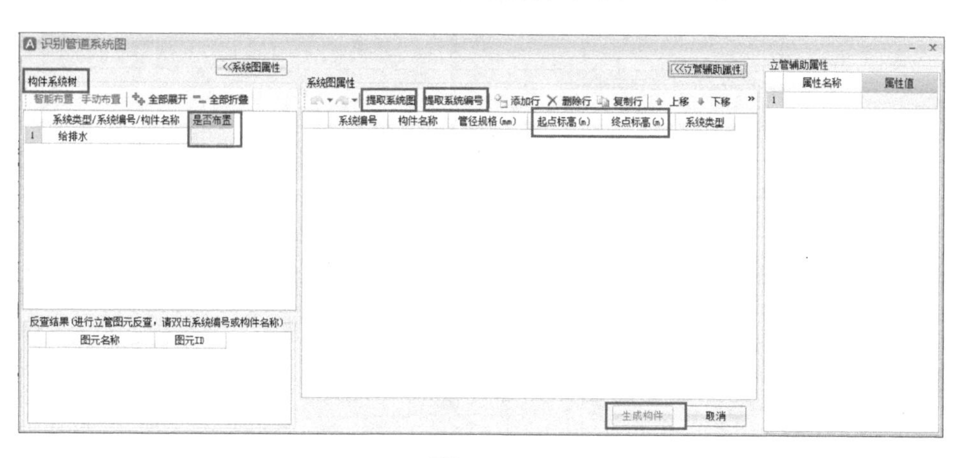

图 4－18

(3) 阀门法兰——点击“点”→在 CAD 界面中点击正确的位置。本案例工程中,点击“点”,在正确的位置布置螺纹阀门(如图 4－19)。

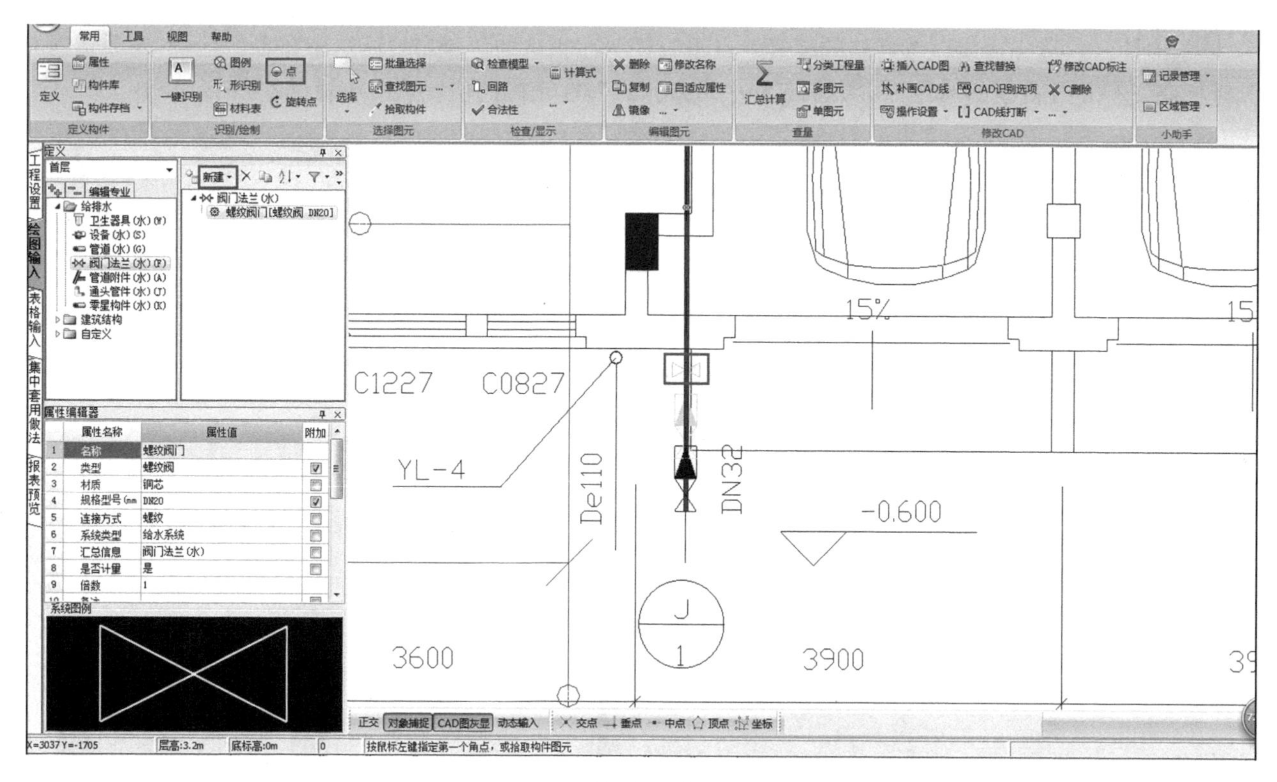

图 4－19

备注:计算规则中阀门一般以个数计量,所以我们可以直接找到正确位置进行布置。

(4) 管道附件——点击“图例”→在 CAD 界面中点选图例,右击(确定),本案例工程中,点击“图例”,选择水表图例,右击(确定)(如图 4－20)。

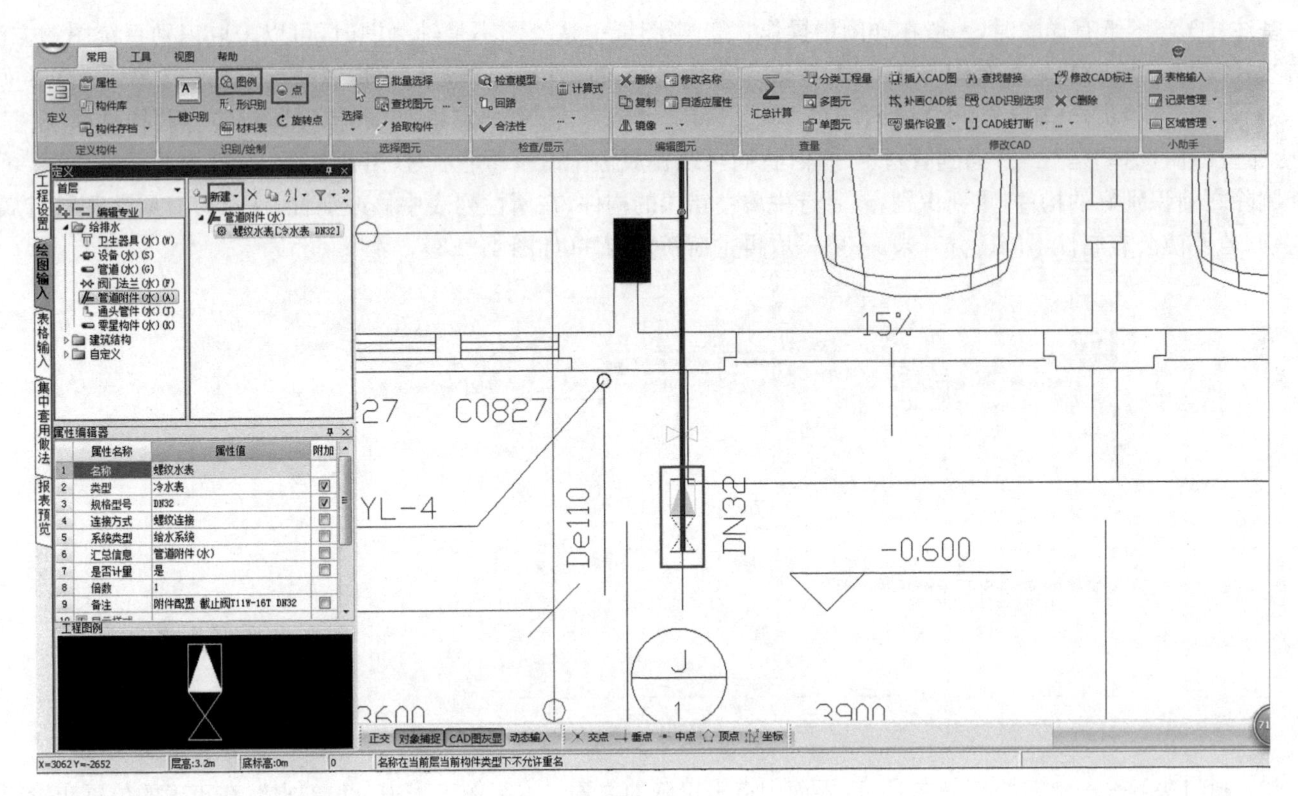

图 4－20

备注：法二：点击“点”→在 CAD 界面中点击正确的位置。

(5) 零星构件——选择适应位置规格的套管→点击“点”→在正确的位置布置→选中布置的套管，查看属性是否正确，尤其是标高，若不正确，及时修改。本案例工程中，点击“点”，在正确的位置点击布置(如图 4－21)。

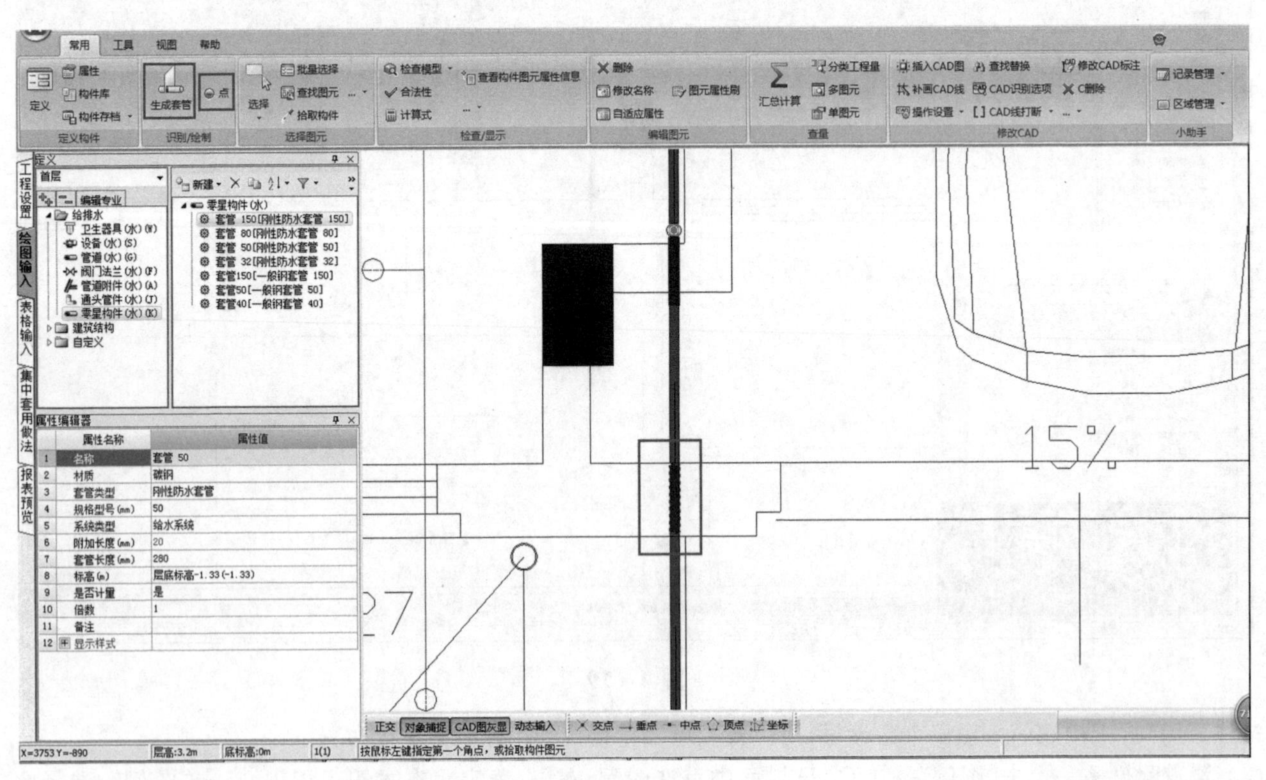

图 4－21

备注：如果墙、板等土建部分识别后，可以直接点击“生成套管”选择生成的位置，就可以直接生成套管。

四、集中套用做法

点击“汇总计算”→点击“全选”→点击“计算”→点击“自动套用清单”→点击“匹配项目特征”(如图 4－22、图 4－23)。

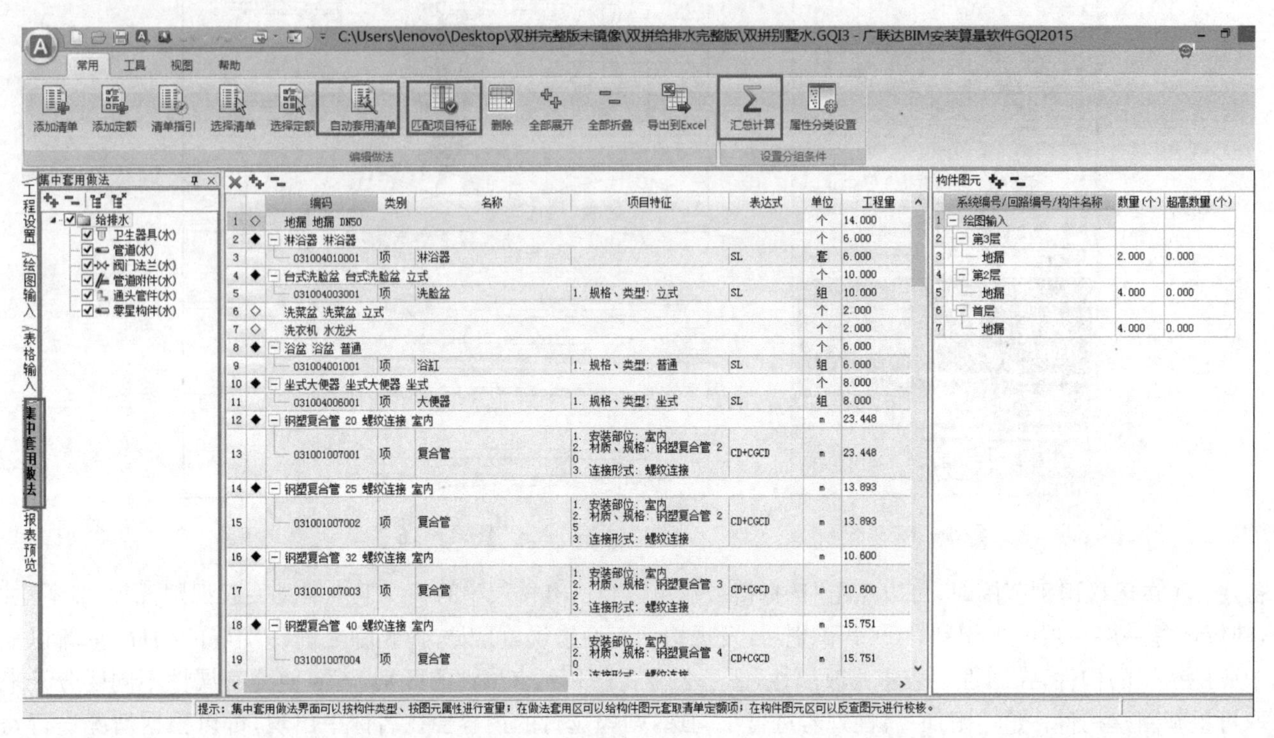

图 4－22

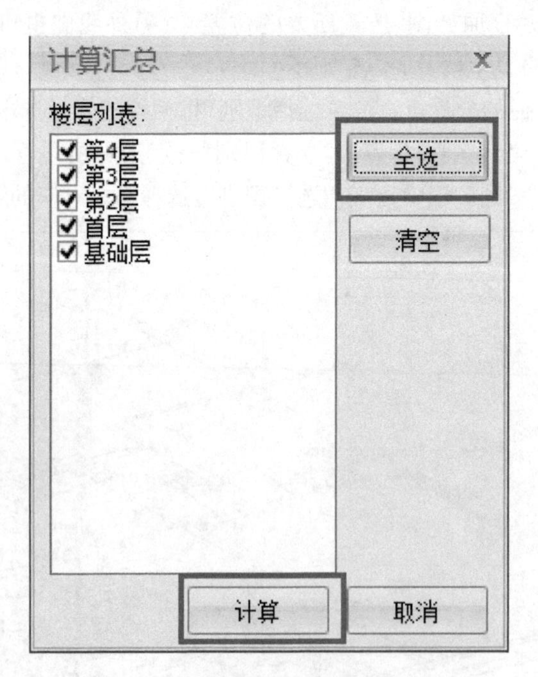

图 4－23

备注：“汇总计算”可以在“绘图输入”界面进行汇总计算。

五、报表预览，导出数据

见 Excel 表。

工程量清单汇总表

工程名称：某双拼别墅工程　　　　专业：给排水工程

序号	编码	项目名称	项目特征	单位	工程量
1	031001006001	塑料管	1. 安装部位：室内 2. 介质：给水 3. 材质、规格：给水用 PP－R 20 4. 连接形式：热熔连接 5. 压力试验及吹、洗设计要求：水压试验、冲洗、消毒	m	33.016
2	031001006002	塑料管	1. 安装部位：室内 2. 介质：给水 3. 材质、规格：给水用 PP－R 25 4. 连接形式：热熔连接 5. 压力试验及吹、洗设计要求：水压试验、冲洗、消毒	m	44.659
3	031001006003	塑料管	1. 安装部位：室外 2. 介质：给水 3. 材质、规格：给水用 PP－R 25 4. 连接形式：热熔连接 5. 压力试验及吹、洗设计要求：水压试验、冲洗、消毒	m	11.375
4	031001006004	塑料管	1. 安装部位：室内 2. 介质：给水 3. 材质、规格：给水用 PP－R 32 4. 连接形式：热熔连接 5. 压力试验及吹、洗设计要求：水压试验、冲洗、消毒	m	7.3
5	031001006005	塑料管	1. 安装部位：室内 2. 介质：排水 3. 材质、规格：排水用 PVC－U 110 4. 连接形式：胶粘连接 5. 压力试验及吹、洗设计要求：灌水、通水试验	m	91.842
6	031001006006	塑料管	1. 安装部位：室内 2. 介质：排水 3. 材质、规格：排水用 PVC－U 32 4. 连接形式：胶粘连接 5. 压力试验及吹、洗设计要求：灌水、通水试验	m	6.141
7	031001006007	塑料管	1. 安装部位：室内 2. 介质：排水 3. 材质、规格：排水用 PVC－U 50 4. 连接形式：胶粘连接 5. 压力试验及吹、洗设计要求：灌水、通水试验	m	39.005
8	031001007001	复合管	1. 安装部位：室内 2. 介质：给水 3. 材质、规格：钢塑复合管 20 4. 连接形式：丝接 5. 压力试验及吹、洗设计要求：水压试验、水冲洗	m	22.548

续表

序号	编码	项目名称	项目特征	单位	工程量
9	031001007002	复合管	1. 安装部位：室内 2. 介质：给水 3. 材质、规格：钢塑复合管 25 4. 连接形式：丝接 5. 压力试验及吹、洗设计要求：水压试验、水冲洗	m	13.893
10	031001007003	复合管	1. 安装部位：室内 2. 介质：给水 3. 材质、规格：钢塑复合管 32 4. 连接形式：丝接 5. 压力试验及吹、洗设计要求：水压试验、水冲洗	m	10.6
11	031001007004	复合管	1. 安装部位：室内 2. 介质：给水 3. 材质、规格：钢塑复合管 40 4. 连接形式：丝接 5. 压力试验及吹、洗设计要求：水压试验、水冲洗	m	15.751
12	031002003001	套管	1. 名称、类型：套管 150 刚性防水套管 2. 材质：碳钢 3. 规格：DN150 4. 填料材质：油麻	个	16
13	031002003002	套管	1. 名称、类型：套管 32 刚性防水套管 2. 材质：碳钢 3. 规格：DN32 4. 填料材质：油麻	个	10
14	031002003003	套管	1. 名称、类型：套管 50 刚性防水套管 2. 材质：碳钢 3. 规格：DN50 4. 填料材质：油麻	个	2
15	031002003004	套管	1. 名称、类型：套管 80 刚性防水套管 2. 材质：碳钢 3. 规格：DN80 4. 填料材质：油麻	个	2
16	031002003005	套管	1. 名称、类型：套管 150 一般钢套管 2. 材质：碳钢 3. 规格：DN150 4. 填料材质：油麻	个	4
17	031002003006	套管	1. 名称、类型：套管 40 一般钢套管 2. 材质：碳钢 3. 规格：DN40 4. 填料材质：油麻	个	4
18	031002003007	套管	1. 名称、类型：套管 50 一般钢套管 2. 材质：碳钢 3. 规格：DN50 4. 填料材质：油麻	个	2

续表

序号	编码	项目名称	项目特征	单位	工程量
19	031003001001	螺纹阀门	1. 类型：螺纹阀 2. 材质：铜 3. 规格、压力等级：DN20 4. 连接形式：螺纹	个	4
20	031003013001	水表	1. 安装部位(室内外)：室内 2. 型号、规格：DN32 3. 连接形式：螺纹连接 4. 附件配置：截止阀 T11W－16T DN32	组/个	2
21	031004001001	浴缸	1. 材质：陶瓷 2. 规格、类型：普通 3. 组装形式：冷热水 4. 附件名称、数量：回转龙头	组	6
22	031004003001	洗脸盆	1. 材质：陶瓷 2. 规格、类型：立式 3. 组装形式：冷热水 4. 附件名称、数量：肘式开关	组	10
23	031004004001	洗涤盆	1. 材质：陶瓷 2. 规格、类型：立式 3. 组装形式：冷热水 4. 附件名称、数量：回转龙头	组	2
24	031004006001	大便器	1. 材质：陶瓷 2. 规格、类型：坐式 3. 组装形式：铜管成品 4. 附件名称、数量：角阀 金属软管	组	8
25	031004010001	淋浴器	1. 材质、规格：不锈钢 2. 组装形式：钢管组成	套	6
26	031004014001	地漏	1. 材质：不锈钢地漏 2. 型号、规格：DN50 3. 安装方式：粘结	个/组	14
27	031201001001	管道刷油	1. 油漆品种：冷固环氧树脂漆 2. 涂刷遍数、漆膜厚度：3 遍	m^2/m	5.553
28	031208002001	管道绝热	1. 绝热材料品种：橡塑保温壳 2. 绝热厚度：20 3. 管道外径：最大 40 mm	m^3	0.034
29	031208007001	防潮层、保护层	1. 材料：玻璃丝布 2. 厚度：1.2－1.5 3. 层数：2 层 4. 对象：管道	m^2/kg	9.858

工作任务二　电气照明工程专业

本计算算例仅计算强电与防雷接地部分，弱电部分大家自行练习。

一、新建工程

双击桌面“广联达 BIM 安装算量 GQI2015”图标(选中“广联达 BIM 安装算量 GQI2015”图标，右击“打开”)→单击“新建向导”→“新建工程”完成案例工程的工程信息及编制信息(工程名称、计算规则、清单库和定额库)。结合本案例工程，工程名称：双拼别墅电气工程；计算规则：工程量清单项目设置规则(2013)；清单库：工程量清单项目计量规范(2013—江苏)；定额库：江苏省安装工程计价定额(2014)；工程类别：电气(如图 4-24)。

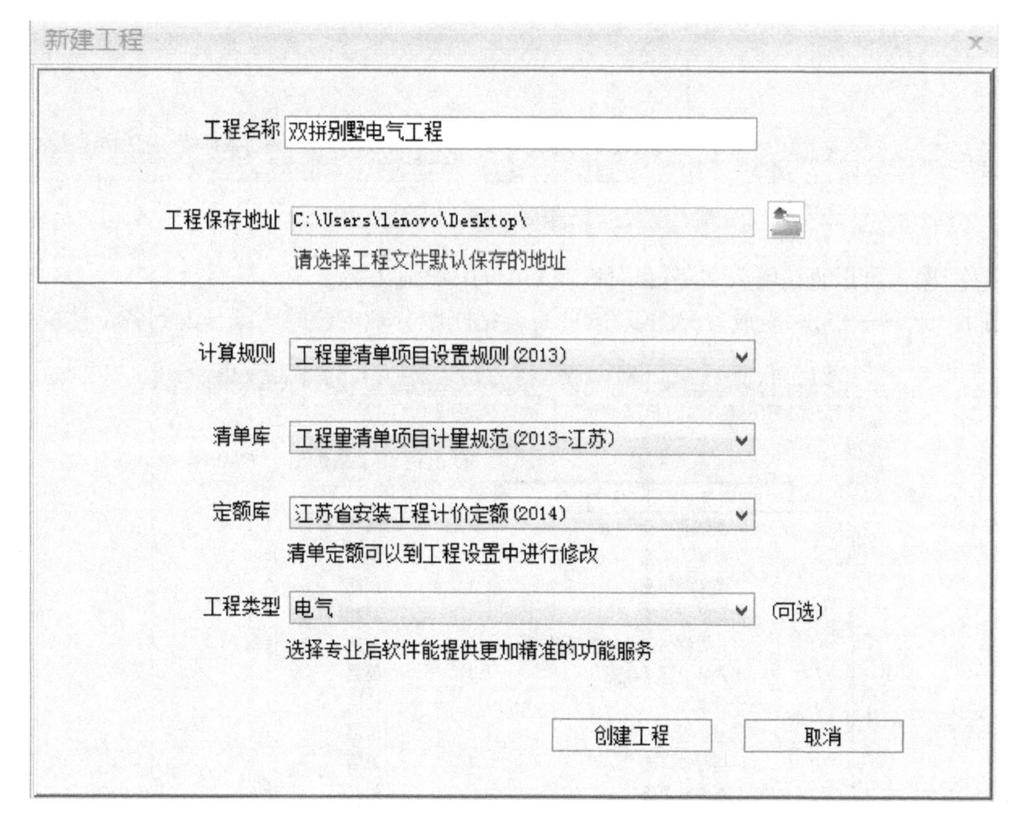

图 4-24

备注：① 在“新建工程”中选择时，“计算规则”需选择正确，若计算规则选择错误，可以在界面左上方“导出 GQI 工程”，重新选择计算规则；若要修改清单库、定额库，在“工程信息”中选择所需的清单库、定额库。② 在“设计说明信息”中，属性设置时以占多数相同的属性考虑，少数不同者新建时在属性中直接修改。

二、工程设置

1. 工程信息

根据设计说明和图纸注明完善工程信息内容，结合本案例工程，工程类别：别墅；结构类型：框架结构；基础形式：独立基础；地上层数：3 层；设防烈度：8；檐高：35 m；抗震等级：一级抗震；建筑面积：527.02 m²(如图 4-25)。

工程信息

	属性名称	属性值
1	− 工程信息	
2	工程名称	双拼别墅电气工程
3	计算规则	工程量清单项目设置规则(2013)
4	清单库	工程量清单项目计量规范(2013-江苏)
5	定额库	江苏省安装工程计价定额(2014)
6	项目代号	001
7	工程类别	别墅
8	结构类型	框架结构
9	基础形式	独立基础
10	建筑特征	其他
11	地下层数(层)	0
12	地上层数(层)	3
11	设防烈度	8
14	檐高(m)	35
15	抗震等级	一级抗震
16	建筑面积(平方米)	527.02
17	− 编制信息	
18	建设单位	

图 4-25

2. 楼层设置

根据图纸情况“插入楼层”→正确输入“层高”→核对楼层“底标高”(若有标准层可在“相同层数”中输入标准层的层数)。

结合本案例工程解述：

点击选择“首层”→“插入楼层”(此操作用于添加地上楼层)；点击选择“基础层”→“插入楼层”(此操作用于添加地下楼层)(若楼层数量插入多了，可以点击“删除楼层”，删除所需要删除的楼层)。本案例中，插入地上四层(第四层画的是剖屋顶的内容)，修改首层层高 3.2 m；二层、三层层高均是 3 m，核对底标高，如图 4-26 所示。

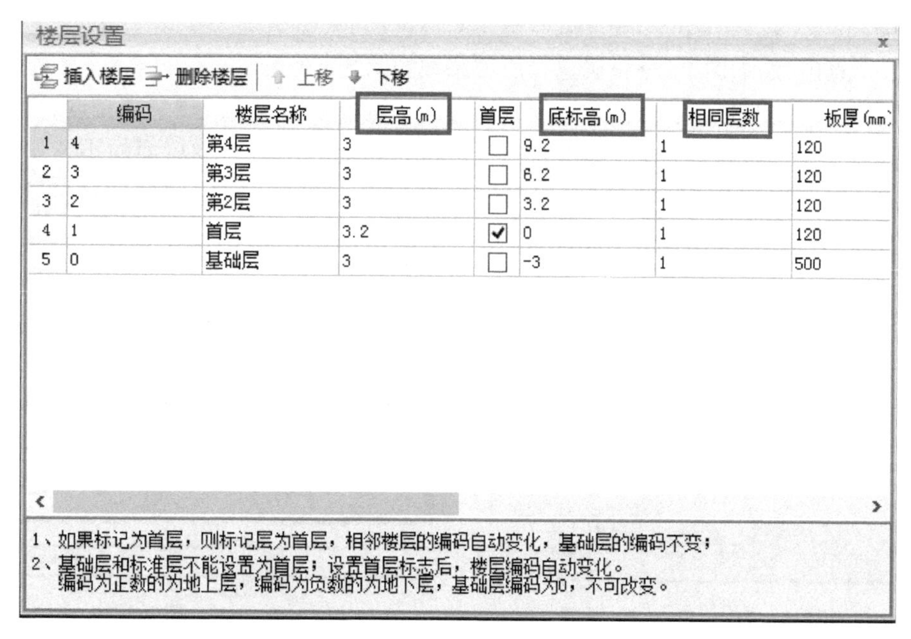
楼层设置

插入楼层　删除楼层　上移　下移

	编码	楼层名称	层高(m)	首层	底标高(m)	相同层数	板厚(mm)
1	4	第4层	3	☐	9.2	1	120
2	3	第3层	3	☐	6.2	1	120
3	2	第2层	3	☐	3.2	1	120
4	1	首层	3.2	☑	0	1	120
5	0	基础层	3	☐	-3	1	500

1、如果标记为首层，则标记层为首层，相邻楼层的编码自动变化，基础层的编码不变；
2、基础层和标准层不能设置为首层；设置首层标志后，楼层编码自动变化。
编码为正数的为地上层，编码为负数的为地下层，基础层编码为0，不可改变。

图 4-26

3. 计算设置

根据计算规则对“计算设置”进行合理的设置(黄色表示是修改过的，若修改错误，可以选择“恢复当前项默认设置”或者“恢复所有项默认设置”，然后重新修改。一般情况下，某一项修改错误，可以选择“恢复当前项默认设置”，很多项修改错误,可以选择"恢复所有项默认设置",当然也可以一项一项的重新设置)。本案例工程中基本按照默认设置(如图 4-27)。

计算设置

电气

恢复当前项默认设置　恢复所有项默认设置　导入规则　导出规则

计算设置	单位	设置值
− 电缆		
− 电缆敷设弛度、波形弯度、交叉的预留长度	%	2.5
计算基数选择		电缆长度
电缆进入建筑物的预留长度	mm	2000
电力电缆终端头的预留长度	mm	1500
电缆进控制、保护屏及模拟盘等预留长度	mm	高+宽
高压开关柜及低压配电盘、箱的预留长度	mm	2000
电缆至电动机的预留长度	mm	500
电缆至厂用变压器的预留长度	mm	3000
− 导线		
配线进出各种开关箱、屏、柜、板预留长度	mm	高+宽
管内穿线与软硬母线连接的预留长度	mm	1500
− 硬母线配置安装预留长度		
带形、槽形母线终端	mm	300
带形母线与设备连接	mm	500

图 4-27

4. 图纸管理

点击"添加图纸"→"分割定位图纸"→"生成分配图纸"(如果图纸生成错误,可以点选所需删除图纸,点击上方"删除图纸")。

结合本案例工程解述:

(1)"添加图纸"——点击"添加图纸"→正确选择所需添加的图纸。

(2)"分割定位图纸"——点击"交点"→分别选择 2 轴与 B 轴两根轴线→出现红色交叉点后,右击(确定)→拉框选择"一层照明平面图"这张图纸,右击(确定)→弹出对话框,点击"请输入图纸名称后面的小三点"(如图 4-28)→在 CAD 图层中选择图名"一层照明平面图"(如图 4-29),右击(确定)→弹出对话框,选择正确的楼层"首层"→点击"确定"(二层、三层、四层重复这样的操作)(如图 4-30)。

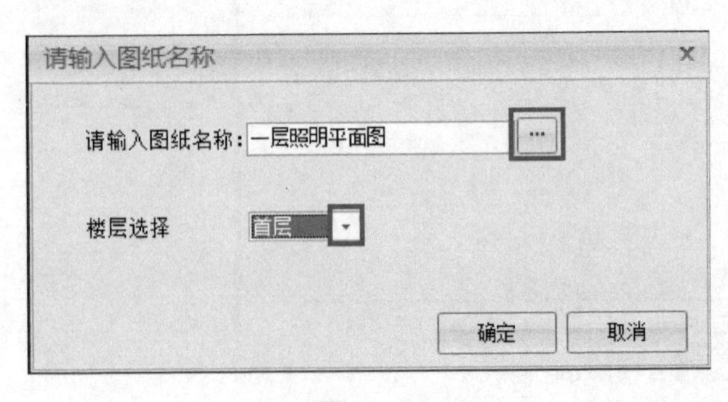

图 4-28

一层照明平面图

图 4-29

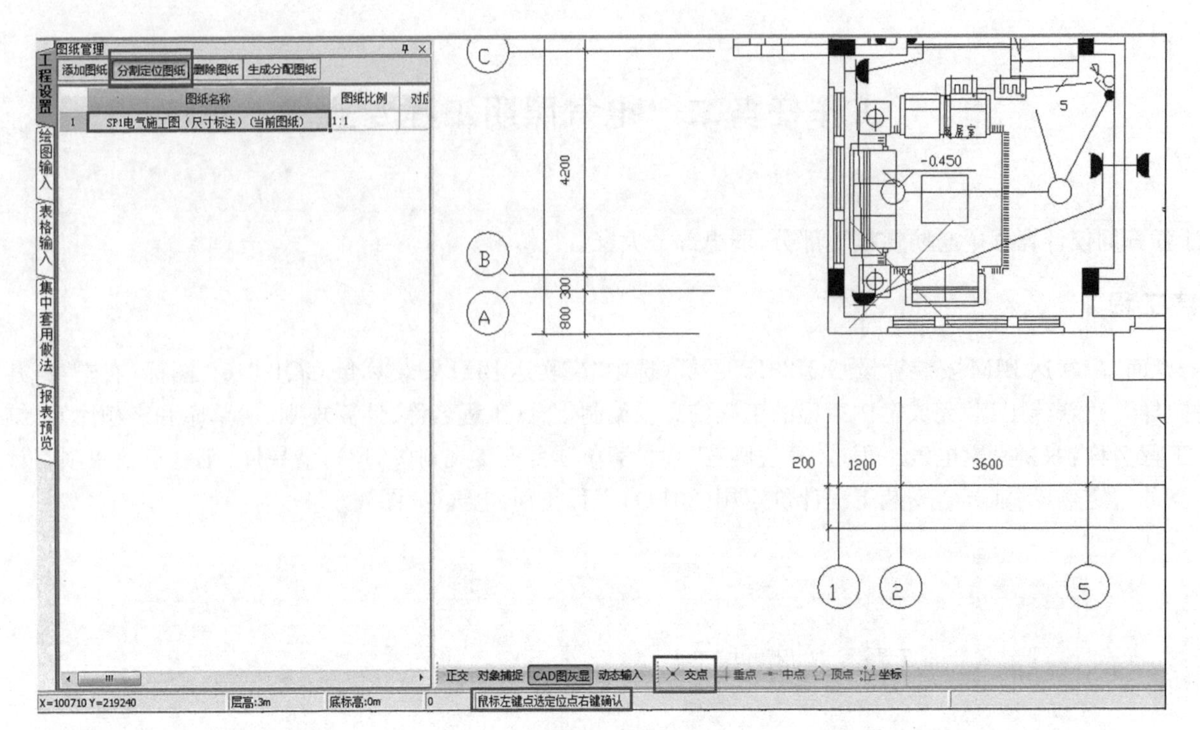

图 4-30

备注:"图纸名称"输入可以直接输入文字,也可以在 CAD 中识别文字。

(3)"生成分配图纸"——点击"生成分配图纸"软件将会把刚刚分割定位的图纸分配到各个楼层(如图 4-31)。

图纸管理

添加图纸　分割定位图纸　删除图纸　生成分配图纸

	图纸名称	图纸比例	对应楼层	楼层编号
1	− SP1电气施工图(尺寸标注)	1:1		
2	一层照明平面	1:1	首层	1.1
3	二层照明平面	1:1	第2层	2.1
4	三层照明平面	1:1	第3层	3.1
5	屋顶防雷平面	1:1	第4层	4.1
6	住户多媒体箱接线原理图	1:1	首层	1.2
7	用户开关箱系统图	1:1	首层	1.3
8	设计说明	1:1	首层	1.4
9	综 合 设 备 表	1:1	首层	1.5
10	一层弱电平面	1:1	首层	1.6
11	二层弱电平面	1:1	第2层	2.2
12	三层弱电平面	1:1	第3层	3.2
13	接地平面	1:1	第4层	4.2
14	接地平面图	1:1	基础层	0.1

图 4-31

备注:"设置比例",一般比例设置是 1∶1,若是高层建筑,可以在详图中设置比例建模,然后创建为块(块存盘),通过"块复制"快速建模(因为详图图纸比例一般是 1∶50,而平面图图纸比例一般是 1∶100)。

三、绘图输入

1. 新建构件

(1) 照明灯具——点击"材料表"→框选图例表格,右击(确定)(对所识别的信息进行整理,可以通过"删除行"、"删除列"等修改,若图例符号识别错误,可以点击对应图例符号,此时会出现小三点,点击"小三点",页面跳到 CAD 界面后,重新选择图例符号,右击(确定)),此时会在模块栏中新建照明灯具。本案例工程中,新建的照明灯具:节能吸顶灯、壁灯(如图 4-32)。

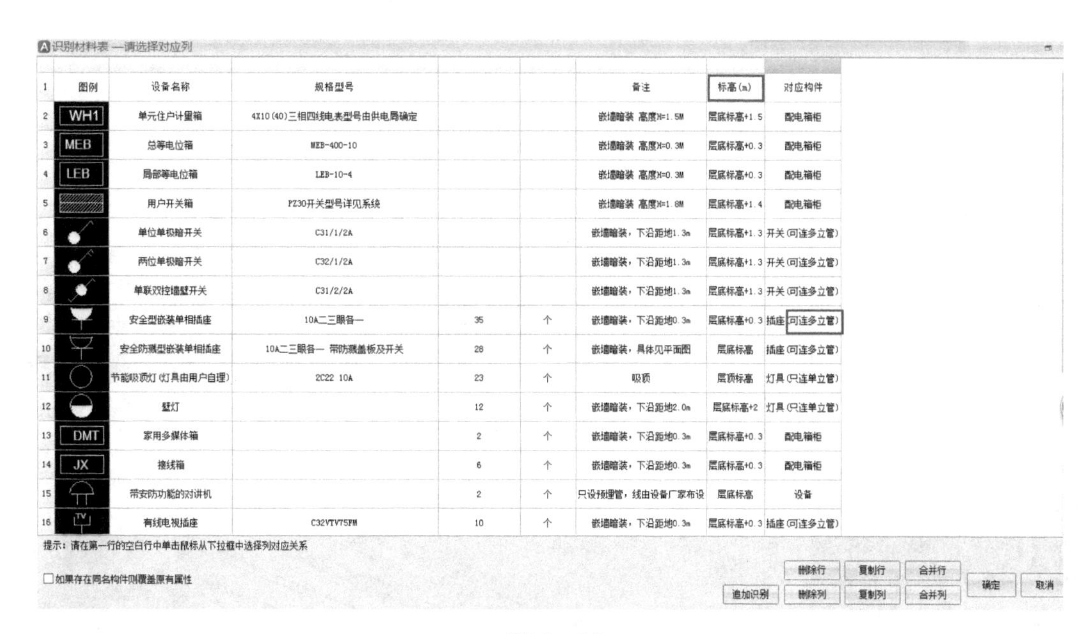

图 4 - 32

（2）开关插座、配电箱柜——由于在照明灯具中进行了对材料表的识别，所以所有的构件属性已经在对应的名称下自动生成。本案例工程中，新建的开关插座：单联单控开关、双联单控开关、单联双控开关、安全型单相五孔插座、安全防溅型三孔插座；新建的配电箱：WH电表箱、1AL照明配电箱、2AL照明配电箱（如图 4 - 33、34、35）。

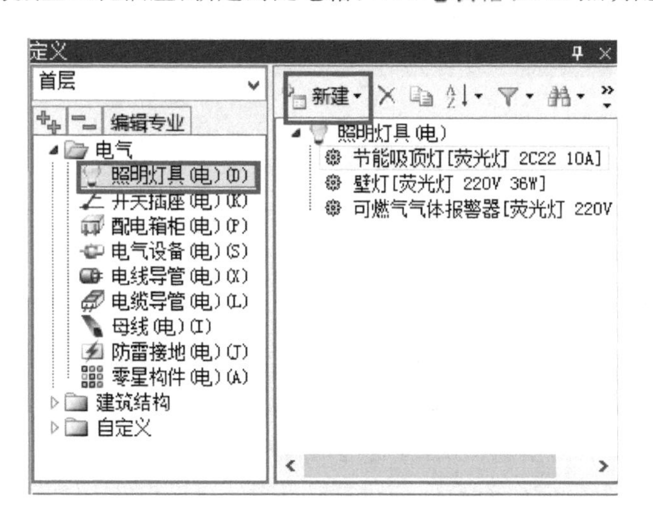

图 4 - 33

图 4 - 34

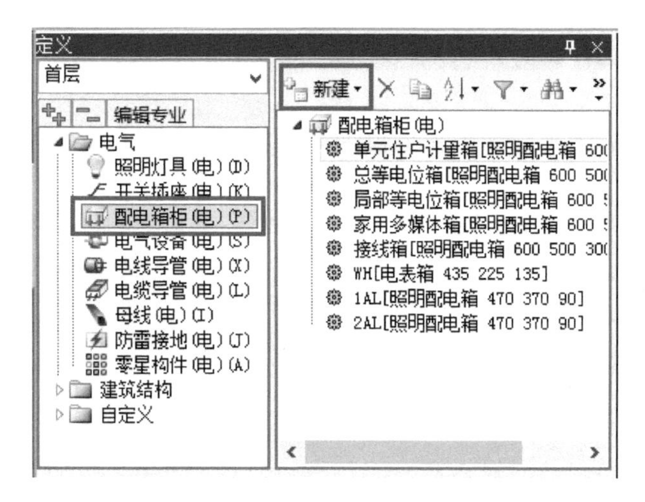

图 4 - 35

（3）电气设备——点击“新建”（“新建设备”）→完善接线盒的属性信息。

（4）电线导管——点击“系统图”→点击“提取配电箱”，在系统图中点选箱体代号及规格，右击“确定”→点击“读系统图”，框选系统图对应的回路信息，右击“确定”（若信息读取不完整，可以点击“追加读取系统图”继续读取系统图信息；若信息实在无法读取，则手动修改信息）→生成配电树表→点击“确定”（如图 4 - 36、37）。

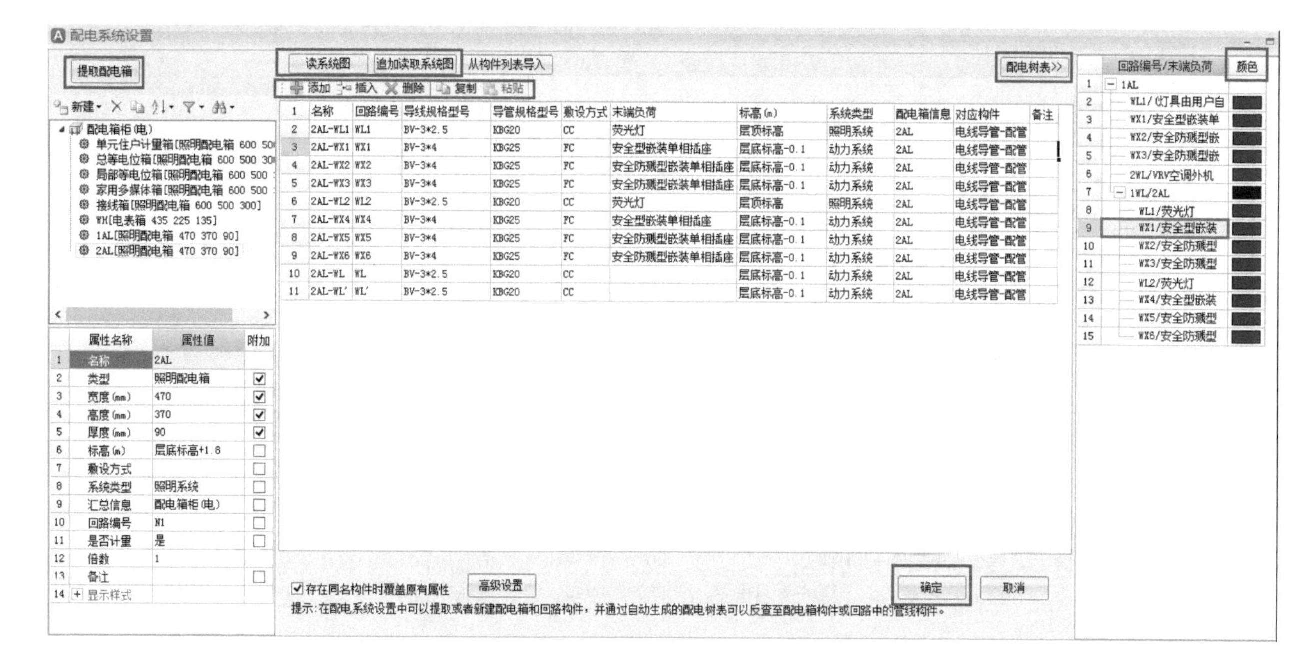

图 4 - 36

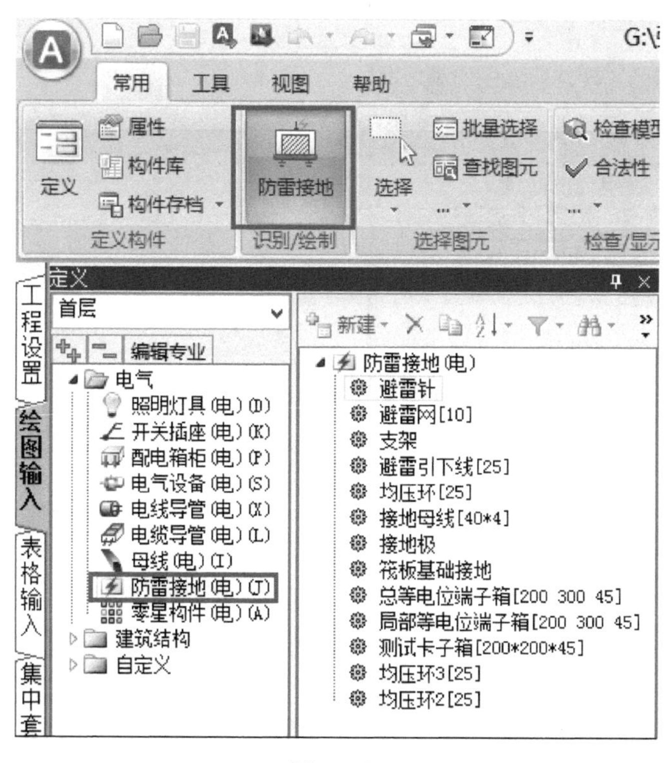
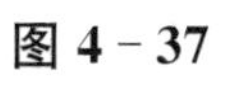

图 4 - 37

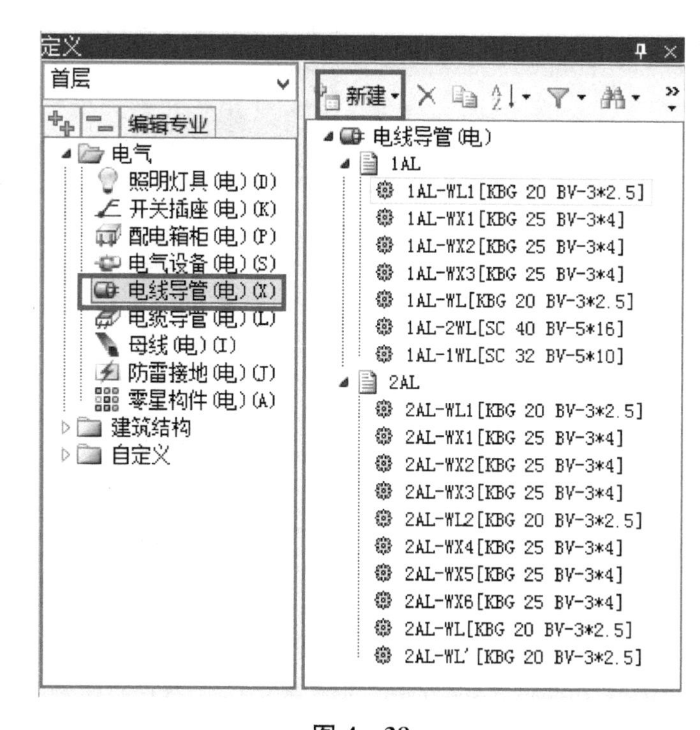

图 4 - 38

(5) 电缆导管——点击“新建”(“新建配管”)→完善电缆配管的属性信息。

(6) 防雷接地——点击“防雷接地”→完善避雷网、引下线、均压环等属性信息。本案例工程中(以避雷网为例),构件类型:避雷网;构件名称:避雷网;材质:圆钢;规格型号:ϕ10;起点标高:层底标高;终点标高:层底标高(坡屋顶需在属性中修改某点的具体标高)(如图 4-38、39)。

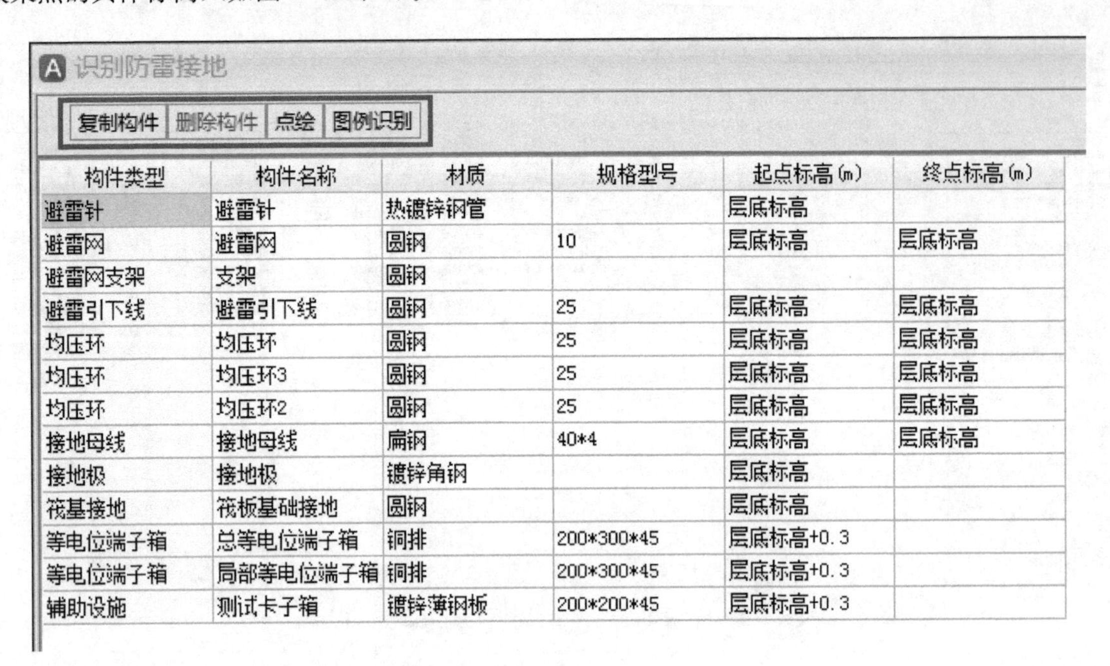
识别防雷接地

复制构件 删除构件 点绘 图例识别

构件类型	构件名称	材质	规格型号	起点标高(m)	终点标高(m)
避雷针	避雷针	热镀锌钢管		层底标高	
避雷网	避雷网	圆钢	10	层底标高	层底标高
避雷网支架	支架	圆钢			
避雷引下线	避雷引下线	圆钢	25	层底标高	层底标高
均压环	均压环	圆钢	25	层底标高	层底标高
均压环	均压环3	圆钢	25	层底标高	层底标高
均压环	均压环2	圆钢	25	层底标高	层底标高
接地母线	接地母线	扁钢	40*4	层底标高	层底标高
接地极	接地极	镀锌角钢		层底标高	
筏基接地	筏板基础接地	圆钢		层底标高	
等电位端子箱	总等电位端子箱	铜排	200*300*45	层底标高+0.3	
等电位端子箱	局部等电位端子箱	铜排	200*300*45	层底标高+0.3	
辅助设施	测试卡子箱	镀锌薄钢板	200*200*45	层底标高+0.3	

图 4-39

备注:① 如果材料表中图例不是很齐全,可以选择用直接新建构件的方法新建,直接点击模块栏左上角的“新建”(“删除”、“复制”)(如图 4-40)。② 构件新建完后,需要完善构件的属性信息(蓝色字体是公有属性,黑色字体是私有属性)。

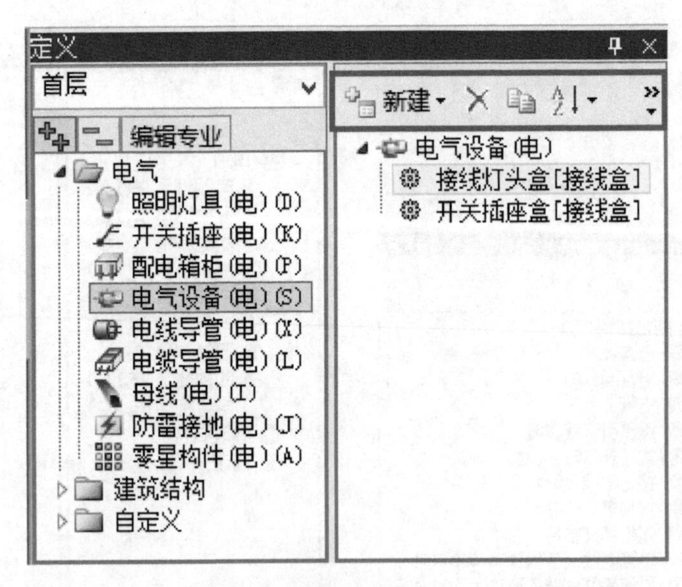

图 4-40

2. 识别构件

(1) 照明灯具——点击“图例”→在 CAD 界面平面图中选择对应图例,右击(确定)→弹出对话框,选择对应照明灯具,设置连接点(选择正确的连接点),点击“确定”→点击“识别范围”,框选范围(正确选择所需识别的范围),右击(确定)→点击“确定”→弹出对话框“识别个数”,点击“确定”,本案例工程中识别出的节能吸顶灯个数为 26 个(如图 4-41、42、43)。

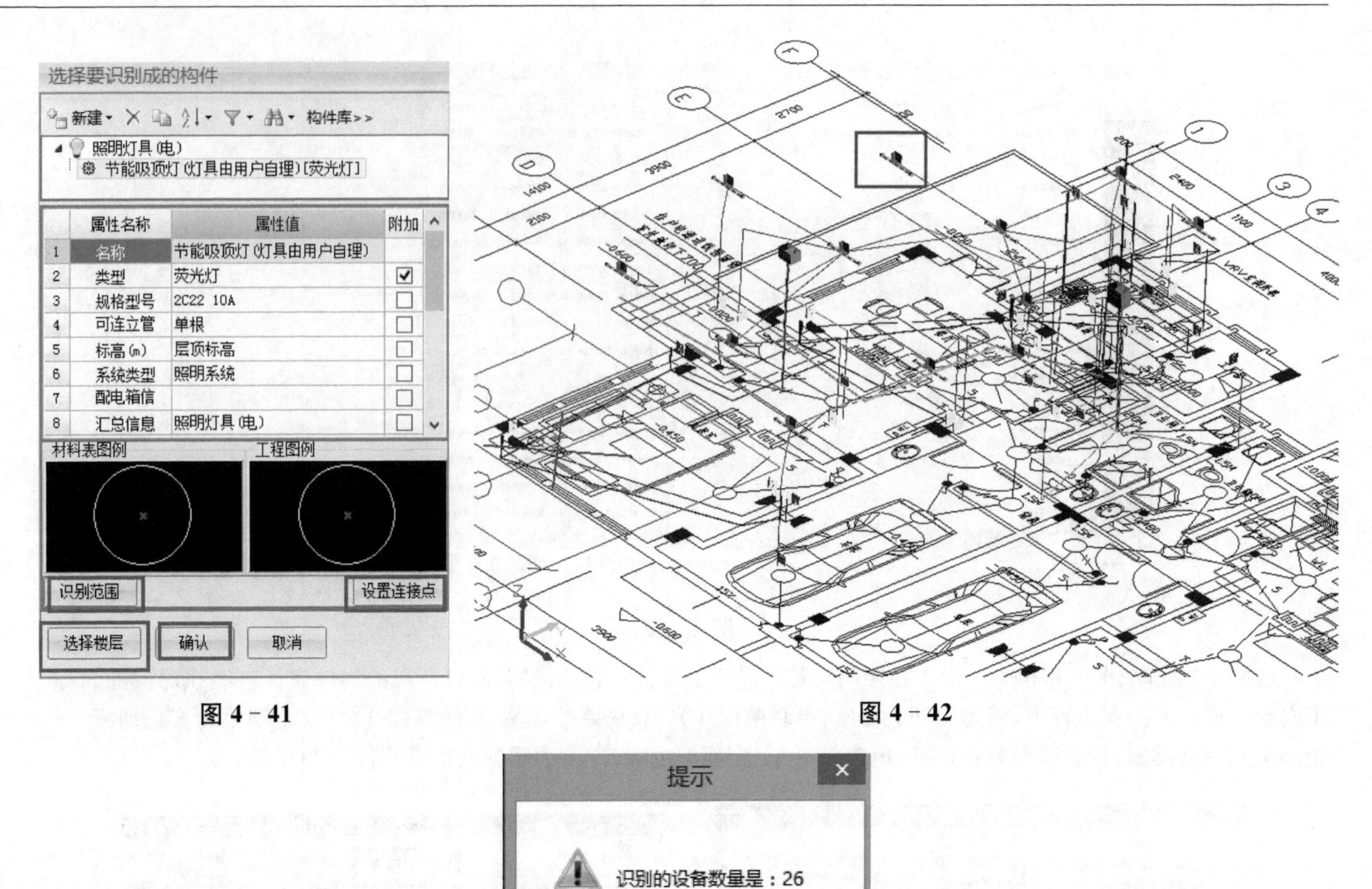

图 4-41　　图 4-42

提示

识别的设备数量是:26

确定

图 4-43

备注:① “识别构件”中照明灯具的操作以吸顶灯为例,其他的照明灯具均同理。② 在选择识别范围时,可以点击“选择楼层”,可以将所有楼层中的某一照明灯具一起识别,但一般不建议这么做,建议还是一层一层的去识别。③ 若识别后,发现构件属性错误,可以选择删除之前识别好的构件,重新识别,或者选中属性错误的构件,在属性列表中修改属性,注意公有属性和私有属性的区别,若要使公有属性不同区分开来,一般采取再重新新建构件。④ “附加”属性列若进行了勾选,则勾选行的内容会在名称中出现,可以根据情况进行勾选。⑤ 如果有图例在 CAD 中不是块,无法识别,我们可以进行构件布置(在模块栏中点击所需要布置构件的名称→点击导航栏中“点”→在 CAD 界面中对照 CAD 原始图,放到所要的位置)。另外我们也可以通过“形识别”,选择同形状的图例线段,右击(确定),选择与之相符的照明灯具,点击“确定”。

(2) 开关插座、配电箱柜——由于开关插座、配电箱柜和照明灯具性质类似,图例都是块,所以识别构件时,可以采取相同的方法识别构件。

备注:① 当图纸有详图时,一般在详图中操作。② 遇到管材不一样,我们可以在属性中改变颜色。③ 若识别后,发现构件属性错误,可以选择删除之前识别好的构件,重新识别,或者选中属性错误的构件,在属性列表中修改属性,注意公有属性和私有属性的区别,若要使公有属性不同区分开来,一般采取再重新新建构件。

(3) 电气设备——点击“生成接线盒”,选择“接线灯头盒”,点击“确定”→在弹出的对话框中勾选“照明灯具”。本案例工程中,以“接线灯头盒”、“开关插座盒”为例)(如图 4-44、45)。

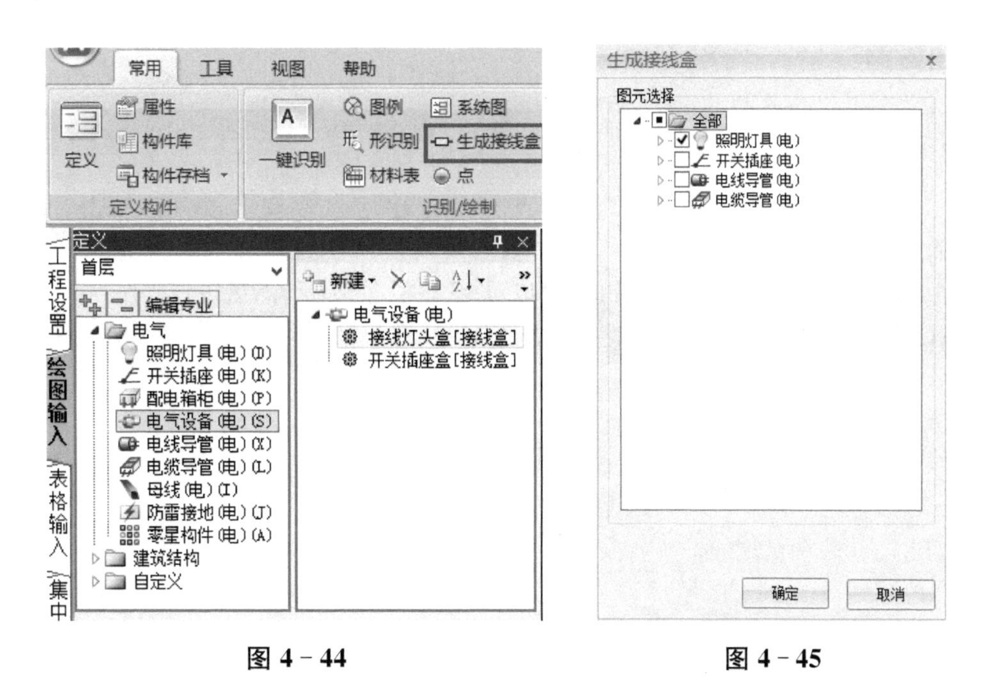

图 4-44　　图 4-45

(4) 电线导管——点击“多回路”→点选 WL1 回路的一根 CAD 线，此时整个回路会被选中，右击两次(确定)→弹出对话框，点击“构件名称”，出线三点，点击三点，选择 1AL-WL1 回路，点击“确定”(如图 4-46、47)。

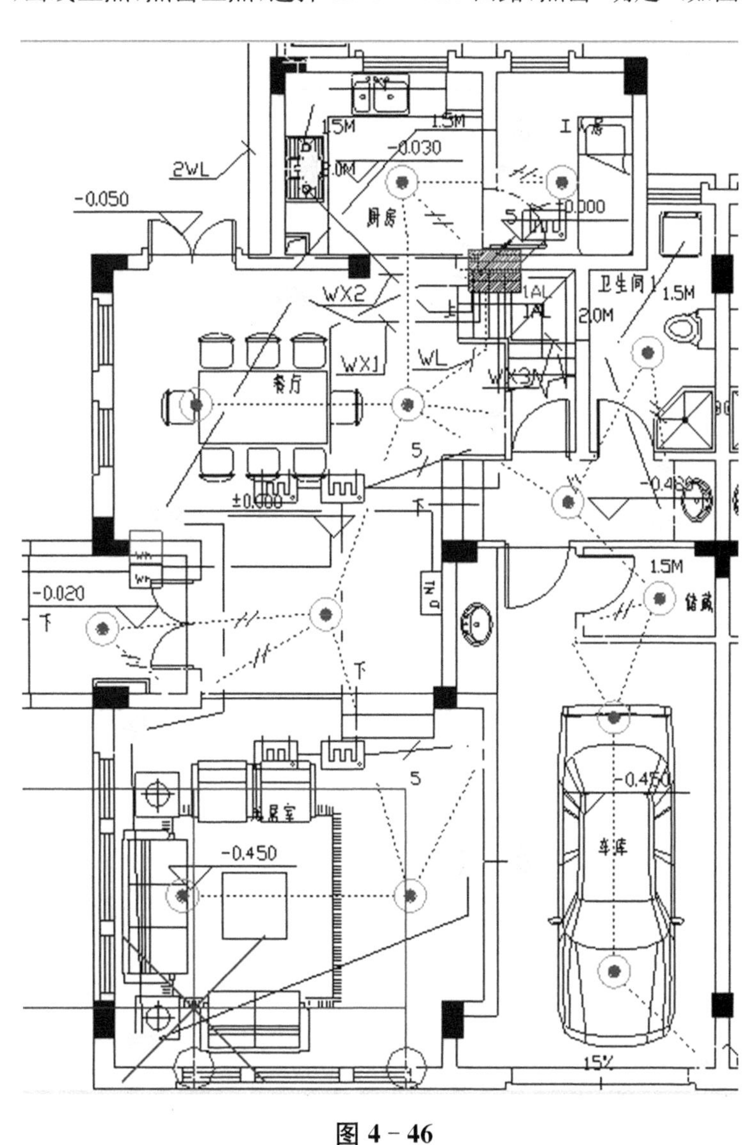

图 4-46

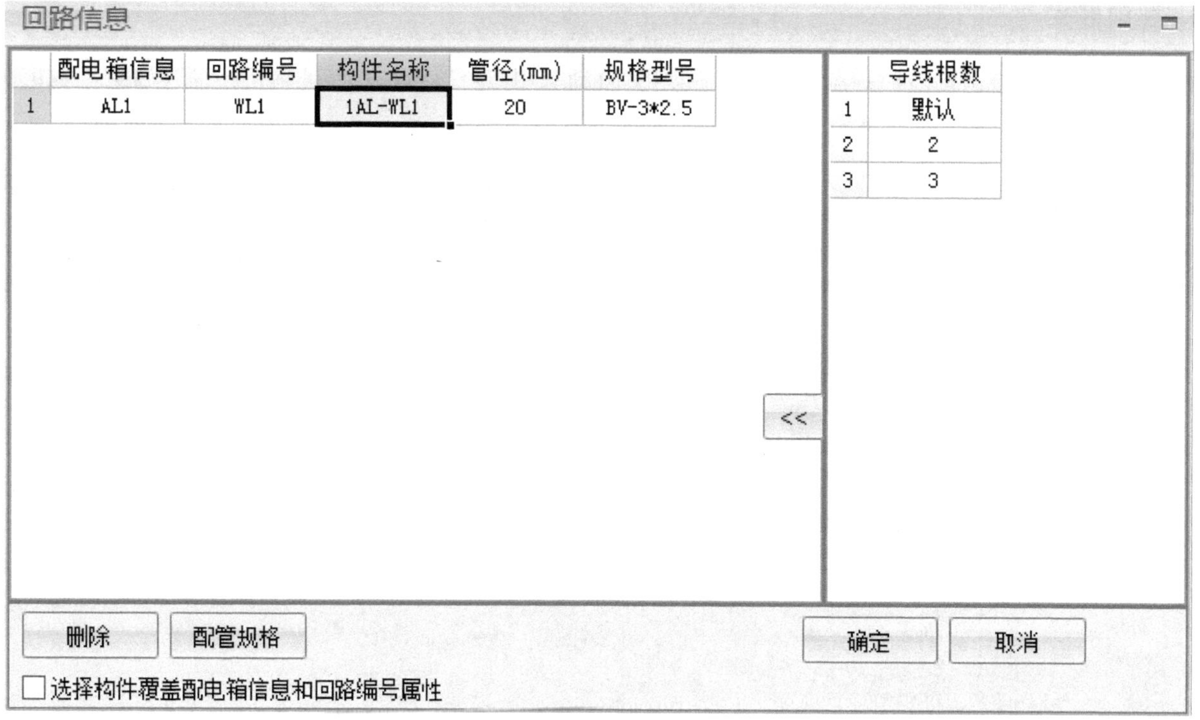

回路信息

	配电箱信息	回路编号	构件名称	管径(mm)	规格型号
1	AL1	WL1	1AL-WL1	20	BV-3*2.5

	导线根数
1	默认
2	2
3	3

删除　配管规格　确定　取消

选择构件覆盖配电箱信息和回路编号属性

图 4-47

备注：一般用“多回路”识别，也可以用“单回路”识别。本案例工程中都是管内穿线，若是桥架穿线，则应另外考虑画法。

(5) 防雷接地——点击“防雷接地”→点击“回路识别”→点选避雷线，右击(确定)→本案例工程是剖屋顶，可以通过点选识别后的避雷网，在属性中修改其标高(如图 4-48)(以避雷网为例，引下线、均压环、接地母线布置方法均与避雷网相同)。

识别防雷接地

复制构件　删除构件　直线绘制　回路识别　布置立管

构件类型	构件名称	材质	规格型号	起点标高(m)	终点标高(m)
避雷针	避雷针	热镀锌钢管		层底标高	
避雷网	避雷网	圆钢	10	层底标高	层底标高
避雷网支架	支架	圆钢			
避雷引下线	避雷引下线	圆钢	25	层底标高	层底标高
均压环	均压环	圆钢	25	层底标高	层底标高
均压环	均压环3	圆钢	25	层底标高	层底标高
均压环	均压环2	圆钢	25	层底标高	层底标高
接地母线	接地母线	扁钢	40*4	层底标高	层底标高
接地极	接地极	镀锌角钢		层底标高	
筏基接地	筏板基础接地	圆钢		层底标高	
等电位端子箱	总等电位端子箱	铜排	200*300*45	层底标高+0.3	
等电位端子箱	局部等电位端子箱	铜排	200*300*45	层底标高+0.3	
辅助设施	测试卡子箱	镀锌薄钢板	200*200*45	层底标高+0.3	

图 4-48

四、集中套用做法

点击“汇总计算”→点击“全选”→点击“计算”→点击“自动套用清单”→点击“匹配项目特征”（如图4-49、50）。

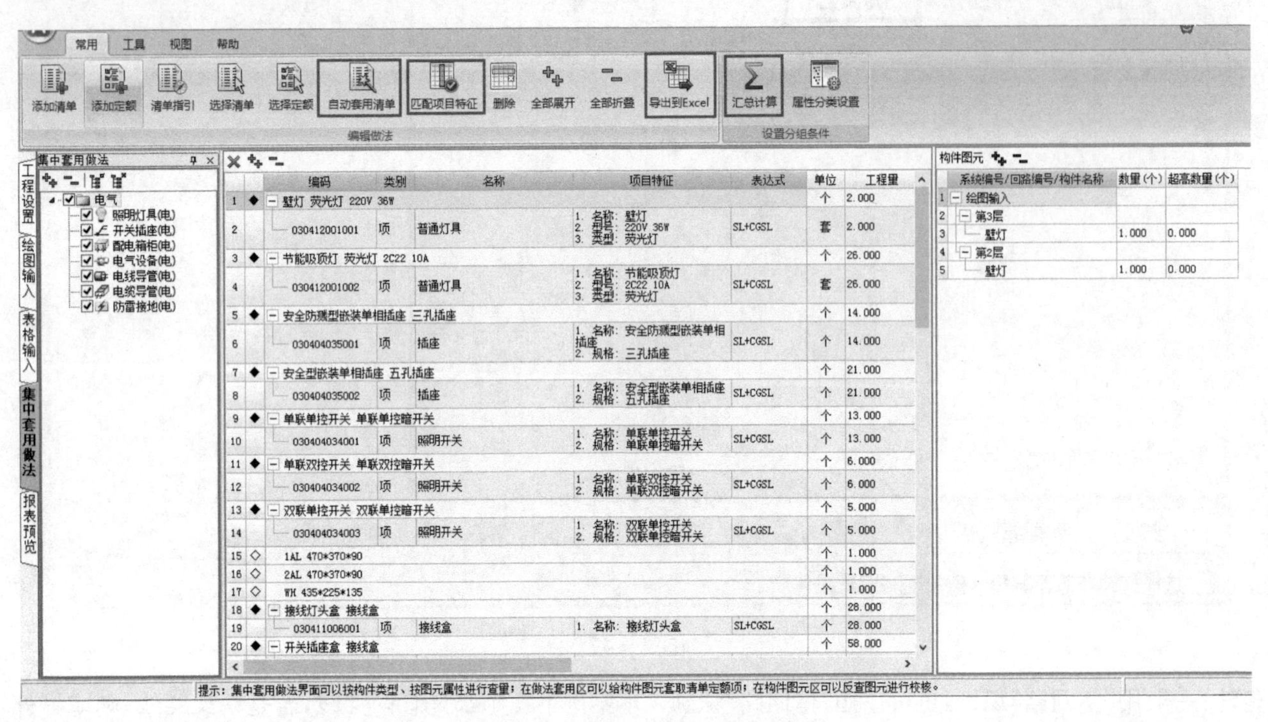

图 4-49

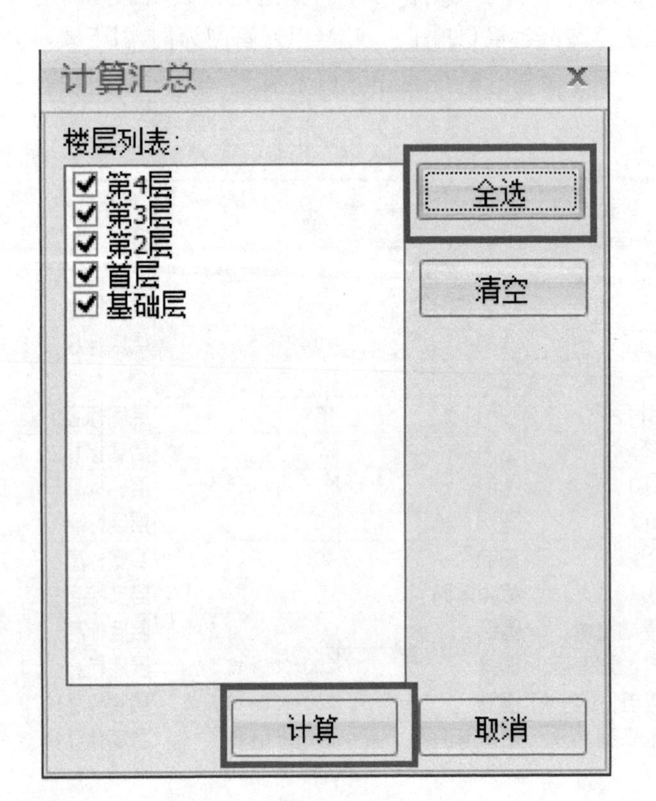

图 4-50

备注：“汇总计算”可以在“绘图输入”界面进行汇总计算。

五、报表预览，导出数据

见 Excel 表

其他说明：

① 合法性检查——在“绘图输入”界面“常用”栏中，点击“合法性”。如果有错误，可以双击对话框中的内容，可以找到错误的地方，从而进行修改。

② 如果操作软件工程中遇到接下来不会操作时，可以看“状态栏”的提示，然后进行操作。

③ 如果感觉 CAD 图层太亮，可以点击“状态栏”上方的“CAD 图灰显”。

工程量清单汇总表

工程名称:某双拼别墅工程　　　　专业:电气照明工程

序号	编码	项目名称	项目特征	单位	工程量
1	030404017001	配电箱	1. 名称:配电箱 1AL 2. 型号:PZ30 3. 规格:470 * 370 * 90 4. 端子板外部接线材质、规格:BV25mm25 个、BV16mm25 个、BV10mm25 个、BV4mm29 个、BV2.5mm26 个 5. 安装方式:嵌墙暗装 底边距地 1.8 m	台	2
2	030404017002	配电箱	1. 名称:配电箱 2AL 2. 型号:PZ30 3. 规格:470 * 370 * 90 4. 端子板外部接线材质、规格:BV10 mm25 个、BV4 mm218 个、BV2.5 mm212 个 5. 安装方式:嵌墙暗装 底边距地 1.8 m	台	2
3	030404017003	配电箱	1. 名称:配电箱 WH 2. 型号:PZ30 3. 规格:435 * 225 * 135 4. 安装方式:嵌墙暗装 底边距地 1.5m	台	2
4	030404034001	照明开关	1. 名称:单联单控开关 2. 材质:PVC 3. 规格:250V/10A 86 型 4. 安装方式:暗装	个	26
5	030404034002	照明开关	1. 名称:单联双控开关 2. 材质:PVC 3. 规格:250V/10A 86 型 4. 安装方式:暗装	个	12
6	030404034003	照明开关	1. 名称:空调控制器 2. 规格:单联单控暗开关	个	16
7	030404034004	照明开关	1. 名称:双联单控开关 2. 材质:PVC 3. 规格:250V/10A 86 型 4. 安装方式:暗装	个	10
8	030404035001	插座	1. 名称:单相三极插座 2. 材质:PVC 3. 规格:86 型 3 极 250V/10A 4. 安装方式:暗装	个	28
9	030404035002	插座	1. 名称:单相五极插座 2. 材质:PVC 3. 规格:86 型 5 极 250V/10A 4. 安装方式:暗装	个	42
10	030408001001	电力电缆	1. 名称:电力电缆 2. 型号:YJV22 3. 规格:YJV22—5 * 25 4. 材质:铜芯电缆 5. 敷设方式、部位:FC 管内穿线 6. 电压等级(kV):1 KV 以下	m	51.365

续表

序号	编码	项目名称	项目特征	单位	工程量
11	030408003001	电缆保护管	1. 名称:镀锌电线管 2. 材质:SC 3. 规格:50 4. 敷设方式:FC	m	37.118
12	030408006001	电力电缆头	1. 名称:电力电缆头 2. 型号:YJV22 3. 规格:YJV22—5 * 25 4. 材质、类型:铜芯电缆,干包式 5. 安装部位:配电箱 6. 电压等级(kV):1 KV 以下	个	6
13	030409002001	接地母线	1. 名称:接地母线 2. 材质:镀锌扁钢 3. 规格:40 * 4 4. 安装部位:埋地 5. 安装形式:焊接	m	57.809
14	030409003001	避雷引下线	1. 名称:避雷引下线 2. 材质:圆钢 3. 规格:25 4. 安装部位:利用柱主筋引下 5. 安装形式:焊接	m	92.055
15	030409004001	均压环	1. 名称:均压环 2. 材质:圆钢 3. 规格:25 4. 安装形式:焊接	m	135.249
16	030409005001	避雷网	1. 名称:避雷网 2. 材质:热镀锌圆钢 3. 规格:10 4. 安装形式:沿女儿墙或沿口明敷	m	140.129
17	030409008001	等电位端子箱、测试板	1. 名称:局部等电位端子箱 2. 材质:铜排 3. 规格:200 * 300 * 45	台/块	8
18	030409008002	等电位端子箱、测试板	1. 名称:总等电位端子箱 2. 材质:铜排 3. 规格:200 * 300 * 45	台/块	2
19	030411001001	配管	1. 名称:KBG 管 2. 材质:钢管 3. 规格:20 4. 配置形式:CC	m	434.421
20	030411001002	配管	1. 名称:KBG 管 2. 材质:钢管 3. 规格:25 4. 配置形式:CC	m	45.867
21	030411001003	配管	1. 名称:KBG 管 2. 材质:钢管 3. 规格:25 4. 配置形式:FC	m	394.982

续表

序号	编码	项目名称	项目特征	单位	工程量
22	030411001004	配管	1. 名称：镀锌电线管 2. 材质：SC 3. 规格：32 4. 配置形式：FC	m	5.66
23	030411001005	配管	1. 名称：镀锌电线管 2. 材质：SC 3. 规格：40 4. 配置形式：FC	m	18.334
24	030411004001	配线	1. 名称：配线 2. 配线形式：管内穿线 3. 型号：BV 4. 规格：BV—0.75 5. 材质：铜芯 6. 配线部位：砖混凝土结构	m	229.333
25	030411004002	配线	1. 名称：配线 2. 配线形式：管内穿线 3. 型号：BV 4. 规格：BV—10 5. 材质：铜芯 6. 配线部位：砖混凝土结构	m	36.7
26	030411004003	配线	1. 名称：配线 2. 配线形式：管内穿线 3. 型号：BV 4. 规格：BV—16 5. 材质：铜芯 6. 配线部位：砖混凝土结构	m	100.071
27	030411004004	配线	1. 名称：配线 2. 配线形式：管内穿线 3. 型号：BV 4. 规格：BV—2.5 5. 材质：铜芯 6. 配线部位：砖混凝土结构	m	1257.771
28	030411004005	配线	1. 名称：配线 2. 配线形式：管内穿线 3. 型号：BV 4. 规格：BV—4 5. 材质：铜芯 6. 配线部位：砖混凝土结构	m	1230.304
29	030411006001	接线盒	1. 名称：接线灯头盒 2. 材质：PVC 3. 规格：86H	个	56
30	030411006002	接线盒	1. 名称：开关插座盒 2. 材质：PVC 3. 规格：86H 4. 安装形式：暗装	个	132
31	030412001001	普通灯具	1. 名称：壁灯 2. 型号：灯罩直径 350 mm 以内 3. 规格：60W 4. 类型：壁装	套	4
32	030412001002	普通灯具	1. 名称：半圆球吸顶灯 2. 型号：灯罩直径 250 mm 以内 3. 规格：60 W 4. 类型：壁装	套	52

某高校教学专用图纸 年 月 日	图 纸 目 录		工 程 编 号	
			专 业	给排水
	工 程 名 称	＊＊＊＊别墅区	图纸编号	S00
	项 目	SP1 别墅	共 01 页	第 01 页

序号	图别图号	图纸名称	采用标准图或重复使用图		图纸尺寸	备 注
			图集编号或工程编号	图别编号		
	S00	图纸目录			A4	
1	S01	主要设备材料表			A4	
2	S02	给排水设计施工说明			A3	
3	S03	一层给排水平面			A3	
4	S04	二层给排水平面			A3	
5	S05	三层给排水平面			A3	
6	S06	屋面给排水平面			A3	
7	S07	厨房卫生间大样图			A3	
8	S08	给排水管道系统图			A3	

设计负责人　　校 对　　填 表

某高校教学专用图纸 年 月 日	主要设备材料表		工 程 编 号	
			专 业	给排水
	工 程 名 称	＊＊＊＊别墅区	图纸编号	S01
	项 目	SP1 别墅	共 1 页	第 1 页

序号	名 称	型 号 规 格	数 量	单 位	备 注
1	台面式洗脸盆		10	套	
2	低水箱座便器	冲洗水箱容积≤6 L	8	套	
3	地 漏	De50	12	只	
4	浴 盆		6	套	
5	成品淋浴器		6	套	
6	洗 涤 池		2	套	
7	洗衣机专用地漏	De50	2	只	
8	水 表	DN20	2	套	供水部门提供
9	灭火器	MF/ABC4	4	具	
10					
11					
12					
13					
14					
15					
16					
17					
18					
19					
20					
21					
22					
23					
24					
25					
26					
27					

设计负责人　　校 对　　填 表

给排水设计施工说明

一、设计依据

1. 国家有关规范、规程

GB 50015—2003《建筑给水排水设计规范》

GB 50016—2006《建筑设计防火规范》

GB 50096—1999《住宅设计规范》(2003年版)

2. 国家及省有关标准图集和通用图集

99S304《卫生设备安装》

02S404《防水套管》

苏S9702《硬聚氯乙烯(PVC-U)排水管安装图集》DB32/T464-2001《建筑给水聚丙烯管道(PP-R)工程技术规程》

二、工程概况

1. 本工程为三层别墅,建筑高度10.51 m,建筑面积527.02 m^2。

三、设计范围

1. 室内给水系统、生活排水系统、雨水排水系统。

四、设计参数

1. 生活用水量标准:300 L/人天

2. 室外消防用水量:15 L/s

五、系统设计

1. 供水方式:全部由市政管网直供。入户水压0.25 MPa。分户水表设于室外水表井内。

2. 生活热水给水系统:每户采用整体式太阳能热水器供水,太阳能热水器设于屋面,集热器面积4.32 m^2,太阳能热水器业主自理。

3. 污水系统:采用合流制,污水出户经化粪池处理达到国家允许的排放标准后排入市政污水管,排水管坡度为:i=0.026。

4. 雨水系统:屋面雨水由成品檐沟及雨落管收集后排入市政雨水管。
雨水斗采用87型雨水斗。

5. 消防系统:

1)本工程不设室内消防给水系统。

2)每个配置点配置磷酸铵盐干粉灭火器2具,每具充装量4 kg,型号为MF/ABC4。

六、管材及接口

1. 给水管:埋设在土层内的管道采用钢塑复合管,丝扣连接。其余管道采用PP-R管,热熔连接。管道公称压力0.6 MPa。

2. 热水管:管道采用PP-R管,热熔连接。管道公称压力0.6 MPa。

3. 排水管:采用UPVC双壁消音管,专用胶粘接。

4. 雨水管:采用防紫外线UPVC管,专用胶粘接。

七、阀门及附件

1. 阀门:给水管道上管径DN≤50mm者采用铜芯截止阀,公称压力1.0MPa。阀门需做严密性试验,合格后方可安装。

2. PVC排水管伸缩节的设置:立管每层设一个;横管长度超过2 m时设伸缩节,伸缩节间距不得超过4 m。De≥110的排水管穿楼板处设阻火圈。地漏及器具下存水弯的水封高度不应小于50mm。洗衣机排水选用专用地漏,淋浴间排水选用网框地漏。

3. 室内各类排水立管和横管、横管和横管连接,宜采用45°三通、90°斜三通,也可以采用直通顺水三通等配件。排水立管与出户管端部的连接,应采用两个45°弯头或弯曲半径不小于4倍管径的90°弯头。排水管配件(如弯头、存水弯)需带清扫口。

八、卫生洁具

选用台面式洗脸盆,低水箱座便器(冲洗水箱容积≤6 L),型号由建设单位确定,但必须是节水型产品。安装详99S304《卫生设备安装》。

九、管道敷设

1. 冷水管:进户后的支管在面层或墙内暗敷。

2. 管道支架:管道支架或管卡应严格按照规范执行。特别是塑料给水管、排水管的固定支座及滑动支座安装位置及间距应严格控制。

3. 所有穿墙、楼板及安装在墙槽和地坪中的管道、施工时应与土建密切配合。

4. 管道穿越地下室外墙应予埋防水套管,套管管径比管道大二号,安装详02S404《防水套管》。伸顶排水管道在穿越屋面板处应做好防水处理,施工参照国标04S301-72。

5. 给排水管道的楼板预留洞均按下列尺寸考虑,尺寸单位为毫米:生活给水立管处留洞100×100;消防给水立管处留洞250×250;地漏留洞200×200;洗脸盆下水管处留洞150×150;大便器下水管处留洞200×200;小便器下水管处留洞150×150;洗涤盆下水管处留洞150×150;盥洗槽下水管处留洞150×150;生活排水立管楼板处留洞200×200;生活排水立管穿屋面处留洞为D+50。

6. 管道的防腐:埋地的生活给水管道和消火栓给水管道须做好"三油二布"防腐处理措施。

7. 卫生器具给水安装高度:

座便器角阀	淋浴器角阀	洗面盆角阀	洗菜池角阀	洗衣机龙头	浴盆角阀	热水器角阀
0.25 m	0.90 m	0.57 m	0.45 m	1.20 m	0.67 m	1.50 m

十、管道试压

1. 生活给水管应作水压试验,试验压力为工作压力的1.5倍(但不得小于1.0 MPa),保持10 min,无渗漏方为合格。PP-R给水管试验压力为1.0 MPa,具体试压方法及过程控制详见《建筑给水聚丙烯管道(PP-R)工程技术规程》。

2. 排水管及雨水管、冷凝水管安装完后应做闭水试验。

十一、管道保温

室外明露生活给水管道应做保温处理,具体做法为:20 mm厚橡塑管壳,保护层采用玻璃布缠绕。室外明露生活排水管道应做防结露处理,具体做法为:15mm厚橡塑管壳,保护层采用玻璃布缠绕。

十二、管道冲洗

1. 给水管道在系统运行前须用水冲洗和消毒,要求以不小于1.5 m/s的流速进行冲洗,并符合《建筑给水排水及采暖工程施工质量验收规范》GB 50242—2002中4.2.3条的规定。

2. 雨水管和排水管冲洗以管道通畅为合格。

十三、其他

1. 图中所注尺寸,除标高以米计外,其余均以毫米计。图中所注标高均为相对标高。给水管道标高以管中心计,排水管道标高以管内底计。

2. 所有安装工程应符合《建筑给水排水及采暖工程质量验收规范》(GB 50242—2002),《硬聚氯乙烯(PVC-U)排水管安装图集》苏S9702,《建筑给水聚丙烯管道(PP-R)工程技术规程》(DB32/T 464—2001),《建筑给排水钢塑复合管技术规程》(CECS125:2001)及其它 有关的施工和验收规范。本设计中未说明部分均按国家现行有关的施工及验收规范执行。

3. 本图需经有关部门审图通过后方可施工。

4. 图中所注给排水管道管径均为管道公称直径,其与外径对照关系见下表:

PVC-U排水塑料管外径与公称直径对照关系

塑料管外径 mm (de)	50	75	110	125	160
公称直径 mm (DN)	50	75	100	125	150

给水塑料管(PPR)外径与公称直径对照关系

塑料管外径 mm (de)	20	25	32	40	50	63	75	90
公称直径 mm (DN)	15	20	25	32	40	50	65	80

图　例

图例	名称	图例	名称
	生活冷水给水管	YL	雨水立管
	生活热水给水管	KL	空调冷凝水立管
	雨水管		地漏
	污水管	YD	雨水斗
	闸阀		通气帽
	截止阀		存水弯
	水表		排水立管检查口
JL	冷水立管		水龙头
WL	污水立管		角阀

某高校教学专用图纸	批准		专业负责人		建设单位	江苏＊＊＊＊开发有限公司	图纸名称	给排水设计施工说明	
	审核		设计、绘图		工程名称	＊＊＊＊别墅区	设计编号	图纸编号	S02

会签	
电气	智能
给排水	暖通
建筑	结构

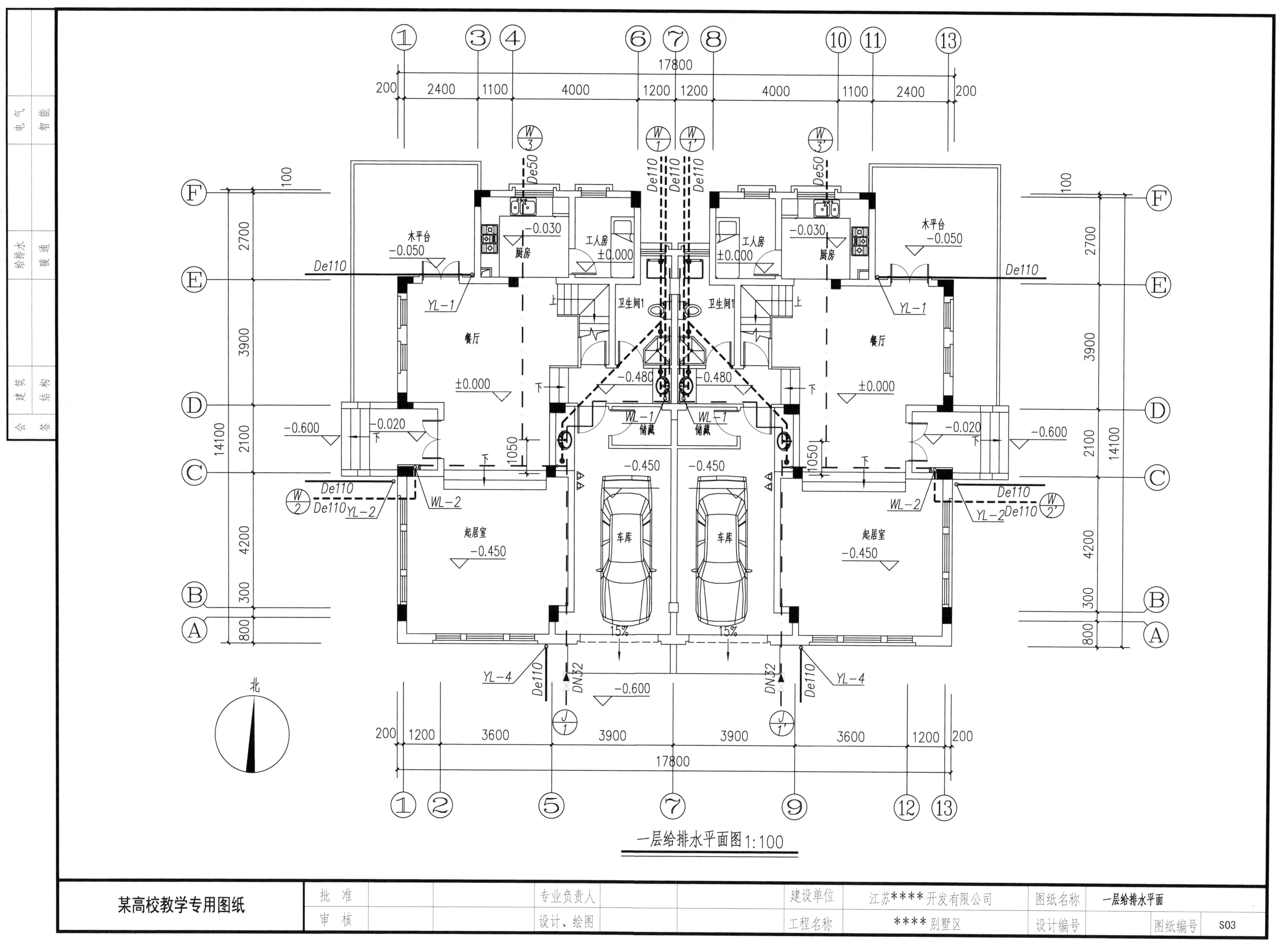
一层给排水平面图 1:100
某高校教学专用图纸
批准
审核
专业负责人
设计、绘图
建设单位
江苏****开发有限公司
工程名称
****别墅区
图纸名称
一层给排水平面
设计编号
图纸编号
S03
电气
智能
给排水
暖通
建筑
结构
会签
木平台
厨房
工人房
卫生间1
餐厅
储藏
车库
起居室
北
17800

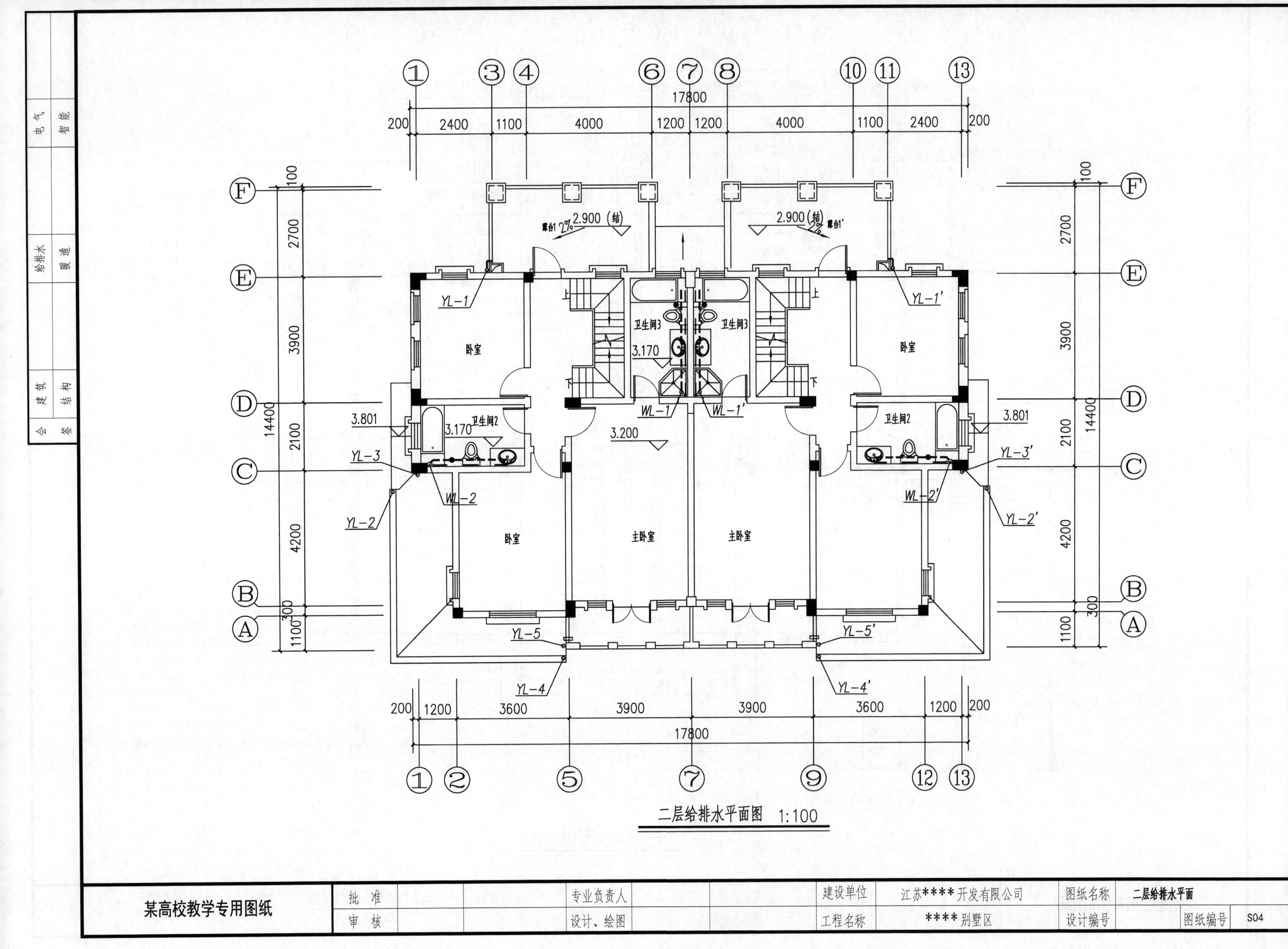

二层给排水平面图 1:100
17800
卧室
主卧室
卫生间2
卫生间3
YL-1
YL-1'
YL-2
YL-2'
YL-3
YL-3'
YL-4
YL-4'
YL-5
YL-5'
WL-1
WL-1'
WL-2
WL-2'
3.801
3.170
3.200
2.900 (结)
某高校教学专用图纸
批 准
审 核
专业负责人
设计、绘图
建设单位
江苏****开发有限公司
工程名称
****别墅区
图纸名称
二层给排水平面
设计编号
图纸编号
S04

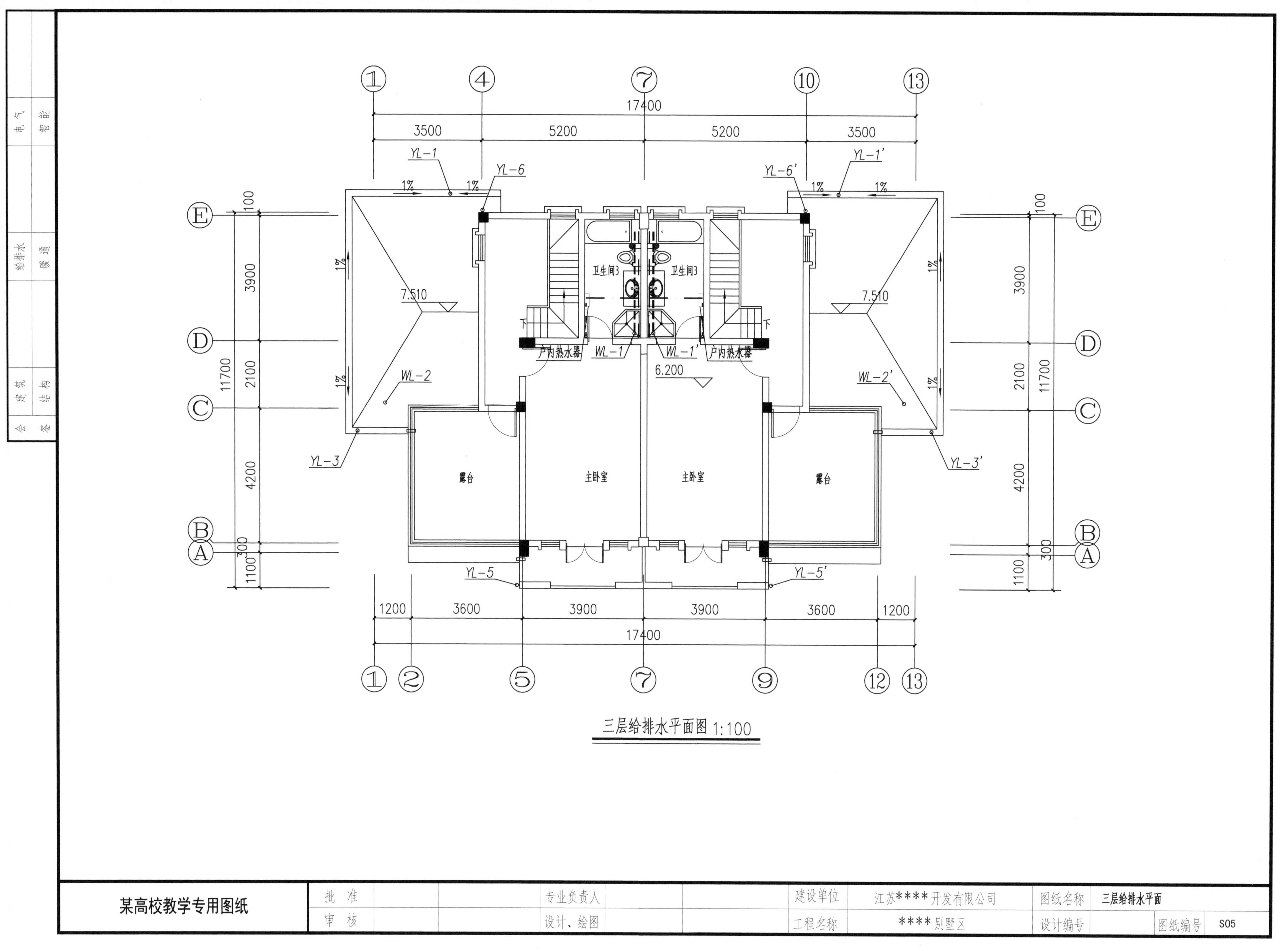

17400
3500
5200
5200
3500
YL-1
YL-6
YL-6'
YL-1'
1%
7.510
卫生间3
户内热水器
WL-1
WL-1'
6.200
WL-2
WL-2'
YL-3
YL-3'
露台
主卧室
主卧室
露台
YL-5
YL-5'
1200
3600
3900
3900
3600
1200
17400
3900
2100
4200
11700
300
1100
100
三层给排水平面图 1:100
某高校教学专用图纸
批 准
审 核
专业负责人
设计、绘图
建设单位
江苏**** 开发有限公司
工程名称
**** 别墅区
图纸名称
三层给排水平面
设计编号
图纸编号
S05
电气
智能
给排水
暖通
建筑
结构
会签

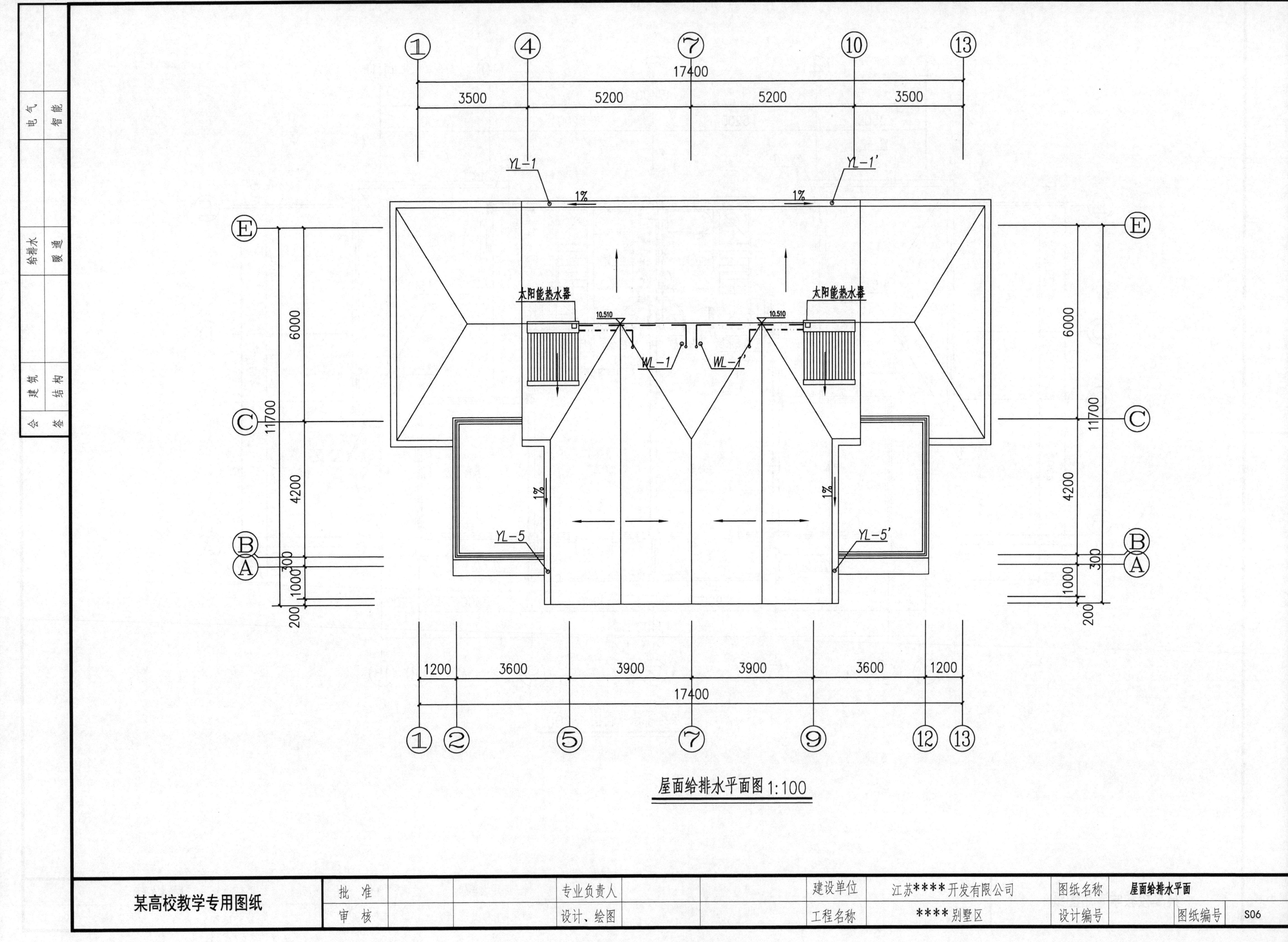

17400
3500
5200
5200
3500
YL-1
YL-1'
1%
1%
太阳能热水器
太阳能热水器
10.510
10.510
WL-1
WL-1'
6000
6000
11700
11700
4200
4200
1%
1%
YL-5
YL-5'
300
300
1000
1000
200
200
1200
3600
3900
3900
3600
1200
17400
屋面给排水平面图 1:100
电气
智能
给排水
暖通
会签
建筑
结构
某高校教学专用图纸
批 准
审 核
专业负责人
设计、绘图
建设单位
江苏****开发有限公司
工程名称
****别墅区
图纸名称
屋面给排水平面
设计编号
图纸编号
S06

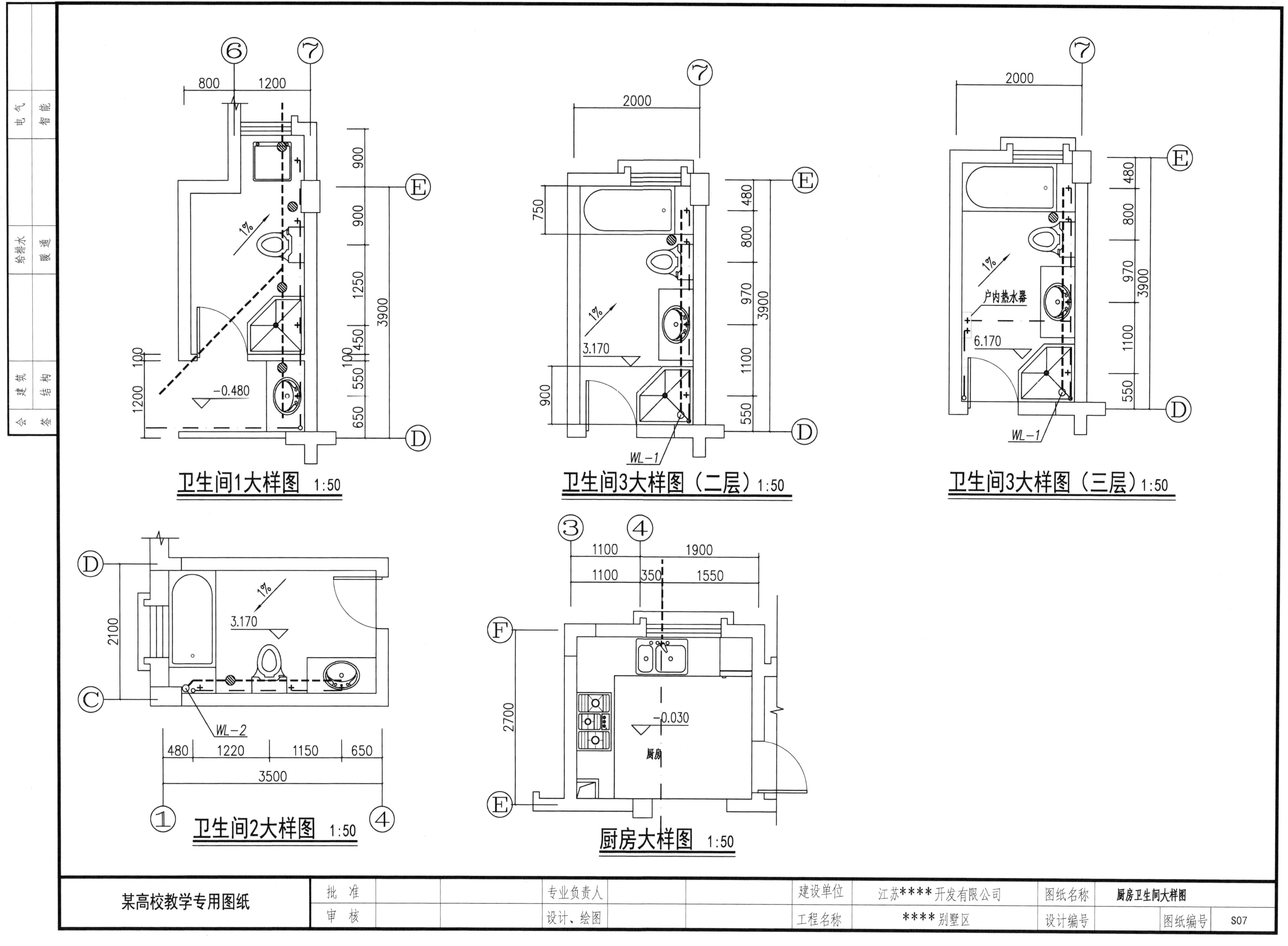
卫生间1大样图 1:50
卫生间3大样图（二层）1:50
卫生间3大样图（三层）1:50
卫生间2大样图 1:50
厨房大样图 1:50
户内热水器
厨房
WL-1
WL-2
某高校教学专用图纸
批 准
审 核
专业负责人
设计、绘图
建设单位
江苏****开发有限公司
工程名称
****别墅区
图纸名称
厨房卫生间大样图
设计编号
图纸编号
S07

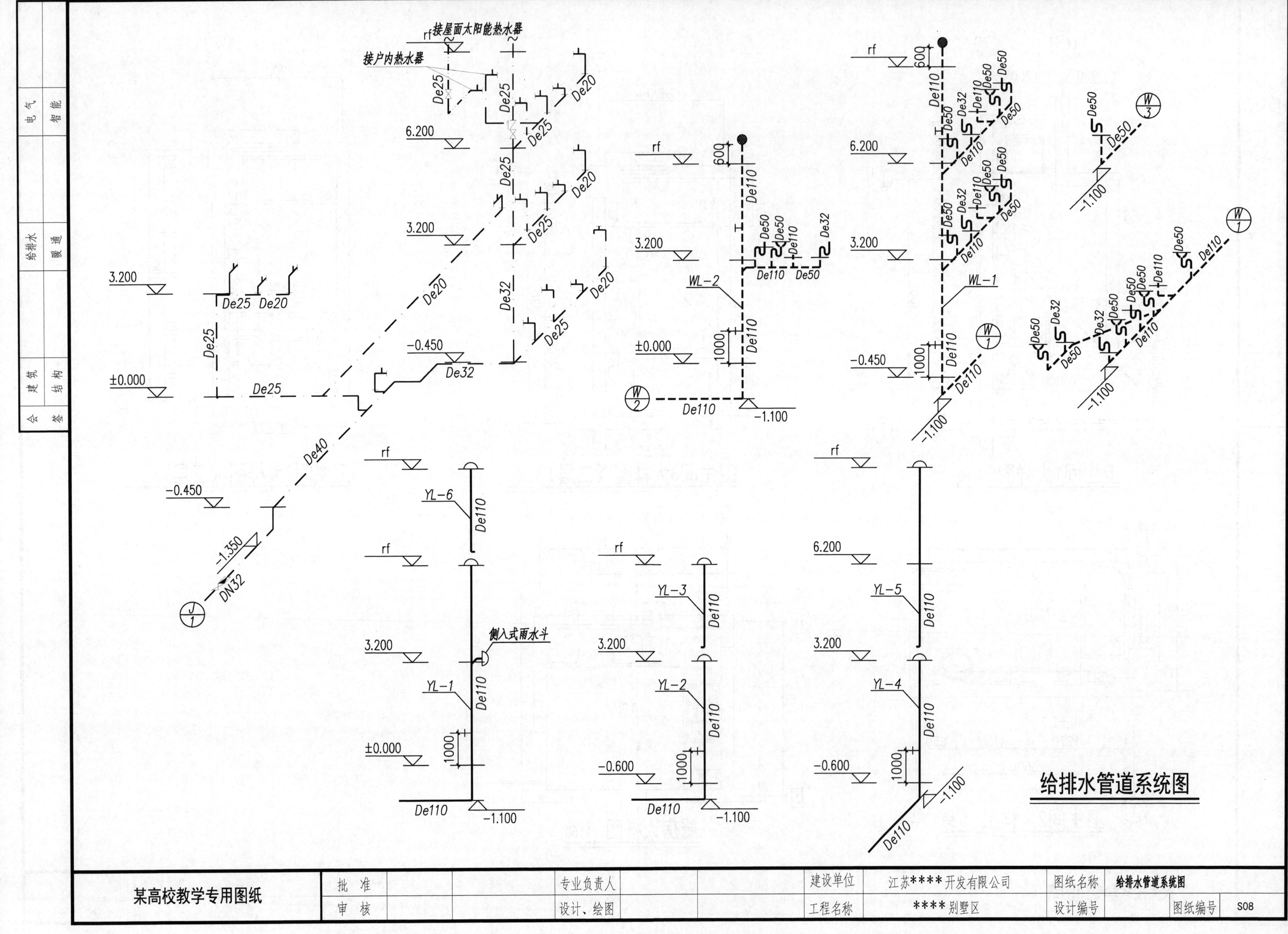
接屋面太阳能热水器
接户内热水器
侧入式雨水斗
WL-1
WL-2
YL-1
YL-2
YL-3
YL-4
YL-5
YL-6
DN32
De110
De50
De32
De40
De25
De20
rf
6.200
3.200
±0.000
-0.450
-0.600
-1.100
-1.350
1000
600
给排水管道系统图
会签
建筑
结构
给排水
暖通
电气
智能
某高校教学专用图纸
批 准
审 核
专业负责人
设计、绘图
建设单位
江苏****开发有限公司
工程名称
****别墅区
图纸名称
给排水管道系统图
设计编号
图纸编号
S08

某高校教学专用图纸	图纸目录	工程编号	
年 月 日		专 业	电气
	工程名称：****别墅区	图纸编号	D00
	项 目：SP1 别墅	共 01 页	第 01 页

序号	图别图号	图纸名称	采用标准图或重复使用图		图纸尺寸	备 注
			图集编号或工程编号	图别编号		
	D00	图纸目录			A4	
1	D01	综合设备表			A4	
2	D02	设计说明			A3	
3	D03	一层照明平面			A3	
4	D04	二层照明平面			A3	
5	D05	三层照明平面			A3	
6	D06	屋顶防雷平面			A3	
7	D07	一层弱电平面			A3	
8	D08	二层弱电平面			A3	
9	D09	三层弱电平面			A3	
10	D10	接地平面			A3	
11	D11	用户开关箱系统图			A3	
12	D12	弱电布线系统图 住户多媒体箱接线原理图			A3	

设计负责人　　　　校 对　　　　填 表

某高校教学专用图纸	综合设备表	工程编号	
年 月 日		专 业	电气
	工程名称：****别墅区	图纸编号	D01
	项 目：SP1 别墅	共 1 页	第 1 页

序号	符号	名称	型号规格	数量	单位	备注
1	WH1	单元住户计量箱	4X10(40)A 三相四线电表 型号由供电局确定			嵌墙暗装 高度 H=1.5 m
2	MEB	总等电位箱	MEB-400-10			嵌墙暗装 高度 H=0.3 m
3	LEB	局部等电位箱	LEB-10-4			嵌墙暗装 高度 H=0.3 m
4		用户开关箱	PZ30 开关型号详见系统			嵌墙暗装 高度 H=1.8 m
5		单位单极暗开关	C31/1/2A			嵌墙暗装，下沿距地 1.3 m
6		两位单极暗开关	C32/1/2A			嵌墙暗装，下沿距地 1.3 m
7		单联双控墙壁开关	C31/2/2A			嵌墙暗装，下沿距地 1.3 m
8		安全型嵌装单相插座	10A 二 三眼各一	35	个	嵌墙暗装，下沿距地 0.3 m
9		安全防溅型嵌装单相插座	10A 二 三眼各一 带防溅盖板及开关	28	个	嵌墙暗装，具体见平面图
10		节能吸顶灯 (灯具由用户自理)	2C22 10A	23	个	吸顶
11		壁灯		12	个	嵌墙暗装， 下沿距地 2.0 m
12						
13	DMT	家用多媒体箱		2	个	嵌墙暗装， 下沿距地 0.3 m
14	JX	接线箱		6	个	嵌墙暗装， 下沿距地 0.3 m
15		带安防功能的对讲机		2	个	只设预埋管，线由设备厂家布设
16	TV	有线电视插座	C32VTV75FM	10	个	嵌墙暗装，下沿距地 0.3 m
17	TP	电话插座	RJ-45 模块，带防尘盖	16	个	嵌墙暗装，下沿距地 0.3 m
18	TO	数据插座	A86ZDTN4	12	个	嵌墙暗装，下沿距地 0.3 m
19		报警按钮		14	个	嵌墙暗装， 下沿距地 1.4 m
20		可燃气气体报警器		6	个	吸顶
21						
22						
23						
24						
25						
26						
27						

设计负责人　　　　校 对　　　　填 表

设计说明

一、概述

本建筑为一双拼别墅楼，都为地上共三层，建筑主体高度10.510 m，属于低层住宅。

二、本设计依据下列规范及标准图集

行业标准《民用建筑电气设计规范》(JGJ 16—2008)

国家标准《住宅设计规范》(GB 50096—1999)2006版

国家标准《低压配电设计规范》(GB 50054—95)

国家标准《有线电视系统工程技术规范》GB 50200—94;

国家标准《供配电系统设计规范》GB 50052—95;

国家建筑标准设计《等电位联结安装》02D501—2

国家标准《建筑物防雷设计规范》GB 50057—94 2000年版;

《建筑照明设计标准》(GB 50034—2004)

《江苏省住宅设计标准》DGJ32/J 26—2006。

二、设计范围

1)220/380V配电系统；　2)建筑物防雷、接地系统及安全措施；

3)有线电视系统；　4)电话系统；

5)网络布线系统；　6)多功能访客对讲系统。

三、电气照明及配电系统

1. 负荷分类：本工程负荷等级为三级。

2. 供电电源：

本建筑从小区就近引来一路220/380 V电源入户，供给本户照明负荷用电；采用YJV22-0.6/1型电力电缆埋地引入每户底层总配电箱。电源入户方式为三相～380 V进线；

3. 计费：

本工程住户用电采用一户一表计量方式。电源进线的型号、规格由上一级配电开关确定；本设计只预留进线套管；进户处防火灾漏电开关设于电表箱内。

4. 住宅用电指标：

本工程每栋住宅用电按每户30 kW。

5. 照明配电：

1) 本工程所有照明支路配线均为三线：相线、N线、PE线。照明、插座均分别出线，不共用回路；

2) 照明、插座均分别出线，不共用回路；所有插座回路均设漏电断路器保护。

四、设备安装及导线选择及敷设

1. 设备安装高度(设备底边距地)方式详见设备材料表。

2. 卫生间内开关、插座选用安全型防潮、防溅型面板；有淋浴、浴缸的卫生间内开关、插座须设在2区以外。

3. 室外电源进线由上一级配电开关确定，本设计只预留进线套管。

4. 公共部位、室内等照明光源均选择高效节能型光源。

5. 照明分支线均采用BV-450/750V-2.5铜芯绝缘线穿KBG管暗敷。

6. 插座分支线均采用BV-450/750V-4.0铜芯绝缘线穿KBG管暗敷。插座回路均为单相三线(L,N,PE)穿KBG25敷设。

7. BV-450/750V-2.5铜芯绝缘线穿KBG管规格：2～3根穿KBG20,4～6根穿KBG25,7根及以上分管穿设。平面图中线路上所画斜线者，代表该线路导线根数，未画者均为三根。

8. 普通暗敷管线保护层厚度应不小于15 mm；

9. 进户保护管采用壁厚大于2.5 mm金属管；

10. 埋地敷设的电缆之间及其与各种设施平行或交叉的最小净距(m)：

项目	敷设条件	
	平行时	交叉时
建筑物、构筑物基础	0.5	
电力电缆之间，以及与控制电缆之间	0.1	0.5(0.25)
通讯电缆	0.5(0.1)	0.5(0.25)
水管、压缩空气管	1.0(0.25)	0.5(0.25)
可燃气体及易燃液体管道	1.0	0.5(0.25)

五、建筑物防雷、接地系统及安全措施

(一) 建筑物防雷

本建筑物预计年雷击次数为0.0218次/a，按第三类民用防雷建筑物布设防雷，采用屋面设置避雷带和建筑构件防雷相结合的防雷系统，接地电阻按共用接地系统考虑为1.0 Ω。

具体做法如下：

1. 屋面防雷

屋面采用避雷带避雷方式，避雷带采用D10热镀锌圆钢，沿女儿墙或沿口明敷，屋面避雷网网格不大于20 m×20 m或24 m×16 m的网格，避雷带每隔1 m设支架，转弯处为0.5 m，支架高度为10 cm；屋面所有金属设备外壳、金属管道和金属构件均应与避雷带可靠电气联结。支承屋面太阳能热水系统的钢结构支架应与建筑物接地系统可靠连接。

2. 防雷电波侵入措施

电缆进线在进出端将电缆金属外皮、钢管等与总等电位端子箱可靠电气联结；所有进出建筑物的埋地金属管均应与接地装置做电气连接；各种竖向金属管道等均应在顶端和底端和防雷装置相连结；

3. 其他防雷措施

在电源进线配电箱和住宅分配电箱电源侧设置SPD保护。

4. 引下线

本工程防雷引下线利用建筑物构造柱内对角四根主筋，作为引下线的柱内主筋不得小于D10；作为引下线的柱内主筋上与避雷带、下与基础钢筋，自上而下全部焊接连通，引下线应沿建筑物四周布置，引下线间距不得大于25 m。

5. 接地极

本工程防雷接地极利用大楼底板承台上两根直径不小于16的钢筋 基础主钢筋和引下线钢筋焊接连通作水平接地体(深度须大于0.7 m)，并在—1 m处外引出建筑物1.5 m作均压环；图中指定引下线在距室外地坪0.5m处设置断接卡，以便测量接地电阻。由于本工程采用联合接地体，其接地电阻须小于1 Ω，否则补打接地极至合格为止。

(二) 接地及安全措施

1. 本工程防雷接地、电气设备的保护接地、弱电系统等的接地共用统一的接地装置，要求接地电阻不大于1欧姆，实测不满足要求时，增设人工接地极。

2. 凡正常不带电，而当绝缘破坏有可能呈现电压的一切电气设备金属外壳均应可靠接地。

3. 本工程采用总等电位联结，总等电位板由紫铜板制成，应将建筑物内保护干线、设备进线总管等进行联结，总等电位联结线采用BV-1×25 mm 穿PC32敷设，总等电位联结均采用等电位卡子，禁止在金属管道上焊接。卫生间采用局部等电位联结，从适当地方引出两根大于ϕ16结构钢筋至局部等电位箱(LEB)，局部等电位箱暗装，底边距地0.3 m。将卫生间内所有金属管道、金属构件联结。具体做法参见国标图集《等电位联结安装》02D501-2。

4. 过电压保护：在电源总配电箱内装第一级电涌保护器(SPD)。

5. 有线电视系统引入端、电话引入端等处设过电压保护装置。

6. 本工程接地型式采用TN—S系统，PE线在进户处做等电位接地，并与防雷接地共用接地装置。

7. 当采用一类灯具时，灯具的外露可导电部分需可靠接地。低于2.4 m的灯具需加一根PE线。

六、有线电视系统

1. 电视信号由室外有线电视网的市政接口引来，入户处预埋一根SC32钢管一根。

2. 住户一根同轴电缆接入用户多媒体箱。

3. 干线电缆选用SYWV-75-9，穿SC32管。支线电缆选用SYWV-75-5，穿KBG管沿墙及楼板暗敷。用户电视插座暗装，底边距地0.3 m。

七、电话系统

1. 别墅按2对电话线考虑，在起居厅、卧室、餐厅等处各设一个电话插座。

2. 市政电话电缆由室外引入至住户多媒体箱，媒体箱暗装，底边距地0.3m；再由住户多媒体箱跳线给户内的每个电话插座。电话插座暗装，底边距地0.3 m。

3. 电话电缆引入线穿SC32埋地引入，电话支线穿KBG管沿墙及楼板暗敷。

八、网络布线系统

1. 由室外引入户内的数据网线引至户内的多媒体箱，引入网线选用超五类4对双绞线穿金属管埋地暗敷；本设计只在入户处预埋SC32一根。引至住户接线箱及计算机插座的线路采用超五类4对双绞线，穿KBG管沿墙及楼板暗敷。

2. 计算机插座选用RJ45超五类型，与网线匹配，底边距地0.3 m暗装。

九、多功能访客对讲系统

1. 本工程采用带安防功能的访客对讲系统，将住户的报警系统纳入其中。

2. 住户设访客对讲系统，对讲分机挂墙安装在住户门厅，内距地1.4 m。

十、节能

(一) 工程概况

所在城市	气候分布	建筑面积22(m^2)	建筑层数	建筑高度(m)	结构形式	建筑类别	有无太阳能热水系统
江苏*市	夏热冬冷	527.02	3层	10.510	框架柱	二级	有

(二) 主要节能设计要求及措施

1. 主要房间的照度节能设计

主要房间或场所	光源类型(功率、色温、Ra)	镇流器型式	灯具效率	照明功率因数补偿情况	照度(lx)	LPD值(W/m^2)	照明控制方式
起居室	电子节能灯13 W、2700/6400 K,80	—	75%	0.95	100	6	分散控制
卧室	电子节能灯13 W、2700/6400 K,80	—	75%	0.95	75	6	分散控制
餐厅	电子节能灯13 W、2700/6400 K,80	—	75%	0.95	150	6	分散控制
厨房	电子节能灯9 W、2700/6400K,80	—	75%	0.95	100	6	分散控制
卫生间	电子节能灯9 W、2700/6400K,80	—	75%	0.95	100	6	分散控制

2. 空调节能设计

手动控制风机三速开关和风机启停，电动水阀由室内温控器自动控制，温控器设置手动转换开关。房间温控器设于室内有代表性的位置，不应靠近热源、灯光和外墙。

十一、其他

1. 凡与施工有关而又未说明之处，参见国家、地方标准图集施工，或与设计院协商解决。

2. 设计中未尽事宜参照现行国家、地方有关规范、规定执行。

某高校教学专用图纸	批准		专业负责人		建设单位	江苏****开发有限公司	图纸名称	设计说明	
	审核		设计、绘图		工程名称	****别墅区	设计编号	图纸编号	D02

会签：电气　智能　给排水　暖通　建筑　结构

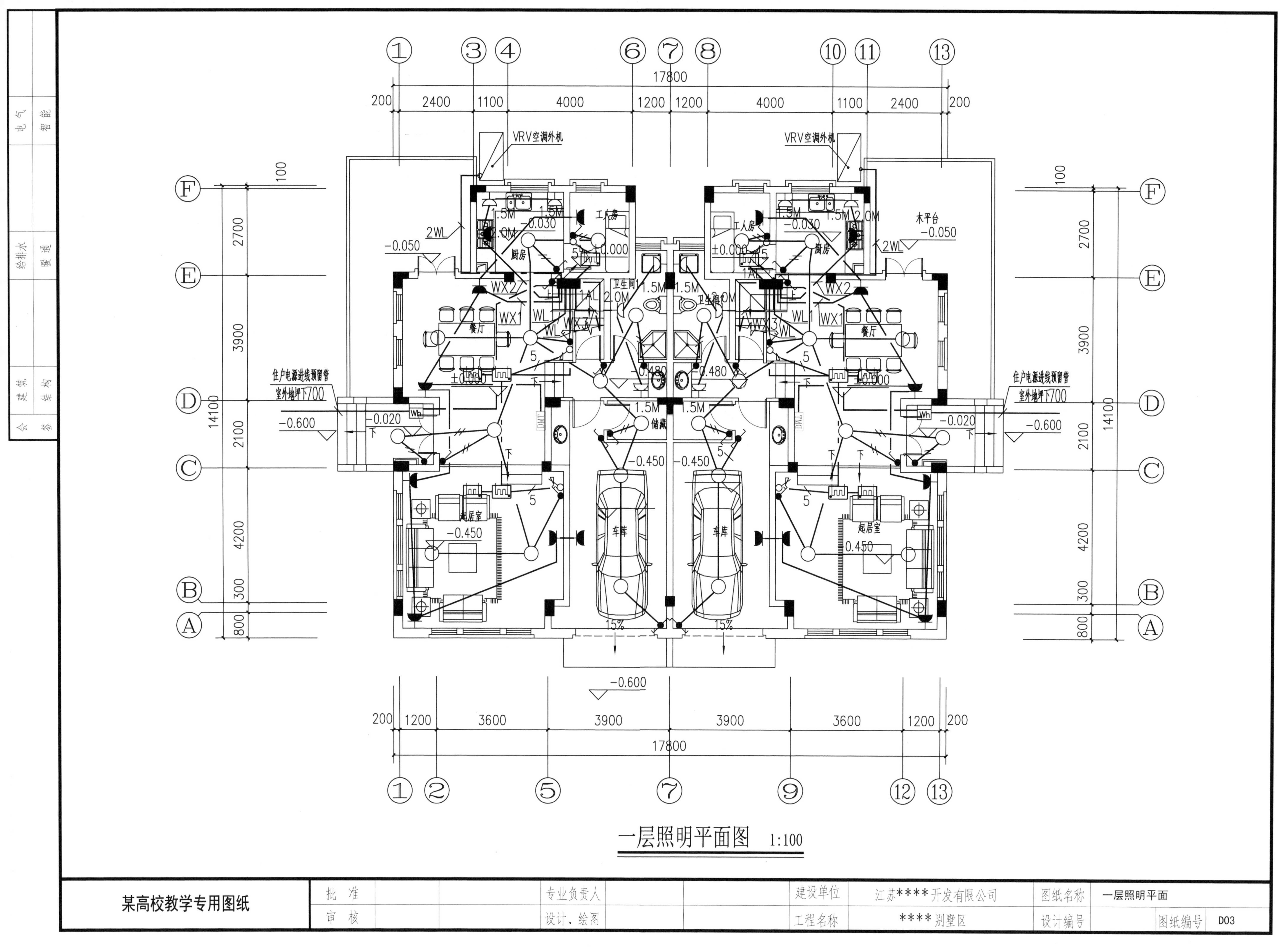
一层照明平面图 1:100
VRV空调外机
厨房
工人房
卫生间
餐厅
储藏
车库
起居室
木平台
住户电源进线预留管
室外地坪下700
某高校教学专用图纸
批 准
审 核
专业负责人
设计、绘图
建设单位
江苏****开发有限公司
工程名称
****别墅区
图纸名称
一层照明平面
设计编号
图纸编号
D03
电气
智能
给排水
暖通
建筑
结构
会
签

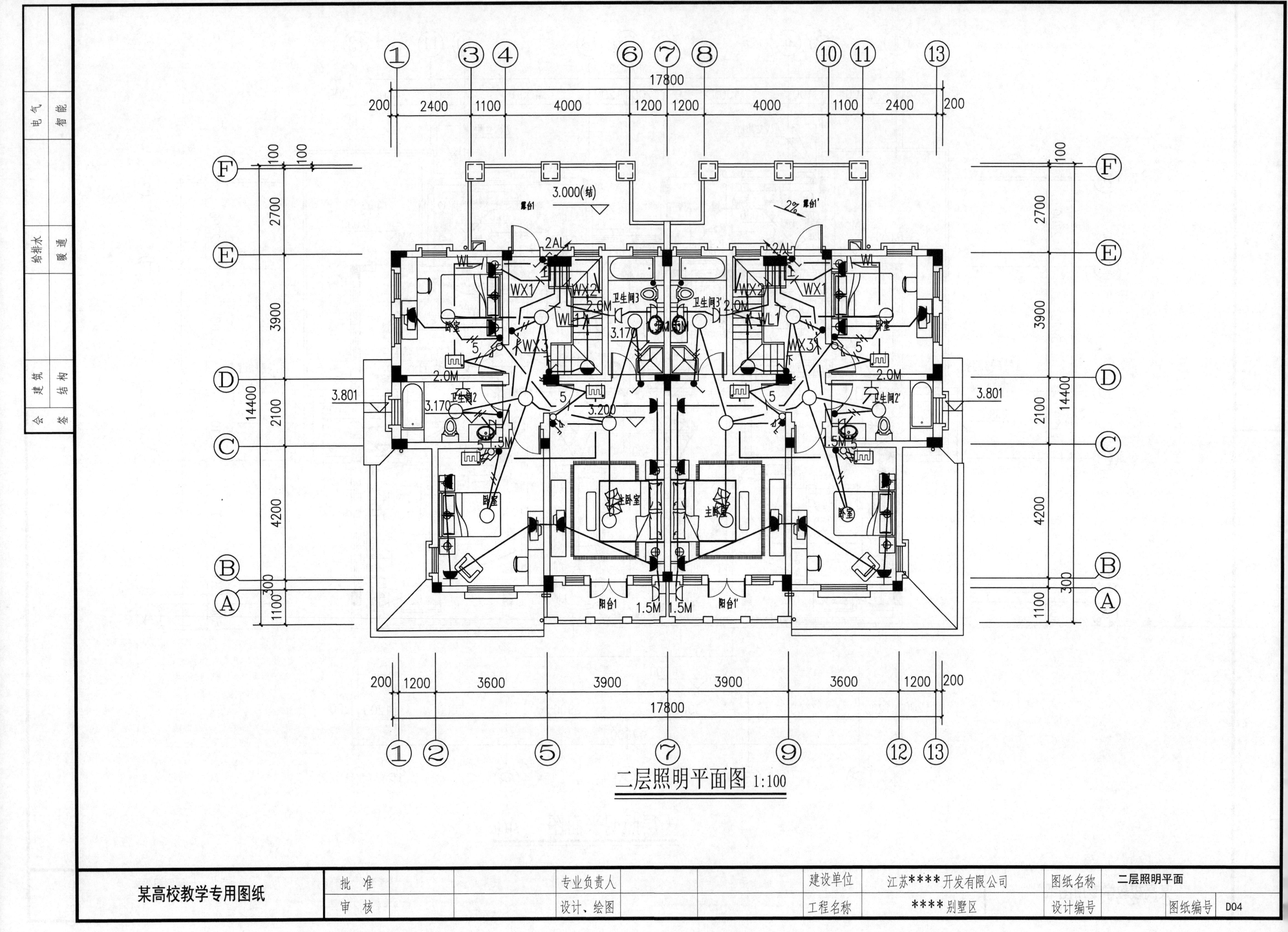
二层照明平面图 1:100
某高校教学专用图纸
批 准
审 核
专业负责人
设计、绘图
建设单位
江苏****开发有限公司
工程名称
****别墅区
图纸名称
二层照明平面
设计编号
图纸编号
D04
会签
建筑
结构
给排水
暖通
电气
智能
17800
卧室
主卧室
卫生间2
卫生间3
露台1
阳台1
3.000(结)
3.801
3.170
3.200
WX1
WX2
WX3
WL
WL1
2AL

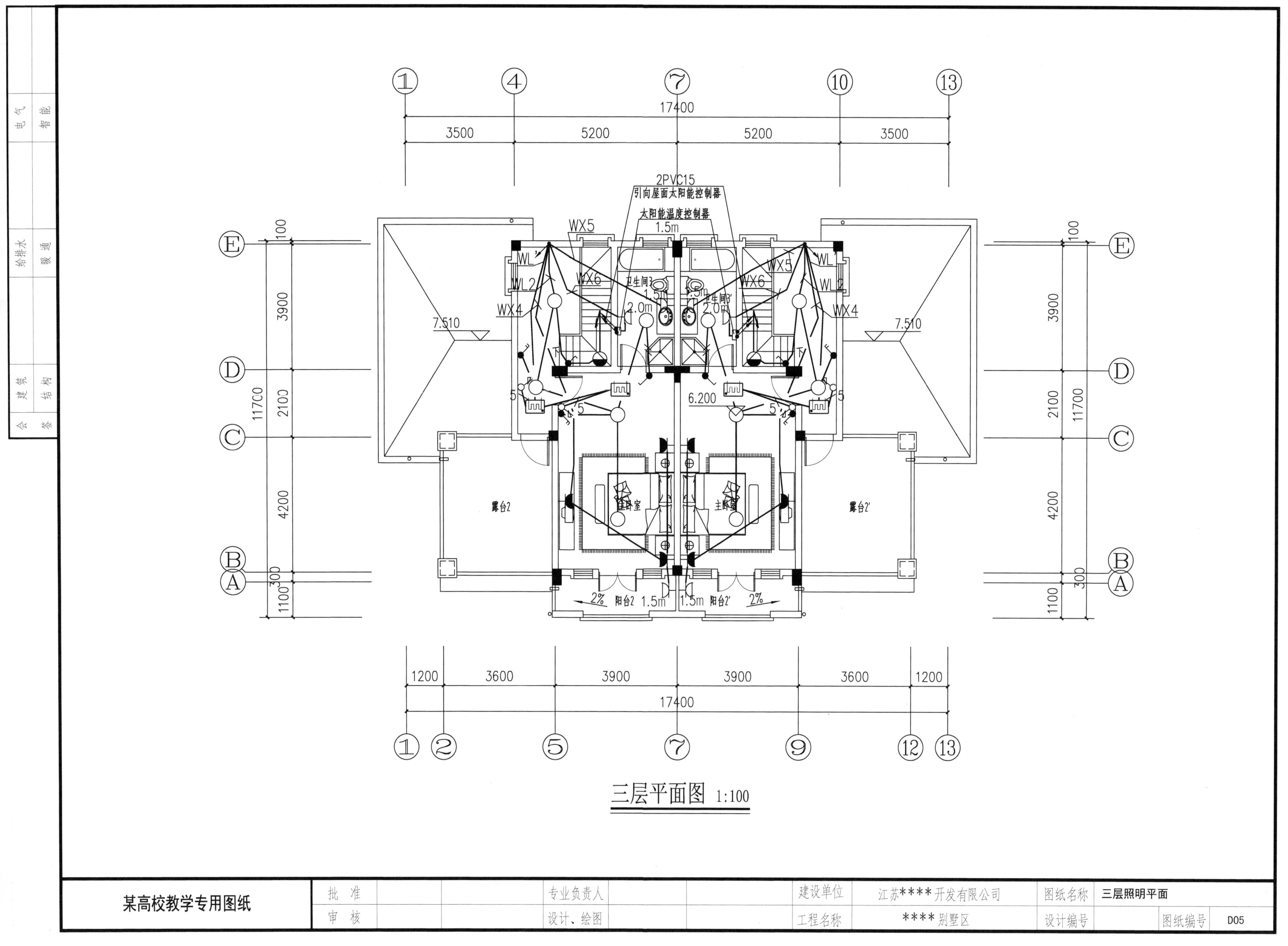

2PVC15
引向屋面太阳能控制器
太阳能温度控制器
1.5m
WX5
WX6
WX4
WL
WL2
卫生间3
卫生间3'
7.510
6.200
主卧室
露台2
露台2'
阳台2
阳台2'
2%
1.5m
17400
3500
5200
5200
3500
1200
3600
3900
3900
3600
1200
3900
2100
4200
300
1100
11700
三层平面图 1:100
某高校教学专用图纸
批 准
审 核
专业负责人
设计、绘图
建设单位
江苏****开发有限公司
工程名称
****别墅区
图纸名称
三层照明平面
设计编号
图纸编号
D05
会 签
建 筑
结 构
给排水
暖 通
电 气
智 能

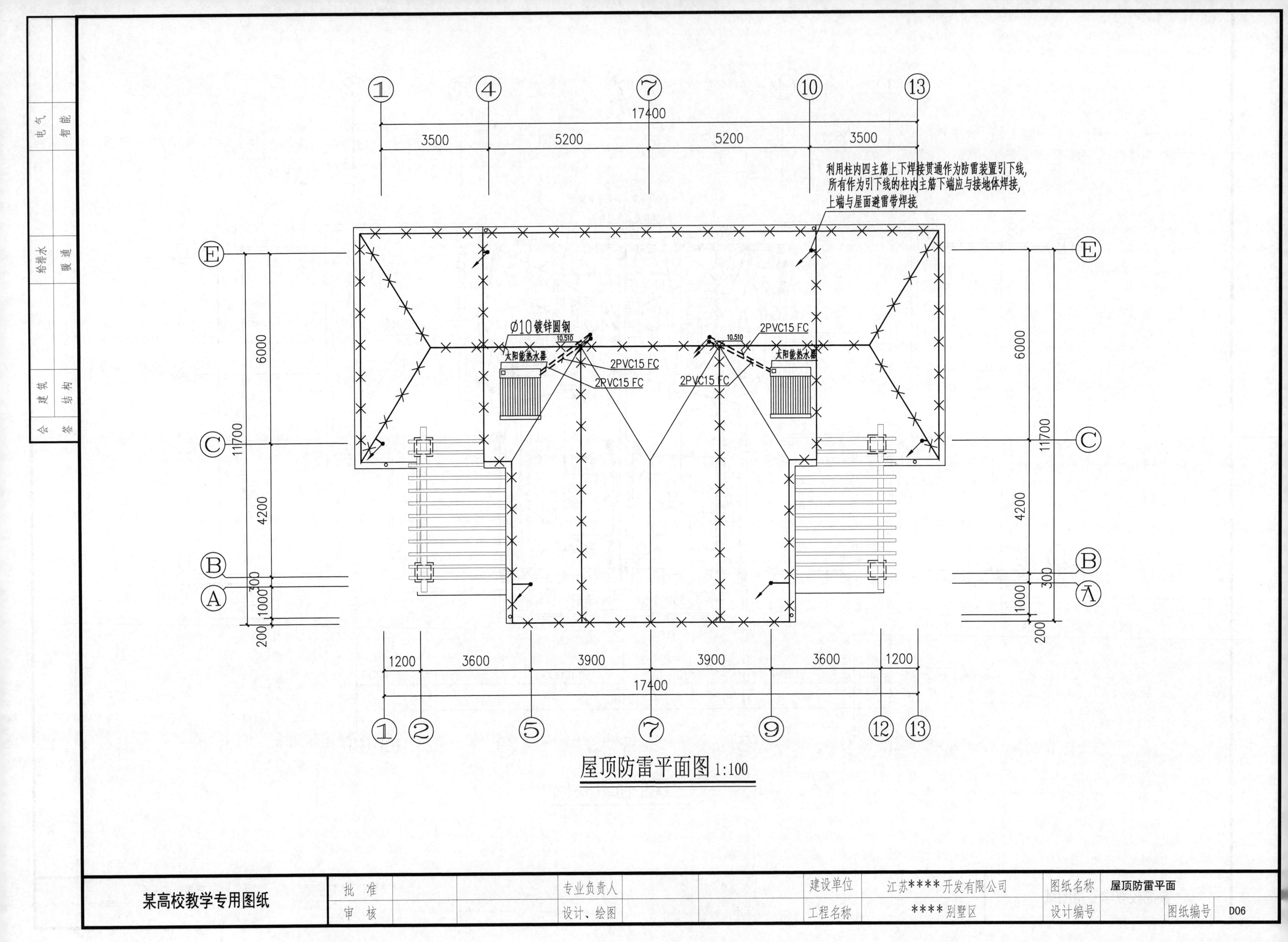

电气
智能
给排水
暖通
会 建筑
签 结构
17400
3500
5200
5200
3500
利用柱内四主筋上下焊接贯通作为防雷装置引下线,
所有作为引下线的柱内主筋下端应与接地体焊接,
上端与屋面避雷带焊接.
Ø10镀锌圆钢
10.510
太阳能热水器
2PVC15 FC
2PVC15 FC
2PVC15 FC
2PVC15 FC
10.510
太阳能热水器
6000
11700
4200
300
1000
200
1200
3600
3900
3900
3600
1200
17400
屋顶防雷平面图 1:100
某高校教学专用图纸
批 准
审 核
专业负责人
设计、绘图
建设单位
工程名称
江苏****开发有限公司
****别墅区
图纸名称
屋顶防雷平面
设计编号
图纸编号
D06

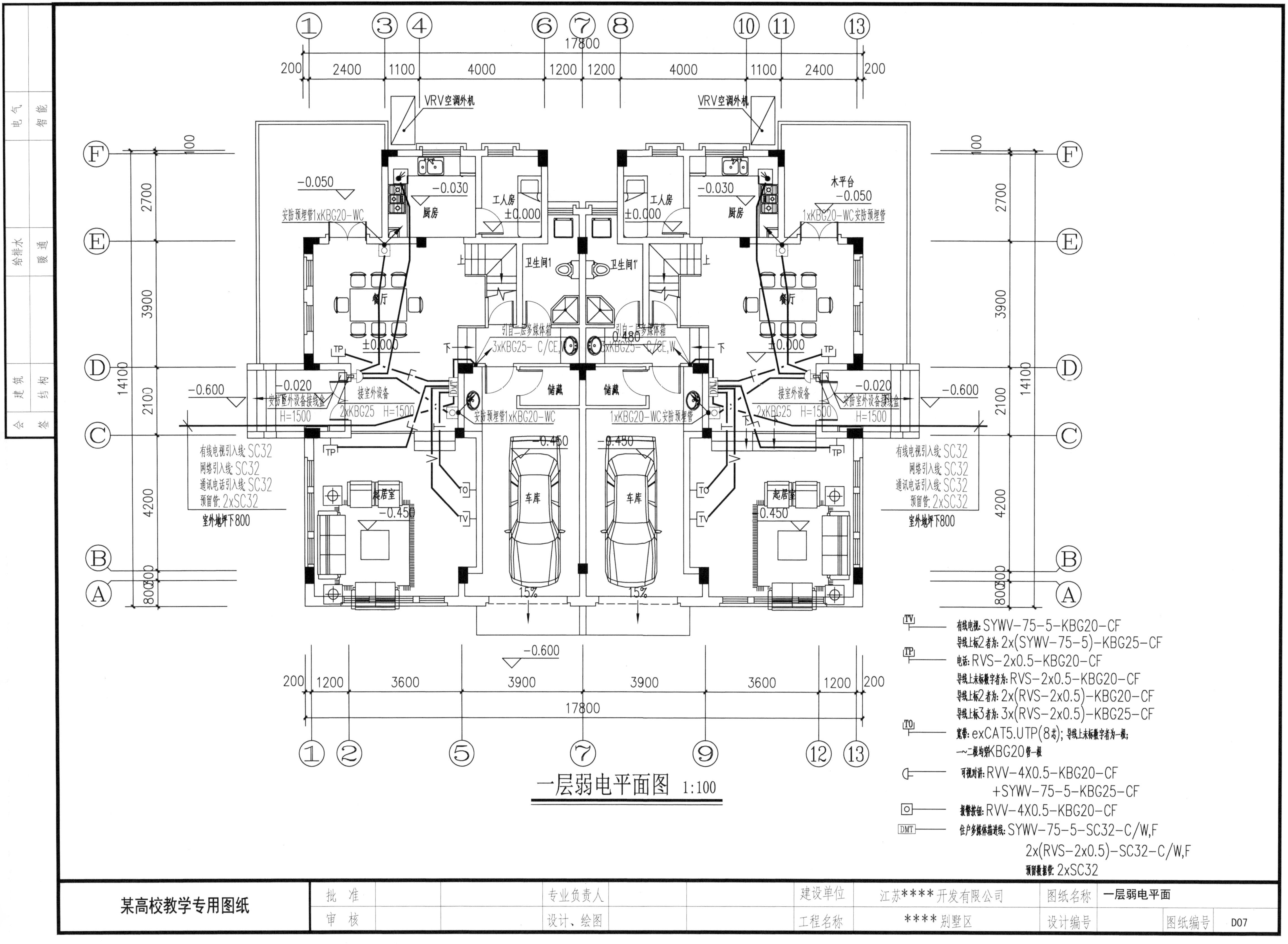
一层弱电平面图 1:100
VRV空调外机
厨房
工人房
卫生间1
卫生间1'
餐厅
储藏
车库
起居室
木平台
安防预埋管1xKBG20-WC
1xKBG20-WC安防预埋管
引自二层多媒体箱 3xKBG25-C/CE,W
接室外设备 2xKBG25 H=1500
安防室外设备接线盒 H=1500
有线电视引入线: SC32
网络引入线: SC32
通讯电话引入线: SC32
预留管: 2xSC32
室外地坪下800
有线电视: SYWV-75-5-KBG20-CF
导线上标2者为: 2x(SYWV-75-5)-KBG25-CF
电话: RVS-2x0.5-KBG20-CF
导线上未标数字者为: RVS-2x0.5-KBG20-CF
导线上标2者为: 2x(RVS-2x0.5)-KBG20-CF
导线上标3者为: 3x(RVS-2x0.5)-KBG25-CF
宽带: exCAT5.UTP(8芯); 导线上未标数字者为一根; 一~二根均穿KBG20管一根
可视对讲: RVV-4X0.5-KBG20-CF +SYWV-75-5-KBG25-CF
报警按钮: RVV-4X0.5-KBG20-CF
住户多媒体箱进线: SYWV-75-5-SC32-C/W,F 2x(RVS-2x0.5)-SC32-C/W,F 预留数据管: 2xSC32
某高校教学专用图纸
批准
审核
专业负责人
设计、绘图
建设单位 江苏****开发有限公司
工程名称 ****别墅区
图纸名称 一层弱电平面
设计编号
图纸编号 D07
会签 建筑 结构 给排水 暖通 电气 智能

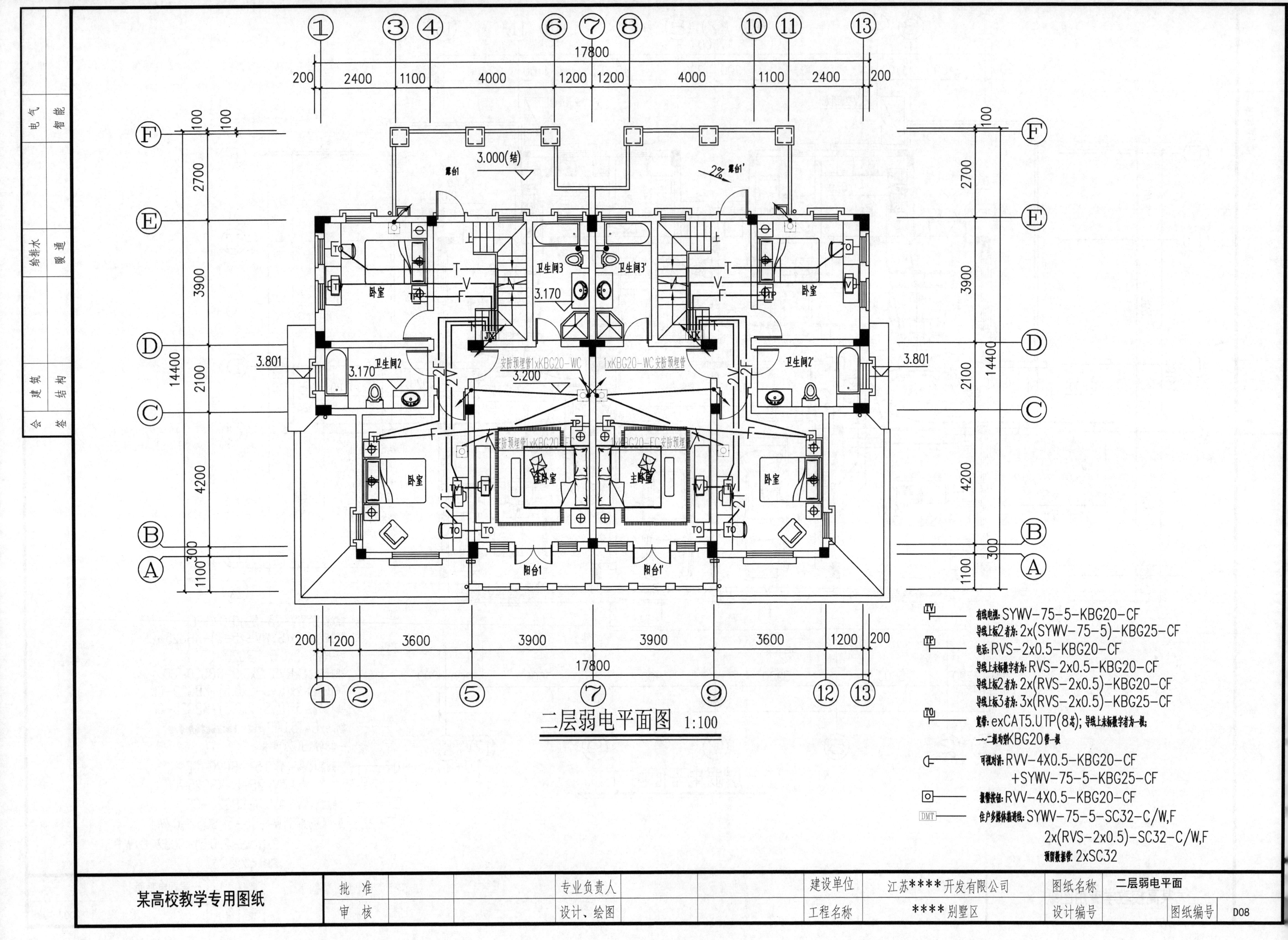

二层弱电平面图 1:100
有线电视: SYWV-75-5-KBG20-CF
导线上标2者为: 2x(SYWV-75-5)-KBG25-CF
电话: RVS-2x0.5-KBG20-CF
导线上未标数字者为: RVS-2x0.5-KBG20-CF
导线上标2者为: 2x(RVS-2x0.5)-KBG20-CF
导线上标3者为: 3x(RVS-2x0.5)-KBG25-CF
宽带: exCAT5.UTP(8芯); 导线上未标数字者为一根;
一~二根均穿KBG20管一根
可视对讲: RVV-4X0.5-KBG20-CF
+SYWV-75-5-KBG25-CF
报警按钮: RVV-4X0.5-KBG20-CF
住户多媒体箱进线: SYWV-75-5-SC32-C/W,F
2x(RVS-2x0.5)-SC32-C/W,F
预留数据管: 2xSC32
某高校教学专用图纸
批准
审核
专业负责人
设计、绘图
建设单位
江苏****开发有限公司
工程名称
****别墅区
图纸名称
二层弱电平面
设计编号
图纸编号
D08

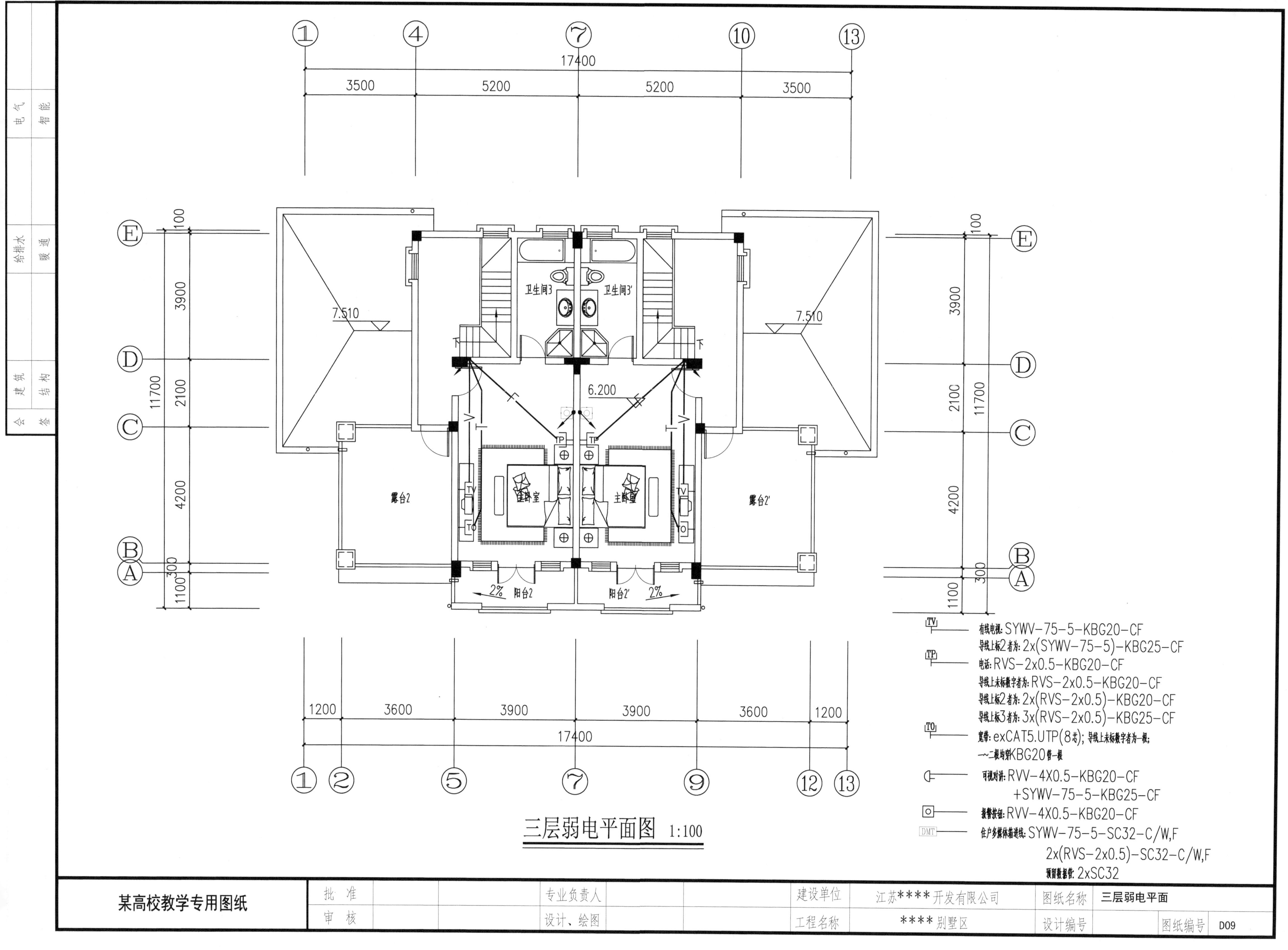

①
④
⑦
⑩
⑬
17400
3500
5200
5200
3500
Ⓔ
Ⓓ
Ⓒ
Ⓑ
Ⓐ
100
3900
2100
4200
300
1100
11700
卫生间3
卫生间3'
7.510
7.510
6.200
露台2
露台2'
主卧室
主卧室
阳台2
阳台2'
2%
2%
1200
3600
3900
3900
3600
1200
17400
①
②
⑤
⑦
⑨
⑫
⑬
TV
TP
TO
有线电视: SYWV-75-5-KBG20-CF
导线上标2者为: 2x(SYWV-75-5)-KBG25-CF
电话: RVS-2x0.5-KBG20-CF
导线上未标数字者为: RVS-2x0.5-KBG20-CF
导线上标2者为: 2x(RVS-2x0.5)-KBG20-CF
导线上标3者为: 3x(RVS-2x0.5)-KBG25-CF
宽带: exCAT5.UTP(8芯); 导线上未标数字者为一根;
一~二根均穿KBG20管一根
可视对讲: RVV-4X0.5-KBG20-CF
+SYWV-75-5-KBG25-CF
报警按钮: RVV-4X0.5-KBG20-CF
DMT
住户多媒体箱进线: SYWV-75-5-SC32-C/W,F
2x(RVS-2x0.5)-SC32-C/W,F
预留数据管: 2xSC32
三层弱电平面图 1:100
电气
智能
给排水
暖通
建筑
结构
会签
某高校教学专用图纸
批准
审核
专业负责人
设计、绘图
建设单位
江苏****开发有限公司
工程名称
****别墅区
图纸名称
三层弱电平面
设计编号
图纸编号
D09

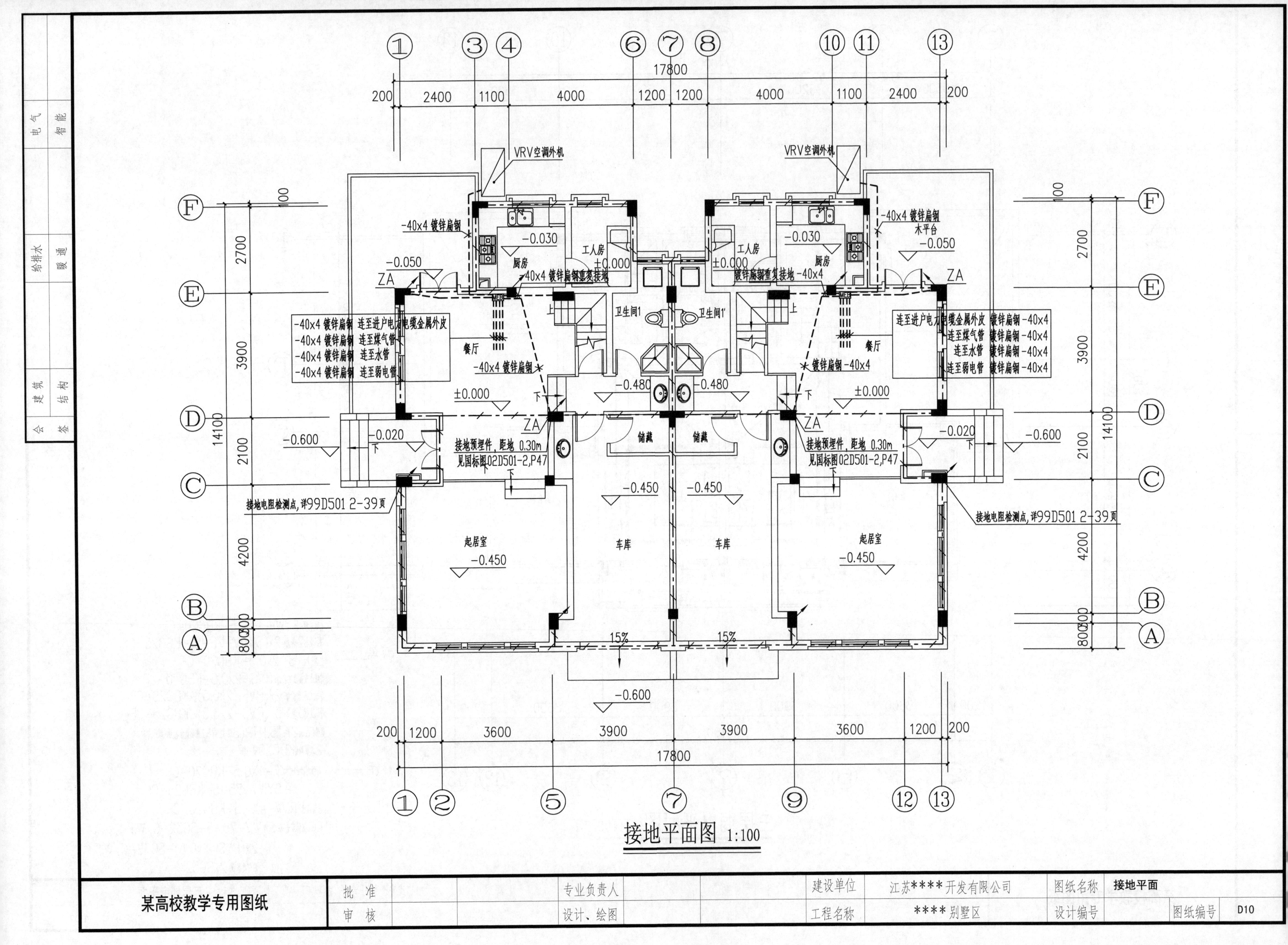

某高校教学专用图纸

批 准		专业负责人		建设单位	江苏**** 开发有限公司	图纸名称	接地平面		
审 核		设计、绘图		工程名称	**** 别墅区	设计编号		图纸编号	D10

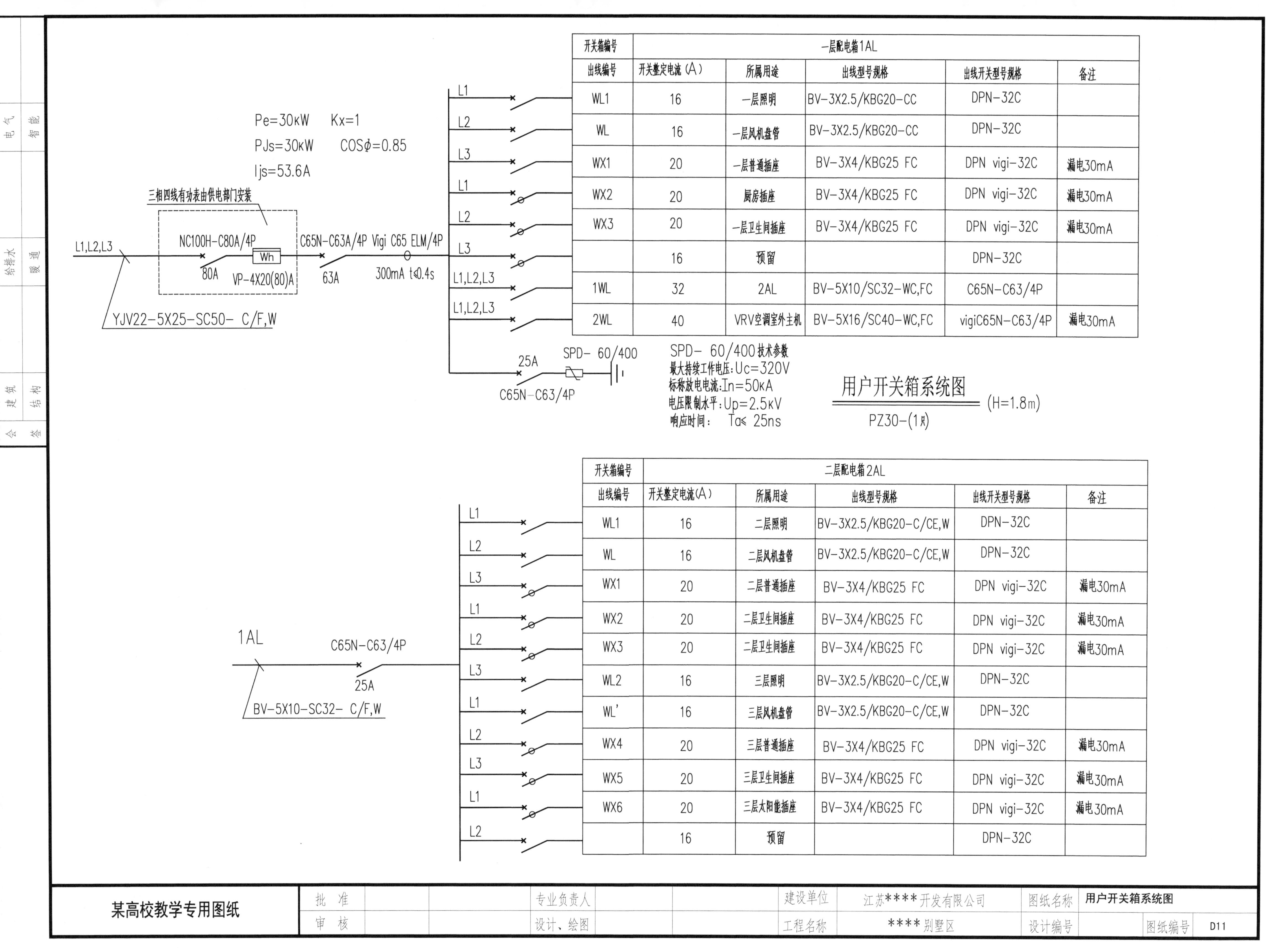

开关箱编号	一层配电箱1AL				
出线编号	开关整定电流(A)	所属用途	出线型号规格	出线开关型号规格	备注
WL1	16	一层照明	BV-3X2.5/KBG20-CC	DPN-32C	
WL	16	一层风机盘管	BV-3X2.5/KBG20-CC	DPN-32C	
WX1	20	一层普通插座	BV-3X4/KBG25 FC	DPN vigi-32C	漏电30mA
WX2	20	厨房插座	BV-3X4/KBG25 FC	DPN vigi-32C	漏电30mA
WX3	20	一层卫生间插座	BV-3X4/KBG25 FC	DPN vigi-32C	漏电30mA
	16	预留		DPN-32C	
1WL	32	2AL	BV-5X10/SC32-WC,FC	C65N-C63/4P	
2WL	40	VRV空调室外主机	BV-5X16/SC40-WC,FC	vigiC65N-C63/4P	漏电30mA

开关箱编号	二层配电箱2AL				
出线编号	开关整定电流(A)	所属用途	出线型号规格	出线开关型号规格	备注
WL1	16	二层照明	BV-3X2.5/KBG20-C/CE,W	DPN-32C	
WL	16	二层风机盘管	BV-3X2.5/KBG20-C/CE,W	DPN-32C	
WX1	20	二层普通插座	BV-3X4/KBG25 FC	DPN vigi-32C	漏电30mA
WX2	20	二层卫生间插座	BV-3X4/KBG25 FC	DPN vigi-32C	漏电30mA
WX3	20	二层卫生间插座	BV-3X4/KBG25 FC	DPN vigi-32C	漏电30mA
WL2	16	三层照明	BV-3X2.5/KBG20-C/CE,W	DPN-32C	
WL'	16	三层风机盘管	BV-3X2.5/KBG20-C/CE,W	DPN-32C	
WX4	20	三层普通插座	BV-3X4/KBG25 FC	DPN vigi-32C	漏电30mA
WX5	20	三层卫生间插座	BV-3X4/KBG25 FC	DPN vigi-32C	漏电30mA
WX6	20	三层太阳能插座	BV-3X4/KBG25 FC	DPN vigi-32C	漏电30mA
	16	预留		DPN-32C	

某高校教学专用图纸	批准		专业负责人		建设单位	江苏****开发有限公司	图纸名称	用户开关箱系统图	
	审核		设计、绘图		工程名称	****别墅区	设计编号	图纸编号	D11

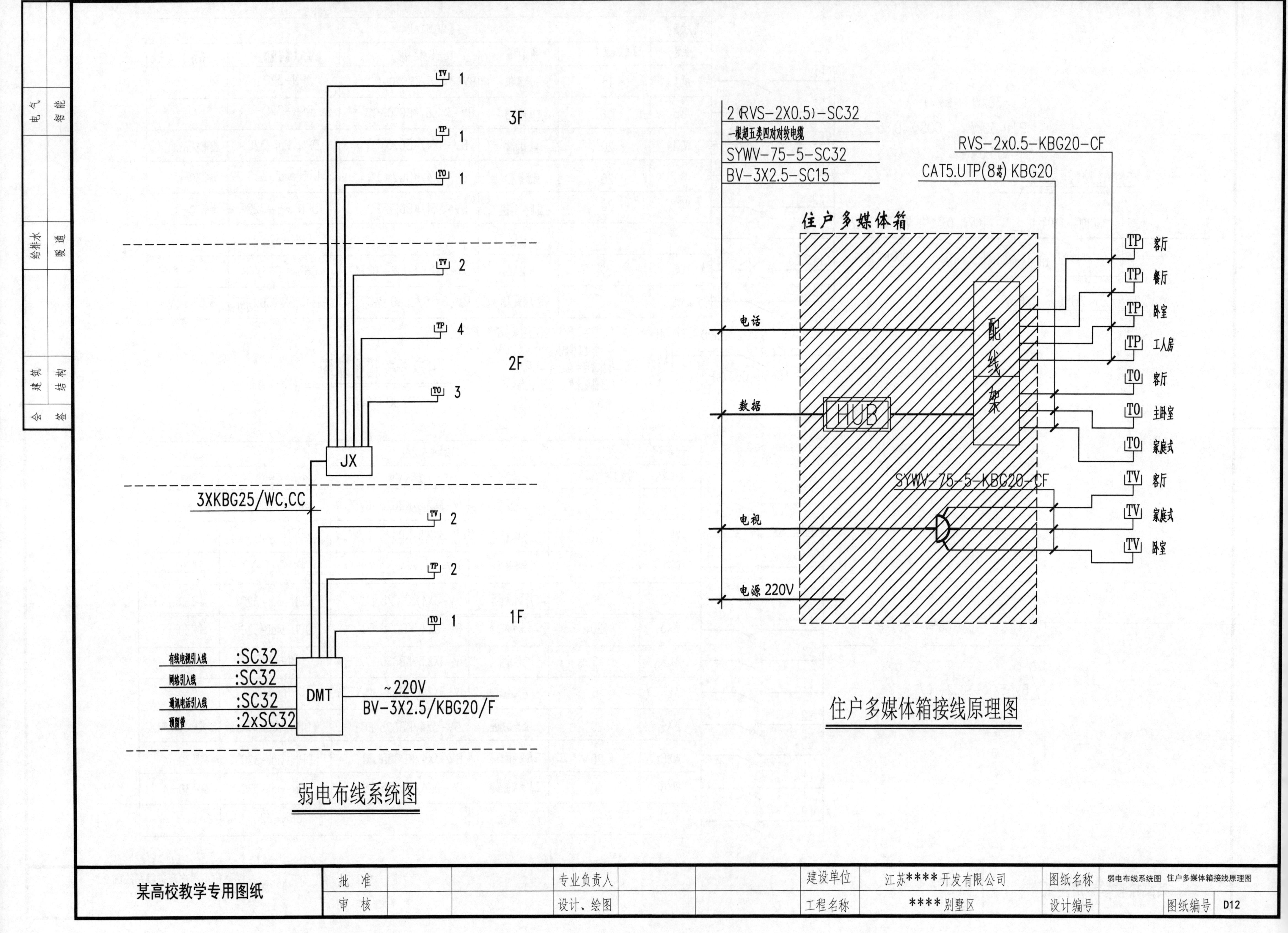

电气
智能
给排水
暖通
建筑
结构
会签
3F
2F
1F
JX
3XKBG25/WC,CC
有线电视引入线 :SC32
网络引入线 :SC32
通讯电话引入线 :SC32
预留管 :2xSC32
DMT
~220V
BV-3X2.5/KBG20/F
弱电布线系统图
2 (RVS-2X0.5)-SC32
一根超五类四对对绞电缆
SYWV-75-5-SC32
BV-3X2.5-SC15
RVS-2x0.5-KBG20-CF
CAT5.UTP(8芯) KBG20
住户多媒体箱
电话
数据
HUB
配线架
电视
SYWV-75-5-KBG20-CF
电源 220V
TP 客厅
TP 餐厅
TP 卧室
TP 工人房
TO 客厅
TO 主卧室
TO 家庭式
TV 客厅
TV 家庭式
TV 卧室
住户多媒体箱接线原理图
某高校教学专用图纸
批准
审核
专业负责人
设计、绘图
建设单位
江苏****开发有限公司
工程名称
****别墅区
图纸名称
弱电布线系统图 住户多媒体箱接线原理图
设计编号
图纸编号 D12

某高校教学专用图纸 年　　月　　日	图纸目录		工程编号	
			专　业	暖通
	工程名称	＊＊＊＊别墅区	图纸编号	暖施 00
	项　目	SP1 别墅	共 01 页　第 01 页	

序号	图别图号	图纸名称	采用标准图或重复使用图		图纸尺寸	备注
			图集编号或工程编号	图别编号		
	暖施 00	图纸目录			A4	
1	暖施 01	空调设计施工说明			A3	
2	暖施 02	一层空调平面			A3	
3	暖施 03	二层空调平面			A3	
4	暖施 04	三层空调平面			A3	
5	暖施 05	屋空调系统图			A3	
6	暖施 06	空调设备参数表			A3	

设计负责人　　　　　　校　对　　　　　　填　表

设计与施工说明

一、工程概况

本工程为＊＊＊＊别墅区别墅项目

二、设计内容

本工程的空调,通风设计。

三、设计依据

《采暖通风与空气调节设计规范》	GB 50019—2003
《建筑设计防火规范》	GB 50016—2006
《江苏省住宅设计标准》	DGJ32J26—2006
《住宅建筑规范》	GB 50368—2005
《江苏省民用建筑热环境与节能设计标准》	DB 32/478—2001
《通风与空调工程施工质量验收规范》	GB 50243—2002

四、空调设计参数

1. 地理位置:南京市 北纬:32°00′ 东经:118°48′
2. 室外设计计算参数:
1) 夏季空调室外设计计算干球温: 35℃
2) 夏季空调室外设计计算湿球温度: 28.3℃
3) 夏季通风室外设计计算干球温度: 32℃
4) 冬季空调室外设计计算干球温度: −6℃
5) 冬季空调室外设计计算相对湿度: 73%
6) 冬季通风室外设计计算干球温度: 2℃
7) 室外风速:2.6m/s(夏季) 2.6m/s(冬季)
8) 风向 C:SE(夏季) C:NE(冬季)
3. 室内设计标准:

房间	设计温度/℃		相对湿度/%		新风量	噪声
	夏季	冬季	夏季	冬季	m^3/h·p	dB(A)
卧室	26	22	~65	~35	50	<37
起居室	26	20	~65	~35	30	<40
娱乐室	26	20	~65	~35	30	<40
书房	26	20	~65	~35	50	<37

五、空调冷热源与空调,通风系统

1. 根据业主要求,本工程空调冷,热源采用一拖多变冷媒空调系统。
2. 空调系统总冷负荷为＊＊kW;总热负荷为＊＊kW。
3. 空调室内机为内藏风管式超薄型,或根据业主装修调整。

六、防排烟

该建筑为多层建筑,各部位采用自然排烟方式。

七、空调冷剂管,凝结水管

1. 空调冷剂管道宜采用脱氧化磷无缝铜管或同等材料及专用接头,. 空调冷剂管管径须根据室内外机间距和弯头等实际条件由空调器生产商最终核实确定,保准空调机之正常运行,其实际出力之衰减小于2%。
2. 冷媒管道的连接严禁使用T字接头。分歧接头可水平或垂直安装,分歧集管必须水平安装。
3. 空调冷剂管除与室内外机连接处外,应避免在中间房间内出现接头。
4. 空调凝结水管采用加厚防火型PVC管。
5. 管道活动支托架的具体形式和设置位置由安装单位根据现场情况确定,具体要求应详细参照各厂家的安装要求。
6. 管道的支吊托架必须设置于保温层的外部。
7. 保温管道穿过墙身和楼板时保温层不能间断,在墙体或楼板的两侧应设置夹板或套管,中间的空间应以松散保温材料(离心玻璃棉等)填充。
8. 空调设备冷凝水盘的出口处应设水封。
9. 空调冷凝水水平干管的始端应设扫除口。
10. 空调冷凝水排入污水装置时应有空气隔断措施。
11. 冷凝水干管坡度为0.005,坡向有利于排水。

八、空调风管

1. 空调风管采用柔性金属风管制作。

风管材料	柔性金属风管		
直径(mm)	⩽250	250~500	>500
壁厚(mm)	⩾0.1	⩾0.12	⩾0.2

2. 风管的本体,箍架与固定材料,密封垫圈应为不燃材料制作。
3. 风管胶粘剂的燃烧性能为难燃B1级;胶粘剂的化学性能应与所粘接材料一致,且在−30~70℃环境中不开裂,融化,不水溶,并保持良好的粘接性。
4. 柔性风管安装后,应能充分伸展,伸展度宜大于60%;风管转弯处截面不得缩小。
5. 柔性风管采用抱箍将风管与法兰紧固。
6. 柔性风管穿越墙体或楼板处应设金属防护套管。
7. 柔性风管所用的金属附件和部件应做防腐处理。

九、试压与冲洗

1. 试压前,应对系统用氮气进行反复吹洗,直至排出气体中不夹带焊屑等杂质。
2. 管道安装完毕后,应进行压力试验与灌水试验,具体要求如下:

系统名称	工作压力	实验压力
空调冷剂管	1.8 MPa	2.4MPa
空调凝结水管	0	灌水试验

3. 空调冷剂管压力试验:做二十四小时保压试验,压降小于空调厂企业标准。
4. 冷凝水排水管道水试验:系统注满水后应保持5分钟水面不下降,并无渗漏现象;同时要进行排水试验,保证排水坡度符合设计要求。

十、保温

1. 空调冷剂管道采用难燃B1级橡塑保温管壳进行保温,保温厚度为25 mm。
2. 空调冷凝水管采用难燃B1级橡塑保温管壳进行保温,保温厚度为10 mm。

十一、环保设计

1. 吊装的空调室内机均采用减振吊钩;并采用15 mm厚的橡胶减振垫隔振。
2. 空调室外机设橡胶减振垫减振,由空调厂家配套提供。
3. 空调,通风机等设备的进出风管接头处均设置150 mm长的保温防火软接管。

十二、节能设计

1. 本工程房空调系统,采用一拖多变冷媒流量空调系统(不接风管).在额定工况和规定条件下,单机最小其能效比(EER值)为:2.8 W/W;大于规范要求值2.6 W/W,满足要求。
2. 本工程空调风管绝热层热阻为:0.78 m·k/W^2(24℃时的导热系数为0.032 W/m·k)大于规范要求值0.74 m·k/W^2,满足要求。

十三、其他

1. 空调室内机,室外机及风机等设备在安装之前必须仔细检查:要求表面完好无损,各种资料齐全,性能参数符合设计要求后方能安装。
2. 空调室外机其基础预留孔位置应与实物核对尺寸无误后方可施工。
3. 本说明不详之处,请遵照有关施工规范进行或及时面商。

图例	名称	图例	名称
—F—	空调冷剂管		多联机室内机嵌入式双向气流型
- -N- -	空调凝结水管		箱式排风机
	冷媒管分歧接头		自平衡排风口
	多联机室内机		自平衡进风口
	多联机室内机内藏风管式超薄型		格栅回风口
	多联机室内机壁挂型		双层百叶送风口

某高校教学专用图纸	批准		专业负责人		建设单位	江苏＊＊＊＊开发有限公司	图纸名称	空调设计施工说明	
	审核		设计、绘图		工程名称	＊＊＊＊别墅区	设计编号	图纸编号	暖施01

会签：电气 智能 给排水 暖通 建筑 结构

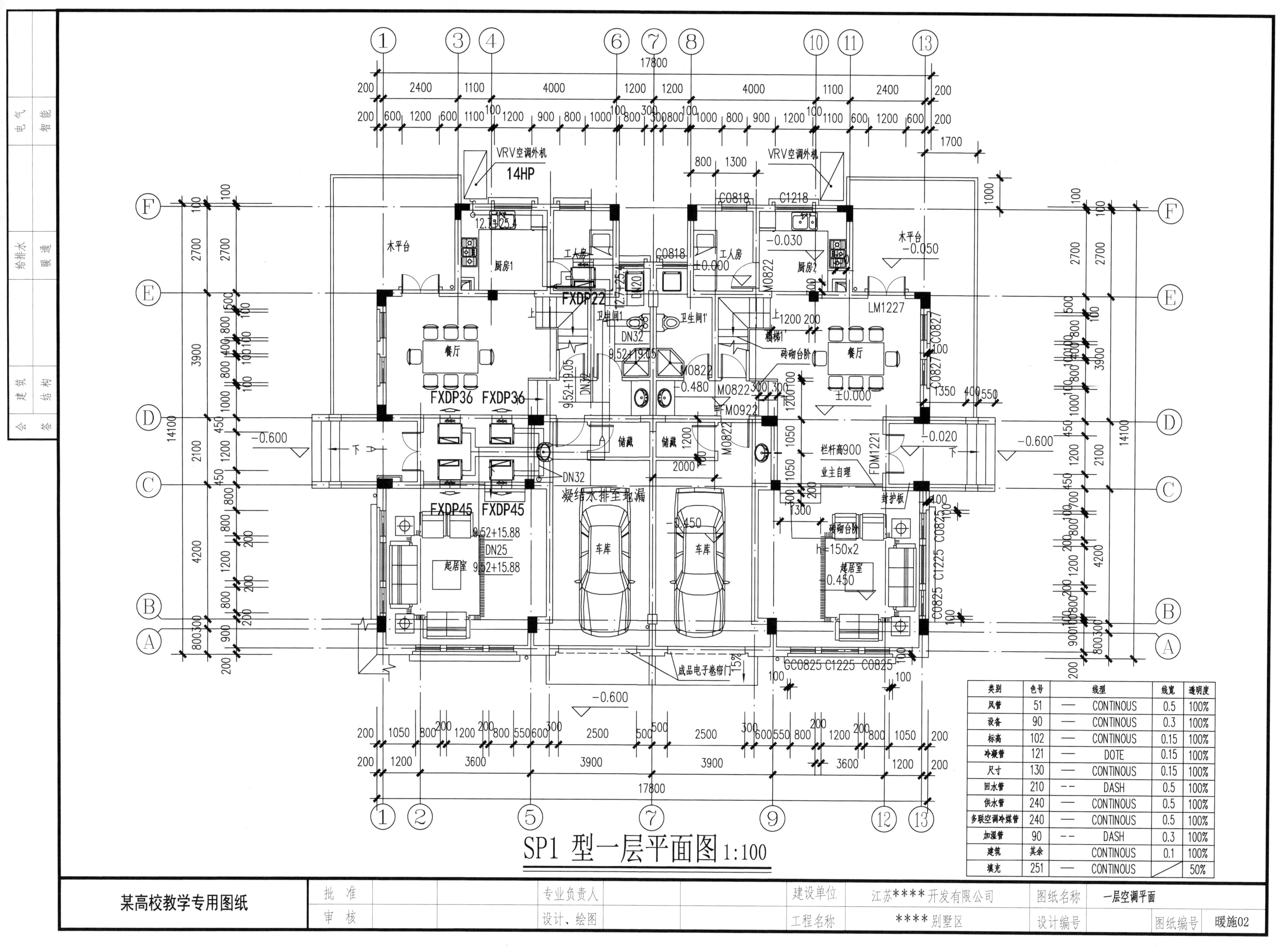

SP1 型一层平面图 1:100
VRV空调外机
14HP
木平台
厨房1
厨房2
工人房
卫生间1
卫生间1'
楼梯1'
餐厅
储藏
车库
起居室
FXDP22
FXDP36
FXDP45
DN32
DN25
DN20
9.52+19.05
9.52+15.88
12.7+25.4
凝结水排至地漏
成品电子卷帘门
砖砌台阶
栏杆高900
业主自理
封护板
h=150x2
±0.000
-0.600
-0.480
-0.450
-0.030
-0.050
-0.020
0.450
17800
14100
C0818
C1218
M0822
FM0922
LM1227
C0827
FDM1221
GC0825
C1225
C0825
类别
色号
线型
线宽
透明度
风管
51
CONTINOUS
0.5
100%
设备
90
CONTINOUS
0.3
100%
标高
102
CONTINOUS
0.15
100%
冷凝管
121
DOTE
0.15
100%
尺寸
130
CONTINOUS
0.15
100%
回水管
210
DASH
0.5
100%
供水管
240
CONTINOUS
0.5
100%
多联空调冷媒管
240
CONTINOUS
0.5
100%
加湿管
90
DASH
0.3
100%
建筑
其余
CONTINOUS
0.1
100%
填充
251
CONTINOUS
50%
某高校教学专用图纸
批准
审核
专业负责人
设计、绘图
建设单位
江苏****开发有限公司
工程名称
****别墅区
图纸名称
一层空调平面
设计编号
图纸编号
暖施02
会签
建筑
结构
给排水
暖通
电气
智能

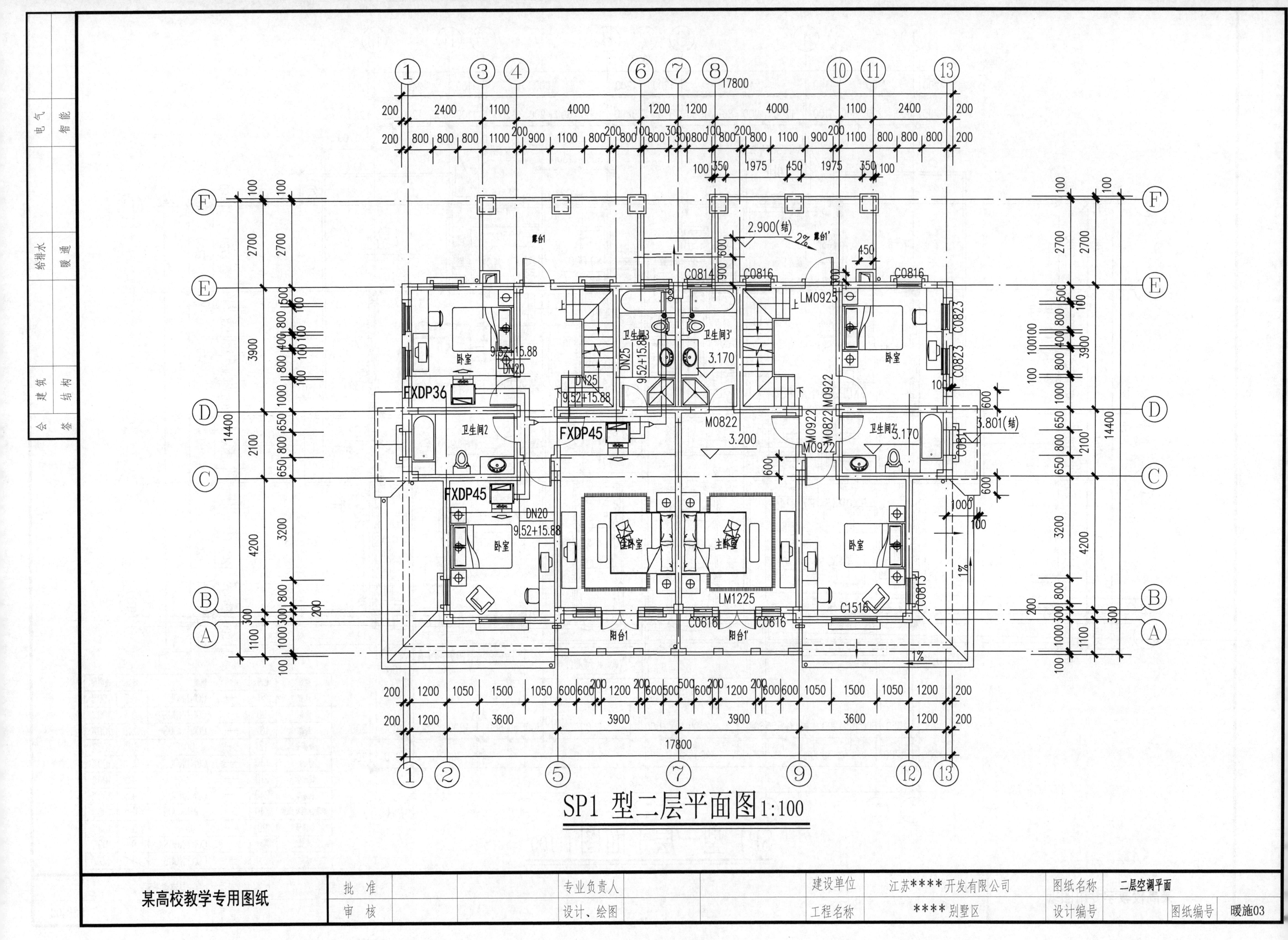

SP1 型二层平面图1:100
露台1
露台1'
卧室
卫生间2
卫生间3
卫生间3'
卫生间2'
主卧室
阳台1
阳台1'
FXDP36
FXDP45
C0814
C0816
LM0925
M0822
M0922
LM1225
C1516
C0616
C0823
C0815
2.900(结)
3.801(结)
3.200
3.170
17800
14400
某高校教学专用图纸
批 准
审 核
专业负责人
设计、绘图
建设单位
江苏****开发有限公司
工程名称
****别墅区
图纸名称
二层空调平面
设计编号
图纸编号
暖施03
会
签
建 筑
结 构
给排水
暖 通
电 气
智 能

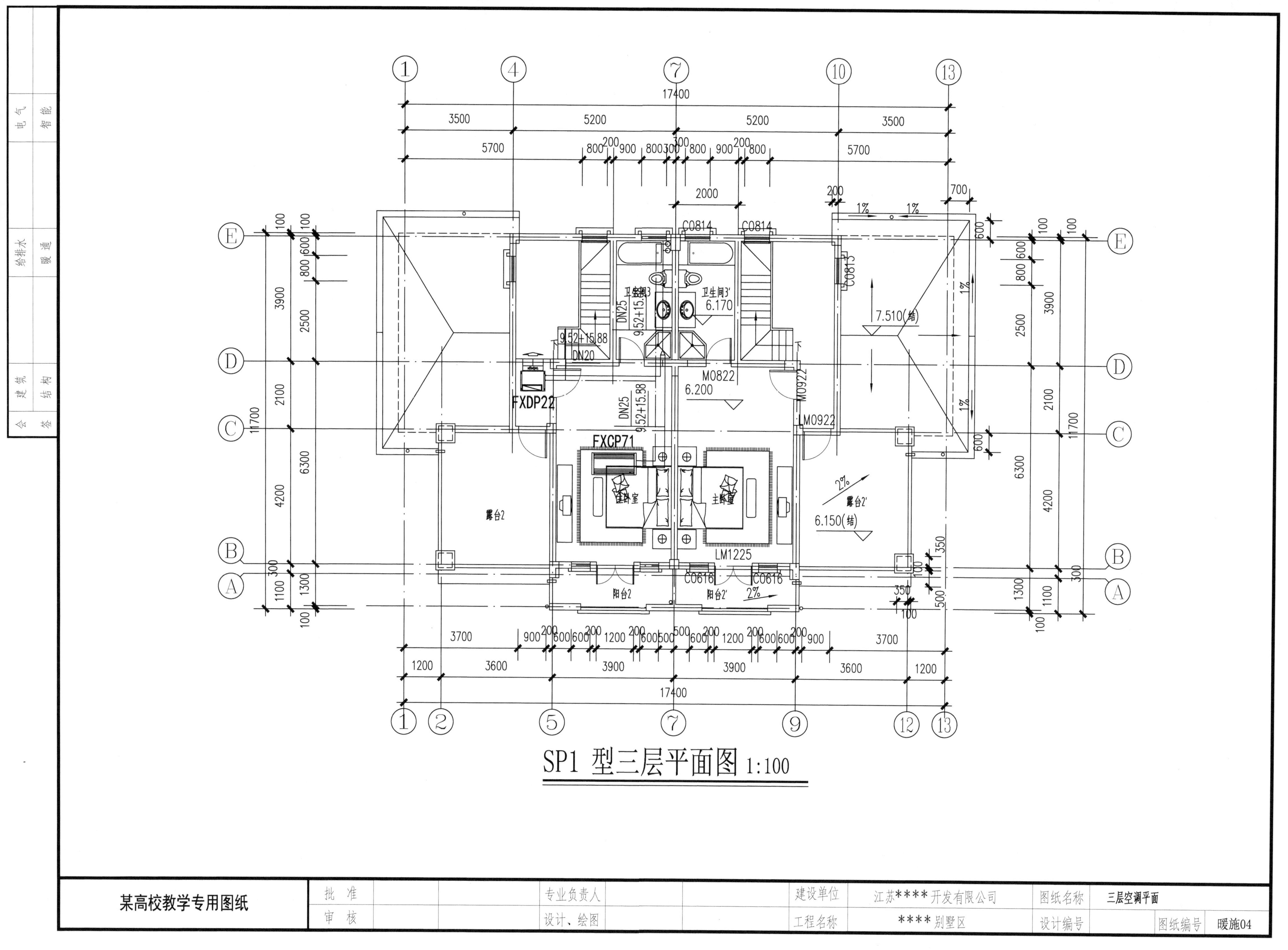
SP1 型三层平面图 1:100
FXDP22
FXCP71
卫生间3
卫生间3'
主卧室
露台2
露台2'
阳台2
阳台2'
某高校教学专用图纸
批 准
审 核
专业负责人
设计、绘图
建设单位
江苏**** 开发有限公司
工程名称
**** 别墅区
图纸名称
三层空调平面
设计编号
图纸编号
暖施04

会签	建筑	给排水	电气
	结构	暖通	智能

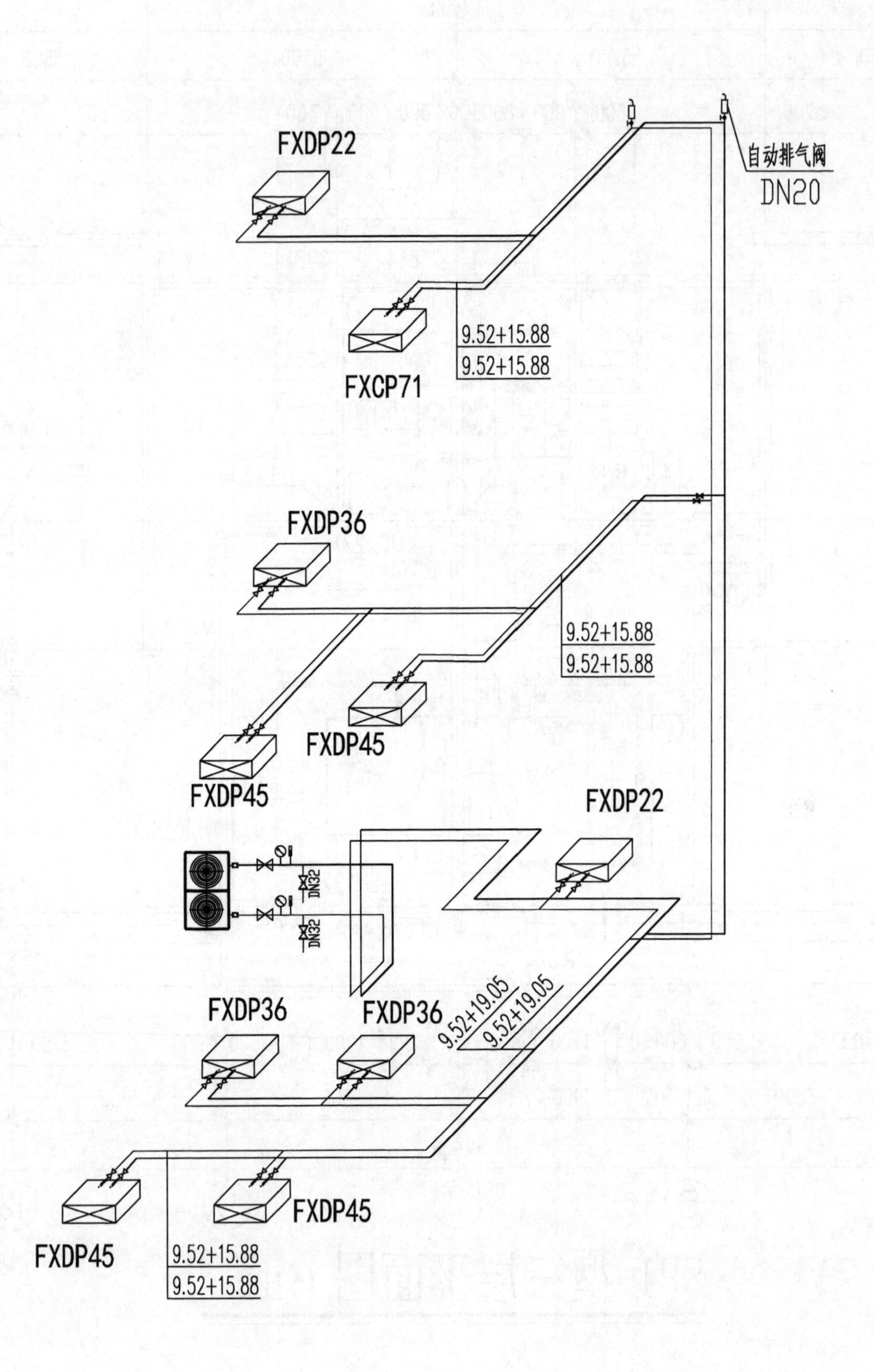

某高校教学专用图纸	批 准		专业负责人		建设单位	江苏****开发有限公司	图纸名称	空调系统图		
	审 核		设计、绘图		工程名称	****别墅区	设计编号		图纸编号	暖施05

多联空调系统室外机性能参数表

序号	设备型式	冷量(kW)	热量(kW)	供电要求		COP值	压缩机类型	冷媒		噪声 dB(A)	数量(台)
				电量(kW)	电压			冷媒名称	充填量(kg)		
1	室外机 14HP	40	45	12.4	380	3.23	全封闭涡旋型	R410A	12.3	60	1

多联空调系统室内机性能参数表

序号	设备编号	设备型式	风量(m^3/h)	冷量(kW)	热量(kW)	机外余压(Pa)	供电要求		冷却(加热)盘管				噪声 dB(A)	数量(台)	接风管尺寸	备注
							电量(kW)	电压	冷却时空气进口温度(℃)		加热时空气进口温度(℃)					
									干球	湿球	干球	湿球				
1	DF22	天花板嵌入导管内藏式	540	2.2	2.5	30	0.11	220	26	18.5	20	13.0	37	2	300×200	配凝结水提升泵、回风箱、过滤器、铰式百叶
2	DF36	天花板嵌入导管内藏式	570	3.6	4.0	30	0.11	220	26	18.5	20	13.0	38	3	300×200	配凝结水提升泵、回风箱、过滤器、铰式百叶
3	DF45	天花板嵌入导管内藏式	690	4.5	5.0	30	0.127	220	26	18.5	20	13.0	38	4	450×200	配凝结水提升泵、回风箱、过滤器、铰式百叶
4	DF71	两面出风卡式	1260	7.1	8.0	30	0.184	220	26	18.5	20	13.0	42	1	750×200	配凝结水提升泵

某高校教学专用图纸	批准		专业负责人		建设单位	江苏＊＊＊＊开发有限公司	图纸名称	空调设备参数	
	审核		设计、绘图		工程名称	＊＊＊＊别墅区	设计编号	图纸编号	暖施06

会签：建筑　结构　给排水　暖通　电气　智能

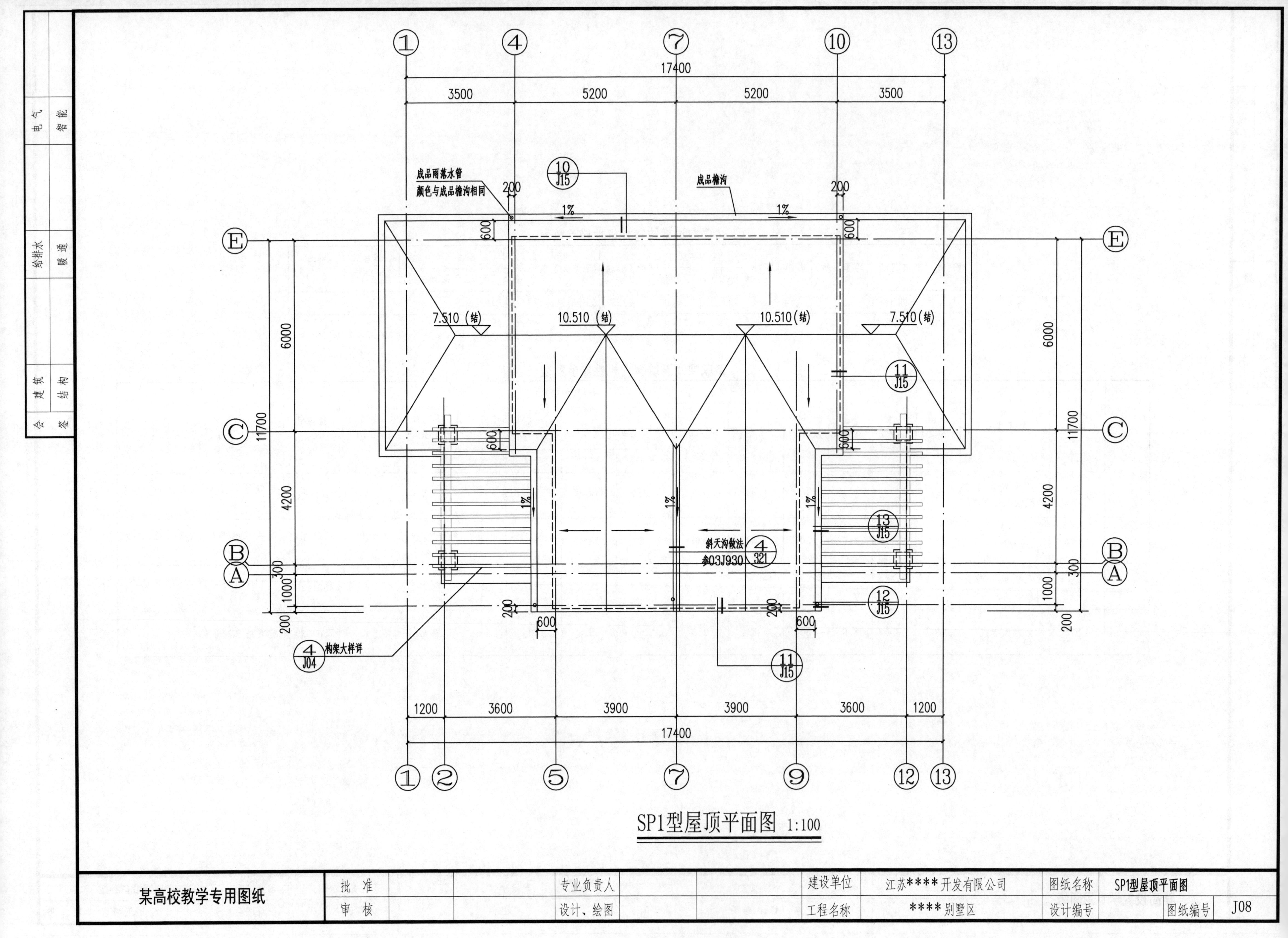

17400
3500
5200
5200
3500
成品雨落水管
颜色与成品檐沟相同
成品檐沟
1%
1%
7.510（结）
10.510（结）
10.510（结）
7.510（结）
6000
4200
11700
1000
300
200
600
斜天沟做法
参03J930
构架大样详
1200
3600
3900
3900
3600
1200
17400
SP1型屋顶平面图 1:100
某高校教学专用图纸
批 准
审 核
专业负责人
设计、绘图
建设单位
江苏****开发有限公司
工程名称
****别墅区
图纸名称
SP1型屋顶平面图
设计编号
图纸编号
J08
会签
建筑
结构
给排水
暖通
电气
智能

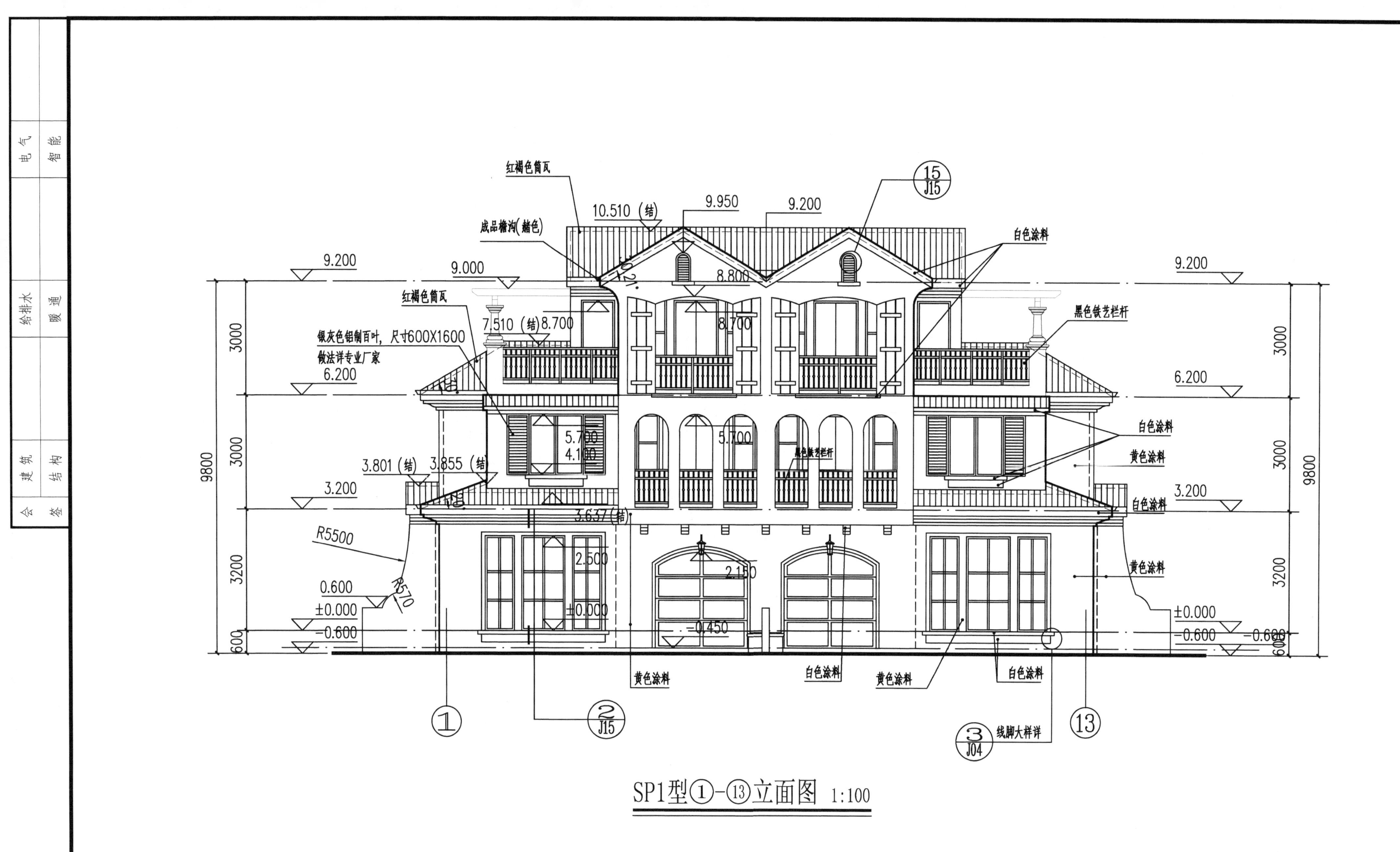

SP1型①-⑬立面图 1:100

某高校教学专用图纸	批准		专业负责人		建设单位	江苏****开发有限公司	图纸名称	SP1型①-⑬立面图
	审核		设计、绘图		工程名称	****别墅区	设计编号	图纸编号 J09

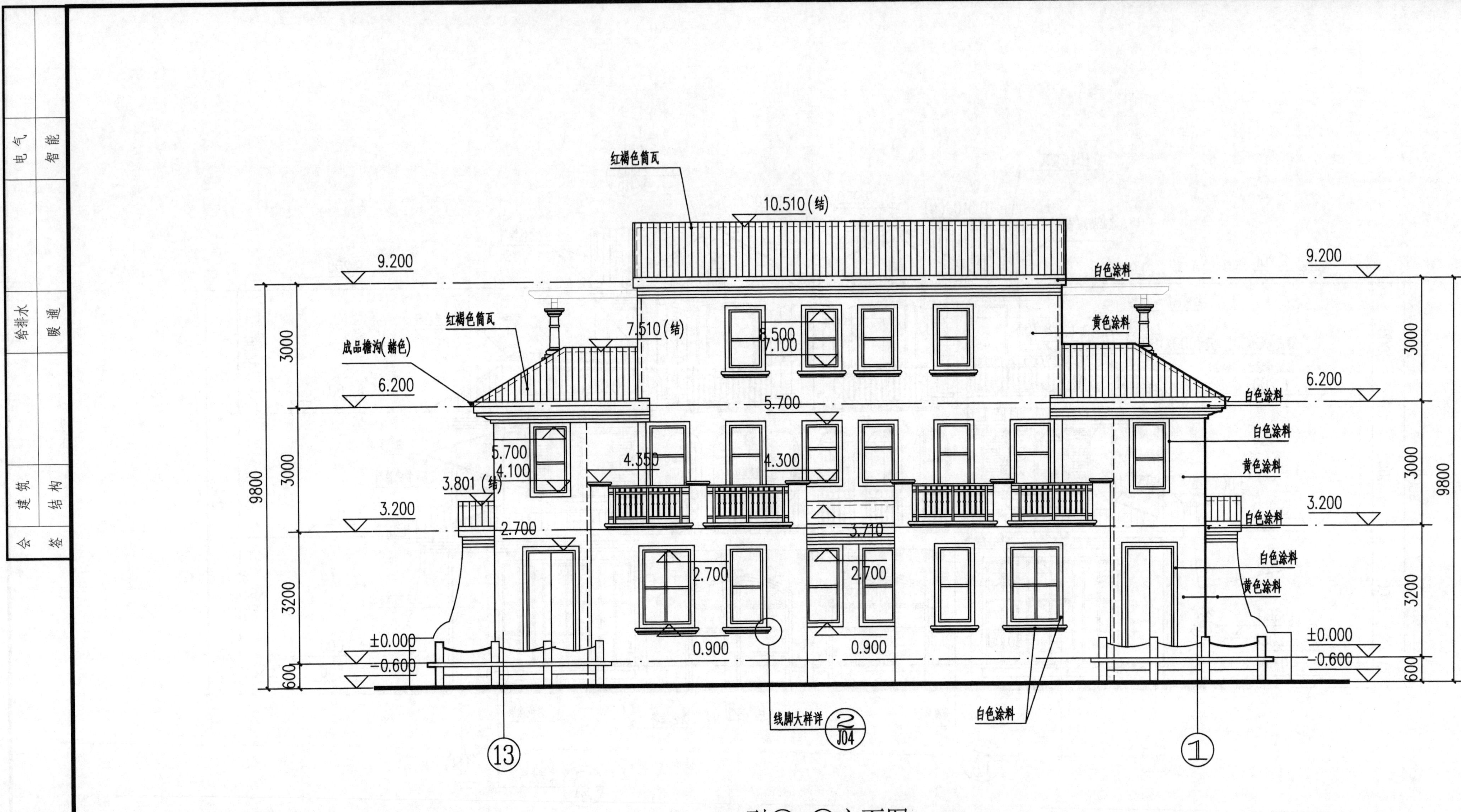

SP1型⑬-①立面图 1:100

某高校教学专用图纸	批 准		专业负责人		建设单位	江苏****开发有限公司	图纸名称	SP1型⑬-①立面图
	审 核		设计、绘图		工程名称	****别墅区	设计编号	图纸编号 J10

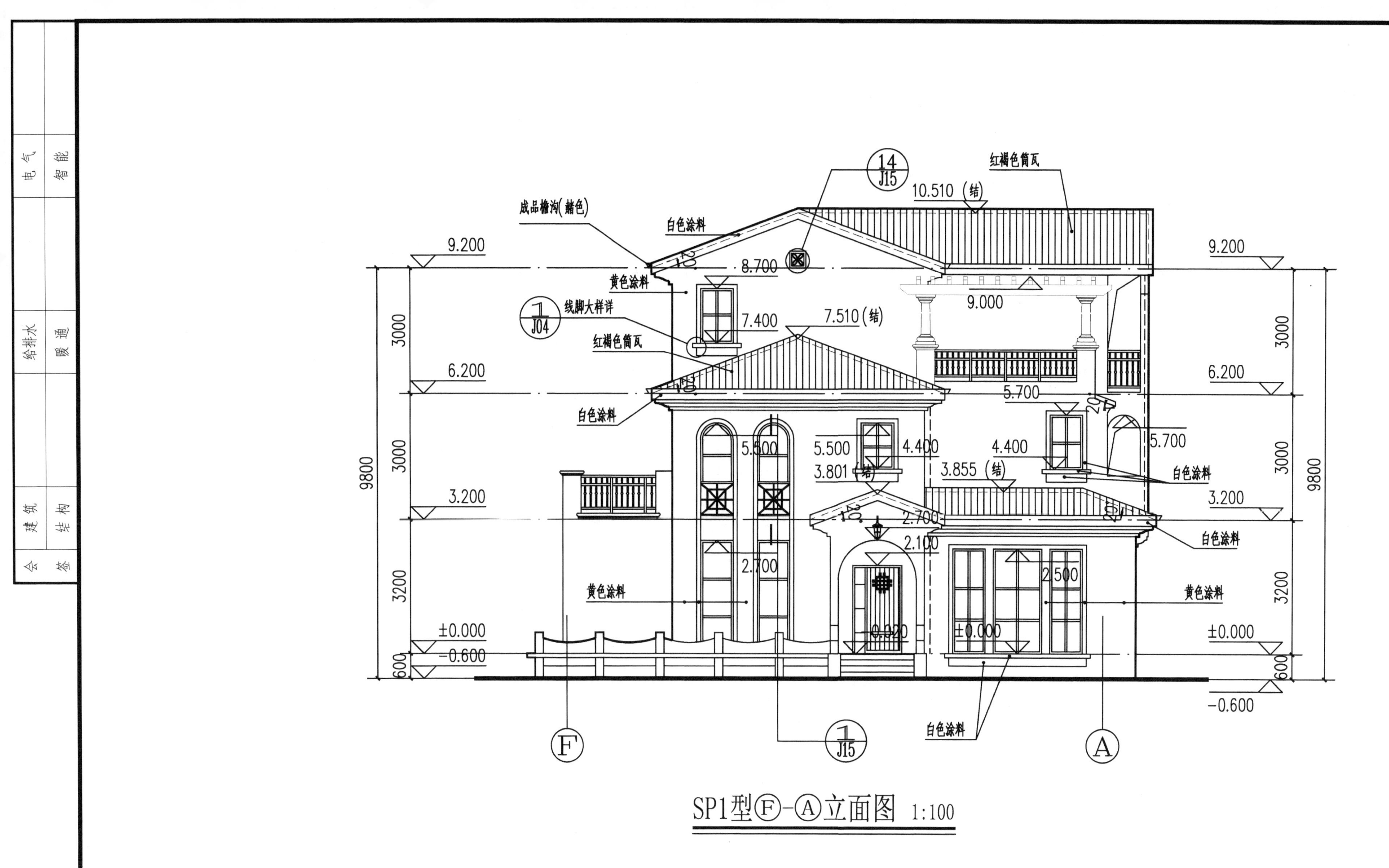

SP1型Ⓕ-Ⓐ立面图 1:100

某高校教学专用图纸	批 准		专业负责人		建设单位	江苏****开发有限公司	图纸名称	SP1型Ⓕ-Ⓐ立面图
	审 核		设计、绘图		工程名称	****别墅区	设计编号	图纸编号 J11

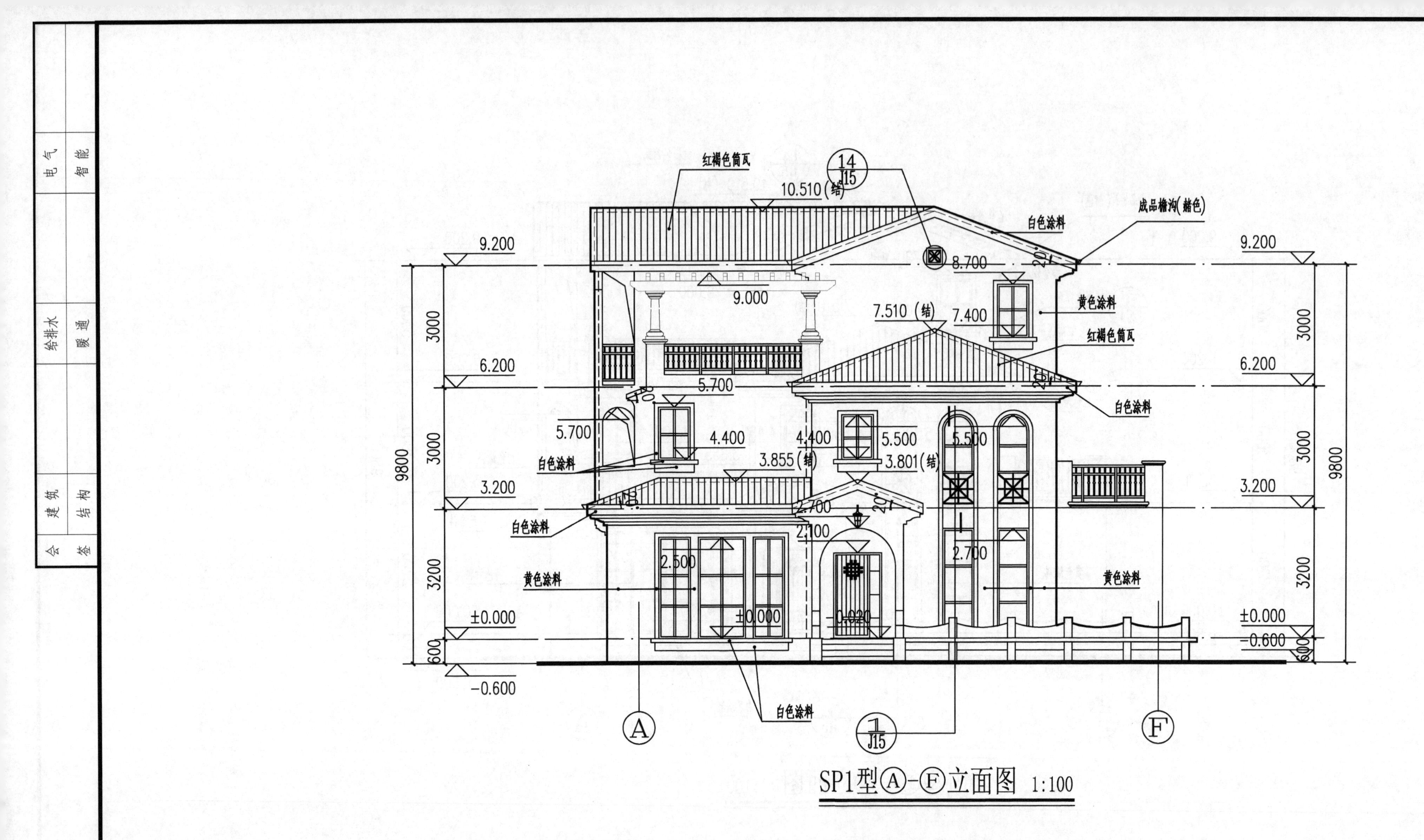

SP1型Ⓐ-Ⓕ立面图 1:100

某高校教学专用图纸	批准		专业负责人		建设单位	江苏****开发有限公司	图纸名称	SP1型Ⓐ-Ⓕ立面图
	审核		设计、绘图		工程名称	****别墅区	设计编号	图纸编号 J12

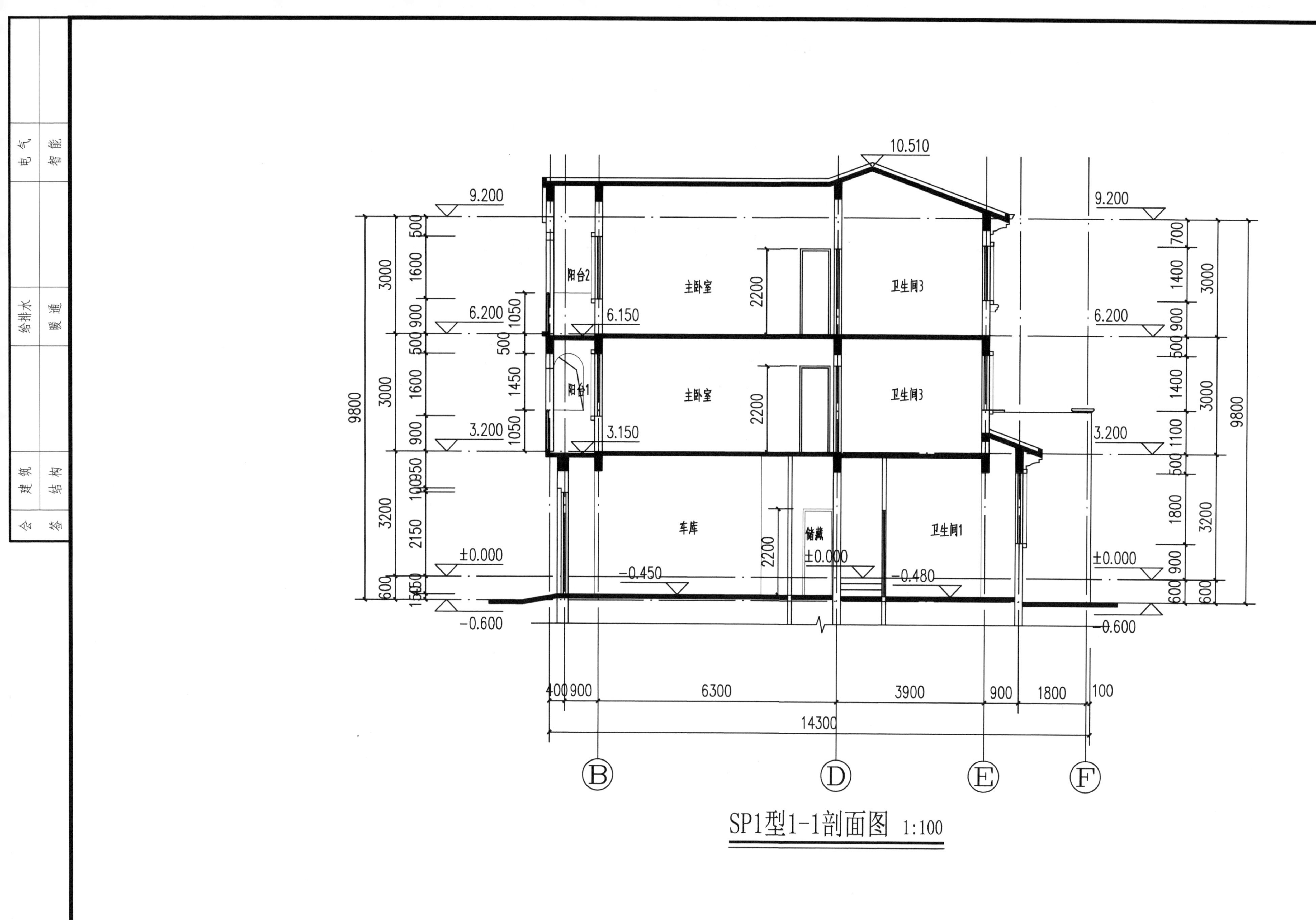

SP1型1-1剖面图 1:100

某高校教学专用图纸	批 准		专业负责人		建设单位	江苏****开发有限公司	图纸名称	SP1型1-1剖面图	
	审 核		设计、绘图		工程名称	****别墅区	设计编号	图纸编号	J13

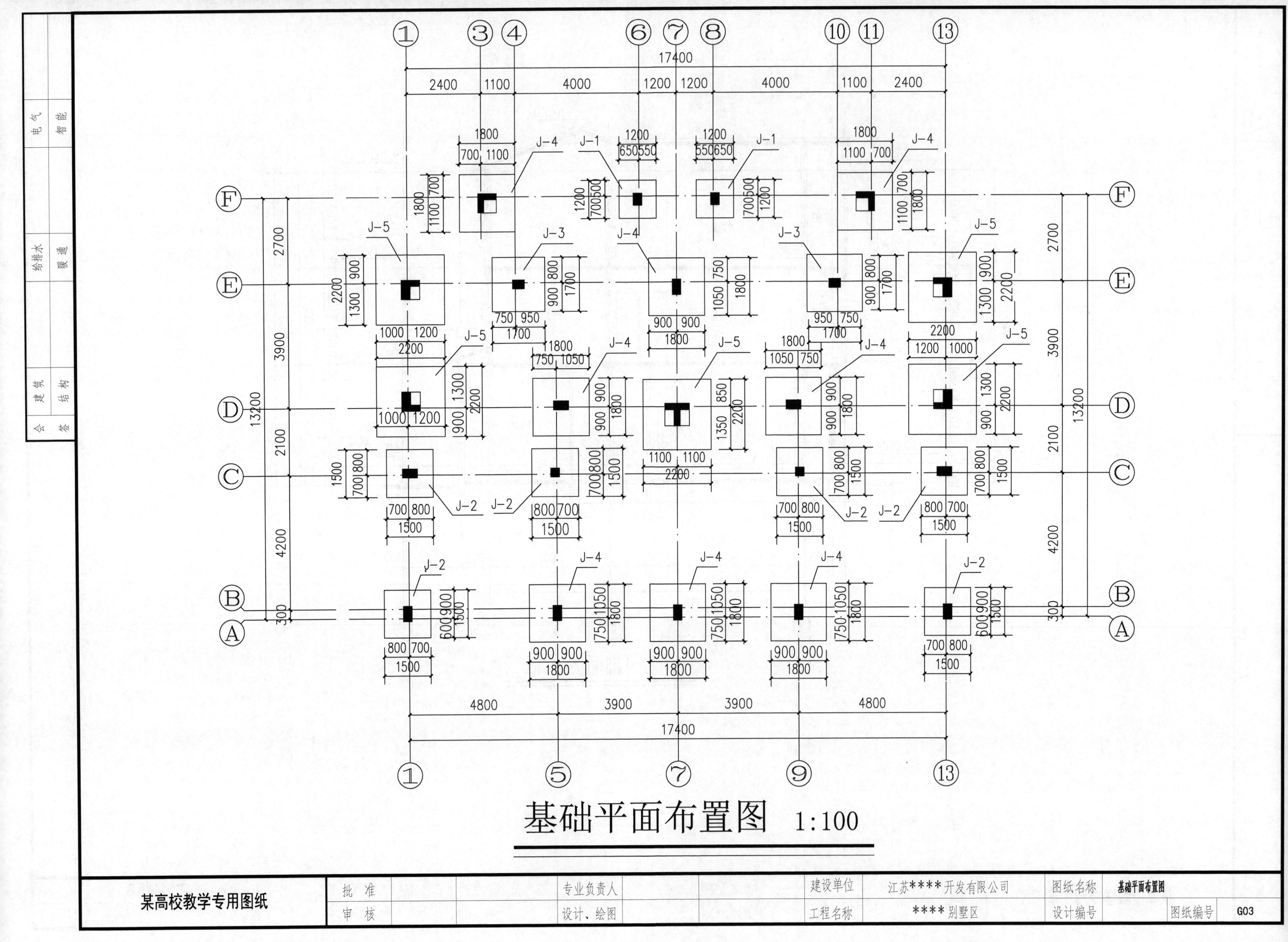
基础平面布置图 1:100
某高校教学专用图纸
批 准
审 核
专业负责人
设计、绘图
建设单位
江苏****开发有限公司
工程名称
****别墅区
图纸名称
基础平面布置图
设计编号
图纸编号
G03
会签
建筑
结构
给排水
暖通
电气
智能

基础设计说明

一. 本工程±0.000相当于地质报告绝对标高11.000m，本工程全部尺寸除注明者外，均以毫米为单位，标高以米为单位。

二. 本工程地基基础设计等级为丙级，建筑地基基础设计安全等级为二级。根据（岩土工程勘察报告）提供，基础采用柱下独基，以2层粘土为基础持力层，地基的承载力特征值为250kPa，基底标高-2.500m，基础下做100厚C10素混凝土垫层，垫层平面比基础尺寸放宽100。基槽开挖时，应将1层素填土全部挖除，超挖部分用C15毛石砼（毛石比例25%）回填至基底设计标高，毛石砼回填平面比基础尺寸每边宽200。

四. 基槽开挖过程中，如遇土质情况与勘探资料不符等异常情况，应及时通知勘探、设计及建设单位到场，共同协商解决。

五. 施工时应人工降低地下水位至施工面以下500mm，开挖基坑时应注意边坡稳定，定期观测其对周围道路市政设施和建筑物有无不利影响，自然放坡开挖时，基坑护壁应做专门设计。

六. 基槽施工时，应采取有效的基坑排水措施，确保基槽开挖及基础施工顺利进行。

七. 基坑按设计要求开挖完毕，须请有关勘察及结构设计人员对本场地土层加以确认，进行基槽验收，并当基槽验收后，应及时浇筑基底素混凝土垫层，以防止基底土扰动。

八. 机械挖土时按有关规范要求进行，坑底应保留200mm厚的土层用人工开挖。

九. 基坑回填土及位于设备基础、地面、散水、踏步等基础之下的回填土，必需分层夯实，每层厚度不大于250，压实系数>0.94。

十. 底层内隔墙（厚度<120mm），非承重墙（高度<4000）可直接砌置在混凝土底板上。隔墙下无基础梁时见隔墙基础大样图。

十一. 基础、基础梁混凝土强度等级C30，钢筋：Φ为HPB300，Φ为HRB335，Φ为HRB400。

十二. 柱插筋直径及数量见框架柱平面布置图，柱插筋在基础梁中的锚固构造见图集11G101-3第59页。

十三. 基础内插筋与柱内纵向钢筋应在两个平面上进行连接。

十四. 框架柱纵向钢筋连接构造按11G101-1第57页有关规定进行。

基础大样配筋表

	A	B	h1	h2	①	②
J-1	1200	1200	200	100	Φ10@150	Φ10@150
J-2	1500	1500	200	150	Φ12@150	Φ12@150
J-3	1700	1700	200	150	Φ12@150	Φ12@150
J-4	1800	1800	250	150	Φ12@150	Φ12@150
J-5	2200	2200	300	200	Φ12@100	Φ12@100

B/2 50 50 B/2 1 1 ① ② 50 50 A/2 A/2

JC*大样 1:25

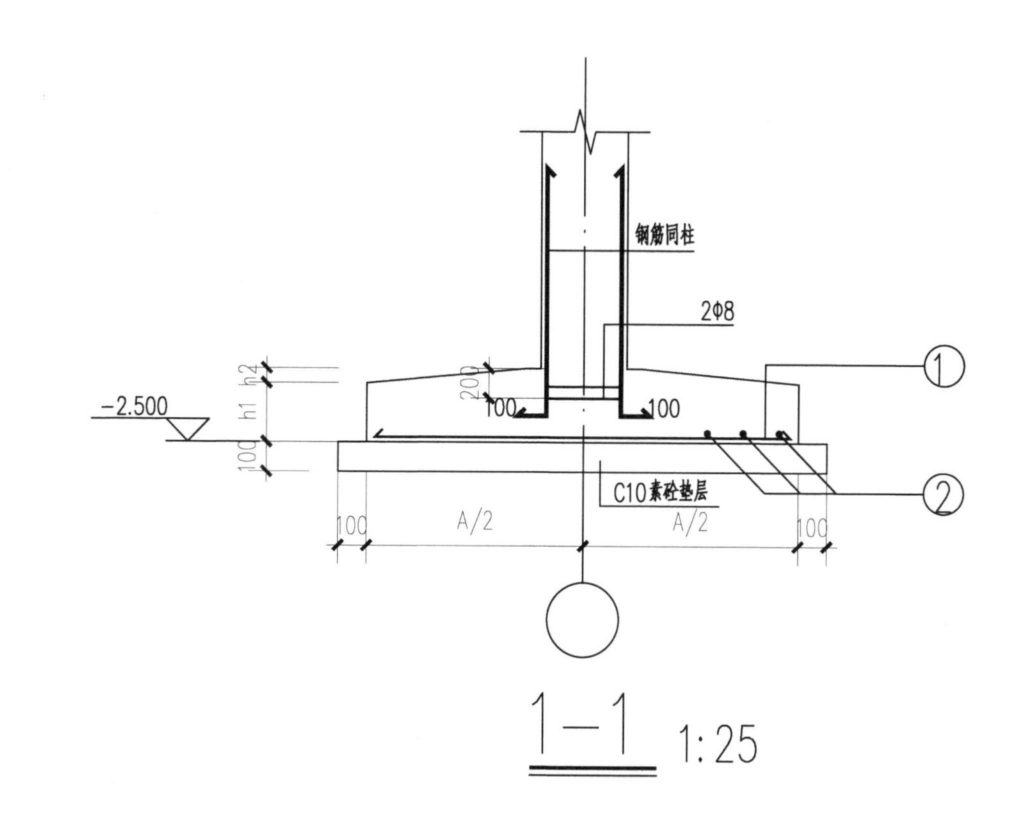

1-1 1:25

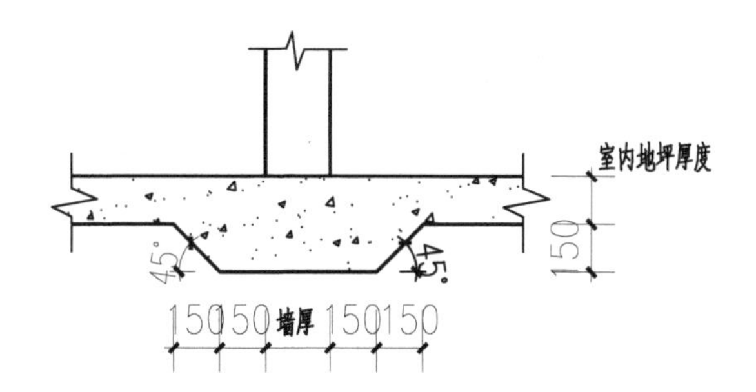

隔墙下无基础或基础梁处做法

某高校教学专用图纸	批准		专业负责人		建设单位	江苏****开发有限公司	图纸名称	基础详图
	审核		设计、绘图		工程名称	****别墅区	设计编号	图纸编号 G04

会签：建筑 结构 给排水 暖通 电气 智能

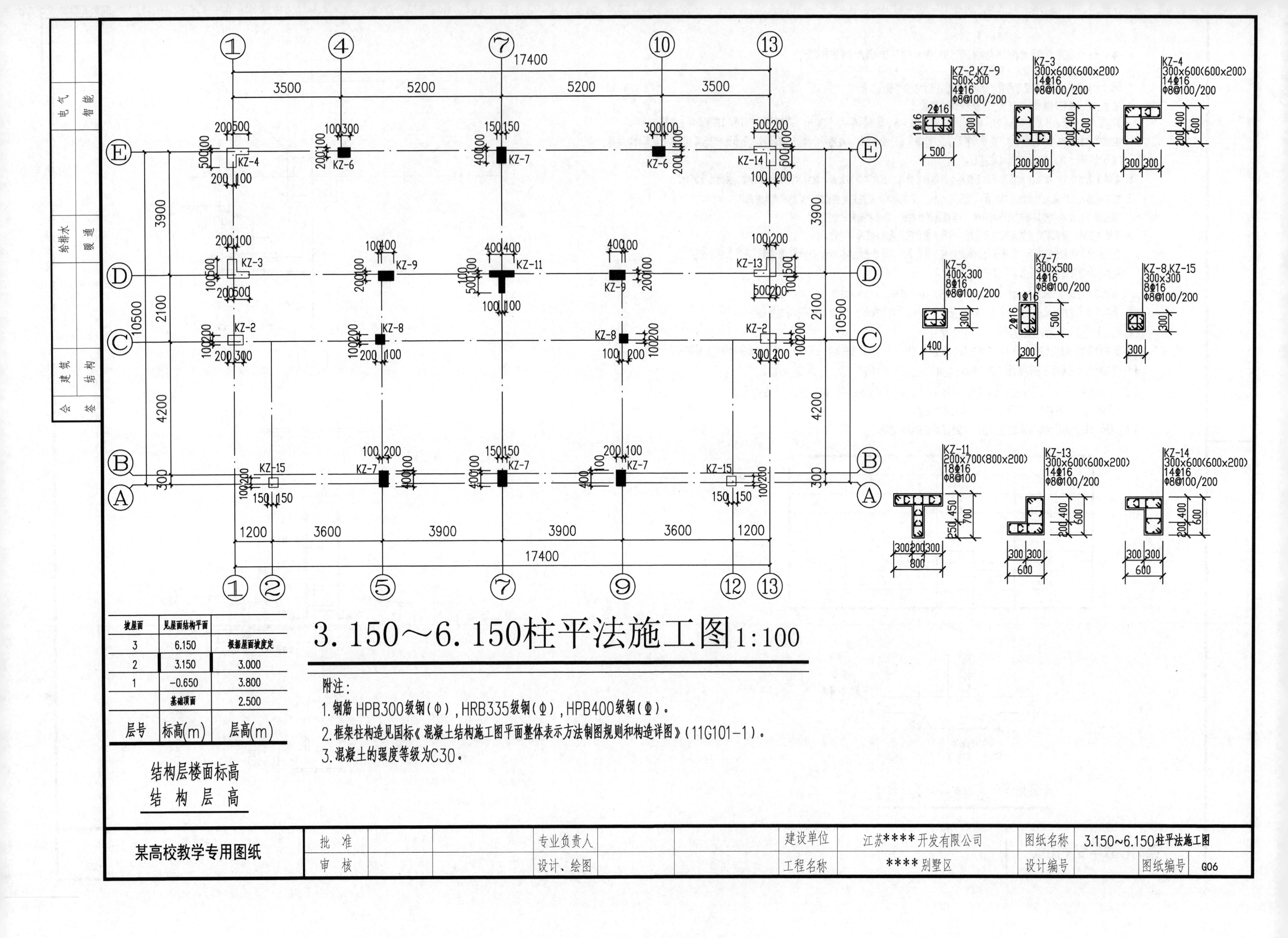
3.150～6.150柱平法施工图 1:100
附注：
1.钢筋HPB300级钢(Φ)，HRB335级钢(Φ)，HPB400级钢(Φ)。
2.框架柱构造见国标《混凝土结构施工图平面整体表示方法制图规则和构造详图》(11G101-1)。
3.混凝土的强度等级为C30。
坡屋面 | 见屋面结构平面
3 | 6.150 | 根据屋面坡度定
2 | 3.150 | 3.000
1 | -0.650 | 3.800
基础顶面 | 2.500
层号 | 标高(m) | 层高(m)
结构层楼面标高
结 构 层 高
KZ-2,KZ-9 500x300 4Φ16 Φ8@100/200
KZ-3 300x600(600x200) 14Φ16 Φ8@100/200
KZ-4 300x600(600x200) 14Φ16 Φ8@100/200
KZ-6 400x300 8Φ16 Φ8@100/200
KZ-7 300x500 4Φ16 Φ8@100/200
KZ-8,KZ-15 300x300 8Φ16 Φ8@100/200
KZ-11 200x700(800x200) 18Φ16 Φ8@100
KZ-13 300x600(600x200) 14Φ16 Φ8@100/200
KZ-14 300x600(600x200) 14Φ16 Φ8@100/200
17400
3500 5200 5200 3500
1200 3600 3900 3900 3600 1200
3900 2100 4200 300 10500
会签 建筑 结构 给排水 暖通 电气 智能
某高校教学专用图纸
批 准
审 核
专业负责人
设计、绘图
建设单位 江苏****开发有限公司
工程名称 ****别墅区
图纸名称 3.150～6.150柱平法施工图
设计编号
图纸编号 G06

某高校教学专用图纸 年　月　日	图纸目录		工程编号	
			专　业	给排水
	工程名称	＊＊＊＊别墅区	图纸编号	S00
	项　目	SP1 别墅	共 01 页	第 01 页

序号	图别图号	图纸名称	采用标准图或重复使用图		图纸尺寸	备注
			图集编号或工程编号	图别编号		
	S00	图纸目录			A4	
1	S01	主要设备材料表			A4	
2	S02	给排水设计施工说明			A3	
3	S03	一层给排水平面			A3	
4	S04	二层给排水平面			A3	
5	S05	三层给排水平面			A3	
6	S06	屋面给排水平面			A3	
7	S07	厨房卫生间大样图			A3	
8	S08	给排水管道系统图			A3	

设计负责人　　　　校对　　　　填表

某高校教学专用图纸 年　月　日	主要设备材料表		工程编号	
			专　业	给排水
	工程名称	＊＊＊＊别墅区	图纸编号	S01
	项　目	SP1 别墅	共 1 页	第 1 页

序号	名称	型号规格	数量	单位	备注
1	台面式洗脸盆		10	套	
2	低水箱座便器	冲洗水箱容积≤6 L	8	套	
3	地漏	De50	12	只	
4	浴盆		6	套	
5	成品淋浴器		6	套	
6	洗涤池		2	套	
7	洗衣机专用地漏	De50	2	只	
8	水表	DN20	2	套	供水部门提供
9	灭火器	MF/ABC4	4	具	
10					
11					
12					
13					
14					
15					
16					
17					
18					
19					
20					
21					
22					
23					
24					
25					
26					
27					

设计负责人　　　　校对　　　　填表

给排水设计施工说明

一、设计依据

1. 国家有关规范、规程

GB 50015—2003《建筑给水排水设计规范》

GB 50016—2006《建筑设计防火规范》

GB 50096—1999《住宅设计规范》(2003 年版)

2. 国家及省有关标准图集和通用图集

99S304《卫生设备安装》

02S404《防水套管》

苏 S9702《硬聚氯乙烯(PVC－U)排水管安装图集》DB32/T464－2001《建筑给水聚丙烯管道(PP－R)工程技术规程》

二、工程概况

1. 本工程为三层别墅,建筑高度 10.51 m,建筑面积 527.02 m^2。

三、设计范围

1. 室内给水系统、生活排水系统、雨水排水系统。

四、设计参数

1. 生活用水量标准:300 L/人天

2. 室外消防用水量:15 L/s

五、系统设计

1. 供水方式:全部由市政管网直供。入户水压 0.25 MPa。分户水表设于室外水表井内。

2. 生活热水给水系统:每户采用整体式太阳能热水器供水,太阳能热水器设于屋面,集热器面积 4.32 m^2,太阳能热水器业主自理。

3. 污水系统:采用合流制,污水出户经化粪池处理达到国家允许的排放标准后排入市政污水管,排水管坡度为:i=0.026。

4. 雨水系统:屋面雨水由成品檐沟及雨落管收集后排入市政雨水管。

雨水斗采用 87 型雨水斗。

5. 消防系统:

1) 本工程不设室内消防给水系统。

2) 每个配置点配置磷酸铵盐干粉灭火器 2 具,每具充装量 4 kg,型号为 MF/ABC4。

六、管材及接口

1. 给水管:埋设在土层内的管道采用钢塑复合管,丝扣连接。其余管道采用 PP－R 管,热熔连接。管道公称压力 0.6 MPa。

2. 热水管:管道采用 PP－R 管,热熔连接。管道公称压力 0.6 MPa。

3. 排水管:采用 UPVC 双壁消音管,专用胶粘接。

4. 雨水管:采用防紫外线 UPVC 管,专用胶粘接。

七、阀门及附件

1. 阀门:给水管道上管径 DN≤50mm 者采用铜芯截止阀,公称压力 1.0MPa。阀门需做严密性试验,合格后方可安装。

2. PVC 排水管伸缩节的设置:立管每层设一个;横管长度超过 2 m 时设伸缩节,伸缩节间距不得超过 4 m。De≥110 的排水管穿楼板处设阻火圈。地漏及器具下存水弯的水封高度不应小于 50mm。洗衣机排水选用专用地漏,淋浴间排水选用网框地漏。

3. 室内各类排水立管和横管、横管和横管连接,宜采用 45°三通、90°斜三通,也可以采用直通顺水三通等配件。排水立管与出户管端部的连接,应采用两个 45°弯头或弯曲半径不小于 4 倍管径的 90°弯头。排水管配件(如弯头、存水弯)需带清扫口。

八、卫生洁具

选用台面式洗脸盆,低水箱座便器(冲洗水箱容积≤6 L),型号由建设单位确定,但必须是节水型产品。安装详 99S304《卫生设备安装》。

九、管道敷设

1. 冷水管:进户后的支管在面层或墙内暗敷。

2. 管道支架:管道支架或管卡应严格按照规范执行。特别是塑料给水管、排水管的固定支座及滑动支座安装位置及间距应严格控制。

3. 所有穿墙、楼板及安装在墙槽和地坪中的管道、施工时应与土建密切配合。

4. 管道穿越地下室外墙应予埋防水套管,套管管径比管道大二号,安装详 02S404《防水套管》。伸顶排水管道在穿越屋面板处应做好防水处理,施工参照国标 04S301－72。

5. 给排水管道的楼板预留洞均按下列尺寸考虑,尺寸单位为毫米:生活给水立管处留洞 100×100;消防给水立管处留洞 250×250;地漏留洞 200×200;洗脸盆下水管处留洞 150×150;大便器下水管处留洞 200×200;小便器下水管处留洞 150×150;洗涤盆下水管处留洞 150×150;盥洗槽下水管处留洞 150×150;生活排水立管楼板处留洞 200×200;生活排水立管穿屋面处留洞为 D+50。

6. 管道的防腐:埋地的生活给水管道和消火栓给水管道须做好"三油二布"防腐处理措施。

7. 卫生器具给水安装高度:

座便器角阀	淋浴器角阀	洗面盆角阀	洗菜池角阀	洗衣机龙头	浴盆角阀	热水器角阀
0.25 m	0.90 m	0.57 m	0.45 m	1.20 m	0.67 m	1.50 m

十、管道试压

1. 生活给水管应作水压试验,试验压力为工作压力的 1.5 倍(但不得小于 1.0 MPa),保持 10 分钟,无渗漏方为合格。PP－R 给水管试验压力为 1.0 MPa,具体试压方法及过程控制详见《建筑给水聚丙烯管道(PP－R)工程技术规程》。

2. 排水管及雨水管、冷凝水管安装完后应做闭水试验。

十一、管道保温

室外明露生活给水管道应做保温处理,具体做法为:20 mm 厚橡塑管壳,保护层采用玻璃布缠绕。室外明露生活排水管道应做防结露处理,具体做法为:15mm 厚橡塑管壳,保护层采用玻璃布缠绕。

十二、管道冲洗

1. 给水管道在系统运行前须用水冲洗和消毒,要求以不小于 1.5 m/s 的流速进行冲洗,并符合《建筑给水排水及采暖工程施工质量验收规范》GB 50242—2002 中 4.2.3 条的规定。

2. 雨水管和排水管冲洗以管道通畅为合格。

十三、其他

1. 图中所注尺寸,除标高以米计外,其余均以毫米计。图中所注标高均为相对标高。给水管道标高以管中心计,排水管道标高以管内底计。

2. 所有安装工程应符合《建筑给水排水及采暖工程质量验收规范》(GB 50242—2002),《硬聚氯乙烯(PVC－U)排水管安装图集》苏 S9702,《建筑给水聚丙烯管道(PP－R)工程技术规程》(DB32/T 464—2001),《建筑给排水钢塑复合管技术规程》(CECS125:2001)及其它有关的施工和验收规范。本设计中未说明部分均按国家现行有关的施工及验收规范执行。

3. 本图需经有关部门审图通过后方可施工。

4. 图中所注给排水管道管径均为管道公称直径,其与外径对照关系见下表:

PVC－U 排水塑料管外径与公称直径对照关系

塑料管外径 mm (de)	50	75	110	125	160
公称直径 mm (DN)	50	75	100	125	150

给水塑料管(PPR)外径与公称直径对照关系

塑料管外径 mm (de)	20	25	32	40	50	63	75	90
公称直径 mm (DN)	15	20	25	32	40	50	65	80

图　例

图例	名称	图例	名称
— —	生活冷水给水管	YL	雨水立管
——	生活热水给水管	KL	空调冷凝水立管
——	雨水管		地漏
----	污水管	YD	雨水斗
	闸阀		通气帽
	截止阀		存水弯
	水表		排水立管检查口
JL	冷水立管		水龙头
WL	污水立管		角阀

某高校教学专用图纸	批准		专业负责人		建设单位	江苏＊＊＊＊开发有限公司	图纸名称	给排水设计施工说明	
	审核		设计、绘图		工程名称	＊＊＊＊别墅区	设计编号		图纸编号 S02

电气 智能 给排水 暖通 建筑 结构 会签

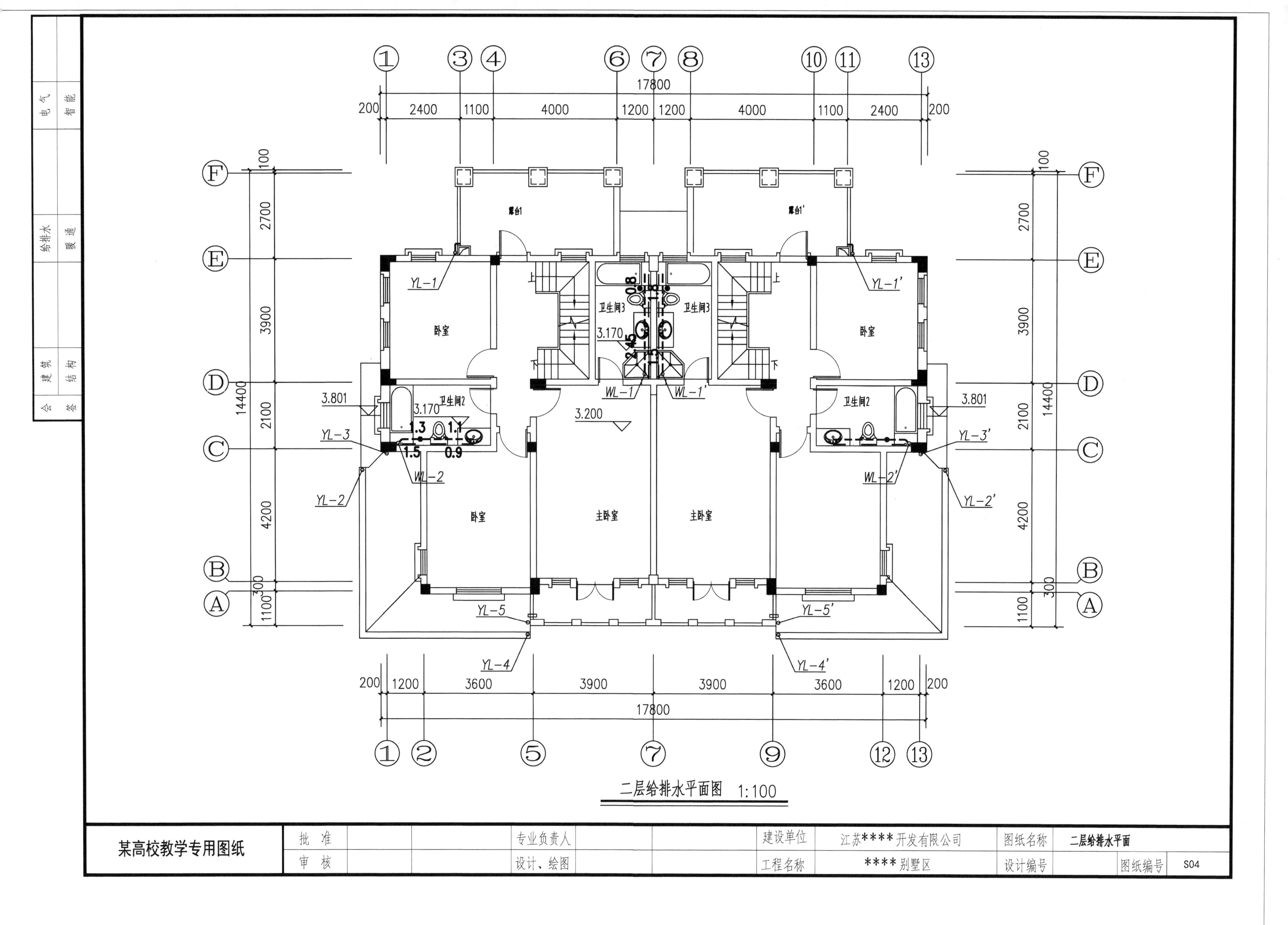
电气
智能
给排水
暖通
会签
建筑
结构
17800
200
2400
1100
4000
1200
1200
4000
1100
2400
200
露台1
露台1'
YL-1
YL-1'
卧室
卫生间3
3.170
WL-1
WL-1'
3.801
3.170
卫生间2
1.3
1.1
1.5
0.9
YL-3
YL-3'
WL-2
WL-2'
YL-2
YL-2'
3.200
主卧室
YL-5
YL-5'
YL-4
YL-4'
2700
3900
2100
4200
300
1100
14400
100
1200
3600
3900
3900
3600
1200
200
二层给排水平面图 1:100
某高校教学专用图纸
批 准
审 核
专业负责人
设计、绘图
建设单位
江苏****开发有限公司
工程名称
****别墅区
图纸名称
二层给排水平面
设计编号
图纸编号
S04

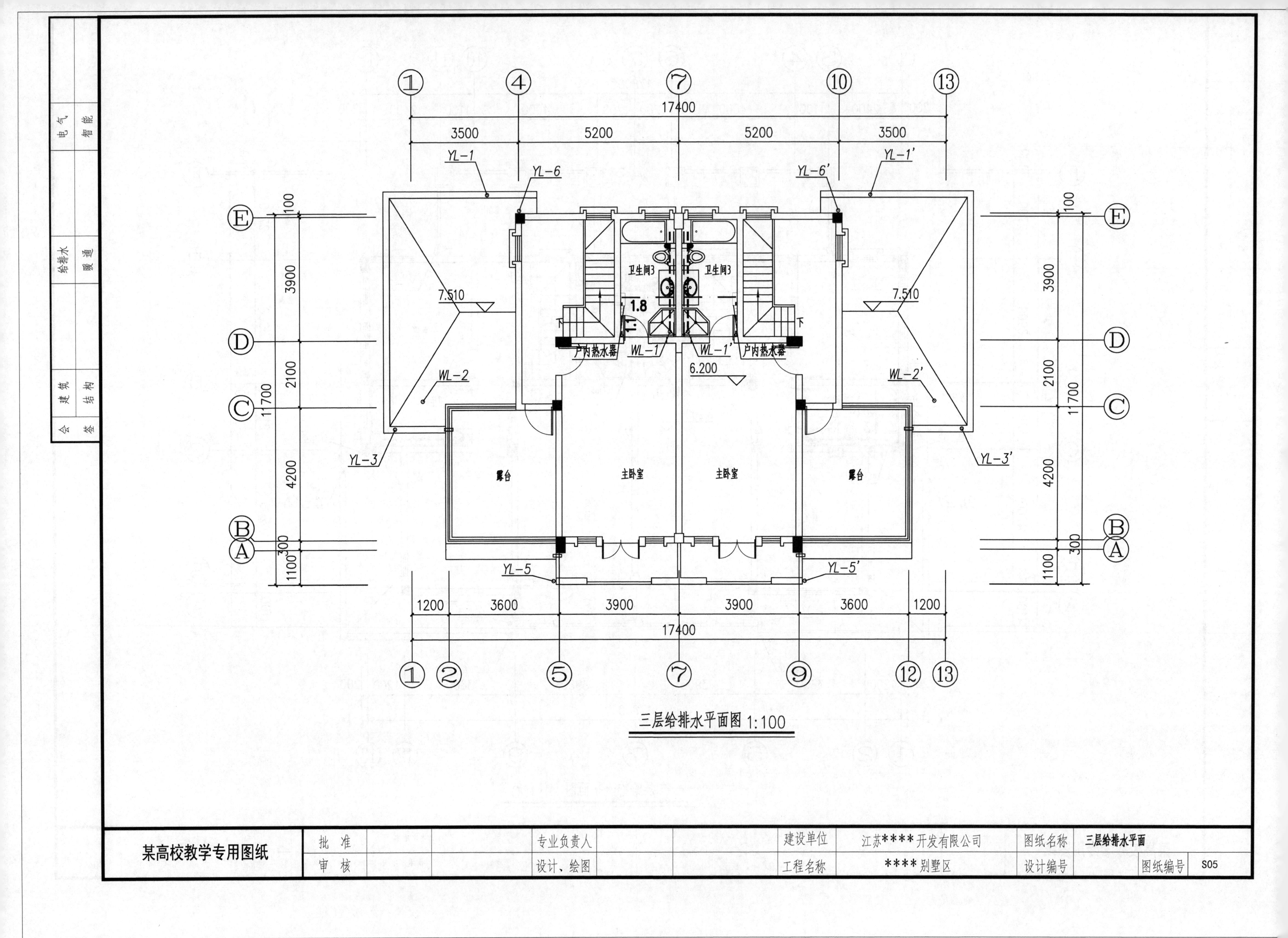
三层给排水平面图 1:100
17400
3500
5200
5200
3500
YL-1
YL-6
YL-6′
YL-1′
卫生间3
卫生间3
7.510
7.510
1.8
户内热水器
WL-1
WL-1′
户内热水器
6.200
WL-2
WL-2′
YL-3
YL-3′
露台
主卧室
主卧室
露台
YL-5
YL-5′
1200
3600
3900
3900
3600
1200
17400
3900
2100
11700
4200
300
1100
100
某高校教学专用图纸
批 准
审 核
专业负责人
设计、绘图
建设单位
工程名称
江苏****开发有限公司
****别墅区
图纸名称
三层给排水平面
设计编号
图纸编号
S05
会签
建筑
结构
给排水
暖通
电气
智能

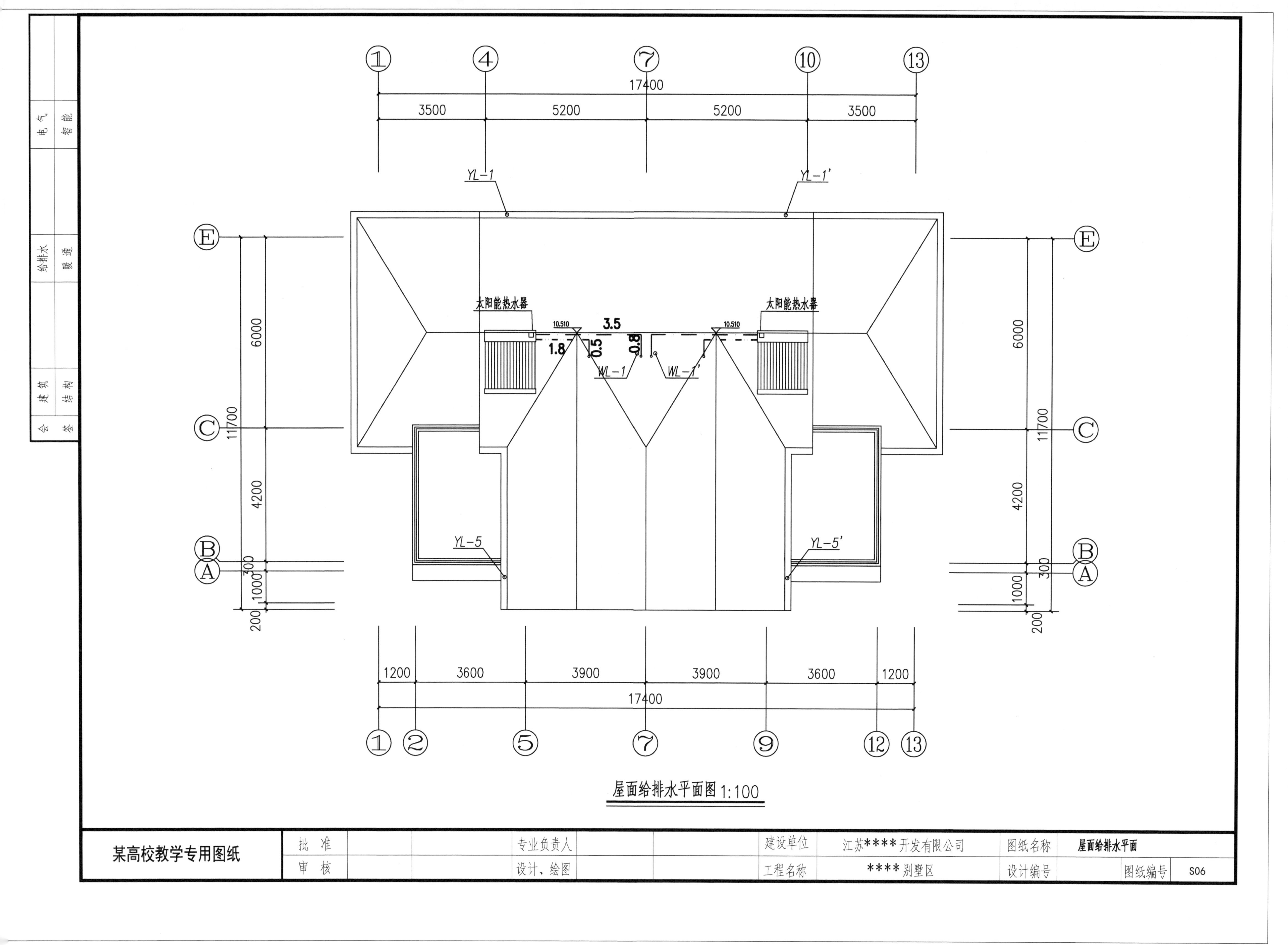

电气
智能
给排水
暖通
会 建筑
签 结构
17400
3500
5200
5200
3500
YL-1
YL-1'
太阳能热水器
太阳能热水器
10.510
3.5
10.510
1.8
0.5
0.8
WL-1
WL-1'
6000
4200
11700
300
1000
200
YL-5
YL-5'
1200
3600
3900
3900
3600
1200
17400
屋面给排水平面图 1:100
某高校教学专用图纸
批 准
审 核
专业负责人
设计、绘图
建设单位
江苏****开发有限公司
工程名称
****别墅区
图纸名称
屋面给排水平面
设计编号
图纸编号
S06

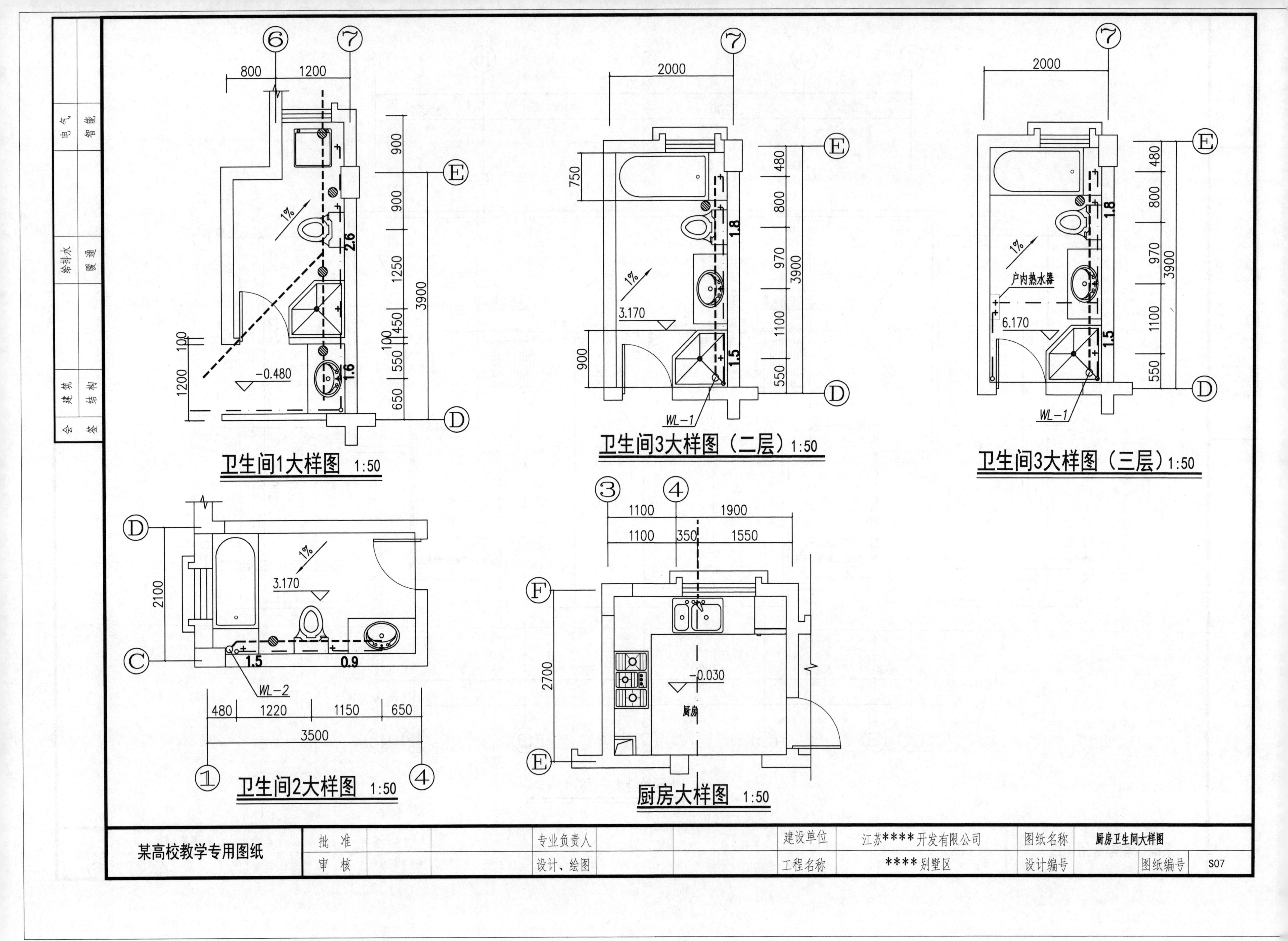

卫生间1大样图 1:50
卫生间3大样图（二层） 1:50
卫生间3大样图（三层） 1:50
卫生间2大样图 1:50
厨房大样图 1:50
户内热水器
厨房
WL-1
WL-2
某高校教学专用图纸
批 准
审 核
专业负责人
设计、绘图
建设单位
江苏****开发有限公司
工程名称
****别墅区
图纸名称
厨房卫生间大样图
设计编号
图纸编号
S07
会 建筑 结构
签 给排水 暖通
电气 智能

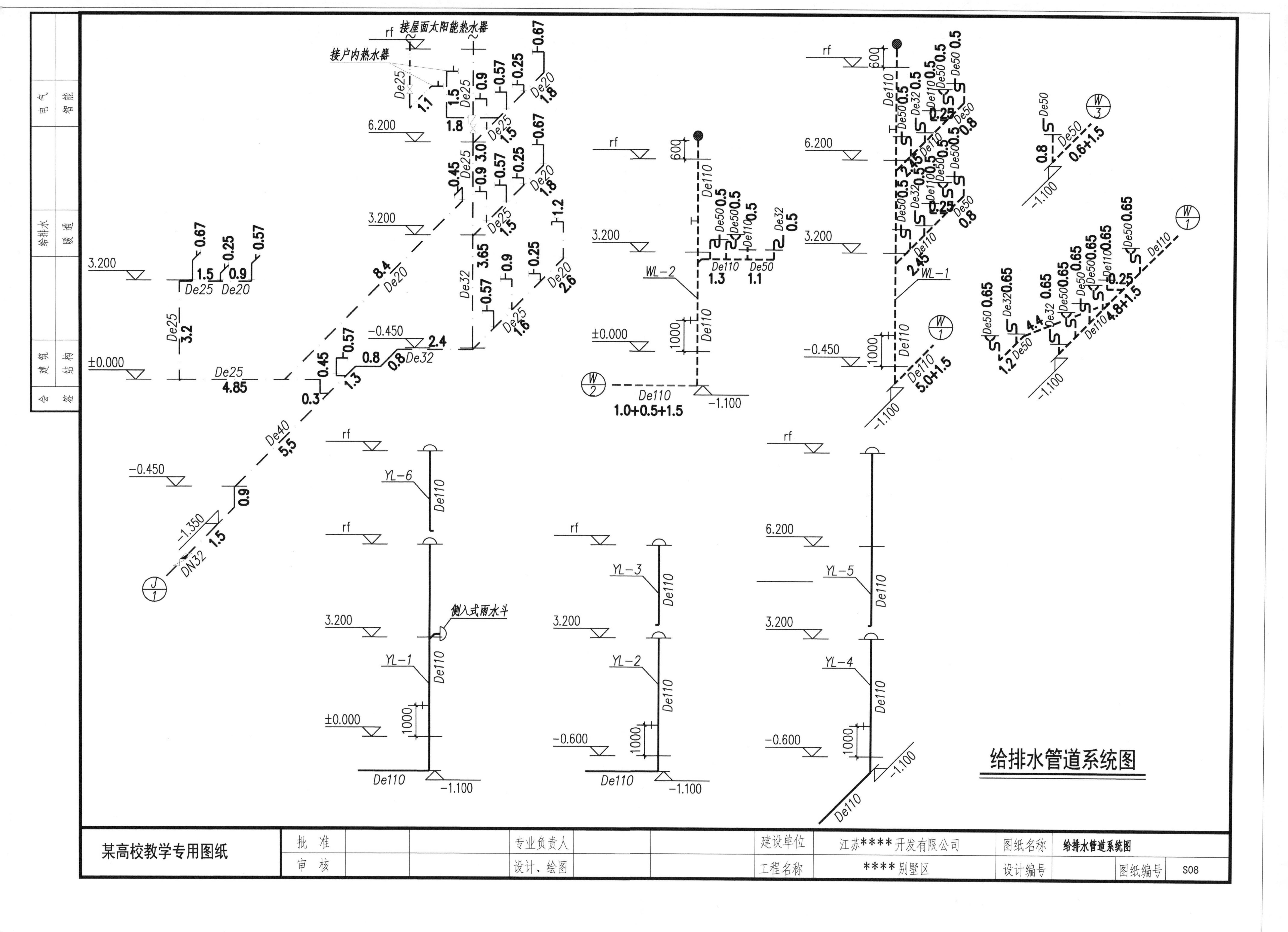

接屋面太阳能热水器
接户内热水器
侧入式雨水斗
给排水管道系统图
某高校教学专用图纸
批 准
审 核
专业负责人
设计、绘图
建设单位
江苏****开发有限公司
工程名称
****别墅区
图纸名称
给排水管道系统图
设计编号
图纸编号
S08
会签
建筑
结构
给排水
暖通
电气
智能

某高校教学专用图纸	图纸目录	工程编号	
年 月 日		专 业	电气
	工程名称：****别墅区	图纸编号	D00
	项 目：SP1 别墅	共 01 页	第 01 页

序号	图别图号	图纸名称	采用标准图或重复使用图		图纸尺寸	备注
			图集编号或工程编号	图别编号		
	D00	图纸目录			A4	
1	D01	综合设备表			A4	
2	D02	设计说明			A3	
3	D03	一层照明平面			A3	
4	D04	二层照明平面			A3	
5	D05	三层照明平面			A3	
6	D06	屋顶防雷平面			A3	
7	D07	一层弱电平面			A3	
8	D08	二层弱电平面			A3	
9	D09	三层弱电平面			A3	
10	D10	接地平面			A3	
11	D11	用户开关箱系统图			A3	
12	D12	弱电布线系统图 住户多媒体箱接线原理图			A3	

设计负责人　　　　校 对　　　　填 表

某高校教学专用图纸	综合设备表	工程编号	
年 月 日		专 业	电气
	工程名称：****别墅区	图纸编号	D01
	项 目：SP1 别墅	共 1 页	第 1 页

序号	符号	名称	型号规格	数量	单位	备注
1	WH1	单元住户计量箱	4X10(40)A 三相四线电表 型号由供电局确定			嵌墙暗装 高度 H=1.5 m
2	MEB	总等电位箱	MEB-400-10			嵌墙暗装 高度 H=0.3 m
3	LEB	局部等电位箱	LEB-10-4			嵌墙暗装 高度 H=0.3 m
4		用户开关箱	PZ30 开关型号详见系统			嵌墙暗装 高度 H=1.8 m
5		单位单极暗开关	C31/1/2A			嵌墙暗装，下沿距地 1.3 m
6		两位单极暗开关	C32/1/2A			嵌墙暗装，下沿距地 1.3 m
7		单联双控墙壁开关	C31/2/2A			嵌墙暗装，下沿距地 1.3 m
8		安全型嵌装单相插座	10A 二 三眼各一	35	个	嵌墙暗装，下沿距地 0.3 m
9		安全防溅型嵌装单相插座	10A 二 三眼各一 带防溅盖板及开关	28	个	嵌墙暗装，具体见平面图
10		节能吸顶灯（灯具由用户自理）	2C22 10A	23	个	吸顶
11		壁灯		12	个	嵌墙暗装，下沿距地 2.0 m
12						
13	DMT	家用多媒体箱		2	个	嵌墙暗装，下沿距地 0.3 m
14	JX	接线箱		6	个	嵌墙暗装，下沿距地 0.3 m
15		带安防功能的对讲机		2	个	只设预埋管，线由设备厂家布设
16	TV	有线电视插座	C32VTV75FM	10	个	嵌墙暗装，下沿距地 0.3 m
17	TP	电话插座	RJ-45 模块，带防尘盖	16	个	嵌墙暗装，下沿距地 0.3 m
18	TO	数据插座	A86ZDTN4	12	个	嵌墙暗装，下沿距地 0.3 m
19		报警按钮		14	个	嵌墙暗装，下沿距地 1.4 m
20		可燃气气体报警器		6	个	吸顶
21						
22						
23						
24						
25						
26						
27						

设计负责人　　　　校 对　　　　填 表

设计说明

一、概述

本建筑为一双拼别墅楼，都为地上共三层，建筑主体高度10.510 m，属于低层住宅。

二、本设计依据下列规范及标准图集

行业标准《民用建筑电气设计规范》(JGJ 16—2008)

国家标准《住宅设计规范》(GB 50096—1999)2006版

国家标准《低压配电设计规范》(GB 50054—95)

国家标准《有线电视系统工程技术规范》GB 50200—94；

国家标准《供配电系统设计规范》GB 50052—95；

国家建筑标准设计《等电位联结安装》02D501—2

国家标准《建筑物防雷设计规范》GB 50057—94 2000年版；

《建筑照明设计标准》(GB 50034—2004)

《江苏省住宅设计标准》DGJ32/J 26—2006。

二、设计范围

1)220/380V配电系统；　2)建筑物防雷、接地系统及安全措施；

3)有线电视系统；　4)电话系统；

5)网络布线系统；　6)多功能访客对讲系统。

三、电气照明及配电系统

1. 负荷分类：本工程负荷等级为三级。

2. 供电电源：

本建筑从小区就近引来一路220/380 V电源入户，供给本户照明负荷用电；采用YJV22－0.6/1型电力电缆埋地引入每户底层总配电箱。电源入户方式为三相～380 V进线；

3. 计费：

本工程住户用电采用一户一表计量方式。电源进线的型号、规格由上一级配电开关确定；本设计只预留进线套管；进户处防火灾漏电开关设于电表箱内。

4. 住宅用电指标：

本工程每栋住宅用电按每户30 kW。

5. 照明配电：

1) 本工程所有照明支路配线均为三线：相线、N线、PE线。照明、插座均分别出线，不共用回路；

2) 照明、插座均分别出线，不共用回路；所有插座回路均设漏电断路器保护。

四、设备安装及导线选择及敷设

1. 设备安装高度(设备底边距地)方式详见设备材料表。

2. 卫生间内开关、插座选用安全型防潮、防溅型面板；有淋浴、浴缸的卫生间内开关、插座须设在2区以外。

3. 室外电源进线由上一级配电开关确定，本设计只预留进线套管。

4. 公共部位、室内等照明光源均选择高效节能型光源。

5. 照明分支线均采用BV－450/750V－2.5铜芯绝缘线穿KBG管暗敷。

6. 插座分支线均采用BV－450/750V－4.0铜芯绝缘线穿KBG管暗敷。插座回路均为单相三线(L,N,PE)穿KBG25敷设。

7. BV－450/750V－2.5铜芯绝缘线穿KBG管规格：2～3根穿KBG20，4～6根穿KBG25，7根及以上分管穿设。平面图中线路上所画斜线者，代表该线路导线根数，未画者均为三根。

8. 普通暗敷管线保护层厚度应不小于15 mm；

9. 进户保护管采用壁厚大于2.5 mm金属管；

10. 埋地敷设的电缆之间及其与各种设施平行或交叉的最小净距(m)：

项目	敷设条件	
	平行时	交叉时
建筑物、构筑物基础	0.5	
电力电缆之间，以及与控制电缆之间	0.1	0.5(0.25)
通讯电缆	0.5(0.1)	0.5(0.25)
水管、压缩空气管	1.0(0.25)	0.5(0.25)
可燃气体及易燃液体管道	1.0	0.5(0.25)

五、建筑物防雷、接地系统及安全措施

(一) 建筑物防雷

本建筑物预计年雷击次数为0.0218次/a，按第三类民用防雷建筑物布设防雷，采用屋面设置避雷带和建筑构件防雷相结合的防雷系统，接地电阻按共用接地系统考虑为1.0 Ω。

具体做法如下：

1. 屋面防雷

屋面采用避雷带避雷方式，避雷带采用D10热镀锌圆钢，沿女儿墙或沿口明敷，屋面避雷网网格不大于20 m×20 m或24 m×16 m的网格，避雷带每隔1 m设支架，转弯处为0.5 m，支架高度为10 cm；屋面所有金属设备外壳、金属管道和金属构件均应与避雷带可靠电气联结。支承屋面太阳能热水系统的钢结构支架应与建筑物接地系统可靠连接。

2. 防雷电波侵入措施

电缆进线在进出端将电缆金属外皮、钢管等与总等电位端子箱可靠电气联结；所有进出建筑物的埋地金属管均应与接地装置做电气连接；各种竖向金属管道等均应在顶端和底端和防雷装置相连结；

3. 其他防雷措施

在电源进线配电箱和住宅分配电箱电源侧设置SPD保护。

4. 引下线

本工程防雷引下线利用建筑物构造柱内对角四根主筋，作为引下线的柱内主筋不得小于D10；作为引下线的柱内主筋上与避雷带、下与基础钢筋，自上而下全部焊接连通，引下线应沿建筑物四周布置，引下线间距不得大于25 m。

5. 接地极

本工程防雷接地极利用大楼底板承台上两根直径不小于16的钢筋 基础主钢筋和引下线钢筋焊接连通作水平接地体(深度须大于0.7 m)，并在－1 m处外引出建筑物1.5 m作均压环；图中指定引下线在距室外地坪0.5m处设置断接卡，以便测量接地电阻。由于本工程采用联合接地体，其接地电阻须小于1 Ω，否则补打接地极至合格为止。

(二) 接地及安全措施

1. 本工程防雷接地、电气设备的保护接地、弱电系统等的接地共用统一的接地装置，要求接地电阻不大于1欧姆，实测不满足要求时，增设人工接地极。

2. 凡正常不带电，而当绝缘破坏有可能呈现电压的一切电气设备金属外壳均应可靠接地。

3. 本工程采用总等电位联结，总等电位板由紫铜板制成，应将建筑物内保护干线、设备进线总管等进行联结，总等电位联结线采用BV－1×25 mm穿PC32敷设，总等电位联结均采用等电位卡子，禁止在金属管道上焊接。卫生间采用局部等电位联结，从适当地方引出两根大于ϕ16结构钢筋至局部等电位箱(LEB)，局部等电位箱暗装，底边距地0.3 m。将卫生间内所有金属管道、金属构件联结。具体做法参见国标图集《等电位联结安装》02D501－2。

4. 过电压保护：在电源总配电箱内装第一级电涌保护器(SPD)。

5. 有线电视系统引入端、电话引入端等处设过电压保护装置。

6. 本工程接地型式采用TN—S系统，PE线在进户处做等电位接地，并与防雷接地共用接地装置。

7. 当采用一类灯具时，灯具的外露可导电部分需可靠接地。低于2.4 m的灯具需加一根PE线。

六、有线电视系统

1. 电视信号由室外有线电视网的市政接口引来，入户处预埋一根SC32钢管一根。

2. 住户一根同轴电缆接入用户多媒体箱。

3. 干线电缆选用SYWV－75－9，穿SC32管。支线电缆选用SYWV－75－5，穿KBG管沿墙及楼板暗敷。用户电视插座暗装，底边距地0.3 m。

七、电话系统

1. 别墅按2对电话线考虑，在起居厅、卧室、餐厅等处各设一个电话插座。

2. 市政电话电缆由室外引入至住户多媒体箱，媒体箱暗装，底边距地0.3m；再由住户多媒体箱跳线给户内的每个电话插座。电话插座暗装，底边距地0.3 m。

3. 电话电缆引入线穿SC32埋地引入，电话支线穿KBG管沿墙及楼板暗敷。

八、网络布线系统

1. 由室外引入户内的数据网线引至户内的多媒体箱，引入网线选用超五类4对双绞线穿金属管埋地暗敷；本设计只在入户处预埋SC32一根。引至住户接线箱及计算机插座的线路采用超五类4对双绞线，穿KBG管沿墙及楼板暗敷。

2. 计算机插座选用RJ45超五类型，与网线匹配，底边距地0.3 m暗装。

九、多功能访客对讲系统

1. 本工程采用带安防功能的访客对讲系统，将住户的报警系统纳入其中。

2. 住户设访客对讲系统，对讲分机挂墙安装在住户门厅，内距地1.4 m。

十、节能

(一) 工程概况

所在城市	气候分布	建筑面积22(m^2)	建筑层数	建筑高度(m)	结构形式	建筑类别	有无太阳能热水系统
江苏*市	夏热冬冷	527.02	3层	10.510	框架柱	二级	有

(二) 主要节能设计要求及措施

1. 主要房间的照度节能设计

主要房间或场所	光源类型(功率、色温、Ra)	镇流器型式	灯具效率	照明功率因数补偿情况	照度(lx)	LPD值(W/m^2)	照明控制方式
起居室	电子节能灯13 W、2700/6400 K、80	—	75%	0.95	100	6	分散控制
卧室	电子节能灯13 W、2700/6400 K、80	—	75%	0.95	75	6	分散控制
餐厅	电子节能灯13 W、2700/6400 K、80	—	75%	0.95	150	6	分散控制
厨房	电子节能灯9 W、2700/6400K、80	—	75%	0.95	100	6	分散控制
卫生间	电子节能灯9 W、2700/6400K、80	—	75%	0.95	100	6	分散控制

2. 空调节能设计

手动控制风机三速开关和风机启停，电动水阀由室内温控器自动控制，温控器设置手动转换开关。房间温控器设于室内有代表性的位置，不应靠近热源、灯光和外墙。

十一、其他

1. 凡与施工有关而又未说明之处，参见国家、地方标准图集施工，或与设计院协商解决。

2. 设计中未尽事宜参照现行国家、地方有关规范、规定执行。

某高校教学专用图纸	批准		专业负责人		建设单位	江苏****开发有限公司	图纸名称	设计说明	
	审核		设计、绘图		工程名称	****别墅区	设计编号	图纸编号	D02

会签：电气　智能　给排水　暖通　建筑　结构

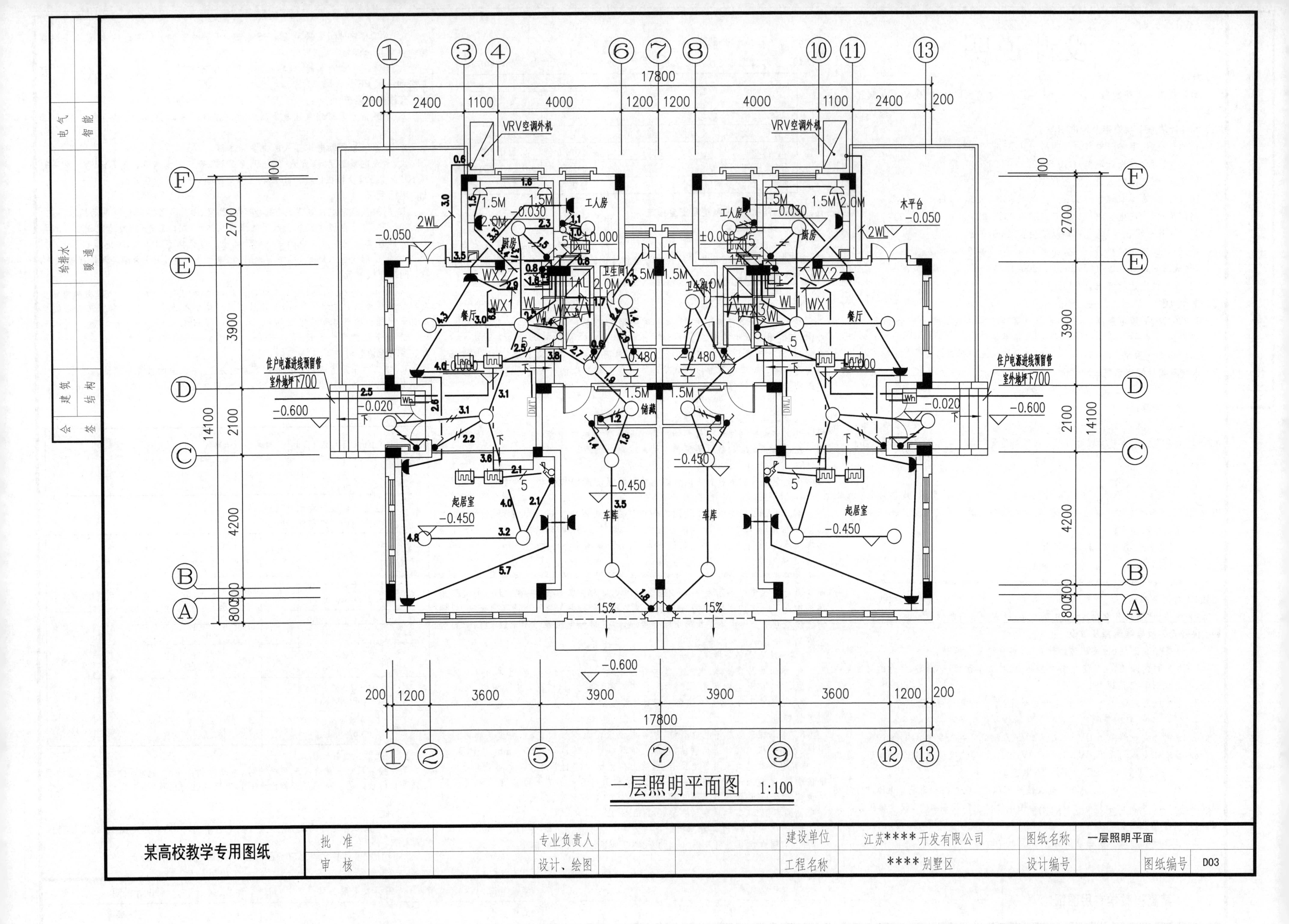
一层照明平面图 1:100
VRV空调外机
17800
工人房
厨房
卫生间
餐厅
储藏
车库
起居室
木平台
住户电源进线预留管
室外地坪下700
某高校教学专用图纸
批 准
审 核
专业负责人
设计、绘图
建设单位
江苏****开发有限公司
工程名称
****别墅区
图纸名称
一层照明平面
设计编号
图纸编号
D03
会签
建筑
结构
给排水
暖通
电气
智能

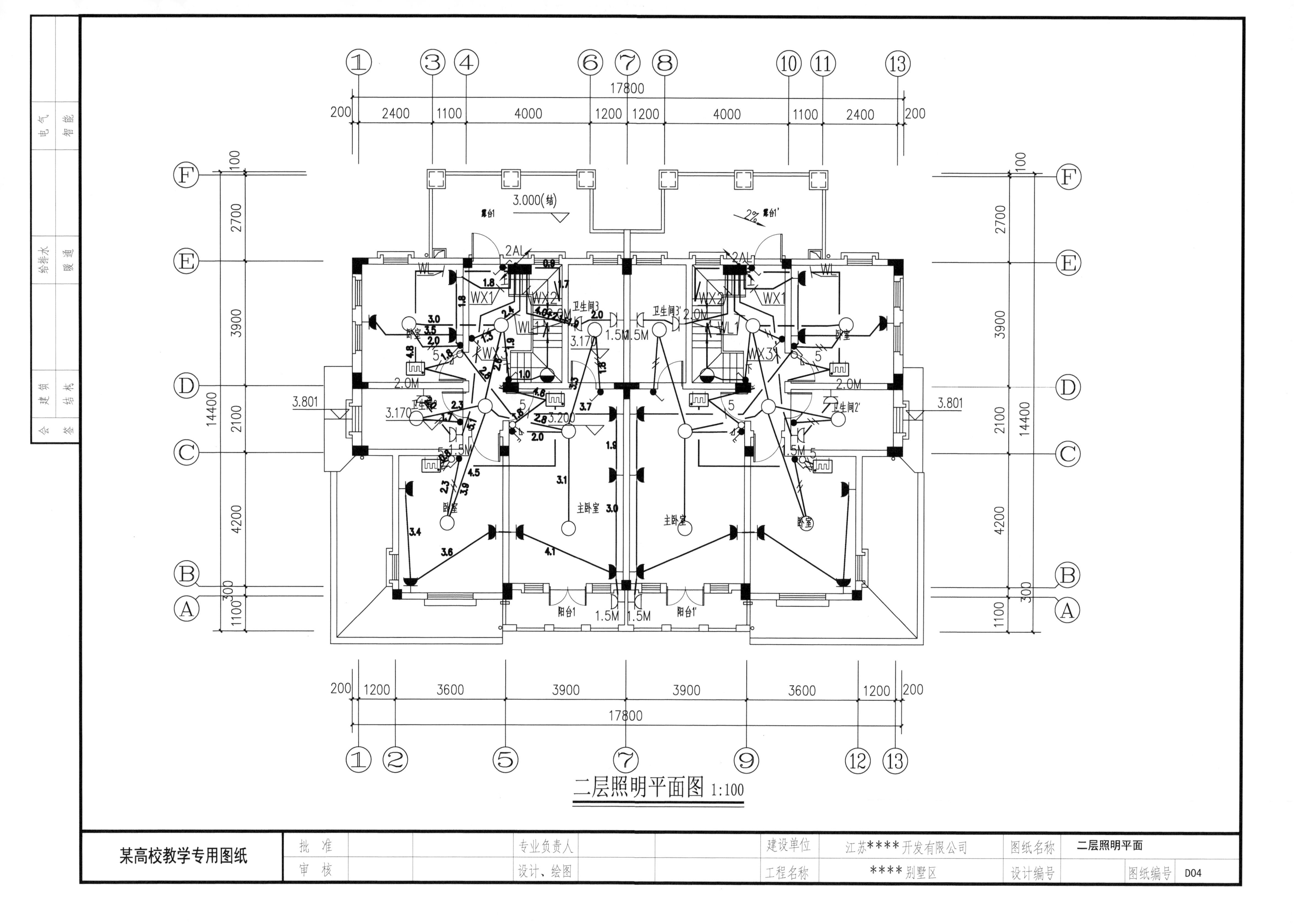
二层照明平面图 1:100
某高校教学专用图纸
批 准
审 核
专业负责人
设计、绘图
建设单位
江苏****开发有限公司
工程名称
****别墅区
图纸名称
二层照明平面
设计编号
图纸编号
D04
主卧室
卧室
卫生间3
阳台1
露台1
17800
14400

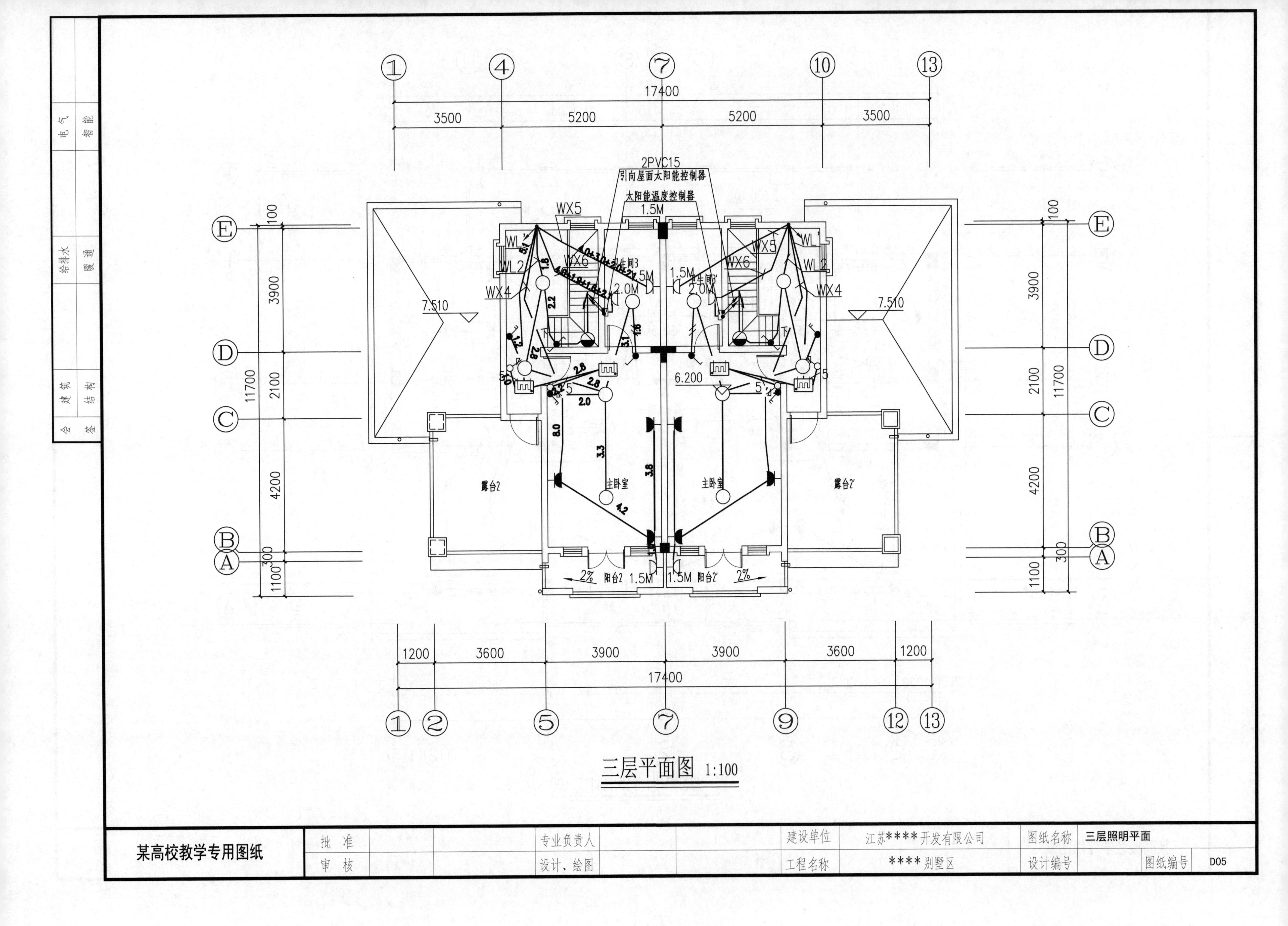

2PVC15
引向屋面太阳能控制器
太阳能温度控制器
露台2
主卧室
露台2'
阳台2
阳台2'
三层平面图 1:100
某高校教学专用图纸
批 准
审 核
专业负责人
设计、绘图
建设单位
江苏****开发有限公司
工程名称
****别墅区
图纸名称
三层照明平面
设计编号
图纸编号
D05

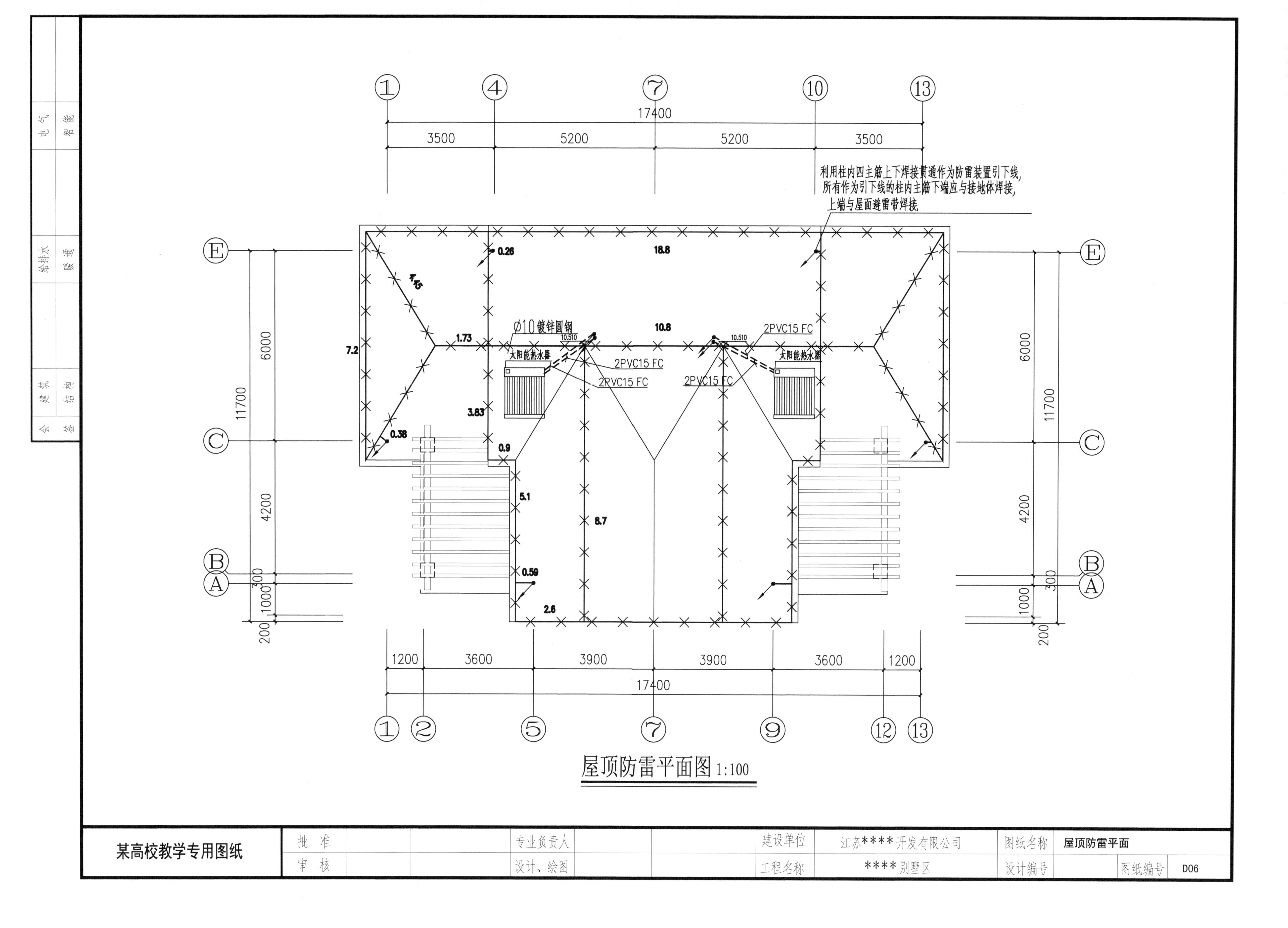

17400
3500
5200
5200
3500
利用柱内四主筋上下焊接贯通作为防雷装置引下线，
所有作为引下线的柱内主筋下端应与接地体焊接，
上端与屋面避雷带焊接。
0.26
18.8
4.45
7.2
1.73
Ø10镀锌圆钢
10.510
太阳能热水器
10.8
2PVC15 FC
2PVC15 FC
2PVC15 FC
2PVC15 FC
3.83
0.38
0.9
5.1
8.7
0.59
2.6
6000
4200
11700
300
1000
200
1200
3600
3900
3900
3600
1200
17400
屋顶防雷平面图 1:100
某高校教学专用图纸
批 准
审 核
专业负责人
设计、绘图
建设单位
江苏****开发有限公司
工程名称
****别墅区
图纸名称
屋顶防雷平面
设计编号
图纸编号
D06
电气
智能
给排水
暖通
建筑
结构
会签

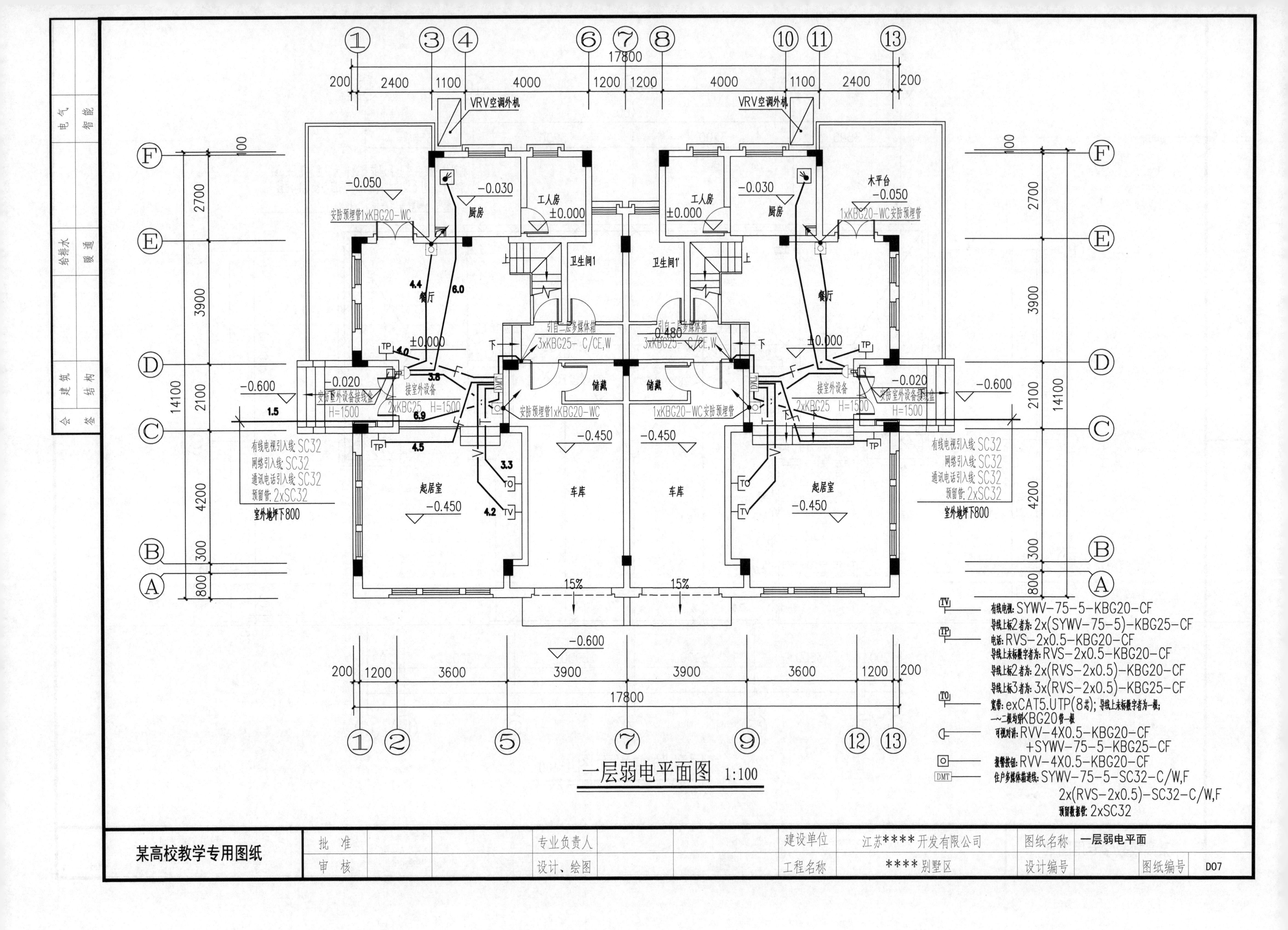

一层弱电平面图 1:100
VRV空调外机
厨房
工人房
卫生间1
卫生间1'
餐厅
储藏
车库
起居室
木平台
接室外设备
安防室外设备接线盒 H=1500
安防预埋管1xKBG20-WC
1xKBG20-WC安防预埋管
引自二层多媒体箱 3xKBG25-C/CE,W
2xKBG25 H=1500
有线电视引入线: SC32
网络引入线: SC32
通讯电话引入线: SC32
预留管: 2xSC32
室外地坪下800
17800
14100
有线电视: SYWV-75-5-KBG20-CF
导线上标2者为: 2x(SYWV-75-5)-KBG25-CF
电话: RVS-2x0.5-KBG20-CF
导线上未标数字者为: RVS-2x0.5-KBG20-CF
导线上标2者为: 2x(RVS-2x0.5)-KBG20-CF
导线上标3者为: 3x(RVS-2x0.5)-KBG25-CF
宽带: exCAT5.UTP(8芯); 导线上未标数字者为一根; 一~二根均穿KBG20管一根
可视对讲: RVV-4X0.5-KBG20-CF +SYWV-75-5-KBG25-CF
报警按钮: RVV-4X0.5-KBG20-CF
住户多媒体箱进线: SYWV-75-5-SC32-C/W,F 2x(RVS-2x0.5)-SC32-C/W,F
预留数据管: 2xSC32
某高校教学专用图纸
批准
审核
专业负责人
设计、绘图
建设单位
江苏****开发有限公司
工程名称
****别墅区
图纸名称
一层弱电平面
设计编号
图纸编号
D07
会签
建筑
结构
给排水
暖通
电气
智能

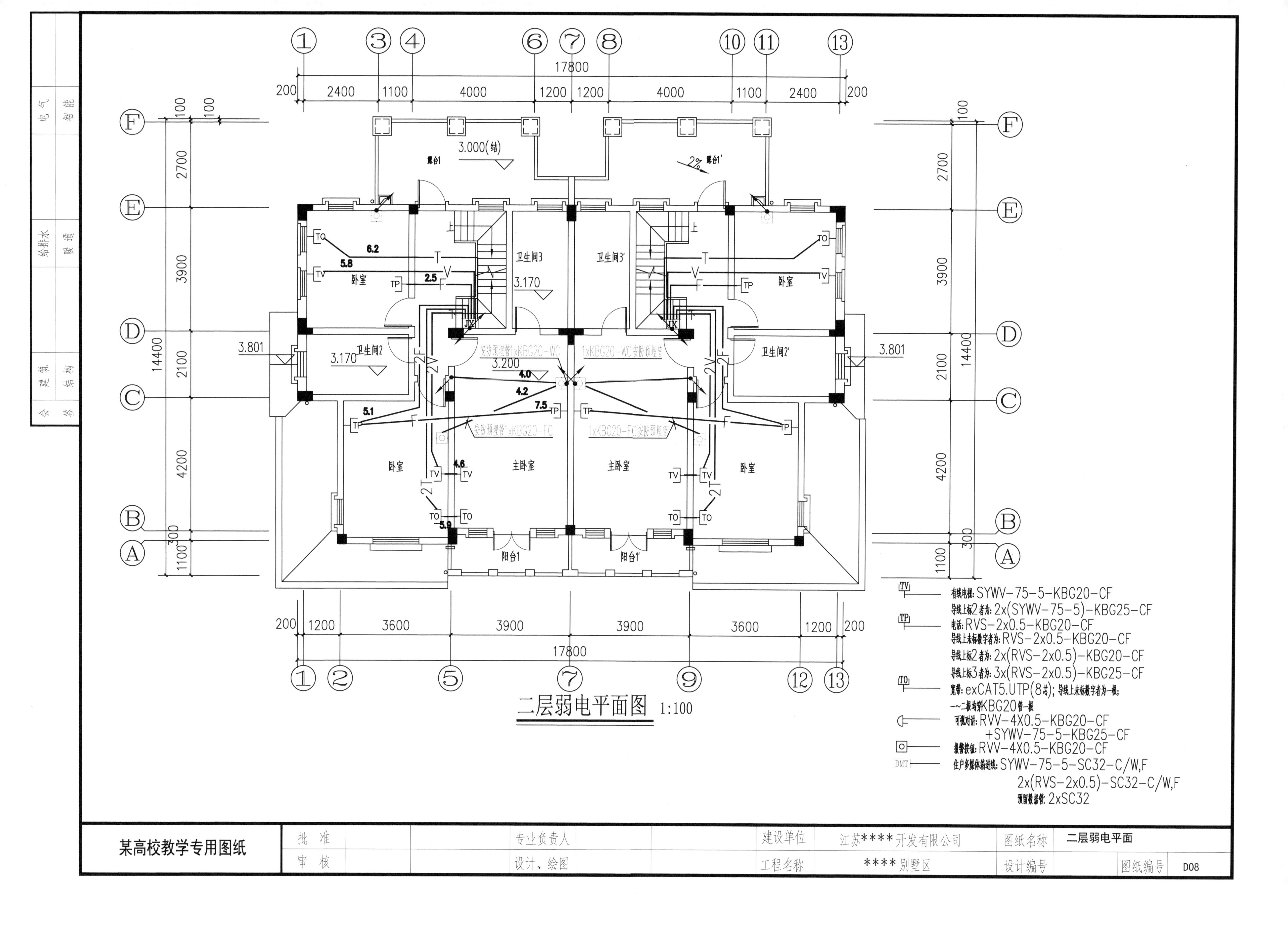

二层弱电平面图 1:100
有线电视: SYWV-75-5-KBG20-CF
导线上标2者为: 2x(SYWV-75-5)-KBG25-CF
电话: RVS-2x0.5-KBG20-CF
导线上未标数字者为: RVS-2x0.5-KBG20-CF
导线上标2者为: 2x(RVS-2x0.5)-KBG20-CF
导线上标3者为: 3x(RVS-2x0.5)-KBG25-CF
宽带: exCAT5.UTP(8芯); 导线上未标数字者为一根;
一~二根均穿KBG20管一根
可视对讲: RVV-4X0.5-KBG20-CF
+SYWV-75-5-KBG25-CF
报警按钮: RVV-4X0.5-KBG20-CF
住户多媒体箱进线: SYWV-75-5-SC32-C/W,F
2x(RVS-2x0.5)-SC32-C/W,F
预留数据管: 2xSC32
卧室
主卧室
卫生间3
卫生间2
阳台1
露台1
安防预埋管1xKBG20-WC
安防预埋管1xKBG20-FC
某高校教学专用图纸
批 准
审 核
专业负责人
设计、绘图
建设单位
江苏****开发有限公司
工程名称
****别墅区
图纸名称
二层弱电平面
设计编号
图纸编号
D08

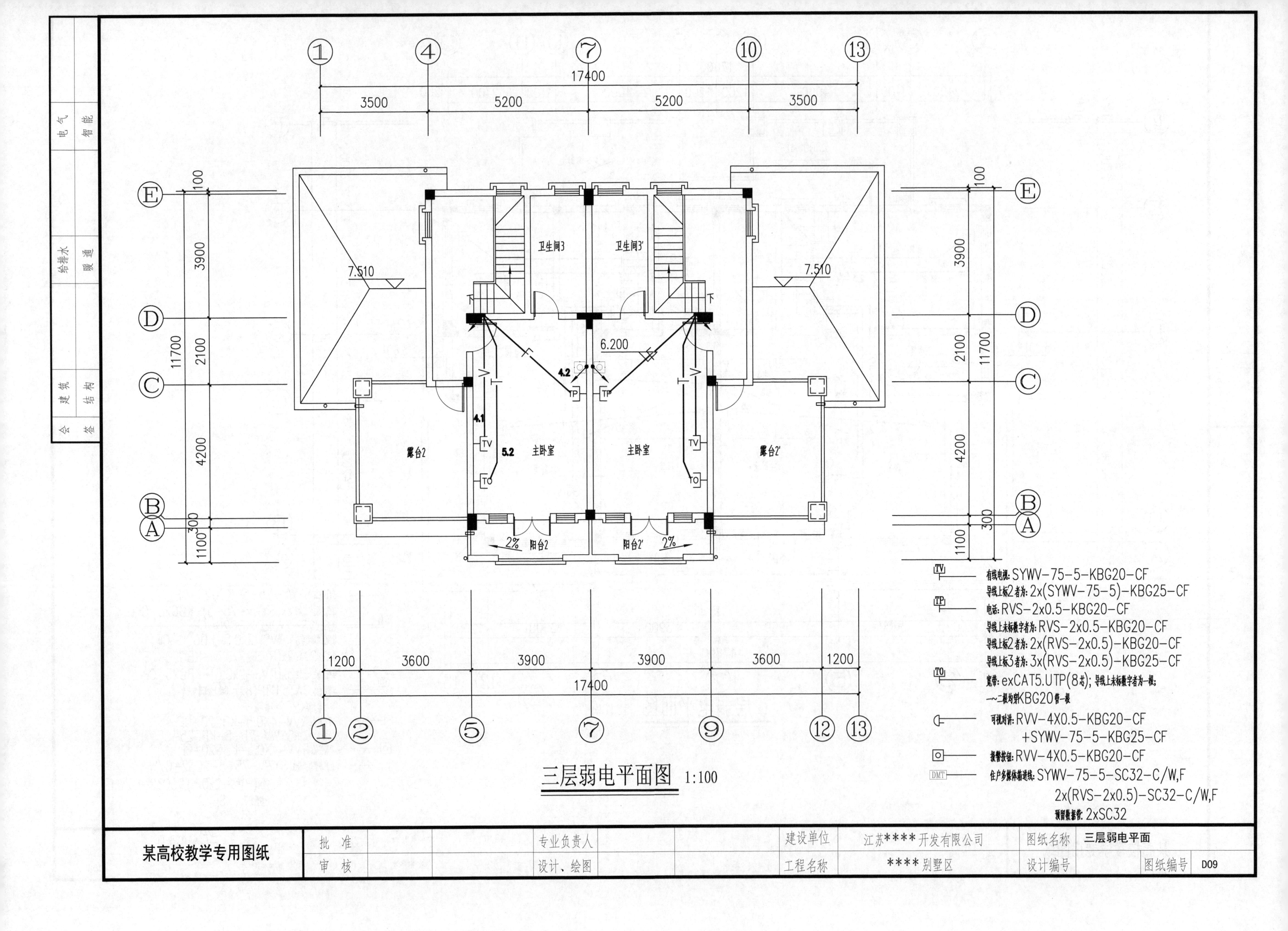
三层弱电平面图 1:100
17400
3500 5200 5200 3500
1200 3600 3900 3900 3600 1200
11700 3900 2100 4200 300 1100 100
7.510
6.200
卫生间3
卫生间3'
主卧室
露台2
露台2'
阳台2
阳台2'
2%
4.1
4.2
5.2
TV
TP
TO
有线电视:SYWV-75-5-KBG20-CF
导线上标2者为:2x(SYWV-75-5)-KBG25-CF
电话:RVS-2x0.5-KBG20-CF
导线上未标数字者为:RVS-2x0.5-KBG20-CF
导线上标2者为:2x(RVS-2x0.5)-KBG20-CF
导线上标3者为:3x(RVS-2x0.5)-KBG25-CF
宽带:exCAT5.UTP(8芯);导线上未标数字者为一根;
一~二根均穿KBG20管一根
可视对讲:RVV-4X0.5-KBG20-CF
+SYWV-75-5-KBG25-CF
报警按钮:RVV-4X0.5-KBG20-CF
DMT
住户多媒体箱进线:SYWV-75-5-SC32-C/W,F
2x(RVS-2x0.5)-SC32-C/W,F
预留数据管:2xSC32
会签
建筑
结构
给排水
暖通
电气
智能
某高校教学专用图纸
批准
审核
专业负责人
设计、绘图
建设单位
江苏****开发有限公司
工程名称
****别墅区
图纸名称
三层弱电平面
设计编号
图纸编号
D09

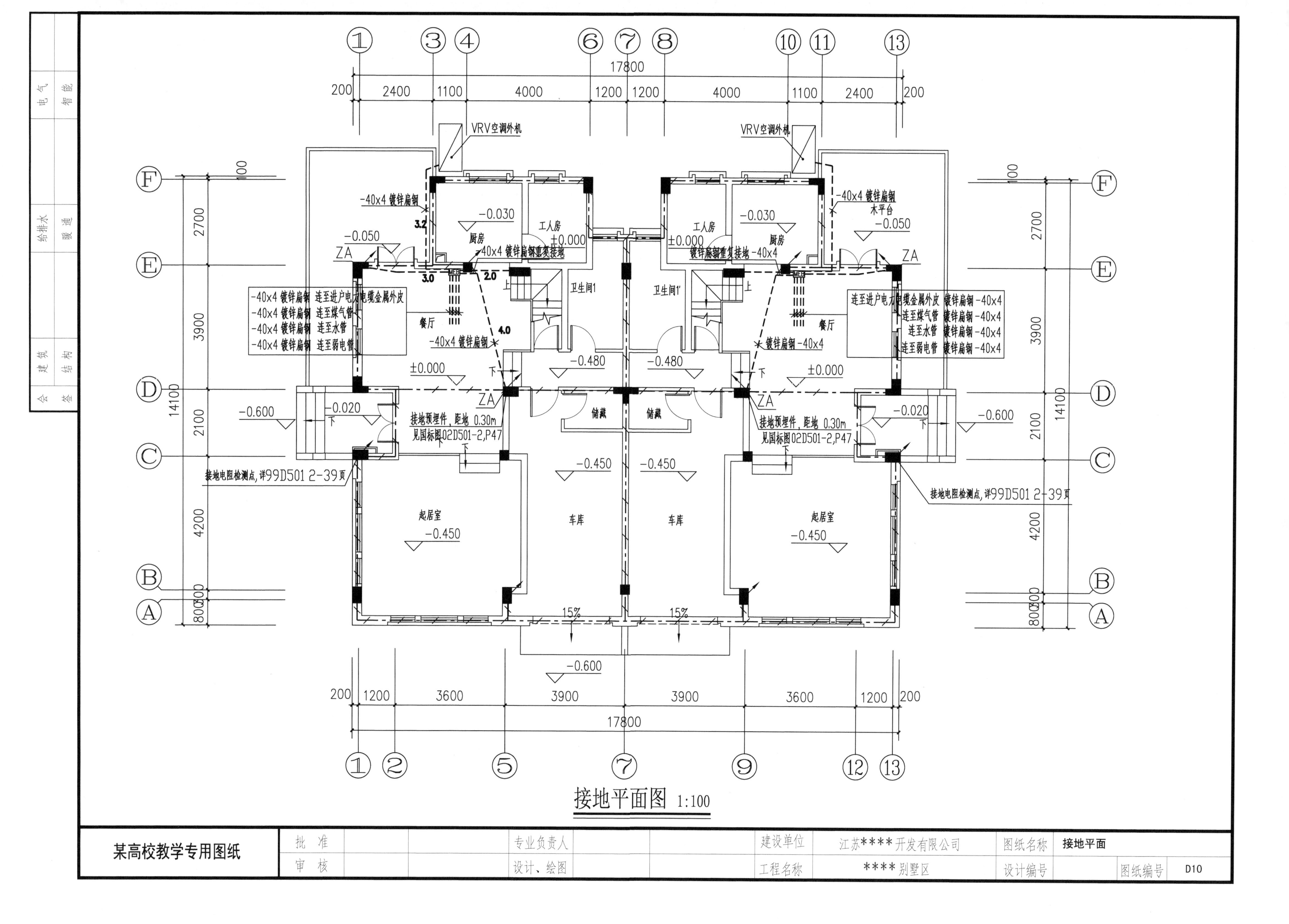

VRV空调外机
-40x4 镀锌扁钢
厨房
工人房
卫生间1
餐厅
储藏
车库
起居室
-40x4 镀锌扁钢 连至进户电力电缆金属外皮
-40x4 镀锌扁钢 连至煤气管
-40x4 镀锌扁钢 连至水管
-40x4 镀锌扁钢 连至弱电管
-40x4 镀锌扁钢重复接地
接地预埋件，距地 0.30m
见国标图02D501-2,P47
接地电阻检测点，详99D501 2-39页
木平台
接地平面图 1:100
某高校教学专用图纸
批 准
审 核
专业负责人
设计、绘图
建设单位
江苏****开发有限公司
工程名称
****别墅区
图纸名称
接地平面
设计编号
图纸编号
D10

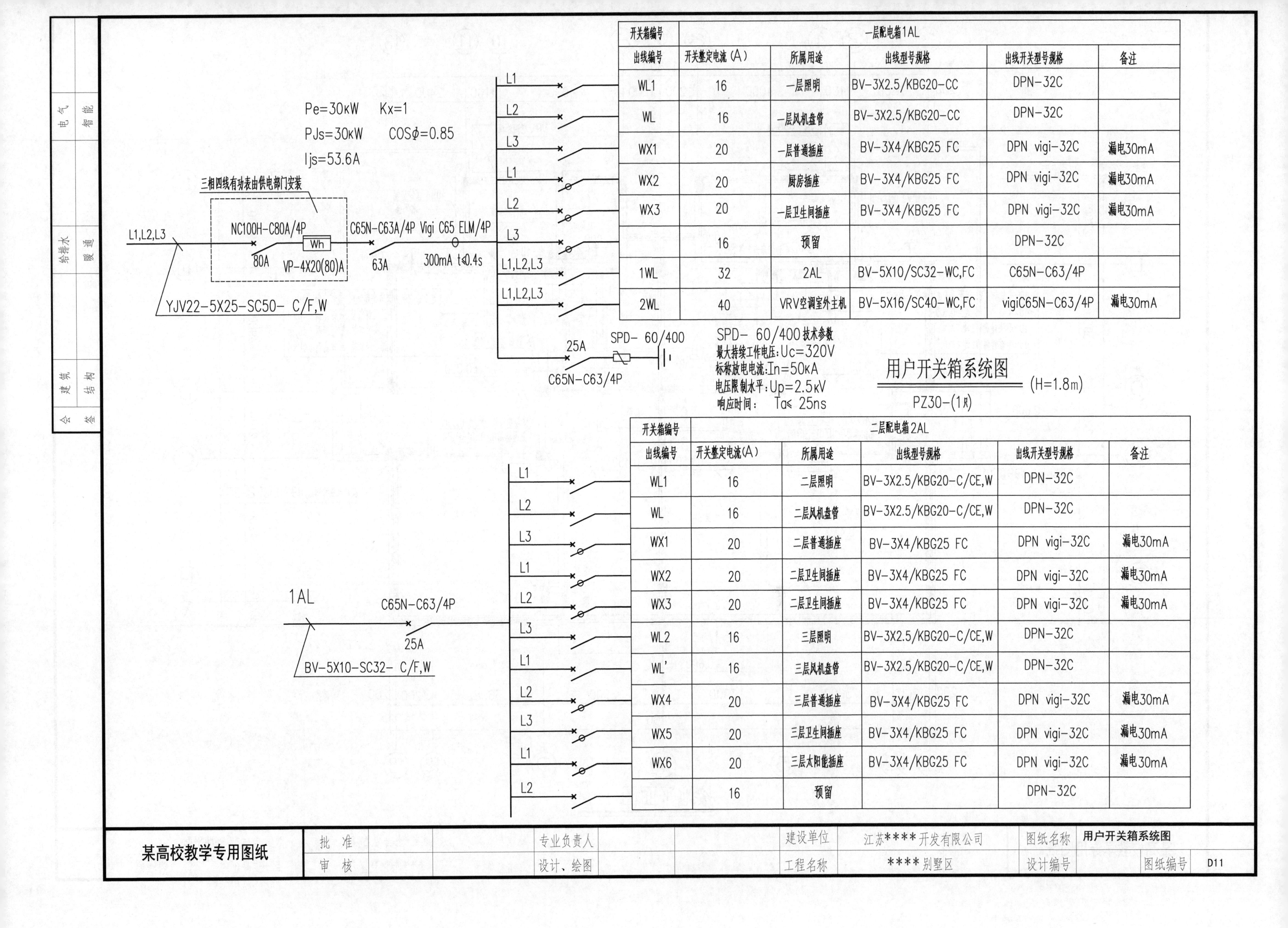

开关箱编号	一层配电箱1AL				
出线编号	开关整定电流(A)	所属用途	出线型号规格	出线开关型号规格	备注
WL1	16	一层照明	BV-3X2.5/KBG20-CC	DPN-32C	
WL	16	一层风机盘管	BV-3X2.5/KBG20-CC	DPN-32C	
WX1	20	一层普通插座	BV-3X4/KBG25 FC	DPN vigi-32C	漏电30mA
WX2	20	厨房插座	BV-3X4/KBG25 FC	DPN vigi-32C	漏电30mA
WX3	20	一层卫生间插座	BV-3X4/KBG25 FC	DPN vigi-32C	漏电30mA
	16	预留		DPN-32C	
1WL	32	2AL	BV-5X10/SC32-WC,FC	C65N-C63/4P	
2WL	40	VRV空调室外主机	BV-5X16/SC40-WC,FC	vigiC65N-C63/4P	漏电30mA

开关箱编号	二层配电箱2AL				
出线编号	开关整定电流(A)	所属用途	出线型号规格	出线开关型号规格	备注
WL1	16	二层照明	BV-3X2.5/KBG20-C/CE,W	DPN-32C	
WL	16	二层风机盘管	BV-3X2.5/KBG20-C/CE,W	DPN-32C	
WX1	20	二层普通插座	BV-3X4/KBG25 FC	DPN vigi-32C	漏电30mA
WX2	20	二层卫生间插座	BV-3X4/KBG25 FC	DPN vigi-32C	漏电30mA
WX3	20	二层卫生间插座	BV-3X4/KBG25 FC	DPN vigi-32C	漏电30mA
WL2	16	三层照明	BV-3X2.5/KBG20-C/CE,W	DPN-32C	
WL'	16	三层风机盘管	BV-3X2.5/KBG20-C/CE,W	DPN-32C	
WX4	20	三层普通插座	BV-3X4/KBG25 FC	DPN vigi-32C	漏电30mA
WX5	20	三层卫生间插座	BV-3X4/KBG25 FC	DPN vigi-32C	漏电30mA
WX6	20	三层太阳能插座	BV-3X4/KBG25 FC	DPN vigi-32C	漏电30mA
	16	预留		DPN-32C	

某高校教学专用图纸	批 准		专业负责人		建设单位	江苏****开发有限公司	图纸名称	用户开关箱系统图
	审 核		设计、绘图		工程名称	****别墅区	设计编号	图纸编号 D11

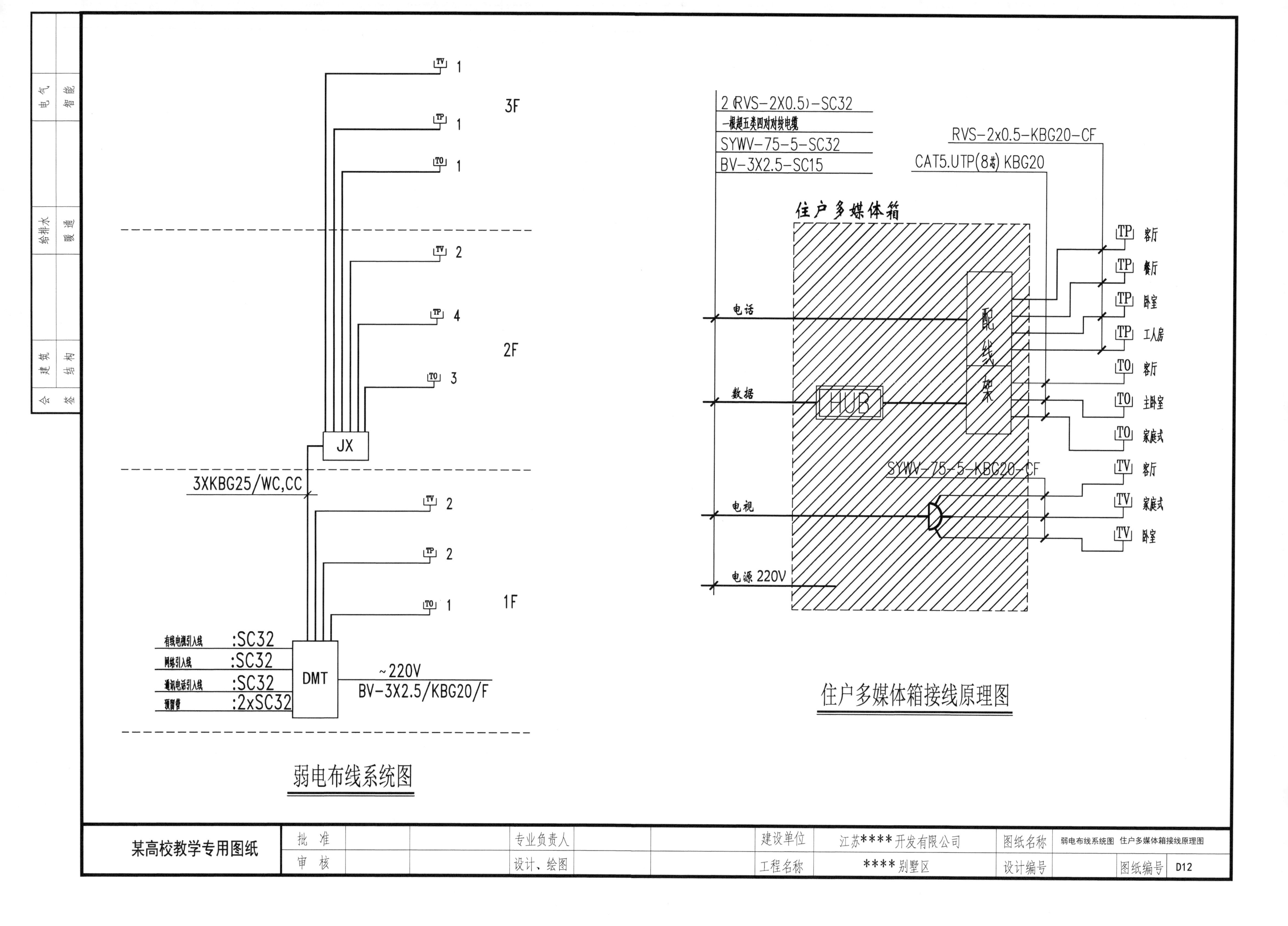

3F
2F
1F
TV 1
TP 1
TO 1
TV 2
TP 4
TO 3
TV 2
TP 2
TO 1
JX
3XKBG25/WC,CC
有线电视引入线 :SC32
网络引入线 :SC32
通讯电话引入线 :SC32
预留管 :2xSC32
DMT
~220V
BV-3X2.5/KBG20/F
弱电布线系统图
2 (RVS-2X0.5)-SC32
一根超五类四对对绞电缆
SYWV-75-5-SC32
BV-3X2.5-SC15
RVS-2x0.5-KBG20-CF
CAT5.UTP(8芯) KBG20
住户多媒体箱
电话
数据
HUB
配线架
电视
电源 220V
SYWV-75-5-KBG20-CF
TP 客厅
TP 餐厅
TP 卧室
TP 工人房
TO 客厅
TO 主卧室
TO 家庭式
TV 客厅
TV 家庭式
TV 卧室
住户多媒体箱接线原理图
电气
智能
给排水
暖通
建筑
结构
会签
某高校教学专用图纸
批准
审核
专业负责人
设计、绘图
建设单位
江苏****开发有限公司
工程名称
****别墅区
图纸名称
弱电布线系统图 住户多媒体箱接线原理图
设计编号
图纸编号
D12

某高校教学专用图纸 年 月 日	图纸目录		工程编号	
			专业	暖通
	工程名称	****别墅区	图纸编号	暖施 00
	项目	SP1 别墅	共 01 页	第 01 页

序号	图别图号	图纸名称	采用标准图或重复使用图		图纸尺寸	备注
			图集编号或工程编号	图别编号		
	暖施 00	图纸目录			A4	
1	暖施 01	空调设计施工说明			A3	
2	暖施 02	一层空调平面			A3	
3	暖施 03	二层空调平面			A3	
4	暖施 04	三层空调平面			A3	
5	暖施 05	屋空调系统图			A3	
6	暖施 06	空调设备参数表			A3	

设计负责人　　　　校对　　　　填表

电气 智能

给排水 暖通

建筑 结构

会签

设计与施工说明

一、工程概况

本工程为＊＊＊＊别墅区别墅项目。

二、设计内容

本工程的空调，通风设计。

三、设计依据

《采暖通风与空气调节设计规范》	GB 50019—2003
《建筑设计防火规范》	GB 50016—2006
《江苏省住宅设计标准》	DGJ32J26—2006
《住宅建筑规范》	GB 50368—2005
《江苏省民用建筑热环境与节能设计标准》	DB 32/478—2001
《通风与空调工程施工质量验收规范》	GB 50243—2002

四、空调设计参数

1. 地理位置：南京市　北纬：32°00′　东经：118°48′

2. 室外设计计算参数：

1）夏季空调室外设计计算干球温：　35℃

2）夏季空调室外设计计算湿球温度：　28.3℃

3）夏季通风室外设计计算干球温度：　32℃

4）冬季空调室外设计计算干球温度：　−6℃

5）冬季空调室外设计计算相对湿度：　73%

6）冬季通风室外设计计算干球温度：　2℃

7）室外风速：2.6m/s（夏季）2.6m/s（冬季）

8）风向 C：SE（夏季）C：NE（冬季）

3. 室内设计标准：

房间	设计温度/℃		相对湿度/%		新风量	噪声
	夏季	冬季	夏季	冬季	m^3/h·p	dB(A)
卧室	26	22	～65	～35	50	<37
起居室	26	20	～65	～35	30	<40
娱乐室	26	20	～65	～35	30	<40
书房	26	20	～65	～35	50	<37

五、空调冷热源与空调，通风系统

1. 根据业主要求，本工程空调冷，热源采用一拖多变冷媒空调系统。

2. 空调系统总冷负荷为＊＊kW；总热负荷为＊＊kW。

3. 空调室内机为内藏风管式超薄型，或根据业主装修调整。

六、防排烟

该建筑为多层建筑，各部位采用自然排烟方式。

七、空调冷剂管，凝结水管

1. 空调冷剂管道宜采用脱氧化磷无缝铜管或同等材料及专用接头，. 空调冷剂管管径须根据室内外机间距和弯头等实际条件由空调器生产商最终核实确定，保准空调机之正常运行，其实际出力之衰减小于2%。

2. 冷媒管道的连接严禁使用T字接头。分歧接头可水平或垂直安装，分歧集管必须水平安装。

3. 空调冷剂管除与室内外机连接处外，应避免在中间房间内出现接头。

4. 空调凝结水管采用加厚防火型 PVC 管。

5. 管道活动支托架的具体形式和设置位置由安装单位根据现场情况确定，具体要求应详细参照各厂家的安装要求。

6. 管道的支吊托架必须设置于保温层的外部。

7. 保温管道穿过墙身和楼板时保温层不能间断，在墙体或楼板的两侧应设置夹板或套管，中间的空间应以松散保温材料（离心玻璃棉等）填充。

8. 空调设备冷凝水盘的出口处应设水封。

9. 空调冷凝水水平干管的始端应设扫除口。

10. 空调冷凝水排入污水装置时应有空气隔断措施。

11. 冷凝水干管坡度为 0.005，坡向有利于排水。

八、空调风管

1. 空调风管采用柔性金属风管制作。

风管材料	柔性金属风管		
直径(mm)	⩽250	250～500	>500
壁厚(mm)	⩾0.1	⩾0.12	⩾0.2

2. 风管的本体，管架与固定材料，密封垫圈应为不燃材料制作。

3. 风管胶粘剂的燃烧性能为难燃 B1 级；胶粘剂的化学性能应与所粘接材料一致，且在−30～70°C 环境中不开裂，融化，不水溶，并保持良好的粘接性。

4. 柔性风管安装后，应能充分伸展，伸展度宜大于 60%；风管转弯处截面不得缩小。

5. 柔性风管采用抱箍将风管与法兰紧固。

6. 柔性风管穿越墙体或楼板处应设金属防护套管。

7. 柔性风管所用的金属附件和部件应做防腐处理。

九、试压与冲洗

1. 试压前，应对系统用氮气进行反复吹洗，直至排出气体中不夹带焊屑等杂质。

2. 管道安装完毕后，应进行压力试验与灌水试验，具体要求如下：

系统名称	工作压力	实验压力
空调冷剂管	1.8 MPa	2.4MPa
空调凝结水管	0	灌水试验

3. 空调冷剂管压力试验：做二十四小时保压试验，压降小于空调厂企业标准。

4. 冷凝水排水管道水试验：系统注满水后应保持 5 分钟水面不下降，并无渗漏现象；同时要进行排水试验，保证排水坡度符合设计要求。

十、保温

1. 空调冷剂管道采用难燃 B1 级橡塑保温管壳进行保温，保温厚度为 25 mm。

2. 空调冷凝水管采用难燃 B1 级橡塑保温管壳进行保温，保温厚度为 10 mm。

十一、环保设计

1. 吊装的空调室内机均采用减振吊钩；并采用 15 mm 厚的橡胶减振垫隔振。

2. 空调室外机设橡胶减振垫减振，由空调厂家配套提供。

3. 空调，通风机等设备的进出风管接头处均设置 150 mm 长的保温防火软接管。

十二、节能设计

1. 本工程房空调系统，采用一拖多变冷媒流量空调系统（不接风管）. 在额定工况和规定条件下，单机最小其能效比（EER 值）为：2.8 W/W；大于规范要求值 2.6 W/W，满足要求。

2. 本工程空调风管绝热层热阻为：0.78 m·k/W^2（24°C 时的导热系数为 0.032 W/m·k）大于规范要求值 0.74 m·k/W^2，满足要求。

十三、其他

1. 空调室内机，室外机及风机等设备在安装之前必须仔细检查：要求表面完好无损，各种资料齐全，性能参数符合设计要求后方能安装。

2. 空调室外机其基础预留孔位置应与实物核对尺寸无误后方可施工。

3. 本说明不详之处，请遵照有关施工规范进行或及时面商。

图例	名称	图例	名称
—F—	空调冷剂管		多联机室内机嵌入式双向气流型
--N--	空调凝结水管	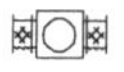	箱式排风机
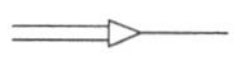	冷媒管分歧接头	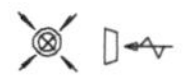	自平衡排风口
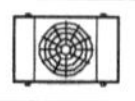	多联机室内机		自平衡进风口
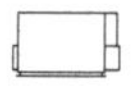	多联机室内机内藏风管式超薄型		格栅回风口
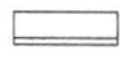	多联机室内机壁挂型		双层百叶送风口

某高校教学专用图纸	批准		专业负责人		建设单位	江苏＊＊＊＊开发有限公司	图纸名称	空调设计施工说明	
	审核		设计、绘图		工程名称	＊＊＊＊别墅区	设计编号	图纸编号	暖施 01

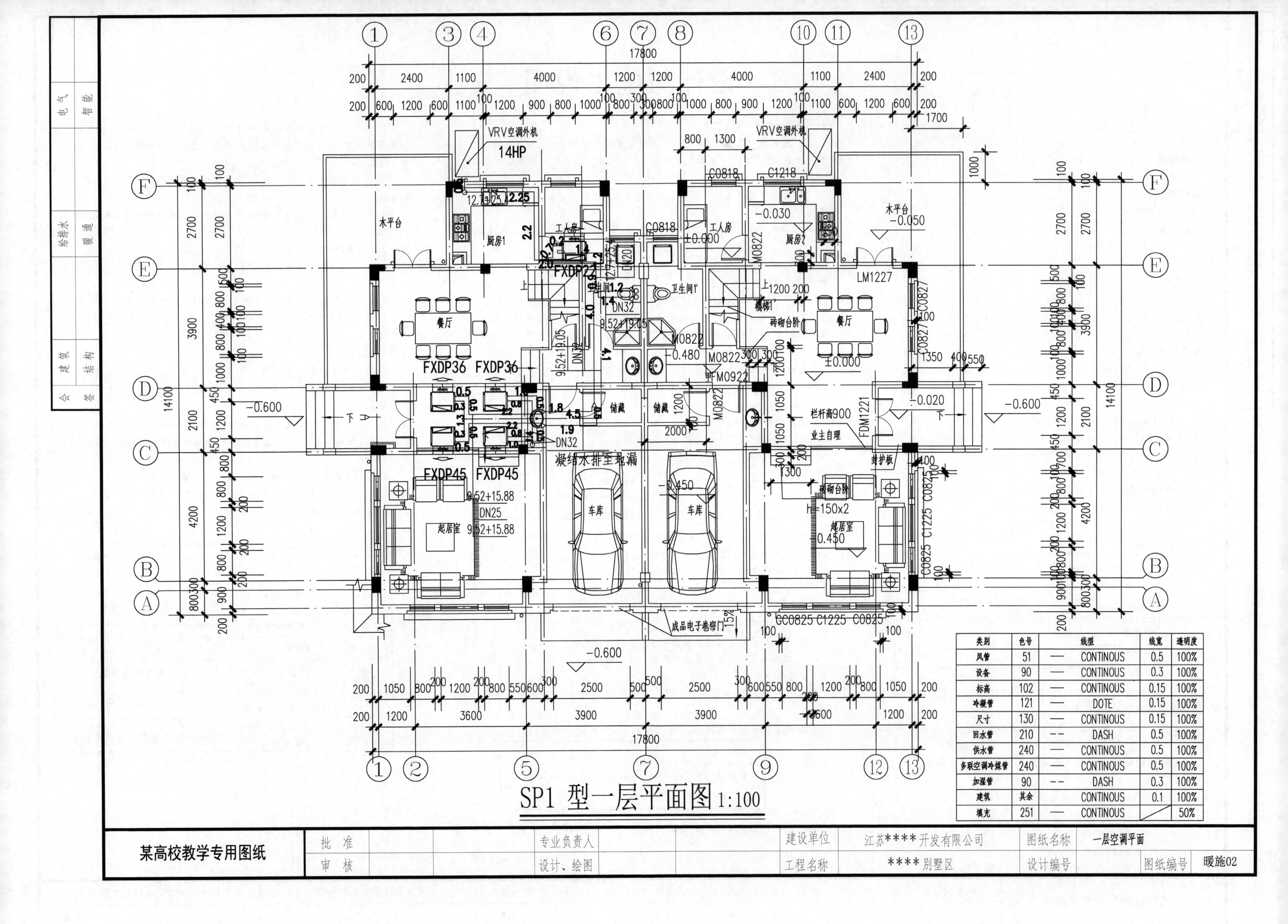

类别	色号		线型	线宽	透明度
风管	51	—	CONTINOUS	0.5	100%
设备	90	—	CONTINOUS	0.3	100%
标高	102	—	CONTINOUS	0.15	100%
冷凝管	121	—	DOTE	0.15	100%
尺寸	130	—	CONTINOUS	0.15	100%
回水管	210	--	DASH	0.5	100%
供水管	240	—	CONTINOUS	0.5	100%
多联空调冷媒管	240	—	CONTINOUS	0.5	100%
加湿管	90	--	DASH	0.3	100%
建筑	其余	—	CONTINOUS	0.1	100%
填充	251	—	CONTINOUS		50%

某高校教学专用图纸	批准		专业负责人		建设单位	江苏****开发有限公司	图纸名称	一层空调平面
	审核		设计、绘图		工程名称	****别墅区	设计编号	图纸编号 暖施02

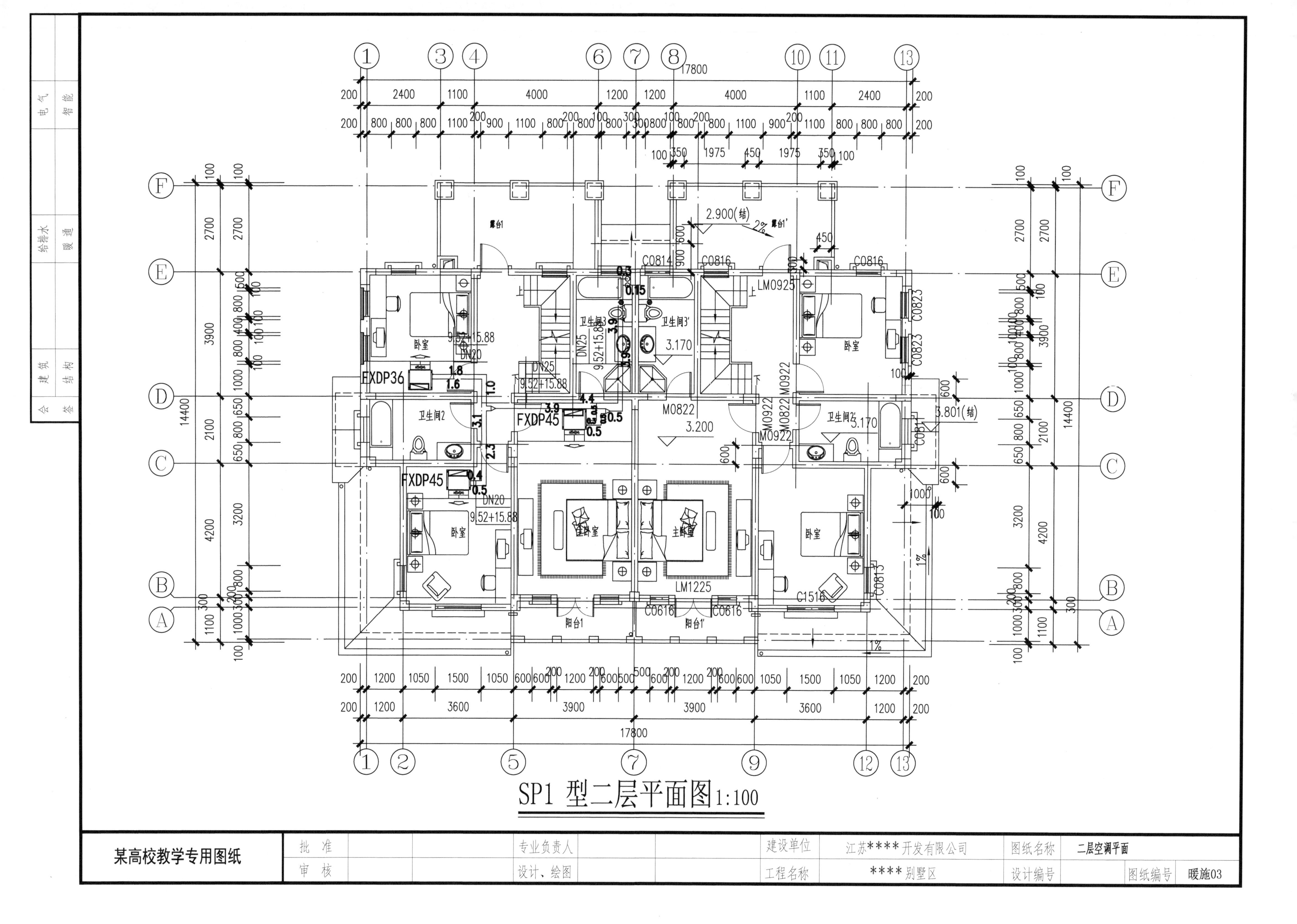

SP1 型二层平面图1:100
17800
14400
露台1
露台1'
2.900(结)
3.801(结)
卧室
主卧室
卫生间2
卫生间2'
卫生间3
卫生间3'
阳台1
阳台1'
FXDP36
FXDP45
DN20
DN25
9.52+15.88
3.170
3.200
C0814
C0816
C0823
C0815
C0616
C1516
LM0925
LM1225
M0822
M0922
某高校教学专用图纸
批 准
审 核
专业负责人
设计、绘图
建设单位
江苏****开发有限公司
工程名称
****别墅区
图纸名称
二层空调平面
设计编号
图纸编号
暖施03
会签
电气
智能
给排水
暖通
建筑
结构

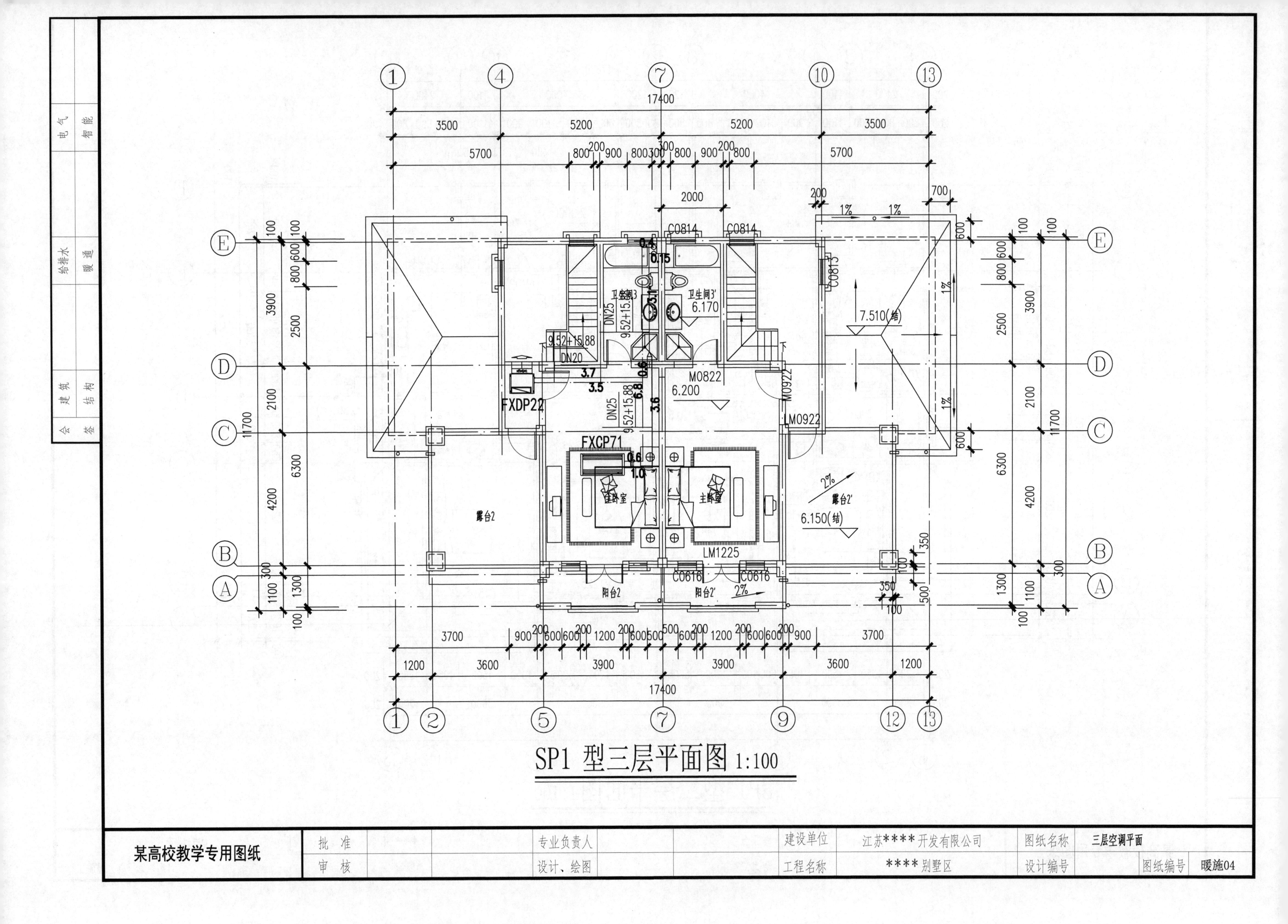
SP1 型三层平面图 1:100
某高校教学专用图纸
批 准
审 核
专业负责人
设计、绘图
建设单位
工程名称
江苏****开发有限公司
****别墅区
图纸名称
三层空调平面
设计编号
图纸编号
暖施04
FXDP22
FXCP71
卫生间3'
主卧室
露台2
露台2'
阳台2
阳台2'
LM1225
M0822
C0814
C0616
LM0922
M0922
C0813
6.200
6.170
7.510(结)
6.150(结)
17400
11700
会 建筑 结构 签
给排水 暖通
电气 智能

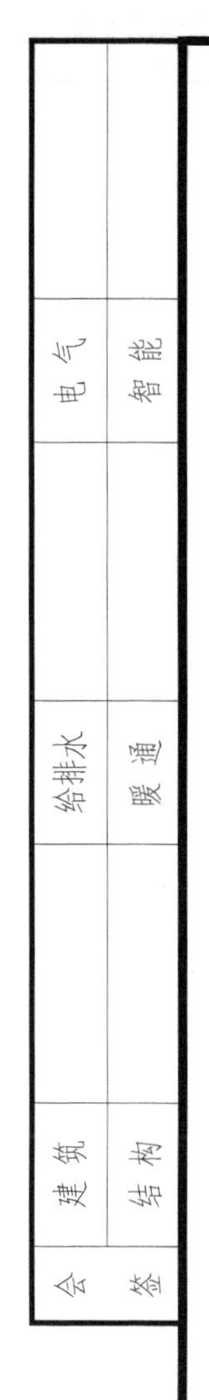

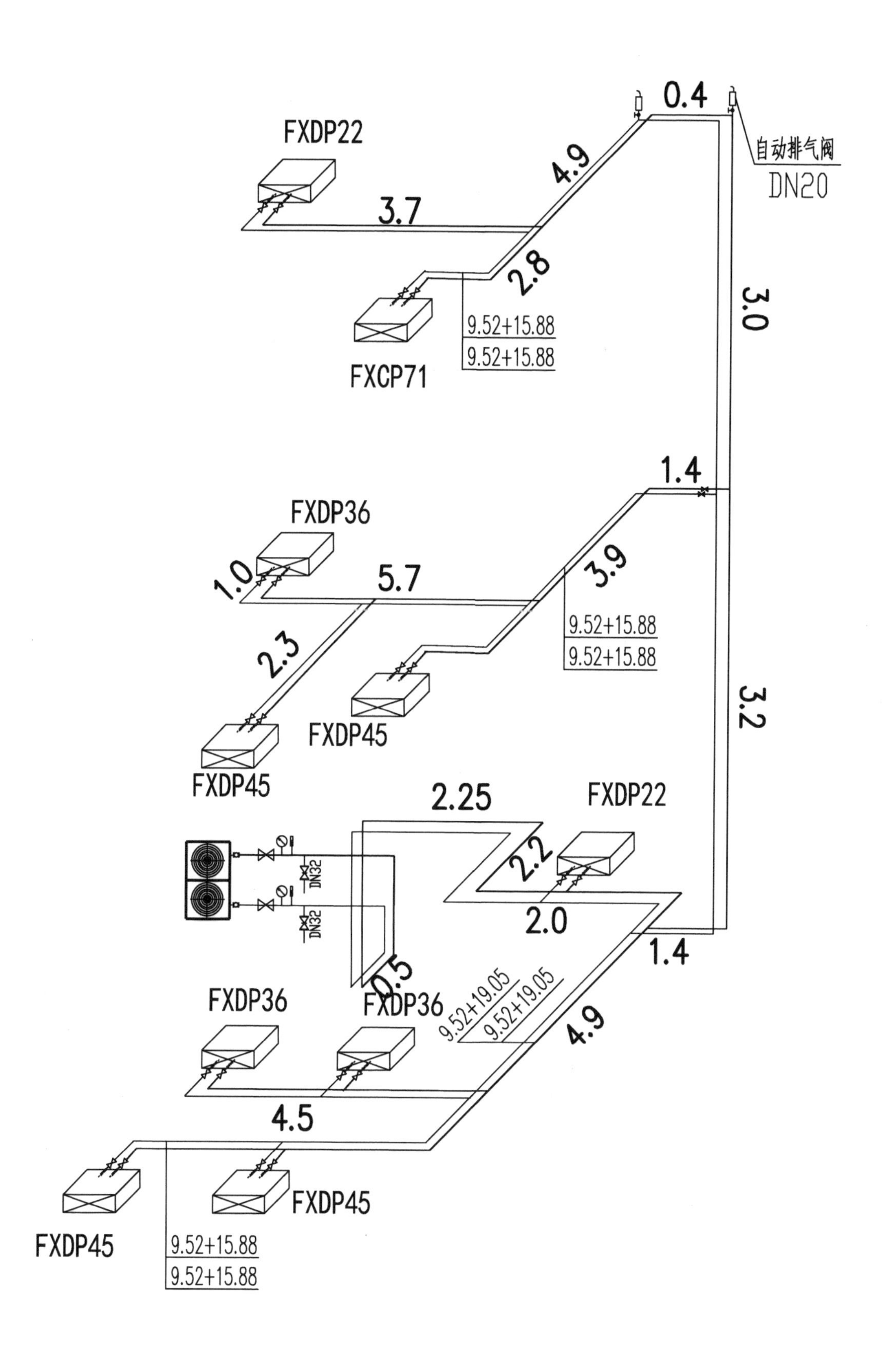

某高校教学专用图纸	批 准		专业负责人		建设单位	江苏****开发有限公司	图纸名称	空调系统图		
	审 核		设计、绘图		工程名称	****别墅区	设计编号		图纸编号	暖施05

会签	建筑	结构	给排水	暖通	电气	智能

多联空调系统室外机性能参数表

序号	设备型式	冷量(kW)	热量(kW)	供电要求		COP值	压缩机类型	冷媒		噪声dB(A)	数量(台)
				电量(kW)	电压			冷媒名称	充填量(kg)		
1	室外机 14HP	40	45	12.4	380	3.23	全封闭涡旋型	R410A	12.3	60	1

多联空调系统室内机性能参数表

序号	设备编号	设备型式	风量(m^3/h)	冷量(kW)	热量(kW)	机外余压(Pa)	供电要求		冷却(加热)盘管				噪声dB(A)	数量(台)	接风管尺寸	备注
							电量(kW)	电压	冷却时空气进口温度(℃)		加热时空气进口温度(℃)					
									干球	湿球	干球	湿球				
1	DF22	天花板嵌入导管内藏式	540	2.2	2.5	30	0.11	220	26	18.5	20	13.0	37	2	300×200	配凝结水提升泵、回风箱、过滤器、铰式百叶
2	DF36	天花板嵌入导管内藏式	570	3.6	4.0	30	0.11	220	26	18.5	20	13.0	38	3	300×200	配凝结水提升泵、回风箱、过滤器、铰式百叶
3	DF45	天花板嵌入导管内藏式	690	4.5	5.0	30	0.127	220	26	18.5	20	13.0	38	4	450×200	配凝结水提升泵、回风箱、过滤器、铰式百叶
4	DF71	两面出风卡式	1260	7.1	8.0	30	0.184	220	26	18.5	20	13.0	42	1	750×200	配凝结水提升泵

某高校教学专用图纸	批准		专业负责人		建设单位	江苏＊＊＊＊开发有限公司	图纸名称	空调设备参数	
	审核		设计、绘图		工程名称	＊＊＊＊别墅区	设计编号	图纸编号	暖施06